国家出版基金项目
NATIONAL PUBLICATION FOUNDATION

"十三五"国家重点图书出版规划项目

流域生态安全研究丛书　　主编　杨志峰

流域景观变化的水生态响应和健康评价

赵彦伟　杨　薇　杨志峰　于　磊　等著

中国环境出版集团·北京

图书在版编目（CIP）数据

流域景观变化的水生态响应和健康评价/赵彦伟等著.
—北京：中国环境出版集团，2023.1
（流域生态安全研究丛书/杨志峰主编）
“十三五”国家重点图书出版规划项目　国家出版基金项目
ISBN 978-7-5111-5422-4

Ⅰ. ①流…　Ⅱ. ①赵…　Ⅲ. ①流域—景观生态环境—水环境质量评价—中国　Ⅳ. ①X824

中国国家版本馆 CIP 数据核字（2023）第 015128 号

出 版 人　武德凯
责任编辑　宋慧敏　周　煜
封面设计　艺友品牌

出版发行　中国环境出版集团
（100062　北京市东城区广渠门内大街 16 号）
网　　址：http://www.cesp.com.cn
电子邮箱：bjgl@cesp.com.cn
联系电话：010-67112765（编辑管理部）
发行热线：010-67125803，010-67113405（传真）
印　　刷　北京中科印刷有限公司
经　　销　各地新华书店
版　　次　2023 年 1 月第 1 版
印　　次　2023 年 1 月第 1 次印刷
开　　本　787×1092　1/16
印　　张　24.75　彩插 20
字　　数　489 千字
定　　价　138.00 元

“流域生态安全研究丛书”

编著委员会

总 序

近年来，高强度人类活动及气候变化已经对流域水文过程产生了深远影响。诸多与水相关的生态环境要素、过程和功能不断发生变化，流域生态系统健康和生态完整性受损，并在多个空间和时间尺度上产生非适应性响应，引发水资源短缺、水环境恶化、生境破碎化和生物多样性下降等问题，导致洪涝、干旱等极端气候事件的频率和强度增加，直接或间接给人类生命和财产带来了巨大损失，维护流域或区域生态安全已成为迫在眉睫的重大问题。

党中央、国务院历来高度重视国家生态安全。2016 年 11 月，国务院印发《“十三五”生态环境保护规划》，明确提出“维护国家生态安全”，并在第七章第一节详细阐述。2017 年 10 月，党的十九大报告提出“实施重要生态系统保护和修复重大工程，优化生态安全屏障体系，构建生态廊道和生物多样性保护网络，提升生态系统质量和稳定性。”2019 年 10 月，《中共中央关于坚持和完善中国特色社会主义制度　推进国家治理体系和治理能力现代化若干重大问题的决定》明确提出“筑牢生态安全屏障”。一系列国家重大规划和战略的出台与实施，有效遏制了流域或区域的生态退化问题，保障了国家的生态安全，促进了经济社会的可持续发展。

长期聚焦于高强度人类活动与气候变化双重作用对流域生态系统的影响和响应这一关键科学问题，我的团队开展了系列流域或区域生态安全研究，承担了多个国家级重大（点）项目、国际合作项目、部委和地方协作项目，取得了系列论文、专利、咨询报告等成果，希望这些成果能够推动生态安全学科体系建设和科技发展，为保障流域生态安全和社会可持续发展提供重要支撑。

"流域生态安全研究丛书"是近年来在流域生态安全研究领域相关成果的重要体现，集中展现了在流域水电开发生态安全、流域生态健康、城市水生态安全、水环境承载力、河湖水系网络、城市群生态系统健康、流域生态弹性、湿地生态水文等多个领域的理论研究、技术研发和应用示范。希冀丛书的出版可以推动我国流域生态安全研究的深入和持续开展，使理论体系更加完善、技术研发更加深入、应用示范更加广泛。

由于流域生态安全的研究涉及多个学科领域，且受作者水平所限，书中难免存在不足之处，恳请读者批评指正。

杨志峰

2020 年 6 月 5 日

前　言

流域是一个相对完整的自然地理单元，为人类提供了大量的生态服务，与人类生存发展息息相关。流域开发活动造成流域土地利用与土地覆被和景观变化，导致景观要素组成、分布和斑块形状的改变，引发流域水文、水质与水生态响应，损害流域水生态健康。在流域景观变化的驱动下，全球范围内的水生态系统都存在不同程度的生态退化问题，因此，如何优化土地利用方式，科学评估流域水生态系统退化状态，实现流域水生态修复，受到研究者与决策管理者的广泛关注，也成为流域管理者的重要任务。

20 世纪 80 年代以来，流域景观格局变化及其驱动机制的研究深入开展，进一步推动了流域景观变化的水质、水生生物响应研究的开展。21 世纪以来，流域水生态健康评价得到推广应用，研究深度与广度迅速提升，为流域综合管理提供了重要支撑，也有力地促进了景观生态学、流域生态学、水文学等学科的融合与发展。随着研究的深入，学者们逐步认识到流域景观变化对水生态健康的驱动机制远比想象的复杂，流域水生态系统对不同类型的景观变化也呈现出不同的响应关系。从不同尺度、不同层次进行分析与研究时，景观变化与水生态健康的表征指标体系也有明显的差别，二者会呈现不同的响应规律与关系，需要借助遥感、地理信息系统与生物生态监测手段，开展更为综合的研究。在这一背景下，自 21 世纪初，本书作者围绕这些问题，瞄准国家与流域机构管理需求，依托国家水体污染控制与治理科技重大专项、国家自然科学基金及部分流域机构科研课题等，开展了比较系统的研究，形成了本书的核心成果。

本书在综述研究进展的基础上，选择典型案例区，分析了流域土地利用转化趋势，研究了流域景观的时空变化，探讨了流域景观格局变化的自然驱动因素与社会经济驱动因素。进一步运用多元统计分析手段，从干流流域与支流流域两个层次、亚流域与河流廊道两个尺度，研究了流域景观变化下水文、水质与水生生物的响应关系与规律，查明了部分指标的响应阈值，研究了主导生态系统服务的时空分布及动态响应变化。在此基础上，构建了流域水生态健康评价的基本框架，分流域、河流廊道、湖库湿地3个尺度，系统提出了水生态健康表征指标体系和评价技术方法，开展了案例研究，形成了较为系统的流域水生态健康评价体系。并依托上述成果，研究了流域水生态修复与综合治理的时空尺度特征，提出了流域水生态保护与修复分区方法，明确了流域水生态修复与治理模式，提出了流域水生态修复与治理措施，为流域治理、修复与综合管理提供了关键技术依据。

赵彦伟、杨薇、杨志峰、于磊提出了研究的总体思路，共同负责本书的总体框架设计、撰稿、统稿和定稿。同时，参加研究和书稿整理工作的还有曾勇、徐菲、汪思慧、董碧琼、曾容、靳宇弯、陈家琪、浦早红、麻晓梅、尚青等人，在此一并表示感谢。

本书内容包含下列科研项目的研究成果：国家自然科学基金项目“基于河流健康响应的流域景观要素变化阈值研究”（No.50979006）和“白洋淀湿地水系网络连通的环境效应及系统优化研究”（No.52070020），国家水体污染控制与治理科技重大专项课题“流域水生态功能评价与分区技术”（No.2008ZX07526-001）和“白洋淀流域生态需水保障及水生态系统综合调控技术与集成示范”（No.2008ZX07209-009）。

流域综合管理属于交叉学科与领域，内容涉及面广，可供借鉴的成熟理论、技术方法与案例有限，且由于研究时间和认识水平有限，书中疏漏与错误之处在所难免，敬请读者批评指正。

作者

2022 年 3 月

目　录

第1章 绪 论

1.1 研究背景

1.1.1 流域开发导致流域景观变化

流域是一个相对完整的自然地理单元，为人类生产、生活提供水、土地、植物等多种资源，且具有调蓄洪水、净化水质、调节气候、维持生物栖息等环境功能和生态功能，在维护区域生态平衡和环境安全等方面发挥着巨大作用，与人类生存和发展息息相关。流域农业开发、城市发展、畜牧与林业生产、水利水电工程建设等人类活动造成流域土地利用与土地覆被变化，由此导致景观变化。流域景观变化包括流域范围内各景观要素的相互转化和数量增减，主要表现为自然用地景观（如林地景观、草地景观）减少和开发用地景观（如农业用地景观、建设用地景观）增加，以及由此造成的景观要素组成、分布和斑块形状的改变。在相对较小的时空背景下，人类活动往往作为一种外在胁迫因子叠加于自然因子之上，加速了流域景观的演变，如景观基质面积萎缩、破碎化加剧、景观生态过程受阻、景观功能退化等。流域景观格局的变化对流域生态系统产生深刻影响，使流域景观格局变化及驱动机制研究成为景观生态学和全球变化领域中的热点问题（白军红等，2005；崔保山等，2016；黄建涛，2019）。

1.1.2 流域景观变化引起河流的生态响应

流域景观变化通过各种途径引起河流水文情势、水质的改变，最终对河流生态系统造成影响，主要体现在以下方面：①城市化、农业开发和林业生产使流域自然植被景观减少，不透水土地增加，改变流域内蒸散发条件和土壤水分状况，影响区域降水与气候条件，造成汇流时间缩短、地表径流量增加（Schueler，1994），加剧水土流失（Lebo et al.，1998），影响河流水位、流量、流速、洪水脉冲等水文条件，对生物行为和生理造成影响；

②流域城镇与农业景观的增加造成泥沙输入量变化，改变河床形态，造成河流中营养盐、重金属、有机物和有毒化合物浓度增加，与水文情势、水质变化共同作用，影响生物栖息环境以及生物发育、繁殖等生理过程；③河滩地开垦和河岸固化使河岸植被带景观遭受破坏，阻碍陆地生态系统和水生态系统间物质、能量交换，切断了河道与洪泛区的联系，栖息地破碎化程度增加，对河流生物产卵、发育、栖息等生理过程造成影响。景观变化造成河流水文情势、水质、河床形态、栖息地等的改变，最终作用于不同类型的生物群落，导致河流生态功能受损。作为河流生态系统受损驱动机制研究的一个重要方面，流域景观变化的水生态响应研究越来越受到国内外学术界重视。

1.1.3 健康导向下的水生态治理与修复迫在眉睫

随着流域景观变化背景下水生态退化的加剧，全球范围内流域水体使用功能都受到了不同程度的损害。在非洲，各类河流被工业废水与生活污水污染，河流净化功能丧失，生态功能受到严重损害（Showers，2002）。美国几乎一半的地表水体不能支持基本水生价值或具备娱乐游泳水体功能（Bohn et al.，2002）。2000 年《全球环境展望》指出，中太平洋地区有 3/4 的河流达到或接近最枯流量的历史纪录，河流生态环境用水缺失严重（联合国环境规划署，2000）。2018 年《世界水发展报告》指出，人类活动与气候变化对水资源、水生态施加了双重影响，加剧水资源和水生态系统的压力和挑战（UNESCO，2018）。流域水体规模萎缩、河岸湿地破坏、河（湖）富营养化、生物多样性下降、气候调节功能衰退等问题凸显，亟待实施流域水生态治理与修复。

生态系统健康概念产生于 20 世纪 70 年代全球生态系统普遍退化的背景下。Rapport 在 20 世纪 70 年代末提出了“生态系统医学”的概念。他和其他一些学者认为，由于人类活动的影响，生态系统受到不同程度的损害，因此需要结合多学科的知识对受害症状进行诊断。这种综合性生态系统诊断的思想逐步发展成为生态系统健康的概念。流域生态健康不仅强调保持流域生态系统生态学意义上的结构合理，以及生态过程的延续、功能的高效与完整，还强调流域生态系统服务功能的有效发挥，是人类发展与生态保护相协调的高度整合性的概念，是一个对人类胁迫与河流响应关系的整体表述。生态系统健康概念自提出起就受到管理者与学术界的广泛推崇，对其指标体系与标准的研究广泛开展，成为世界范围内流域生态修复的指引，为流域生态修复提供了重要的依据。在流域景观变化背景下，以生态健康为目标和导向，系统实施流域水生态治理与修复，成为流域管理的根本要求。

1.2 研究进展

1.2.1 流域景观格局变化及其驱动力

流域景观格局一直是环境科学和生态学的热点领域。20 世纪 80 年代以来，随着遥感（remote sensing，RS）、地理信息系统（geographic information system，GIS）空间分析技术的迅速发展和景观生态学的兴起，对流域景观格局的研究的广度和深度不断加强，利用 RS 技术、GIS 技术进行景观格局变化规律揭示并开展景观格局变化驱动力分析和生态环境效应的研究逐渐受到重视。近年来，国内外的研究主要包括流域内重点景观要素（如湿地要素）的景观格局变化和景观格局变化驱动因素分析等方面。

1.2.1.1 景观格局变化研究

RS 技术、GIS 技术和全球定位系统（global positioning system，GPS）技术与数学模型相结合的定量研究方法为流域景观格局变化研究提供了坚实的技术基础。目前国内外学者主要基于遥感技术提取景观要素信息，采用景观格局指数、景观类型转化、斑块质心变化模型、马尔科夫模型等分析和预测某一景观要素格局变化，并通过景观信息图谱来呈现。其中比较有代表性的方法有景观格局指数法、景观动态变化模型和景观信息图谱分析。

（1）景观格局指数法

流域遥感信息的提取是景观格局指数分析的前提，提取信息的科学性与准确性对后续研究至关重要。以水体为例，根据提取机理的不同，利用遥感影像提取景观格局信息的方法可分为基于象元和面向对象两种。其中，基于象元法是遥感影像信息提取的传统方法，主要分为单波段法和多波段法。单波段法利用水体在近红外波长处的强吸收性以及覆被在此波长范围内的强反射性特点，主要选取遥感影像中的近红外波段并辅以阈值来提取信息（Rundquist et al.，1987），但很难去除冗余信息。多波段法主要利用多波段的优势综合提取信息，并可分为谱间分析法和比值法。谱间分析法较为复杂，被部分国内学者采用（杜云艳等，1998；汪金花等，2004；徐蓉等，2015；王国华等，2020）。通过分析水体与背景地物的波谱曲线特征，找出二者之间的变化规律，进而运用逻辑判别式提取水体信息。比值法则依据不同地类在不同波段中的波谱特性，利用比值计算快速提取水体信息。如利用绿光或红外波段与近红外波段反射率数值的简单比值运算就有利于抑制植被信息，增强水体信息。但这个方法无法彻底抑制与水体无关的背景信息。因此，

McFeeters（1996）提出了归一化水体指数（normalized differential water index，NDWI）以解决这一问题。NDWI 可以最大限度地突出水体、抑制植被信息，在以植被为主的影像区域中提取水体可以发挥出最好的效果，但多数情况下裸露的土壤和建筑物的 NDWI 值与水体相近，因此运用 NDWI 方法提取的水体信息仍夹杂许多非水体信息（段秋亚等，2015；王国华等，2020）。

虽然神经网络方法、模糊分类法、最大似然分类法等数学方法的引入提高了分类精度，然而基于像元的遥感信息提取方法仍属于图像理解过程的第一层次，即仅利用基本像元特征进行识别，没有考虑色调、空间分布关系等的复杂作用，导致解译结果精度低且工作量大，已不能满足当前要求（陈云浩等，2006；杨维超，2020）。鉴于此，许多考虑地物空间特征的遥感影像分类方法得以发展（Huang et al.，2002；魏本赞等，2016；尚夏明等，2019），即面向对象的遥感信息提取方法。该方法的分类基础是多尺度分割，可用于在任意选定的尺度进行影像对象提取（Walter，2004）。基本单元是通过影像分割而获得的同质对象；相对于传统的单个像素而言，影像对象具有更为丰富的语义信息（申晋利等，2009；黄宝华等，2011），从而上升到图像理解过程的第二层次。在分类过程中，充分考虑了地物的纹理、形状、尺寸等空间特征，以像元空间特征辅助光谱信息，提高了分类精度。

湿地景观是地表重要的土地覆被类型，也是独具特点的景观类型（张国坤，2008）。湿地景观是指大小和形状不一的湿地景观斑块在空间上的排列，是各种生态过程在不同尺度上综合作用的结果，具有显著的景观异质性（邬建国，2002）。湿地景观格局变化主要表现为湿地景观格局与过程在时间尺度和空间尺度上的相互作用，主要指土地利用与土地覆被变化和景观类型间的相互转化带来湿地景观格局的时空变化。景观格局指数高度浓缩景观格局信息，是反映景观结构组成和空间配置特征的简单量化指标（邬建国，2002）。通过比较湿地景观格局指数在时间尺度上的变化来研究湿地景观格局变化趋势，是湿地景观格局研究的主要方法之一，也是目前最常用的方法（O'Neill et al.，1988；刘家福等，2009；吕晓等，2016；乔蕻强，2019）。目前反映景观格局变化的特征指数已有 200 个左右，但部分指数并不具有明确的生态学意义，且大部分指数之间的景观格局信息重复（He et al.，2000；邬建国，2002；余刚鹏等，2008）。因此，在湿地景观格局变化研究中，筛选具有代表性的景观格局指数十分重要。

国内借助景观格局指数分析进行湿地景观格局的研究始于 20 世纪 90 年代，主要依据湿地特性，选取破碎化指数、优势度、斑块分维数、聚集度、景观多样性指数等十余种反映景观格局空间分布特征和景观异质性的指数，分析湿地景观格局变化（傅伯杰等，2002）。王宪礼等（1996；1997）选用斑块密度指数、廊道密度指数、景观破碎化指数等

6种指标，定量分析了辽河三角洲景观破碎化程度；他们是国内较早开展湿地景观变化研究的学者，为后来的研究奠定了基础。陈康娟等（2002）选用空间格局指标（多样性、均匀度及优势度）、景观空间构型指标（聚集度、破碎化）及斑块特征指标（斑块分维数），系统分析了四湖地区湿地的景观格局；那晓东等（2009）综合利用各种斑块形状指数、斑块面积和数量等景观指标，分析了三江自然保护区沼泽湿地景观格局的动态变化以及景观基质的演变过程。此外，还有部分学者选用类似景观指数，对湿地景观格局变化开展了定量研究（周亮进等，2007；郑彩虹，2009；周娟等，2011；洪冬晨，2015）。

（2）景观动态变化模型

景观格局指数法侧重定量描述景观异质性和空间分布特征，反映的是景观格局在不同时间段的演变结果，难以反映景观格局空间变化特征，且无法预测景观格局未来变化趋势。景观动态变化模型的出现弥补了这方面的不足。目前，国内学者主要采用动态度模型、相对变化率模型、斑块连接指数模型、斑块质心变化模型等模型来表征景观的动态变化，并采用马尔科夫模型（Pastor et al.，1991；王东等，2021）、细胞自动机模型（Wolfram，1984；孙燕楠，2007）等动态模型来模拟和预测景观格局的动态变化过程。

国内外学者应用较多的湿地景观动态变化模型主要包括斑块模型和马尔科夫模型。汪爱华等（2003）通过湿地斑块形状指数模型、斑块连接指数模型和斑块分布质心变化模型来表征三江平原沼泽湿地近20年间的空间格局变化情况，结果表明该区沼泽湿地斑块间隙越来越大，破碎化较为严重，分布质心发生了偏移。李闯等（2008）通过质心模型研究发现松嫩平原湿地分布质心在21年间偏移了49.82 m，湿地景观具有破碎化和萎缩的趋势。杜会石等（2018）以松嫩沙地湖泊为研究对象，采用对象分类、景观指数和数理统计方法等，发现在35年间湖泊群质心向东北东方向迁移了46.28 km，松嫩沙地湖泊群景观破碎化加剧。

由于景观格局与土地利用变化有着十分紧密的联系，许多学者将景观类型划分为湿地景观和非湿地景观，利用土地利用转移矩阵分析各湿地景观斑块间的转化关系，同时结合动态度模型、相对变化率模型等判断湿地景观变化速度和强度。Kuzila等（1991）通过两个时期的土壤类型图，研究了Nebraska州的湿地景观与非湿地景观在1927—1981年的转化关系，结果显示湿地景观在该时期损失了670 hm^2；白军红等（2003；2005）采用土地利用与土地覆被类型变化过程的分类方法，研究了霍林河湿地景观类型转化过程，结果显示湿地景观与非湿地景观存在渐变转化与转换两种类型的转化关系。

这些研究引用的模型属于景观格局变化表征模型，不能模拟某一景观要素的数量变化。利用马尔科夫模型，不仅能探讨景观要素类型的数量变化，而且可理解景观类型的空间转移特征。诸多学者引入马尔科夫模型来预测景观格局变化，该模型已成为景观格局变化研究中的常用方法。王学雷等（2002）、宁龙梅等（2004）、边延辉等（2008）、何桐等（2009）、郝景莹（2019）、张红华等（2021）在 RS 技术和 GIS 技术支持下，利用马尔科夫模型，分别对四湖地区、武汉市、红河地区、鸭绿江口、小兴安岭等区域的湿地景观格局进行了分析和预测。研究结果表明马尔科夫模型模拟结果与实际情况基本吻合，说明该方法对湿地景观格局变化而言，是一种较为实用的模拟方法。

（3）景观信息图谱分析

上述研究方法和模型虽能从时间尺度和空间尺度上分析湿地景观格局变化，但仅靠定量化的描述数据，无法形象化地表达这种变化趋势。地学信息图谱运用 GIS 手段，将“描述性思维”与“形象化思维”结合，是地学图谱与数学模型的统一体。图表示空间单元特征，谱表示事件发展的起点与过程，图谱则是空间尺度与时间尺度动态变化的统一表述，即在时间演化过程的系统中同时表达了空间差异，是一种时空复合分析方法论（周虎成等，1998）。由地学信息图谱发展而来的景观信息图谱通过建立景观格局变化的空间意向，以直观、形象的方式表达了复杂的景观格局变化过程。叶庆华等（2004）以黄河三角洲 1956—1966 年 4 期土地利用空间数据为基础，合成了一系列空间土地利用图谱，并通过图谱重构提取了黄河三角洲在 40 年间土地利用变化的“涨势”系列图谱；张国坤（2008）以新开河流域 4 期土地利用空间数据为基础，合成了一系列湿地景观图谱。张荣群等（2012）、赵丹丹（2016）、李丹等（2018）利用地学信息图谱进行了类似的研究。

1.2.1.2 景观格局变化驱动力

自然过程和人类活动的综合作用是景观格局变化的驱动因子；在景观格局演变过程中，这两种驱动因子在不同时空尺度上发挥了不同层次的功能（张秋菊等，2003）。对流域中的湿地景观来说，其变化受制于动态的水文过程、生物过程和气候过程（Pearsell et al., 1994）。自然驱动过程常在较大的时空尺度上作用于湿地景观，往往通过气候变化的影响改变湿地水文条件，进而改变土壤发育过程和植被群落的演替模式。飓风、洪水等极端气候和水文事件也是湿地景观演变的重要驱动力。同时，随着流域人口增加、农业活动强度增大和城市化进程加快，对自然湿地的开垦力度不断加大，原生湿地景观萎缩和退化，人工湿地景观扩大；水利工程建设改变了湿地水文周期，从而导致湿生植被发生演替；沟渠和道路修建导致湿地景观破碎化程度加剧，零散分布的自然湿地不断退化。

傅伯杰等（2002）将引起景观格局变化的驱动因子归纳为自然驱动因子与人文驱动因子两类；其中，自然驱动因子中气候、水文、土壤等被认为是主要的自然驱动力类型，人文驱动因子包括人口变化、技术进步、经济发展、政策变革、文化价值观念改变等因素。由于人文驱动因子中的政策变革、价值取向、意识形态等难以定量化，且对景观格局变化的驱动机制尚不明确，因此在景观格局变化驱动力研究中，研究者往往较多地关注人口、地区生产总值、三次产业产值、农产量等易于定量化表达人类活动强度的社会经济驱动因子。

湿地景观格局变化的驱动力存在主导驱动力与非主导驱动力的区别。因此，在开展湿地景观格局变化驱动力分析时，多数学者一般综合考虑自然驱动因子和社会经济驱动因子的影响，采用相关分析、多元回归分析、主成分分析等数学方法，定量或定性地分析各驱动因子与景观格局变化间的关系，度量各驱动因子对湿地景观格局变化的作用程度，确定主导驱动因子。有学者研究发现，滨海湿地丧失是多种因素相互作用的结果，但因海浪侵蚀、海水入侵等自然过程而丧失的滨海湿地面积约占50%；李娜（2008）通过插值法获取各地区气温、降水、风速等自然驱动因子，选用人口、农作物播种面积、粮食产量、农林牧渔总产值等 7 种社会经济驱动因子，探索这些因子与黑河流域中游土地利用与土地覆盖变化的关系，发现水域面积与气温、风速和相对湿度这 3 个自然驱动因子呈较强相关性；李文龙等（2009）的研究表明，年均温度升高导致的蒸发量增大是玛曲沼泽湿地退化的主要原因，牧业人口和牲畜头数的增加导致对水资源及草原资源的掠夺增加，加速了湿地面积的减少和功能的退化；刘宏娟等（2009）使用逻辑斯谛回归模型，结合气候模型，分析了大兴安岭北部沼泽湿地与18种环境因子（11种地形因子和7种气候因子）的关系，发现在不考虑人为干扰的情况下气候变暖是沼泽湿地面积减少的主要原因。可见，在全球变暖的大背景下，气候因素在景观格局变化尤其是湿地景观格局变化研究中不可忽视。

尽管景观格局变化及驱动机制研究取得了一定进展，但研究方法较为单一，缺乏不同方法间的结合性研究；同时，受制于数据的可获得性，以往多数研究仅考虑自然干扰或人类活动某一方面对景观格局的影响，导致景观格局变化的内部成因和外在动力探讨不足。因此，集成多种方法、选取多方面指标开展景观格局变化及驱动因素分析是研究方向之一。以往多从区域尺度上开展景观格局变化研究，研究尺度比较局限。特别是对湿地这种特殊的景观系统，其所在区域内的自然环境背景特征、土地利用方式和人类活动强度的空间差异较大，对湿地景观格局变化的作用程度不同，仅从区域尺度上开展研究时，研究结果较为宏观。从多个分区尺度分析、比较湿地景观格局变化差异，明确其变化的主导地区，也是需要开展的研究内容。

1.2.2 流域景观变化的水生态响应研究

流域景观变化的水生态响应主要包括水质和水生生物的响应，其研究方法主要是通过建立景观指数与水质指标、水生生物指标之间的经验模型，分析这种响应关系。故样本容量、尺度选择、指标计算与选取、研究方法选用是实现客观准确地分析这种响应关系的关键因素，会对研究结果产生重要影响。

1.2.2.1 研究尺度选取

景观格局具有明显的尺度依赖性（徐丽华等，2007；杨竞艺，2021），尺度选择不当，就不能科学地解释研究对象的本质。区分不同时空尺度以进行流域景观变化的水生态响应动态研究，可以更好地为客观评价河流健康状况，合理调控景观格局以降低水生态干扰，以及维护水生生物多样性提供支持。

在时间尺度上，地表径流造成的河流污染和暴雨径流过程所处阶段有一定联系（李恒鹏等，2006）。在暴雨季节，河流水质往往较差，暴雨径流中含有较高浓度的泥沙、营养盐、重金属、有机物、细菌等（王东胜等，2004）。而季节更替引起气候条件改变，降水量、径流量、地下水补给、河流流量流速以及水温随之发生变化，河岸带植被和河流水生生物生长状况也发生相应变化，人类生产活动干扰频度和强度均会发生变化（牟溥等，2004）。这些因素的变化导致土地养分输出、河岸带缓冲过程、河流内养分迁移转化过程发生变化，进而导致河流水质发生季节性变化，水生生物种类和数量也呈季节性响应。Johnson 等（1997）分季节研究了流域景观与河流污染物间的关系，发现景观对水质的影响具有明显的季节效应；陈利顶等（2003）研究了河流污染的时空差异，发现干旱年份各种污染物空间变异小于降雨正常年份。Helms 等（2005）和 Pinto 等（2006）研究了不同季节流域景观指数与鱼类生物完整性指数（F-IBI）的关系，发现冬季鱼类对景观格局变化更敏感。于磊等（2011）对嫩江右岸典型子流域进行了时间尺度的研究，结果表明丰水期与水质指标显著相关的景观指数个数较枯水期多；丰水期林地、草地和耕地景观与水质指标的相关性强，而枯水期建设用地景观与水质指标的相关性强。近年来，张巧玉（2015）、孔祥伦等（2020）、李贺颖等（2021）也开展了时间尺度与景观格局之间关系的研究。

在空间尺度上，主要从流域、河岸缓冲带、小尺度（河段）等尺度进行景观变化的水质、水生生物响应研究。近年来，河岸缓冲带尺度上的水质响应研究越来越受到重视（Morley et al.，2002；Allan，2004；周婷等，2009；曹宏杰等，2018）。许多研究者（Schlosser et al.，1981；陈利顶等，2002；Amiri et al.，2008；孙然好等，2012；贾玉雪等，2020）深入地分析了河岸缓冲带土地利用类型“源-汇”景观格局对河流水质的调节功能。结果表明，河岸缓冲带具有拦截径流中的养分和沉积物、改善河流水质的作用，缓冲带景观格局对水质产生重要影响。Phillips（1989）提出河岸缓冲带描绘方程（RBDE）；Basnyat 等（1999）在 RBDE 基础上进行修改，计算出河岸缓冲带削减污染物的有效作用宽度（作用带），在这个尺度下探讨了景观变化的水质响应规律。而对景观格局变化的水生生物响应研究的空间尺度更多集中在流域尺度上。Wang 等（2000）、张远（2006）、吴璟（2007）、吴璟等（2008）分别探讨了流域尺度上各类用地变化的水生生物响应，这类研究没有考虑小尺度到大尺度上水生生物响应的显著影响因子的差异，这可能是今后研究的方向。

1.2.2.2 研究指标选取

（1）景观指数选取

以前的研究侧重于分析土地利用与土地覆被变化的水生态响应（Osborne et al.，1988；Basnyat et al.，1999；牟溥等，2004）。然而，景观指数表征并不局限于景观类型的面积比例。随着河流生态系统受损机理、河流生态退化驱动机制研究的深入，所选择的景观指数日益丰富。越来越多的学者采用景观格局指数，如聚集度指数（Shandas et al.，2009）、斑块长度和宽度（Jones et al.，1999；Wooster et al.，2006）等，分别描述景观斑块的聚集程度、大小和形状，反映流域景观格局特征，并将其运用到与水质、水生生物相关的研究中。Hunsaker 等（1992）利用蔓延度指数，解释了美国南部 Illinois 流域水体电导率的变化；Heggem 等（2000）利用林地比例、平均斑块大小、新增公路长度等景观指数，揭示了美国 Tensas 河流域 20 年间的水质变化情况；Johnson 等（1997）将景观指数分为受人类活动干扰的土地利用指标（不同地类面积比例）和不受人类干扰的景观地理指标（斑块密度、坡度等），分别分析了各指标对水质变化的影响程度。Alberti 等（2007）选择的指标更为全面，包括土地开发强度、土地覆被组合、景观格局（平均斑块大小、聚集度、邻近度等）和不透水地面连通性等，系统研究了城市用地格局变化的河流生物响应。系统选择反映景观格局组成和空间构型的景观指标并开展指标变化的水生态响应研究是未来研究的方向。

（2）水质指标选取

随着土地利用强度增大，流域景观结构与过程发生改变，河流中营养盐浓度、有机物浓度、浊度上升，水体酸化程度加剧，河流水质下降。氮、磷是地表水体富营养化的重要限制因子，因此对氮、磷的研究较多。Osborne 等（1988）研究了土地利用类型与 Salt Fork 流域河流中硝酸氮和溶解磷浓度的关系。国外众多研究表明，农业用地与林地面积比明显影响径流中氮素的含量（Tabuchi et al.，1995）；一些学者（Bhaduri et al.，2000；Tong et al.，2002）将经验模型与机理模型相结合，也得出了类似的结果，验证了土地利用方式显著影响河流中营养盐浓度的结论。国内对景观变化的水质响应进行了一些初步研究，主要集中在氮素或磷素等单个水质指标上。陈欣等（2000）研究了流域内坡地不同利用方式对土壤磷素流失的影响，结果表明坡地不同利用方式的磷素流失差异明显；

梁涛等（2002）和杨金玲等（2003）分别研究了不同土地利用类型和结构下径流中氮素的含量和输出量变化规律，结果表明土地利用和景观格局显著影响径流中氮素的含量和输出量；王夏晖等（2005）研究了沿河流分布的多种农业"汇"型景观结构对磷素传输过程的空间调节作用；聂小飞等（2013）研究了天目湖流域丘陵山区典型土地利用类型氮流失特征；童晓霞等（2015）利用改进的 SWAT 模型，研究了赣抚平原灌区芳溪湖流域不同土地利用类型与氮、磷流失的关系；苏孟白等（2020）以滇中尖山河流域为案例区，研究了不同土地利用类型（人工林、灌木林、次生林、坡耕地）对径流中不同形态氮、磷浓度的影响。

除选择氮、磷等与水体富营养化相关的指标作为水质指标外，一些生物指标也被纳入水质指标表征中。Kelsey 等（2004）分析了美国华盛顿 Murrells Inlet 21 个监测点的土地利用数据和大肠杆菌浓度变化，评价了土地利用方式和大肠杆菌浓度之间的关系。

单一的水质参数不能反映河流总体水质状况，水质状况表征方法的发展使流域景观变化的水质响应研究越来越具有合理性。在水质状况表征上，以综合污染指数法的应用最为常见（艾尼瓦尔・买买提等，2007；袁露等，2013；张翔，2021），即根据研究河流实际情况，选取一定数量指标，计算出综合污染指数。此方法用较少的参数就可以全面反映河流水质状况，但由于不同参数对水质的表征程度不同，因此涉及权重问题。

（3）水生生物指标选取

生物体是河流生态系统的重要组成部分，具有整合不同尺度上物理影响、化学影响和生物影响的能力，可反映多种生态胁迫对水环境的累积效应。在众多水生生物指标中，表征完整性和物种多样性的指数常被用于河流生态系统对外部环境条件变化的响应研究中。其中，以底栖动物和鱼类为对象的生物指数应用较多，如底栖生物多样性指数（B-H）、底栖生物完整性指数（B-IBI）（Snyder et al.，2003；吴璟，2007；张宇航等，2020）、鱼类生物完整性指数（F-IBI）（Wang，2001；周天舒等，2016；严太明等，2021）等。其中，B-IBI 可以反映污染物的生物效应以及人类活动对流域景观的影响，在河流健康评价、水质生物评价以及景观格局变化的水生态响应研究中应用最为广泛。此外，生物栖息地可显著影响当地生物群落组成和结构，是保障河流生态完整性的必要条件之一（Rabeni，2000），栖息地指数（HI）也常与其他生物指标一起被纳入河流生物响应研究中（艾尼瓦尔・买买提等，2007）。

1.2.2.3 研究方法选取

河流水质、水生生物胁迫因子众多、作用途径多，加之河流生态过程复杂，使河流水生态系统对外来胁迫的响应具有不确定性。由于变量之间信息重叠，研究中对水质、水生生物监测数据信息的提取变得十分复杂。基于统计学原理的经验模型是常用的研究方法（赵彦伟等，2010）。

从建模方法看，景观格局变化的水生态响应研究主要采用统计学中的线性模型方法，即将景观指数作为自变量或解释变量，水质指标、水生生物指标作为因变量或响应变量，建立数学分析方程，从而对景观格局变化引起的水质、水生生物变化进行分析或预测。目前用到的数学分析方法主要包括相关分析、方差分析、回归分析等。也可采用主成分分析、因子分析、典型变量分析、冗余分析等方法进行自变量的筛选、分类、排序，从而考查自变量的作用大小（金卫斌等，2008）。

早期的研究侧重于应用逻辑斯谛回归模型研究景观变化的水质响应关系。高学民等（2000）采用逻辑斯谛回归模型，分析了土地利用与河流水体中硝态氮浓度的关系；Smith 等（2001）采用逻辑斯谛回归模型，研究了多个流域景观指数与水体病原体浓度的关系。近年来，各种数学分析方法的应用越来越广泛；Wang 等（2000）利用皮尔逊相关分析和多元回归，研究了生物指标（鱼类和大型无脊椎动物）和景观变化之间的关系；Jarvie 等（2002）采用多元逐步回归，分析了土地利用、降水量和有效降水量与英国中部 Humber 流域水质参数之间的关系；Ren 等（2003）选择上海黄浦江 5 个典型区域作为研究样本，建立了 1947—1996 年城市土地利用类型面积比例与水质级别的回归模型；牟溥等（2004）对黑龙江省阿什河流域 1～5 级溪流河水的 pH 值、浊度、氨氮浓度、硝态氮浓度、磷酸盐浓度和河岸带各土地利用类型的面积进行了方差分析和多元比较，分析了不同溪流级别下土地利用类型与溪流水质的关系；岳隽等（2008）利用灰色关联分析方法，研究了深圳市西部水库流域景观格局指数与水质指标的关系，探讨了“源”“汇”景观格局对非点源污染的影响程度；吴璟（2007）通过曲线拟合，得到了 B-IBI 与耕地面积占比之间的二次曲线关系；谢贺芳（2009）探讨了降雨和景观格局变化对白河流域水文、水生态的影响；李昆等（2020）基于景观格局指数、冗余分析等方法和模型，识别出汉江流域襄阳城区段景观格局对河流水质影响最显著的河岸带宽度，并建立景观格局与水质的相关关系；范雅双等（2021）采用相关性分析、冗余分析、逐步回归分析等方法，综合景观组分指数和景观空间配置指数，量化了景观指数对东苕溪上游区域不同水质指标的解释能力。这些研究目的不同，选用的数学分析方法也不同。总体来看，相关分析和回归分析的应用较为普遍。

1.2.3 流域水生态健康评价研究

1.2.3.1 水生态健康的概念

关于水生态健康的概念，许多学者给出了大量的定义与解释。但由于各国及地区水域本底条件不同，受到干扰的类型和强度有别，面临的生态环境问题多样，研究主体、目的及视角也有区别，因此水生态健康的涵义尚不十分明确，各专业的学者理解不一（董哲仁，2005；蔡守华等，2008；高凡等，2017）。总体上看，对其概念认识上的分歧主要集中在其概念是否包括人类服务价值这一点。

美国 1972 年《水污染控制修正法》规定其目标是恢复与维持水体的化学完整性、物理完整性及生物完整性。通过完整性（integrity）表明水体的自然结构与生态系统功能得以保持的良好状态。Simpson 等（1999）把水体受扰前的原始状态当作健康状态，认为河流健康是指水体支持与维持主要生态过程，以及具有一定种类组成、多样性和功能组织的生物群落尽可能接近受扰前状态的能力。澳大利亚的 AusRivAS 即以此理解为基础，通过研究区与未受人为干扰参考点的比较来判断水体的健康状态。

但此后，越来越多学者认为理解生态系统的全面性和整体性时，应把人类作为生态系统的组成部分，而不是将人类与生态系统相分离（Bormann，1996）。不考虑社会、经济与文化的生态系统健康讨论是不科学的，生态系统的健康问题是人类活动所导致的，不可能存在于人类的价值判断之外（Rapport，1998）。生态系统健康应包含两方面内涵：满足人类社会合理需求的能力和生态系统本身自我维持与更新的能力（Rapport et al.，1999）。Karr（1995）的论述比较彻底，他认为即使生态系统的完整性有所破坏，只要其当前与未来的使用价值不退化且不影响其他与之相联系的系统的功能，也可认为此生态系统是健康的。

许多学者即是在此认识的基础上，在水生态健康的概念中体现了人类社会价值判断。Fairweather（1999）认为水生态健康包含着活力、生命力、功能未受损害及其他表述健康的状态，应包含公众对水体的环境期望。Norris 等（1999）则认为，河流生态系统健康依赖于社会系统的判断，应考虑人类福利要求。Meyer（1997）的理解最为全面，认为健康的水体除了要维持生态系统的结构与功能外，还要包括生态系统的社会价值（如图 1-1 所示），在健康的概念中涵盖了生态完整性与其对人类的服务价值。Rogers 等（1999）从管理的角度进行了界定，坚持水生态健康管理目标的设定必须以社会期望为基础。这种体现人类价值判断的水生态健康理解使水生态自然生态特征的维护与生态服务功能的持续供给相协调，认为健康的水生态系统不但保持生态学意义上的完整性，还应强调其对人类的生态服务功能的发挥。完整性影响生态系统的恢复能力，服务功能是生态系统管理的重要目标之一，二者的有机统一有助于实现河流生态系统的良性循环与服务的持续供应，促进人与自然的和谐。目前，这种认识逐步得到认同。

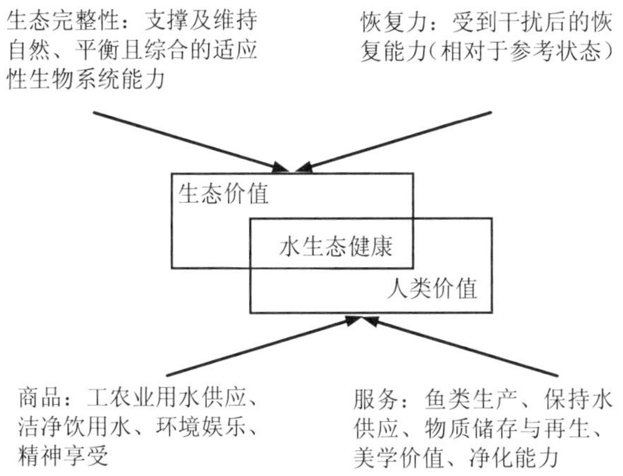

图 1-1　水生态健康的概念示意（Meyer，1997）

1.2.3.2　水生态健康评价方法

要使水生态健康的概念与理论研究具有现实意义与应用价值，很关键的一点就是确定合理的评价方法。传统的基于物理化学参数测定的评价方法对评价水体的水质状况具有重要的使用价值，但在用于生态系统水平上时，则有局限性。大体上看，水生态健康的评价方法可分为生物监测法和综合指标法，后者是近年来发展起来的一种较新的方法，成为水生态健康评价的发展趋势。这些方法都有其自身的缺点，不具有普遍的适用性。

（1）生物监测法

很久以前，研究者发现，水生态系统的任何变化都可能影响水生生物的生理功能、种类丰度、种群密度、群落结构与功能。水生生物的生物学、生态学与生理学特征成为反映水体状况的重要指标（黄玉瑶，2001）。通过监测一些生物或其类群的数量、生物量、生产力、结构指标、功能指标及其一些生理生态状况的动态变化（即生物监测），可描述水生态系统的健康状况。生物监测方法得到了较多的应用。最经典的生物监测方法是指示物种法。在指示物种法中，对水域生物（如细菌、藻类、原生动物、海绵动物、浮游动物、环节动物、软体动物、轮虫、苔藓动物、昆虫甚至水草等）进行系统的调查、鉴定，根据物种的有无来评判生态系统健康状况，这种方法是水域生态系统状况的重要评判手段。之后，在指示物种的选择上，有研究者选择运动范围较大的指示物种，在景观尺度上评价水生态健康。例如，Kingsford（1999）运用航空监测手段，了解河流系统周围水鸟的数量变化与分布趋势，以研究具有较大河漫滩的河流的健康状况，从而将河流与其附属湿地、河漫滩的健康相联系。

指示物种法的重大缺陷在于筛选标准不明确，许多文献的筛选标准不一致，存在许多不必要的冗余物种，增加了工作量（马克明等，2001）。同时，这种方法需要有足够的生物数据以及生物与环境之间的关系研究作为基础，因此在不满足这些条件的区域，这种方法的使用就会受到限制（孙雪岚等，2007）。此外，这类方法能反映水生态系统的健康水平，但不足以反映水生态综合健康水平（徐宗学等，2016；高凡等，2017）。

20 世纪 50 年代以来，许多学者用较简单的生物指数与物种多样性指数替代指示物种，以监测水生态健康状况。这类方法得到了较多的应用。生物指数法多以鱼类、着生藻类（多为硅藻）及无脊椎动物为监测与研究对象（唐涛等，2002）。

鱼类个体大、生长周期长、较易鉴别，且鱼类群落由不同食性的种类组成，能够反映水体状态的变化，因而在实践中得到应用。以鱼类为对象的生物指数的代表是鱼类生物完整性指数（IBI）（Karr，1981）与鱼类集合体完整性指数（FAII）等（Kleynhans，1999）。鱼类生物完整性指数通过鱼类年龄结构、营养结构、敏感鱼类与耐污种的生存状况、鱼类的疾病或其他损伤情况综合评判水体状况。这种方法主要用于评价水体的现状、趋势与变化原因，在美国与欧洲得到了广泛的应用。在欧洲，包括法国在内的 12 个欧盟国家发起了一项研究计划，开发基于鱼类的评价方法，为《欧盟水框架指令手册》提供直接支持（Thierry et al.，2002）。

底栖动物由于其定居性及在营养结构中的地位，成为区域性的监测指标。早期的基于河流大型无脊椎动物监测的健康状况评价指数主要包括特伦特生物指数（Woodiwiss，1964）、计分制生物指数（Chandler，1970）、连续比较指数（Cairns et al.，1971）、河流无脊椎动物预测和分类系统（RIV-PACS）（Wright et al.，1989）等，后来逐步发展起来的有澳大利亚河流评价计划（AusRivAS）（Smith et al.，1999）、南非计分系统（SASS）（Chutter，1998）、底栖生物完整性指数（B-IBI）（Karr，1999）、营养完全指数（ITC）（Pavluk et al.，2000）等。我国学者在借鉴国外经验的基础上，也进行了较多利用底栖动物监测水生态健康的实证研究（杞桑等，1985；任淑智，1991；潘保强，2017；孟翠婷等，2021）。藻类的种类与数量组成是水体状况的重要指标，藻类生物指数也有不少范例。其中，较有代表性的指数包括污水生物指数、硅藻生物指数（津田松苗，1962）、藻类丰富度指数（Marsden et al.，1997）、污染敏感性指数（IPS）（Sládeček，1986）、类属硅藻指数（GDI）（Kwandrans et al.，1998）及营养硅藻指数（Kelly et al.，1998）等。

常用的物种多样性指数包括马格列夫（Margalef）多样性指数、香农-维纳（Shannon-Wiener）多样性指数、PFU 微型生物群落等。这类方法对确定物种、判断物种耐性的要求不太严格，应用起来较为简便（黄玉瑶，2001）。在我国，改进后的 PFU 微型生物群落法成为水环境生物监测的国家标准方法，得到了大量的应用（许木启，1991；

沈韫芬等，1995；李凤超等，2008；李朝霞等，2012）。

（2）综合指标法

生物监测法存在许多缺点，如选择不同的研究对象及监测参数会导致不同的评价结果，难以确定不同生物类群进行评价时的取样尺度与频度，无法综合评价水生态系统状况问题等。而且一个指标只能反映干扰传播过程中造成的某方面影响，在流域范围内对所有干扰都敏感的单一水生态健康指标是不可能存在的（Townsend et al.，1999）。因而，综合物理指标、化学指标、生物指标甚至社会经济指标，能够反映不同尺度信息的综合指标法成为生态系统健康评价的重要手段（孔红梅等，2002；谢国庆，2013）。

综合指标法有两个方向，其一是收集多方面数据进行综合评判，其二是强调生态作用过程（Boulton，1999）。前者中，比较有代表性的是 RCE 评分（Petersen，1992）与溪流状况指数（index of stream condition，ISC）（Ladson et al.，1999）。ISC 综合反映了河流水文学、物理构造特征、河岸带状况、水环境质量及水生生物等 5 个要素共计 19 项指标（如表 1-1 所示），采用打分（如表 1-2 所示）的方法对水体进行对比性评价，相对于生物监测法，评价结果更加综合与全面。综合指标法比较适用于长度为 10～30 km 且受扰历时较长的农村河流的评价，但不适合评价短期改变对水生态健康状态的影响，也不适合评价某一点水体的健康状况，且由于其侧重于水体环境价值的评价，因此对洪水控制、水土流失及娱乐等方面的考虑较少，适用范围受限。RCE 评分也有类似缺点，即仅适用于农业区水体。类似的方法在其他地区也有一定的应用，如新西兰的 Townsend 等（1999）收集了大量的物理、化学与生物学方面的数据，对新西兰的典型牧场草地河流健康状况进行了综合评判，并获取了一些能显示干扰范围与残遗种保护区重要性的生态参数，为河流系统的全面修复提供了参考。

表 1-1 ISC 指标体系

类别	详细指标
水文学	年均流量变化比例、流域渗透状况（permeability）导致的日流量变化、水电站建设导致的日流量变化
物理构造特征	河岸稳固性、河床稳固性、人工构筑对鱼类洄游的影响、河道内自然栖息地
河岸带状况	岸边区域宽度、河流纵向连贯性、结构完整性、外来种植被盖度、本土木本植被的再生情况、死水区（billabong）状况
水环境质量	总磷、浊度、电导率、pH 值
水生生物	Signal①、AusRivAS②

注：①是澳大利亚的 Bruce Chessman 对英国生物监测工作组计分系统进行修正后的一种生物评价方法。
②是澳大利亚的一个综合水质、生物监测和栖息地评价的预测模型。

表 1-2 ISC 单项及总评分标准

特征	分值	总分	河流状态
非常接近于参考状态	4	45～50	健康
相对于参考状态有较小改变	3	35～44	好
相对于参考状态有中等改变	2	25～34	一般
相对于参考状态有大的改变	1	15～24	差
相对于参考状态有严重改变	0	＜15	较差

有关学者逐渐认识到生态过程的完整性也是水生态健康的重要表现之一，仅依据物种的分布模式与状态表现是不能完整地表达生态系统的运行机制问题的，由此开展了有关生态过程典型指标（如受扰后恢复速率、有机碳与营养物的动力学机制等指标）的研究。Townsend 等（1999）利用模型，预测了流域土地利用对生态过程（如生产力、呼吸、分解与营养循环等）的影响，以评判河流状况；Bunn 等（1993）以总初级生产力（GPP）、呼吸作用测定与同位素分析来研究有机碳的输入、输出及迁移，从而判别河流生态系统对流域干扰尤其是河岸植被带退化的响应关系，得出了许多重要的结论。

1.2.3.3 相关技术导则与规范

近年来，我国水生态健康评价工作日趋成熟，已建立相对成熟的普适性评价体系，较为全面地反映了我国水体的水文、水质及水生态的现状和问题。但由于我国水体类型、自然地理条件、经济社会属性等的差异，相关方法及指标体系仍存在一定的问题，有待进一步优化与调整。目前，我国学者倾向于以国内外水生态健康评价指标研究为基础，综合考虑水生态健康指标体系构建原则，立足于我国流域水体自身特点，选取能够反映流域系统压力、状态、响应特征的具体指标，构建特定的水生态健康评价指标体系。我国长江水利委员会、黄河水利委员会、珠江水利委员会等三大流域管理机构针对各自流域的状况，分别建立了河流健康评价指标体系，提出了“健康长江”“健康黄河”“绿色珠江”的概念。其中，长江水利委员会结合长江实际，提出了“健康长江”的总目标层、系统层、状态层和要素层指标体系，设置了 16 个指标（如图 1-2 所示）。该体系是我国首个大江大河的健康评价体系，涵盖了河流的水文状况、生态系统健康状况和社会功能三方面，可实现对长江的自然属性和社会属性的综合评估（王宏伟等，2011）。

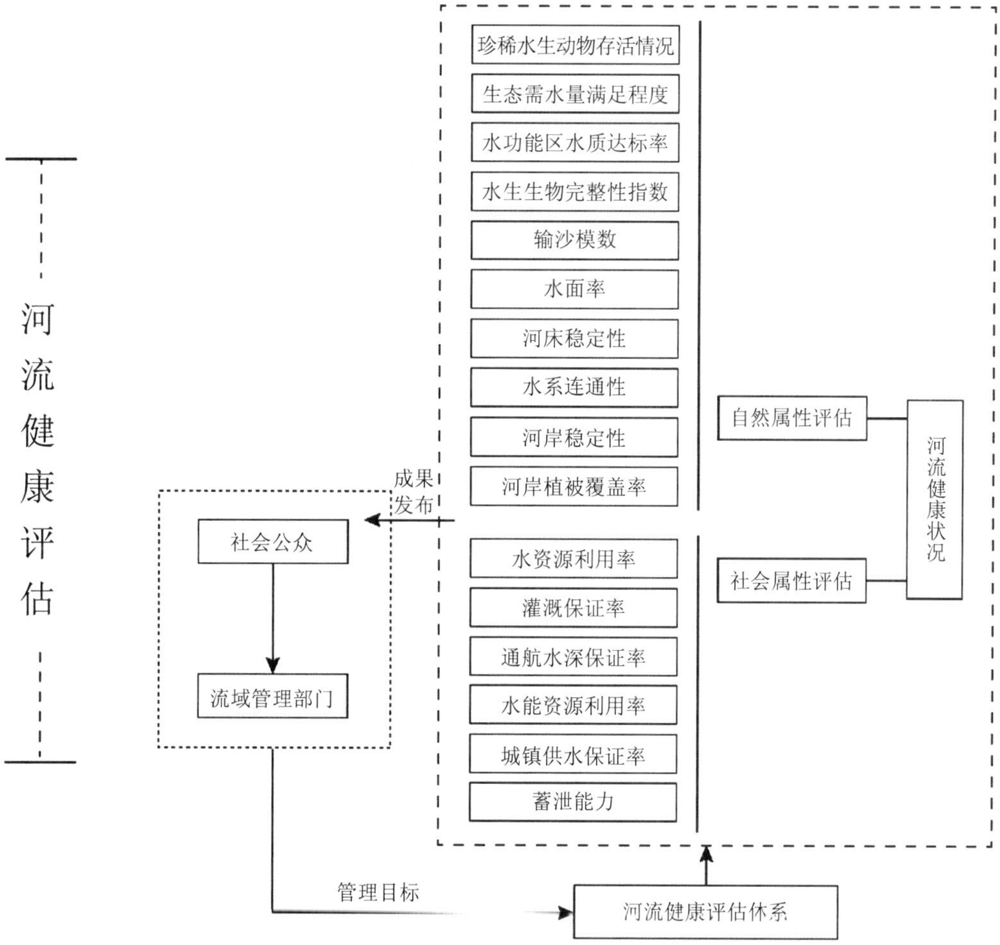

图 1-2　健康长江评价体系（蔡其华，2005）

2020 年，水利部河湖管理司结合我国国情、水情和河湖管理实际，发布了《河湖健康评价指南（试行）》。该指南从生态系统结构完整性、生态系统抗扰动弹性、社会服务功能可持续性三个角度，建立了河湖健康评价指标体系与评价方法（如图 1-3 所示），并将河流健康状况划分为“理想状况”“健康状况”“亚健康状况”“不健康状况”“病态状况”五个等级。该评价体系有助于客观评价水体生态格局、功能和胁迫状况，为水体管理与生态修复目标制定提供了技术支持。

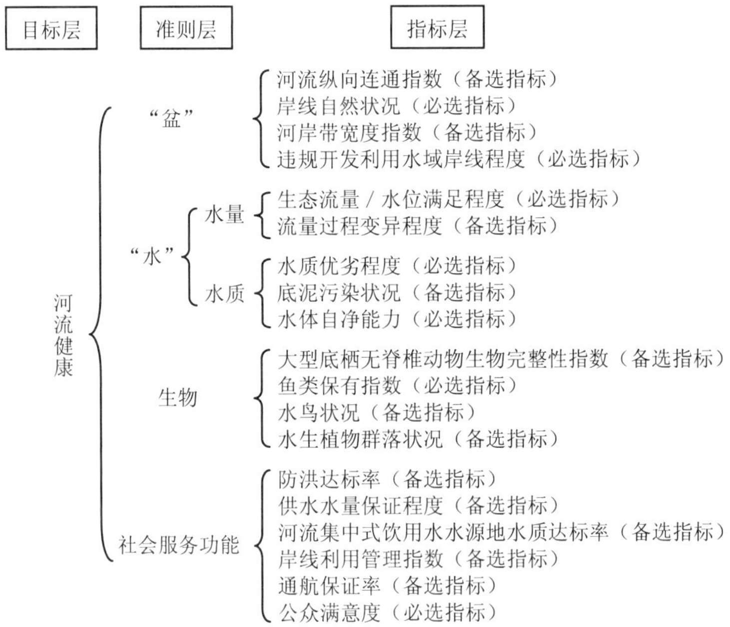

图 1-3　河流健康评价体系（水利部河湖管理司，2020）

各省份中，北京市走在前列。2021 年 10 月，北京市发布了《水生态健康评价技术规范》（DB/T 1722—2020）。在该标准中，分河流、湖泊、水库三类，构建了包括目标、准则与指标的指标体系，提出了以水生态健康综合指标为基础的评价方法，并确定了分级标准。北京市水文总站利用此技术标准，对北京市河湖水系进行了调查评价，于 2020 年 12 月发布了《2019 年北京市水生态监测及健康评价报告》，摸清了北京市河湖水系生态本底，为流域河湖治理提供了依据。

1.3　本书主要内容的逻辑关系

本研究选择典型流域，在流域土地利用转化趋势分析的基础上，分析了流域景观格局的时空变化，探讨了流域景观格局变化的水文、水质与水生态响应，进一步从流域、河流廊道、湖库湿地三个尺度，开展了水生态健康评价研究，最终提出了保障水生态健康的流域水生态修复与综合治理框架，各章节内容之间的逻辑关系如图 1-4 所示。

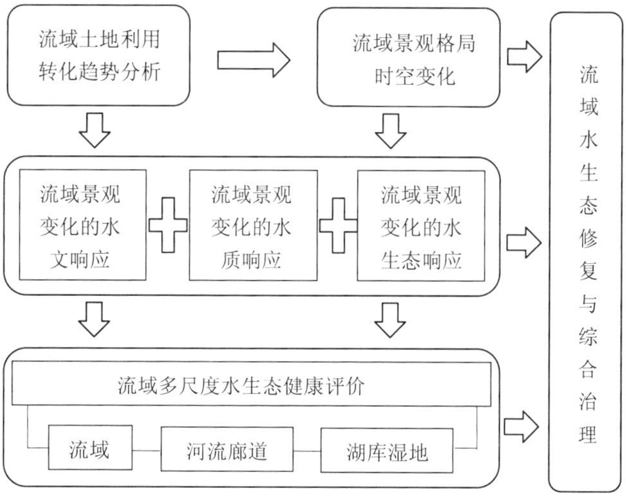

图 1-4 各章节内容的逻辑关系

1.4 研究意义

1.4.1 理论方法意义

①景观格局变化研究已成为景观生态学和全球变化研究领域中的热点问题。RS 技术、GIS 技术、GPS 技术的迅速发展为湿地景观格局变化研究提供了良好的平台。在当前背景下，如何全面系统、定性定量分析景观格局变化并将结果加以视图表征是研究的热点。本研究在前人研究的基础上，集成不同研究方法，提出了历史动态分析和模拟预测、数量表征和图形呈现相结合的研究方法；区分不同时空尺度，分别从景观水平和斑块类型水平开展景观格局变化及其驱动机制研究，丰富和完善了景观要素，尤其是湿地景观格局变化研究的方法体系。

②流域内河流水质、水生生物状况与流域景观格局关系密切，且这种关系因景观格局的变化而存在差异。研究尺度选取不同，景观空间格局不同，水生态响应亦存在差异。本研究基于流域整体景观格局与河流水质、水生生物关系的分析，融合 GIS 技术和景观生态学方法，考虑干流和支流差异，区分不同空间尺度，进行了景观格局变化的水生态响应研究，包括生态服务功能响应的研究；明确了不同空间尺度下景观-水质、景观-水生生物的定性与定量关系，以衡量不同尺度下流域景观格局变化对河流水生态系统、流域生态服务功能的影响程度，丰富了流域景观变化的水生态响应研究方法体系。

③河流是地理空间关系上、物理特性和化学特性及生物学过程的连续统一体，构成河流的群落及其功能与流域具有统一性的特征（Minshall et al.，1985）。河流的状态依赖于流域整体的有序及与河流相联系的湿地等的状态，保护河流包括保护河流与流域内其他要素联系的完整性。流域管理方法与思想的引入对河流生态系统的保护与恢复产生了巨大的影响（Pollard et al.，1998）。以往的健康评价多针对单一尺度开展，但结合流域景观格局和土地利用变化背景，从流域、河流廊道、湖库湿地等多个尺度评估水生态健康的影响的研究尚不多见。本研究的开展会进一步完善水生态健康评价的理论与方法体系，并对指导流域水生态修复产生积极的作用。

1.4.2 实践意义

我国流域众多且大部分流域开发强度大。在自然与人类活动的复合驱动下，流域景观格局已遭到一定程度的破坏，并因此影响到流域内水体水文、水质与水生生物，损害流域整体水生态健康状况，因此需要在综合评价的基础上，实施系统修复。本研究选择典型流域，在流域层面对景观变化进行了系统的研究，揭示了流域景观格局变化特征和发展趋势，探究了景观格局变化的主要驱动因子，分析了典型流域景观变化的水文、水质、水生生物和生态服务功能响应；在此基础上，分流域、河流廊道、湖库湿地多个尺度，开展了流域水生态综合评价，进一步明确了流域综合管理模式、分区和技术措施。以上成果是对我国流域景观格局变化的水生态响应、河流健康评价及修复进行的有益尝试，可为我国流域的土地利用与景观综合管理、典型景观要素的治理及流域水文、水质与水生态综合修复提供科学的决策依据。

第 2 章　流域土地利用转化趋势

流域土地利用转化是流域景观变化的主要原因。本章以浑太河流域为例，提出了土地利用数据分类和解译方法，以湿地为重点要素，构建了流域土地利用转移矩阵，分析了湿地的转化特征，制作了湿地转化的信息图谱，进行了湿地质心迁移的分析，明确了景观转化的趋势。

2.1　土地利用数据解译

2.1.1　浑太河流域概况

浑太河流域位于我国辽宁省境内，是辽河流域的子流域，主要包含浑河、太子河和大辽河三大水系（如图 2-1 所示）。流域属温带大陆性季风气候，雨量集中，东湿西干。年平均气温多在 5～10℃之间（1971—2000 年整编资料），年平均降水量一般在 500～1 000 mm 之间，由东向西逐渐减少，多年平均径流量为 58.94 亿 m^3。全年降水量主要集中在夏季，流域内河流、湖泊、沼泽、坑塘、水田等湿地景观众多。主要支流包括苏子河、蒲河、细河、海城河、汤河、沙河等，流域内已建成大型水库 4 座，分别是大伙房水库、观音阁水库、葠窝水库和汤河水库。

依据全国水资源分区，浑太河流域被划分为 4 个四级区，各水资源分区情况如表 2-1 所示。

2.1.2　土地分类系统建立

在进行影像解译前，对研究区开展了实地调研，为建立客观的流域景观分类系统提供了依据，并为后续遥感影像判读提供了参考，初步制定了各类景观的解译标志。本研究依据国家土地资源遥感宏观调查采用的土地利用分类系统规范，部分采用白军红等（2005）提出的三级分类系统，结合研究区现状，以湿地为重点分类对象，将浑太河流域景观系统划分为 3 个一级类型和 11 个二级类型（如表 2-2 所示）。

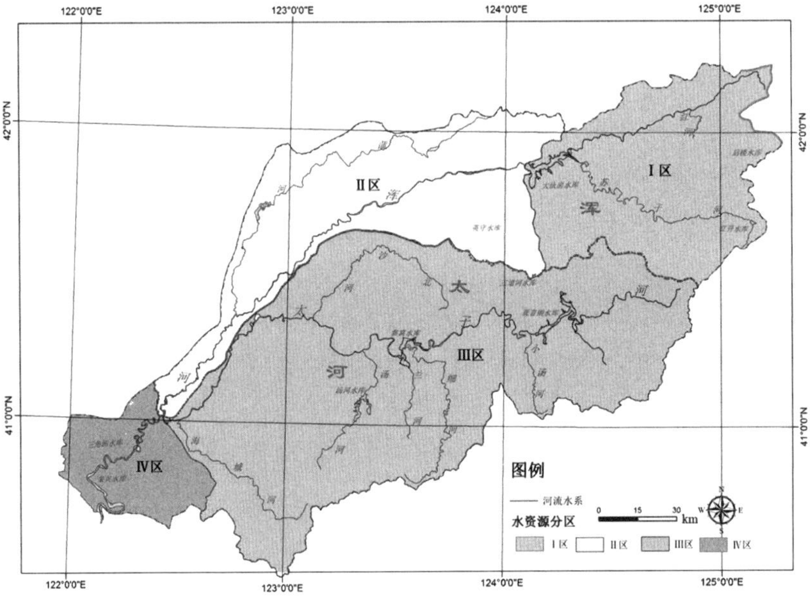

图 2-1　浑太河流域水系与水资源分区

表 2-1　浑太河流域各水资源分区基本情况

编号	相对位置	主要流经河流
Ⅰ	浑河上游流域，大伙房水库以上区域	浑河、苏子河
Ⅱ	浑河中下游流域，大伙房水库以下至浑河与太子河的汇合处	浑河、蒲河、细河
Ⅲ	太子河流域	太子河、汤河、沙河、海城河
Ⅳ	大辽河流域，浑河与太子河汇合处至大辽河入海口	大辽河、劳动河

表 2-2　流域景观分类系统

编号	一级分类	二级分类	含义
41	自然湿地	河流	天然形成或人工开挖河流及主干渠常年水位以下的土地，人工渠包括堤岸
42		湖泊	天然形成的积水区常年水位以下的土地
43		滩地	河、湖水域平水期水位与洪水期水位之间的土地
44		沼泽	地势平坦低洼、排水不畅、长期潮湿、季节性积水或常年积水，表层生长湿生植物的土地
51	人工湿地	水田	用于种植水稻、莲藕等水生农作物的耕地，包括实行水稻和旱地作物轮种的耕地
52		水库	人工修建的蓄水区常年水位以下的土地
53		鱼塘	捕鱼或养鱼的地方，有内部间格或圈住鱼的围网

编号	一级分类	二级分类	含义
1	其他用地	旱地	无灌溉水源及设施、天然降水使作物生长的耕地；有水源和浇灌设施、在一般年景下能正常灌溉的旱作物耕地；以种菜为主的耕地；正常轮作的休闲地和轮歇地
2		林草地	生长乔木、灌木、竹类以及沿海红树林等的林业用地，以及以草本植物为主、覆盖度在 5%以上的各类草地，包括以牧为主的灌丛草地和郁闭度在 10%以下的疏林草地
3		建设用地	城乡居民点及其以外的工矿、交通等用地
30		未利用地	目前还未利用的土地，包括难利用土地，如沙地、戈壁、盐碱地、裸土地、裸岩石砾地等用地

注：海涂面积较小且变化不大，研究中将其与沼泽合并。

2.1.3 人机交互式解译

遥感影像解译方法一般分为两种：一种是目视判读方法，凭光谱规律、地学规律和解译者经验，从卫星图像的颜色、纹理、结构、位置等各种特征解译出各种土地利用类型。另一种是计算机自动分类方法，包括监督分类和非监督分类。监督分类首先要从图像区域中选定一些训练样区，在这些训练样区中地物类别是已知的，用已知地物建立分类标准，然后计算机将按同样标准对整个图像进行识别和分类；非监督分类是一种无先验类别标准的分类方法，对于待研究的对象和区域，没有已知类别或训练样本作为标准，而是利用图像数据本身能在特征测量空间中聚集成群的特点，先形成各个数据集，然后再核对这些数据集所代表的物体类别。与监督分类相比，非监督分类不需要对被研究的地区有事先了解，在时间和成本上较为节省，但不如监督分类的精度高。本研究利用面向对象的遥感解译软件 Definiens Developer 7.0，在影像信息提取过程中先进行监督分类，再采用目视解译将错分、漏分的影像对象纠正，既保证计算机自动分类的高效，又保证手动分类的精确。

首先在 ENVI 4.4 中对遥感影像进行预处理，将三景影像镶嵌（mosaicking）在一起，拼接成一幅整体影像，利用浑太河流域区界切割拼接影像（Subset Data via ROIs），获得研究区域的影像；然后将截取的浑太河流域 TM 影像导入 Definiens Developer 7.0，设定不同的分割参数以进行分割尺度实验，并比较分割结果，明确是否能有效反映地物形状，最终确定最佳分割参数为 30 m。其中，按图斑形状（shape）和紧凑度（compactness）分割的权重分别为 0.1 和 0.2，各波段权重皆为 1。分割完毕后，按照上文确定的流域景观分类系统，建立类层次结构，构建浑太河流域景观信息提取决策树，依据 TM 影像彩色合成效果，对照 Google 卫星图、相近时相的土地利用图与研究区相关资料，并结合影像图斑的形状、大小、色调、亮度、纹理和结构等特征及地物之间的相互关系，采用邻近自动分类和手工分类相结合的人机交互式解译方法，对浑太河流域 1990 年、2001 年、2007 年三期 TM 影像进行解译。其工作流程如图 2-2 所示。

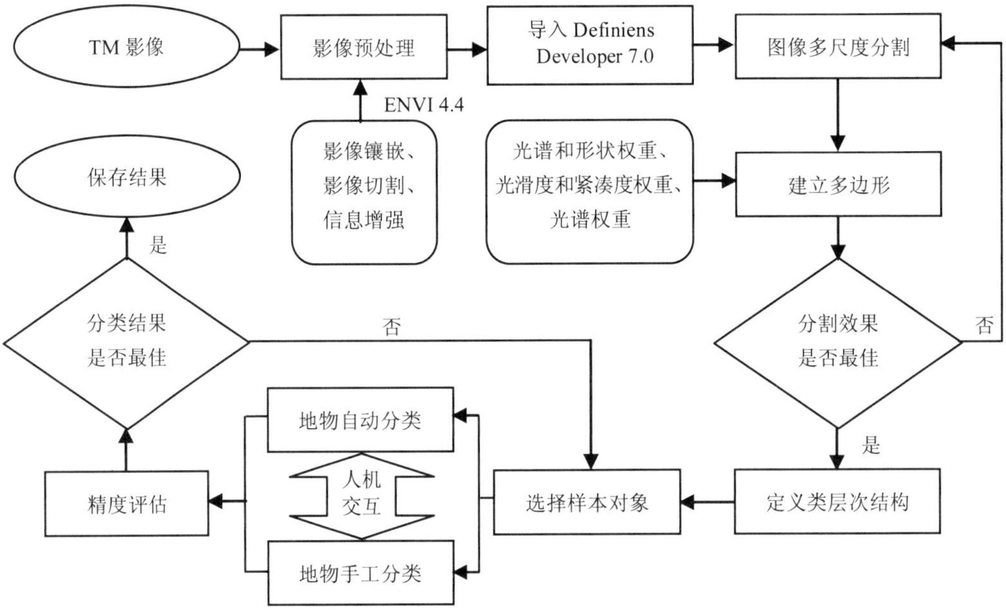

图 2-2　面向对象的遥感信息提取流程

Landsat TM 影像共有 7 个波段，不同波段和参数反映了不同的地表景观要素特征（如表 2-3 所示）。除 TM6 因分辨率为 60 m，较其他波段低，在土地利用分类中很少应用外，其余 6 个波段有多种组合方式，最优波段组合的选择有利于挖掘多波段图像的信息潜力。在进行目视解译时，一般选择 3 个波段，经过实际合成比较和多个波段的综合信息分析，发现 TM432、TM543 和 TM731 波段组合时，彩色合成效果较好，因此主要采用这 3 个波段进行影像判读。

表 2-3　TM 影像各波段相关信息

光区	波段	波长/μm	识别的主要景观类型
TM1	蓝光	0.45～0.52	对水体穿透力强，对叶绿素浓度反应敏感，有助于判别水深、水中叶绿素分布、沿岸水和进行近海水域制图等
TM2	绿光	0.52～0.60	对健康茂盛植物绿光反射敏感，对水的穿透力较强，用于探测健康植物绿色反射率，可评价植物生活力，区分林型、树种和反映水下特征等
TM3	红光	0.60～0.69	叶绿素的主要吸收波段，反映不同植物的叶绿素吸收能力，用于区分植物生活力状况、种类与植物覆盖度，广泛用于地貌、土壤、植被等

光区	波段	波长/μm	识别的主要景观类型
TM4	近红外	0.76～0.90	对绿色植物类别差异最敏感，为植被调查分类中的常用波段，是反映植被信息的重要波段，用于生物量调查、作物长势测定、水域判别等
TM5	中红外	1.55～1.75	对含水量敏感，用于土壤湿度、植物含水量、水分状况的研究和作物长势分析等，从而提高了区分不同作物类型的能力
TM6	远红外	10.4～12.5	根据辐射响应的差别，区分地表温度分布，辨别表面湿度、水体、岩石，以及检测与人类活动有关的热特征，进行地面不同温度场的热制图
TM7	中红外	2.08～2.35	处于水吸收带，水体呈黑色，可用于区分主要岩石类型、岩石的水热蚀变，在实际应用中对植被信息的提取也有帮助

2.1.4 土地利用数据生成

遥感解译工作完成后，将解译结果以矢量格式导入 ArcGIS。最后，通过 Albers 投影将浑太河流域三期土地利用图投影到统一坐标系（WGS_1984_UTM_Zone_51N）中。获取 1992 年、2001 年、2007 年三个时期的土地利用解译结果（如表 2-4 和图 2-3～图 2-5 所示）。

表 2-4　不同年份土地利用解译结果　　单位：km^2

地类	1992 年	2001 年	2007 年
河流	403.38	355.86	343.75
湖泊	13.69	9.22	5.96
滩地	202.99	127.44	144.11
沼泽	218.88	229.48	265.36
水田	4 023.07	4 194.21	4 086.76
水库	171.55	229.9	264.47
鱼塘	112.64	157.51	169.09
旱地	6 802.29	6 360.87	6 256.92
林草地	13 621.53	13 569.53	13 599.23
建设用地	2 463.42	2 798.09	2 895.48
未利用地	4.69	6.02	7.00
小计	28 038.13	28 038.13	28 038.13

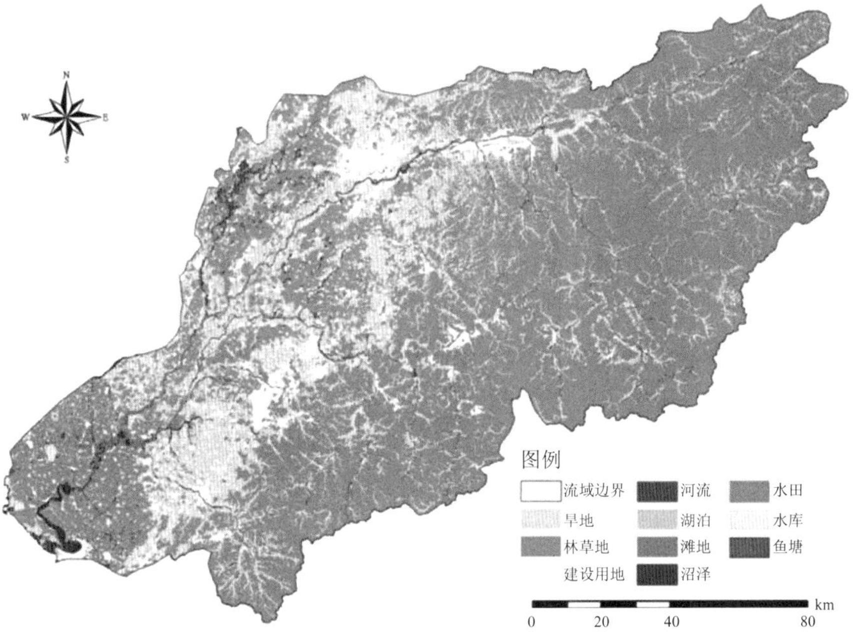

图 2-3　1992 年浑太河流域土地利用图

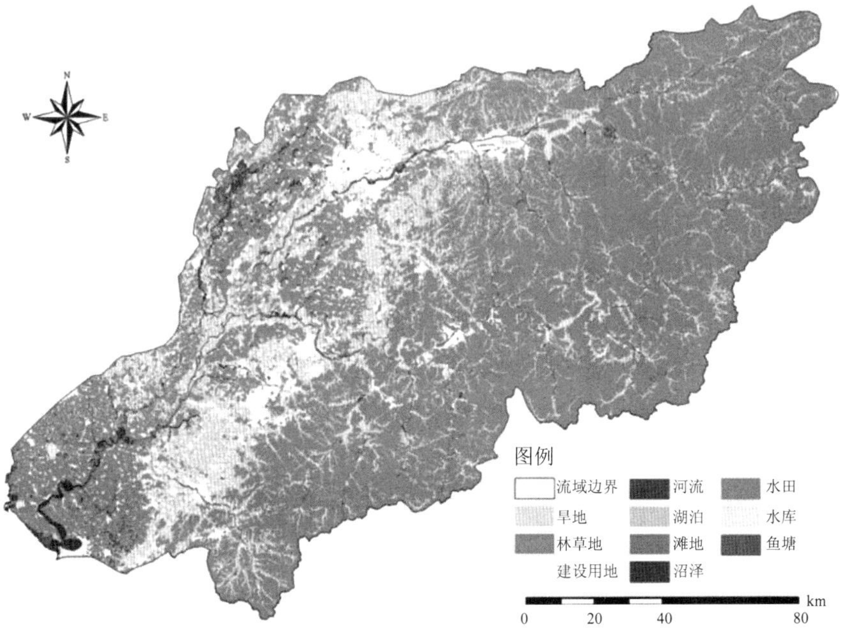

图 2-4　2001 年浑太河流域土地利用图

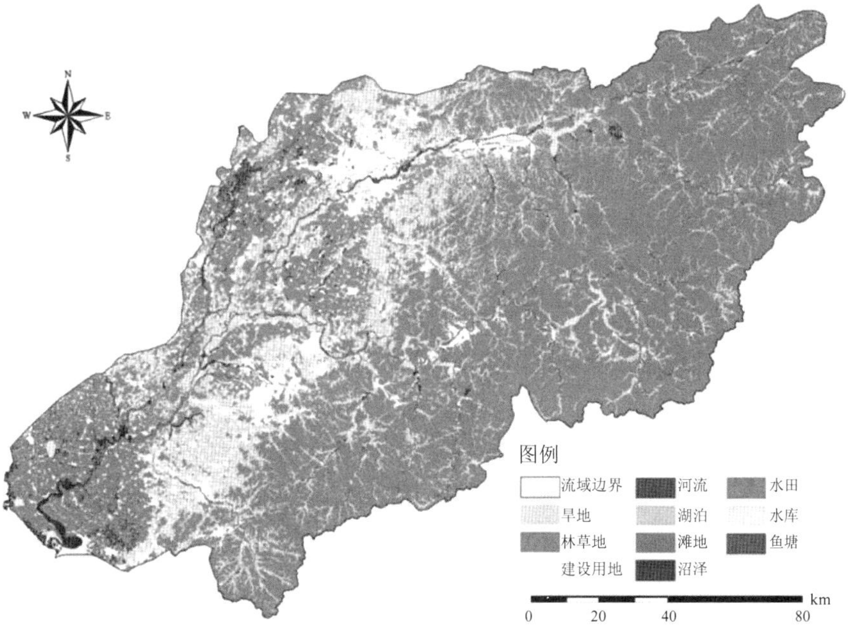

图 2-5 2007 年浑太河流域土地利用图

2.2 流域湿地转化特征

土地利用格局反映了景观用地内部各斑块的组成、结构和空间分布；综合景观分类系统构建土地利用转移矩阵，可以反映各类用地之间的转化方向和强度（汪思慧，2010；鲁春阳等，2006）。开展湿地景观格局变化分析前，需研究湿地与其他用地以及湿地景观自身内部各类用地的转化关系，判断湿地转化源头和方向，分析湿地总体转化特征，这有助于揭示自然环境改变和人类活动干扰等造成的土地利用变化对湿地景观格局的影响，并通过区域土地资源管理来优化湿地景观格局（白军红等，2005）。

2.2.1 流域土地利用转移矩阵构建

利用 ArcGIS 的空间分析功能，对浑太河流域 1992 年、2001 年和 2007 年三期土地利用图进行空间叠加（spatial overlay）运算，提取叠加后的属性数据；运用 Excel 的数据透视表，分别构建浑太河流域 1992—2001 年和 2001—2007 年的土地利用转移矩阵（conversion matrix）（如表 2-5 和表 2-6 所示），分析浑太河流域 1992—2001 年和 2001—2007 年两个时期的湿地变化。

表 2-5 1992—2001 年土地利用转移矩阵

单位：km^2

年份	2001 年														
	地类	河流	湖泊	滩地	沼泽	水田	水库	鱼塘	旱地	林草地	建设用地	未利用地	总计	占有率/%	转出	R_T
1992	河流	334.32	0.97	2.72	6.07	10.54	9.12	7.71	24.46	4.66	2.44	0.38	403.38	1.44	69.05	3.77*
	湖泊	0	6.13	0	1.44	1.25	1.78	1.94	0.25	0.15	0.74	0	13.69	0.05	7.56	12.15**
	滩地	11.79	0	84.03	30.15	16.06	4.14	0	52.53	2.07	2.22	0	202.99	0.72	118.96	12.90**
	沼泽	2.14	0.08	0.71	169.43	12.06	0.06	3.34	27.51	1.99	1.57	0	218.88	0.78	49.46	4.97*
	水田	0.58	0	3.2	18.04	3 796.33	1.55	27.83	119.57	0.22	55.76	0	4 023.07	14.35	226.74	1.24*
	水库	0.55	1.71	1.01	3.27	0.19	160.96	2.23	1.26	0.30	0.07	0	171.55	0.61	10.59	1.36*
	鱼塘	0.07	0.33	0	0.56	9.00	0.47	95.68	2.02	1.03	3.48	0	112.64	0.40	16.96	3.31*
	旱地	5.24	0	29.99	0.03	343.93	45.72	11.60	6 102.58	0.14	262.1	0.98	6 802.29	24.26	699.72	2.26*
	林草地	0.33	0	4.44	0.37	3.93	5.31	0.35	29.95	13 558.82	17.95	0.09	13 621.53	48.58	62.71	0.10
	建设用地	0.44	0	1.34	0.12	0.92	0.78	6.83	0.76	0.16	2 451.78	0.29	2 463.42	8.79	11.64	0.10
	未利用地	0.41	0	0	0	0	0	0	0	0	0	4.28	4.69	0.02	0.41	1.91*
	总计	355.86	9.22	127.44	229.48	4 194.21	229.9	157.51	6 360.87	13 569.53	2 798.09	6.02	28 038.13			
	占有率/%	1.27	0.03	0.45	0.82	14.96	0.82	0.56	22.69	48.4	9.98	0.02		100.00		
	转入	21.54	3.09	43.42	60.05	397.88	68.94	61.82	258.3	10.71	346.31	1.73			1 273.80	
	面积净变化	–47.51	–4.46	–75.54	10.6	171.14	58.35	44.87	–441.42	–52	334.67	1.33				
	K_T/%	–1.31	–3.62	–4.14	0.54	0.47	3.78	4.43	–0.72	–0.04	1.51	3.15				

注：* 表示该类型用地转出强度大于全流域土地利用转出强度；** 表示该类型用地转出强度显著大于全流域土地利用转出强度。

表 2-6　2001—2007 年土地利用转移矩阵

单位：km^2

年份	2007 年															
	地类	河流	湖泊	滩地	沼泽	水田	水库	鱼塘	旱地	林草地	建设用地	未利用地	总计	占有率/%	转出	R_T
	河流	305.6	0.02	9.28	7.11	7.55	5.37	1.40	27.41	5.18	0.28	0.65	369.86	1.32	64.26	4.94*
	湖泊	0.02	4.67	0	0.34	0.12	1.7	0.24	0.04	0.02	0.08	0	7.22	0.03	2.55	10.04**
	滩地	9.98	0.01	98.34	3.64	5.43	6.04	0.01	12.84	3.05	2.08	0	141.44	0.5	43.11	8.67**
	沼泽	2.50	0.06	2.86	240.29	13.51	0.63	3.67	14.88	0.31	0.77	0	279.48	1.00	39.19	3.99*
	水田	8.70	0.18	5.37	5.92	3 876.54	2.31	29.99	20.56	9.48	79.16	0	4 038.21	14.40	161.67	1.14*
	水库	0.51	0.38	5.16	3.07	0.82	222.15	1.99	4.34	6.30	0.18	0	244.9	0.87	22.75	2.64*
	鱼塘	0.39	0.34	0.01	3.00	10.38	6.44	123.9	2.36	0.21	12.47	0	159.51	0.57	35.61	6.35**
2001	旱地	4.13	0.20	18.94	0.83	155.5	10.48	2.32	6 047.60	132.52	79.76	0.6	6 452.87	23.01	405.27	1.79*
	林草地	11.46	0.05	4.12	1.02	16.58	8.57	0.15	126.11	13 441.19	34.17	0.12	13 643.53	48.67	202.34	0.42
	建设用地	0.41	0.05	0.04	0.16	0.32	0.77	5.37	0.61	0.83	2 686.51	0.02	2 695.09	9.61	8.58	0.09
	未利用地	0.05	0	0.01	0	0.01	0	0.04	0.15	0.13	0.01	5.61	6.02	0.02	0.41	1.92*
	总计	343.75	5.96	144.11	265.36	4 086.76	264.47	169.09	6 256.92	13 599.23	2 895.48	7.00	28 038.13			
	占有率/%	1.23	0.02	0.51	0.95	14.58	0.94	0.60	22.32	48.50	10.33	0.02		100.00		
	转入	38.15	1.28	45.78	25.08	210.22	42.31	45.19	209.31	158.04	208.97	1.39			985.72	
	面积净变化	−26.11	−1.26	2.67	−14.12	48.55	19.57	9.58	−195.96	−44.29	200.39	0.99				
	K_T /%	−1.18	−2.92	0.31	−0.84	0.13	1.33	1.00	−0.51	−0.05	1.24	2.74				

注：* 该类型用地转出强度大于全流域土地利用转出强度；** 表示该类型用地转出强度显著大于全流域土地利用转出强度。

同时，借鉴土地利用变化指数模型的相关研究成果（王秀兰等，1999；朱会义等，2003），分别采用单一土地利用动态度和土地利用转出强度，定量描述各类用地的变化速度和强度，以确定研究期内浑太河流域湿地变化的主导类型。

$$K_T = \frac{U_b - U_a}{U_a} \times \frac{1}{T} \times 100\% \tag{2-1}$$

式中：K_T——单一土地利用动态度；

U_a、U_b——研究期初和期末某类用地的面积；

T——研究时段长。

$$R_T = \frac{\Delta LU_i}{LU_i} \bigg/ \frac{\Delta LU_0}{LU_0} \tag{2-2}$$

式中：R_T——土地利用转出强度；

ΔLU_i——研究期内 i 类用地转出面积；

LU_i——研究期初 i 类用地面积；

ΔLU_0——全流域总转出面积；

LU_0——研究期初流域总面积。

$R_T>1$ 表示该类型用地转出强度大于全流域转出强度，$R_T<1$ 则表示小于全流域转出强度。当 $R_T>5$ 时，认为该类型用地转出强度显著大于全流域转出强度。

2.2.2 浑太河流域湿地转化特征

2.2.2.1 1992—2001 年湿地转化特征

1992—2001 年，各类用地均发生不同程度转变。对于湿地，具体表现为：①河流、湖泊、滩地三类自然湿地的面积呈减少趋势，沼泽湿地和水田、水库、鱼塘三类人工湿地的面积呈增加趋势。其中，水田面积增加幅度最大，为 171.14 km^2，主要由旱地转化得来，旱地向水田地的转入面积占水田总转入面积的 86.44%，该时期旱改稻耕作已成为一大趋势；滩地面积减少幅度最大，为 75.54 km^2，主要转化为沼泽（30.15 km^2）和旱地（52.53 km^2）。②湿地面积变化速度总体上大于其他用地；各类型用地变化速度依次为鱼塘（4.43%）＞滩地（4.14%）＞水库（3.78%）＞湖泊（3.62%）＞未利用地（3.15%）＞建设用地（1.51%）＞河流（1.31%）＞旱地（0.72%）＞沼泽（0.54%）＞水田（0.47%）＞林草地（0.04%）。③除林草地和建设用地外，各类用地转出强度均较全流域用地转出强度大；其中，湖泊和滩地的转出强度最大，分别达 12.15 和 12.90，其后依次为沼泽、河流和鱼塘。可见，1992—2001 年，尽管旱地和建设用地为面积净变化最大的两类用地，但湿地面积变化速度和自然湿地的转出强度反而较大，湿地变化较为活跃，尤其是自然湿地。

2.2.2.2 2001—2007 年湿地转化特征

2001—2007 年，除滩地和沼泽外，各类用地变化方向与前一时期一致，但面积变化速度和幅度存在差异。湿地变化特征为：①沼泽面积减小了 14.12 km^2，滩地面积则少量增加，为 2.67 km^2；河流和湖泊面积继续减小，河流面积减小幅度相对较大，为 26.11 km^2；水田、水库和鱼塘三类人工湿地面积继续增加，其中水田面积增加了 48.55 km^2，依然为面积变化幅度最大的湿地类型。②湖泊面积变化速度最大；相对于 1992—2001 年，滩地面积变化速度发生了较大程度下降；各类型用地变化速度依次为湖泊（2.92%）＞未利用地（2.74%）＞水库（1.33%）＞建设用地（1.24%）＞河流（1.18%）＞鱼塘（1.00%）＞沼泽（0.84%）＞旱地（0.51%）＞滩地（0.31%）＞水田（0.13%）＞林草地（0.05%）。③除建设用地和林草地外，各类用地转出强度均较全流域用地转出强度大。其中，湖泊、滩地和鱼塘的转出强度显著大于全流域用地转出强度。总体来看，2001—2007 年，尽管其他用地面积净变化相对较大，但湿地的转化速度和转出强度总体上大于其他用地，湿地变化较其他用地变化更为活跃。

2.2.2.3 两时期湿地转化特征比较

按流域景观分类系统一级分类，构建土地利用转移矩阵（如表 2-7 所示），比较 1992—2001 年和 2001—2007 年两个时期的转移特征，探讨湿地与其他用地的内部转化关系，判断不同时期的主导转移类型。

表 2-7 1992—2001 年和 2001—2007 年土地利用转移特征 单位：km^2

一级分类	时期	自然湿地	人工湿地	其他用地	转出	R_T
自然湿地	1992—2001 年	649.98	68.00	120.96	188.96	7.31
	2001—2007 年	664.71	45.68	67.61	113.29	7.8
人工湿地	1992—2001 年	29.32	4 094.25	183.69	213.01	1.6
	2001—2007 年	33.03	4 274.52	135.07	168.1	2.02
其他用地	1992—2001 年	42.71	419.37	22 429.86	462.08	0.66
	2001—2007 年	41.44	200.12	22 555.95	241.56	0.57
转入	1992—2001 年	72.03	487.36	304.65		
	2001—2007 年	74.47	245.8	202.69		
面积净变化	1992—2001 年	−116.93	274.35	−157.42		
	2001—2007 年	−38.82	77.70	−38.88		
K_T /%	1992—2001 年	−1.55	0.71	−0.08		
	2001—2007 年	−0.83	0.29	−0.03		

1992—2001 年，自然湿地和人工湿地的面积变化幅度和速度（K_T）明显大于 2001—2007 年，但 1992—2001 年自然湿地平均转出强度（R_T）弱于 2001—2007 年。这可能是由于前一时期跨度较大，农业开发强度大，水田开垦力度较大，修建水库、鱼塘数量较多，自然湿地被占用现象显著，湿地面积显著减小，同等强度干扰导致的变化更为剧烈，从而后一时期自然湿地转出强度明显大于前一时期。

相对于自然湿地，人工湿地面积较大，占有率约为 16%，16 年间面积增加了 352.05 km^2。自然湿地占有率虽小（2%～3%），但变化活跃，其转化速度和转出强度均明显大于人工湿地及其他用地，16 年间面积减小了 155.75 km^2。各类型用地的活跃程度依次为自然湿地＞人工湿地＞其他用地。

结合表 2-7，各类用地的转化特征为：①自然湿地与人工湿地之间发生了相互转化，但总体表现为自然湿地转向人工湿地；1992—2001 年和 2001—2007 年，分别有 68.00 km^2 和 45.68 km^2 的自然湿地转向人工湿地。②相对于其他用地转向自然湿地，自然湿地向其他用地转化显著；1992—2001 年和 2001—2007 年，分别有 120.96 km^2 和 67.61 km^2 的自然湿地转向其他用地。③相对于人工湿地转向其他用地，其他用地向人工湿地转化趋势显著；1992—2001 年和 2001—2007 年，分别有 419.37 km^2 和 200.12 km^2 的其他用地转化为人工湿地。

1992—2001 年和 2001—2007 年，各类用地的主导转移方向一致，总体表现为自然湿地向人工湿地和其他用地转化，其他用地向人工湿地转化（如图 2-6 所示）。

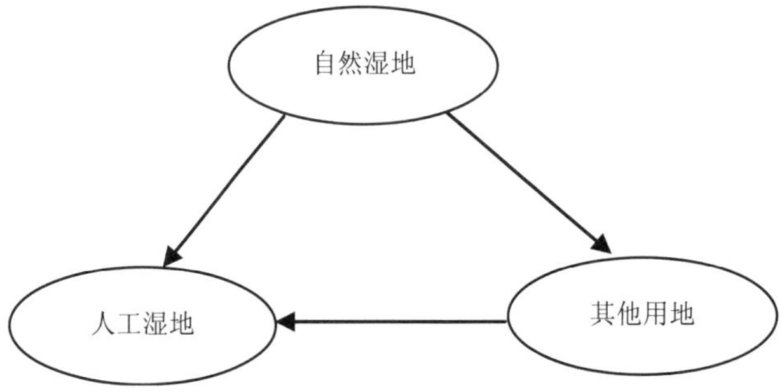

图 2-6 1992—2007 年主导转移方向

2.3 流域湿地转化信息图谱

地学信息图谱既包含了土地利用状况的属性信息，又包含了地理过程时序变化的空间差异信息，是“格局与过程集成研究”的有效途径（周虎成等，1998）。建立空间-过程-

属性查询数据库，有利于查询研究时期内任一用地转化发生的空间位置；同时，信息图谱的呈现还有助于对土地利用空间变化的形象理解（叶庆华等，2004；张国坤，2008）。对浑太河流域1992—2001年和2001—2007年湿地转化进行信息图谱分析，可以明晰湿地转移的发生区域和空间分布特点，比较两个时期湿地转化的空间差异。

以浑太河流域1992年、2001年和2007年三期土地利用图为基础，在ArcGIS支持下，以流域景观分类系统一级分类为对象，通过相邻两期土地利用图的叠置，建立1992—2001年和2001—2007年主导转移类型的转化信息图谱（如图2-7和图2-8所示）。同时，在判断出主导转移的一级景观类型基础上，结合土地利用转移矩阵，找出导致一级景观转化的二级景观类型。

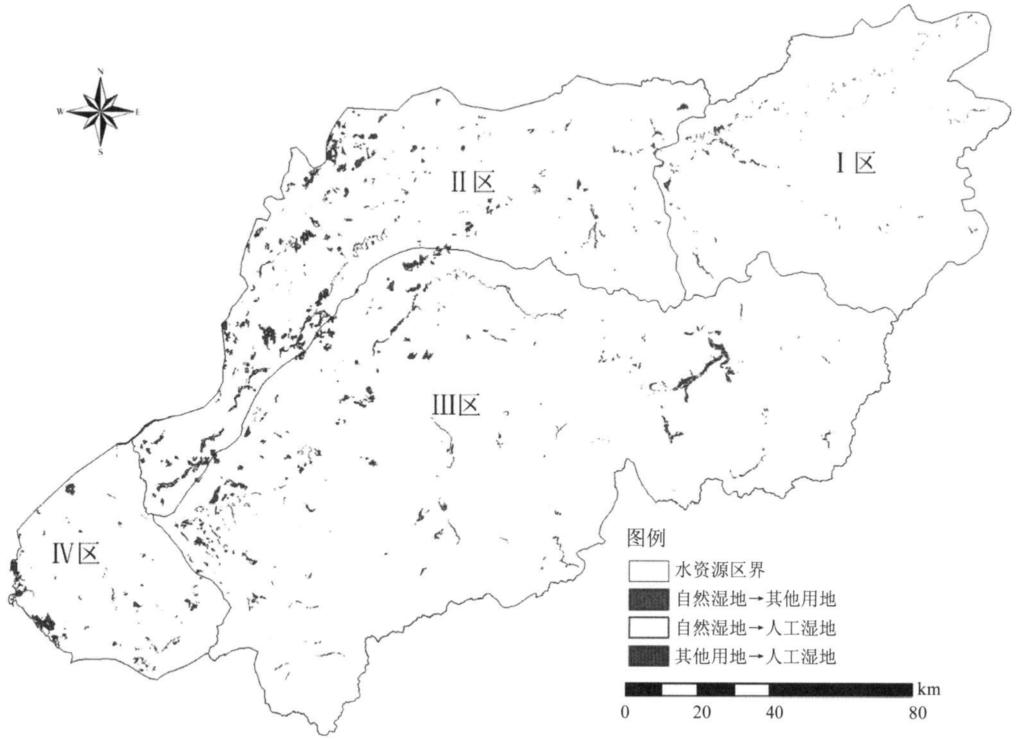

图2-7　1992—2001年浑太河流域湿地转化信息图谱

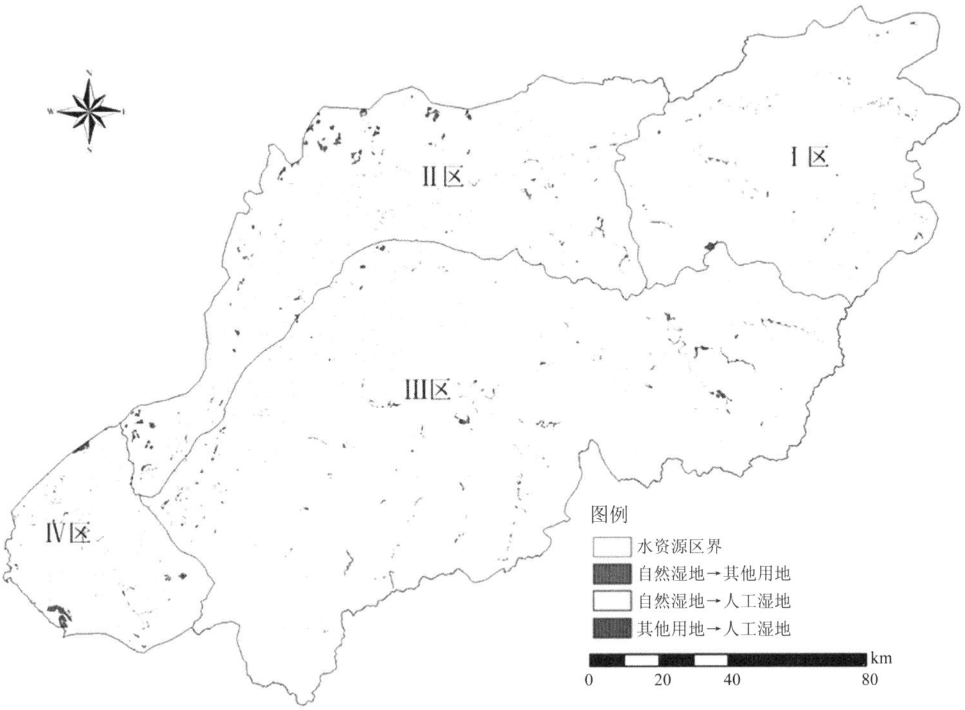

图 2-8　2001—2007 年浑太河流域湿地转化信息图谱

2.3.1　1992—2001 年信息图谱分析

1992—2001 年，突出表现为其他用地转向人工湿地，主要发生在浑河和太子河中下游流域，且基本沿河分布。这可能是由于该时期内大量旱地转化为水田。此外，在大辽河入海口处和太子河流域东部，表现为大面积其他用地转向人工湿地，主要是由于大辽河入海口区域海水养殖面积增加，兴建了许多虾池和鱼塘，其他用地得到大面积开发利用。1990 年太子河上游修建的观音阁水库在 1994 年落闸蓄水，占用了部分耕地等其他用地，同时抚顺大伙房水库也发生了一定的扩张。

同时，表现为自然湿地转向其他用地，主要发生在浑河中下游，主要源于滩地向旱地的转化，说明该区域滩地开垦较为严重。在浑河中下游区和Ⅳ区中部，自然湿地也向人工湿地发生了明显的转化，主要由于该时期内在这部分区域扩建了部分鱼塘和水库，且部分自然湿地被开垦为水田，导致人工湿地面积增加。

可以看出，该时期内湿地发生了复杂的相互转化，但总体表现为自然湿地的转出和人工湿地的转入，转化斑块主要以集中连片大斑块的形式散布在浑太河流域的中下游，人工湿地的扩张已经对自然湿地造成了一定影响。

2.3.2 2001—2007年信息图谱分析

2001—2007年的湿地主导转化方向与1992—2001年一致，但转化数量和空间格局存在较大差异。该时期突出表现为其他用地转向人工湿地，主要分布在浑河中下游流域，同样主要源于旱地向水田的转变。也可以看出，观音阁水库发生了一定的扩张。同时，表现为自然湿地转向其他用地，主要分布在太子河流域南部的主要支流附近，以及大辽河的入海口处。此外，在浑河中游区和Ⅳ区中部，部分自然湿地向人工湿地发生了转化，主要源于水田耕作以及鱼塘、水库的扩张。

1992—2001年，人工湿地的扩张以外延式的规模化扩张为主；后一时期，人工湿地的转入斑块多以小斑块的形式散布在各区，但湿地受扰范围相对前一时期有了一定的扩大。

2.4 流域湿地质心迁移

各类型湿地空间分布存在不均衡性。为进一步分析各类湿地空间变化差异，采用质心模型研究了1992—2007年浑太河流域湿地的空间变化特征，分析了湿地质心的迁移方向、迁移距离，为宏观空间尺度上的湿地保护和调控提供了借鉴。

2.4.1 质心模型的基本原理

质心模型是研究土地利用动态变化的主要工具。湿地质心的位置和迁移方向可以解释湿地空间分布的动态变化：如果某一类型湿地在空间上呈较为均匀的分布，则该类型湿地的质心基本接近区域中心；当湿地在空间分布上呈现不均匀聚集状态时，则质心会偏向该类型湿地聚集的方位（汪爱华等，2003；李闯等，2008）。当该类型湿地在空间各方位上均匀消长时，其质心位置基本不变；若在某一个方位上减少较为剧烈，则该类型湿地的质心会向该方位的相反方向偏移；而在某一个方位上增加较为剧烈时，则该类型湿地的质心会向该方位的方向上偏移。质心移动距离的大小可相对反映增加或减少的湿地在空间上与初始分布的接近程度（郭跃东等，2005）。其计算公式（朱会义等，2003）为：

$$X_t = \frac{\sum_{i=1}^{n}(C_{ti} \times X_i)}{\sum_{i=1}^{n} C_{ti}}, \quad Y_t = \frac{\sum_{i=1}^{n}(C_{ti} \times Y_i)}{\sum_{i=1}^{n} C_{ti}} \tag{2-3}$$

式中：X_t、Y_t——第t年湿地分布质心的坐标；

C_{ti}——第t年第i个湿地斑块的面积；

X_i、Y_i——第 i 个湿地斑块质心的坐标。

虽然质心模型可以通过湿地质心偏移情况来反映湿地空间分布的动态变化趋势，但当湿地面积在空间上均匀变化时，则检测不到其变化。因此，可以运用方向性分布分析工具（标准差椭圆）来反映不同类型用地空间分布的方向性差异。

标准差椭圆包含一个椭圆多边形要素，包含以下属性：椭圆的中心坐标；x 方向、y 方向上的标准距离，即椭圆长轴、短轴的值；以及椭圆的旋转方向。椭圆长轴为空间分布最多的方向，短轴为空间分布最少的方向。

2.4.2 湿地质心迁移特征

在 ArcGIS 平台上，提取出各类湿地的矢量数据，将得到的各类湿地斑块质心点转换为大地坐标系，获取各斑块质心的经纬度。依据公式计算出 1992 年、2001 年和 2007 年各类湿地分布质心的经纬度坐标，同时计算出各类湿地分布质心在 1992—2001 年和 2001—2007 年这两个时间段的迁移距离。然后，将 7 类湿地按景观分类系统一级分类，合并为自然湿地和人工湿地两大类，计算这两大类湿地在 1992 年、2001 年和 2007 年的标准差椭圆（如图 2-9 和表 2-8 所示）。

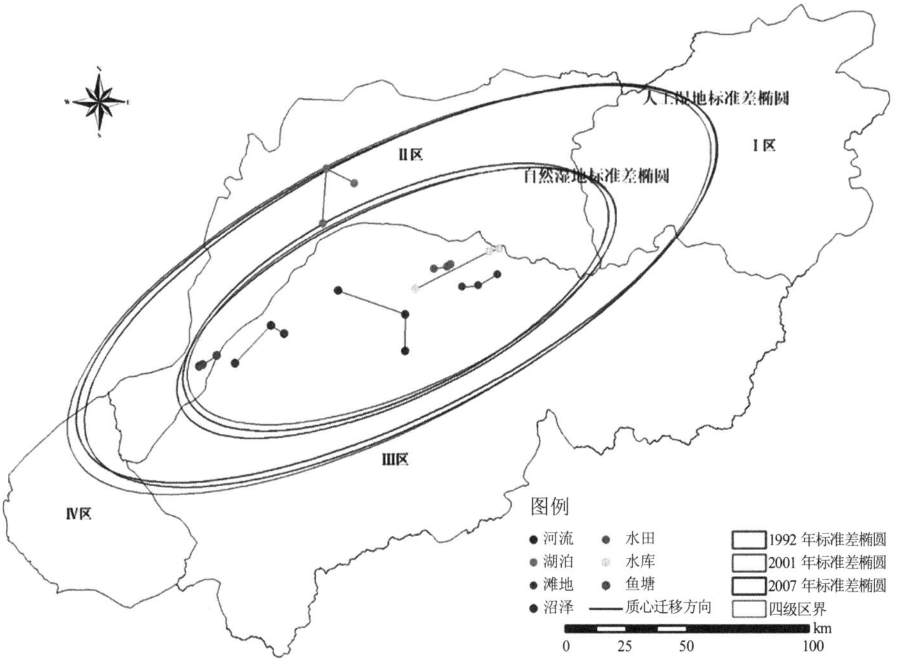

图 2-9 1992—2007 年湿地质心分布

表 2-8 浑太河流域湿地标准差椭圆

分类	年份	中心经度	中心纬度	短轴/m	长轴/m	旋转方向
自然湿地	1992	E123.43°	N41.46°	59 350.83	143 304.92	65.16°
	2001	E123.45°	N41.46°	56 872.64	143 213.27	66.39°
	2007	E123.43°	N41.44°	57 916.55	148 279.57	65.00°
人工湿地	1992	E123.43°	N41.49°	80 471.00	218 809.31	64.03°
	2001	E123.40°	N41.47°	82 935.84	220 531.61	63.39°
	2007	E123.44°	N41.49°	81 501.19	216 677.45	63.17°

从湿地质心的总体布局来看，自然湿地和人工湿地标准差椭圆的长轴与研究区大致走向一致，且椭圆主要覆盖范围为浑河和太子河流域。自然湿地质心集中分布在Ⅱ区南部和Ⅲ区北部的一个狭长的椭圆内，人工湿地的标准差椭圆覆盖范围大于自然湿地，除Ⅱ区南部和Ⅲ区北部区域，还包括Ⅰ区东部区域以及Ⅳ区东北部少部分区域，说明以人类活动为主导的人工湿地影响范围大于自然湿地。1992—2007 年，自然湿地和人工湿地标准差椭圆的中心和旋转方向发生轻微变化。从椭圆边界可以看出，1992—2001 年、2001—2007 年两个时期，自然湿地质心总体上呈现先向东北方向移动、后向西南方向移动的趋势，人工湿地质心的迁移趋势与自然湿地相反。自然湿地面积与人工湿地面积呈相反变化，进一步说明了人工湿地扩张对自然湿地的影响。1992—2007 年，椭圆位置虽变化不大，但各类型湿地质心位置变化存在较大差异，说明各类型湿地发生一定程度的空间变化，但变化方向各异，导致自然湿地和人工湿地总体空间变化并不明显。为进一步明晰何类湿地在哪一时间段的质心迁移距离最大及其迁移方向，下文在一级景观的基础上，以二级景观为对象，分别分析各类型湿地的质心迁移特征。

由自然湿地质心迁移图可见（如图 2-10 所示），1992—2001 年，河流质心向东移动了 0.245°，向南移动了 0.065°，向东南迁移了 21 778.16 m；2001—2007 年，向南迁移了 11 021.28 m，向西回迁了 0.002°。1992—2001 年，湖泊质心向东移动了 0.014°，向北移动了 0.149°，向东北迁移了 16 689.20 m；2001—2007 年，向东移动了 0.102°，向南移动了 0.04°，向东南迁移了 9 539.43 m。1992—2001 年，沼泽质心向东移动了 0.132°，向北移动了 0.103°，向东北迁移了 15 972.23 m；2001—2007 年，向东移动了 0.05°，向南移动了 0.023°，向东南迁移了 4 961.01 m。1992—2001 年，滩地质心向西移动了 0.071°，向南移动了 0.029°，向西南迁移了 6 835.99 m；2001—2007 年，向西移动了 0.059°，向南移动了 0.003°，向西南移动了 4 893.74 m。

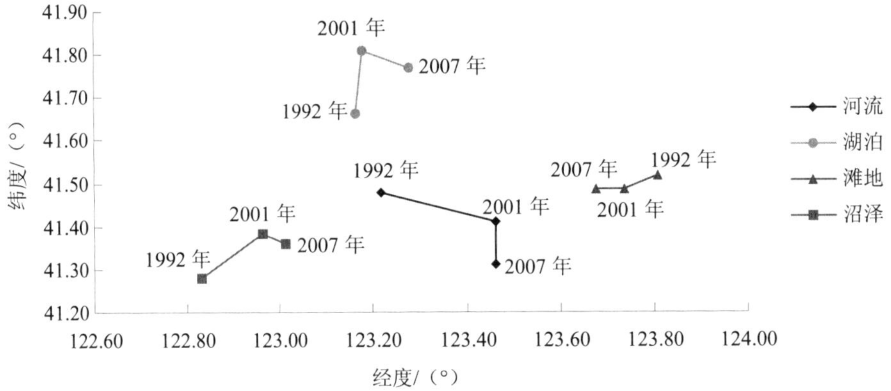

图 2-10　1992—2007 年自然湿地质心迁移图

总体来看，自然湿地质心迁移具有以下特征：①从全流域看，湖泊和沼泽的质心总体呈向流域东北方向迁移的趋势，河流质心呈现出向东南方向迁移的趋势，滩地质心向西南方向迁移，且迁移距离相对其他类型自然湿地较小。结合自然湿地面积净变化可以发现，河流、湖泊和沼泽在流域西南部减少较为剧烈，而滩地相对前三者变化较弱，且在流域西南部增加量相对较大。②1992—2001 年质心年平均迁移距离大于 2001—2007 年，说明前一时期自然湿地在流域西南部的变化较后一时期剧烈，这与前文土地利用动态度的分析相符合。

由人工湿地质心迁移图可见（如图 2-11 所示），1992—2001 年，水田质心向东移动了 0.05°，向北移动了 0.005°，向东北迁移了 4 193.45 m；2001—2007 年，继续向东北方向发生微小移动，迁移了 1 177.12 m。水库质心的总体迁移方向与水田相反；在 1992—2001 年，向西移动了 0.036°，向南移动了 0.007°，向西南迁移了 3 119.86 m；2001—2007 年，质心迁移方向与前一时期基本一致，但迁移距离较大，为 25 456.70 m，平均迁移距离为 4 242.78 m。水库是迁移距离最远的湿地类型，表明在这一时期流域西南部水库修建数量较多。鱼塘质心位置离水田和水库质心较远，主要由于鱼塘集中分布在Ⅳ区和Ⅱ区、III区下游，且 1992—2007 年鱼塘在流域下游仍呈增加趋势，其质心在 1992—2001 年向西南迁移了 5 419.34 m，在 2001—2007 年迁移了 1 242.31 m。

总体来说，人工湿地质心迁移表现为：①1992—2007 年，水库和鱼塘质心迁移方向一致，总体向流域西南方向迁移，水田质心迁移方向与前两者相反。②除水库外，水田和鱼塘质心在 1992—2001 年的年平均迁移距离均大于 2001—2007 年的年平均迁移距离，与自然湿地质心迁移特征类似，前一时期人工湿地在某一方位上的变化较后一时期剧烈。

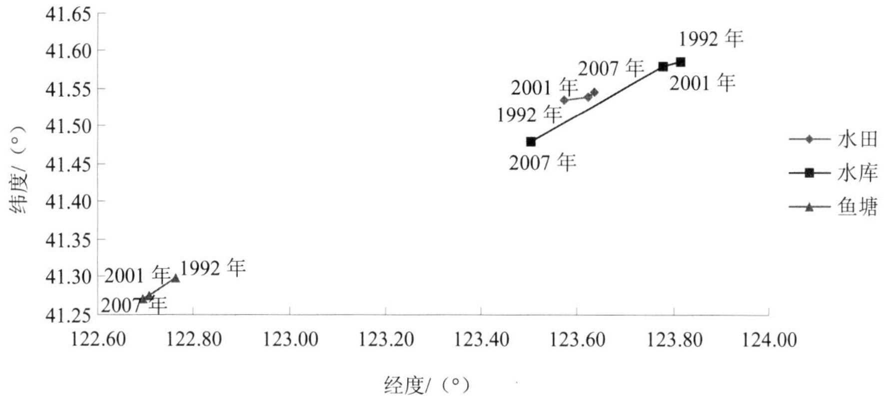

图 2-11　1992—2007 年人工湿地质心迁移图

第 3 章　流域景观格局时空变化

在流域人类活动影响下，土地利用类型被改变，流域景观格局产生变化。本研究选取了景观指标，提出了景观格局数据提取方法与指标计算方法，分景观与斑块类型两个水平、水资源分区与行政分区两个尺度，分析了浑太河流域景观格局的时空变化，探讨了流域景观格局变化的自然与社会经济驱动因素。

3.1　景观格局数据提取

3.1.1　景观指标选取

为综合反映流域景观的破碎化程度、空间格局和景观异质性，同时尽量避免指标信息的重叠，参考景观格局研究中的常用指标和相关研究成果（王宪礼等，1997；布仁仓等，2005；李闯等，2008；李文龙等，2009），在景观水平上，除了常用的各类用地面积比指标外，还筛选了 10 个代表性景观指标。各代表性景观指标计算方法详见 Fragstats 软件应用手册（McGarigal et al.，1994）。

①斑块数（NP）指景观中斑块的数量，其值大小与景观破碎化程度有很好的正相关性。

$$\mathrm{NP}=N \tag{3-1}$$

式中：N——景观中斑块总数。

取值范围：NP ⩾1，无上限。

②斑块密度（PD）指单位面积内的斑块数，反映景观的破碎化程度，其值越大，破碎化程度越高。

$$\mathrm{PD}=\frac{N}{A}\times 10^6 \tag{3-2}$$

式中：A——景观总面积，m^2。

取值范围：PD＞0，无上限。

③边界总长度（TE）指景观内斑块边界的总长度，反映景观与周围景观单元间的能量、物质和物种交流能力强弱。

$$\mathrm{TE}=E \tag{3-3}$$

式中：E——景观中斑块边界总长度，m。

取值范围：TE≥0，无上限。

④边界密度（ED）指单位面积内的斑块周长，反映景观破碎程度。边界密度大小直接影响边缘效应及物种组成。其值越大，表示景观类型被边界割裂的程度越高；反之，则景观保存完好，连通性高。

$$\mathrm{ED}=\frac{E}{A}\times 10^4 \tag{3-4}$$

取值范围：ED≥0，无上限。

⑤面积周长分维数（PAFRAC）反映斑块形状的复杂程度。PAFRAC 越接近 1，景观斑块形状越简单规则；PAFRAC 越接近 2，景观斑块形状越复杂。

$$\mathrm{PAFRAC}=\frac{2\Big/\left[N\sum_{i=1}^{m}\sum_{j=1}^{n}\left(\ln p_{ij}\cdot\ln a_{ij}\right)\right]-\left[\left(\sum_{i=1}^{m}\sum_{j=1}^{n}\ln p_{ij}\right)\left(\sum_{i=1}^{m}\sum_{j=1}^{n}\ln a_{ij}\right)\right]}{\left(N\sum_{i=1}^{m}\sum_{j=1}^{n}\ln {p_{ij}}^{2}\right)-\left(\sum_{i=1}^{m}\sum_{j=1}^{n}\ln p_{ij}\right)^{2}} \tag{3-5}$$

式中：a_{ij}——斑块面积，m^2；

p_{ij}——斑块周长，m。

取值范围：1≤PAFRAC≤2。

⑥最大斑块指数（LPI）指景观中最大斑块的面积比例，其值大小决定景观中的优势种、内部种的丰度，其值变小表示人类活动的干扰强度增大。

$$\mathrm{LPI}=\frac{\max\left\{a_{ij}\right\}}{A}\times 100 \tag{3-6}$$

取值范围：0＜LPI≤100。

⑦聚集度指数（AI）描述景观内不同生态系统的团聚程度，取值大代表景观由少数团聚的大斑块组成，反之则代表景观由许多小斑块组成。

$$\mathrm{AI}=\left[\sum_{i=1}^{m}\left(\frac{g_{ii}}{\max\rightarrow g_{ii}}\right)P_i\right]\times 100 \tag{3-7}$$

式中：g_{ii}——基于单计数方法的相同景观类型像元的邻接数；

$\max\rightarrow g_{ii}$——基于单计数方法的相同景观类型像元的最大可能邻接数；

P_i——类型 i 在景观中所占比例。

取值范围：$0 \leqslant \text{AI} \leqslant 100$。

⑧分离度指数（DIVISION）描述某一景观类型中不同斑块个体分布的分离程度，分离程度越大，表明景观在地域分布上越分散、景观分布越复杂。

$$\text{DIVISION} = 1 - \sum_{i=1}^{m}\sum_{j=1}^{n}\left(\frac{a_{ij}}{A}\right)^2 \quad (3\text{-}8)$$

取值范围：$0 \leqslant \text{DIVISION} < 1$。

⑨Shannon 均匀度指数（SHEI）描述景观内不同生态系统分配的均匀程度，SHEI=0 表明景观仅由一种斑块组成，无多样性；SHEI 趋近 1 时，优势度低，说明各斑块类型在景观中均匀分布，有最大多样性。

$$\text{SHEI} = \frac{-\sum_{i=1}^{m}\left(P_i \times \ln P_i\right)}{\ln m} \quad (3\text{-}9)$$

式中：m——景观中出现的斑块类型。

取值范围：$0 \leqslant \text{SHEI} \leqslant 1$。

⑩Shannon 多样性指数（SHDI）反映景观要素的多少和各景观要素所占比例的变化。在一个景观系统中，土地利用类型越丰富，破碎化程度越高，其 SHDI 值也越高。

$$\text{SHDI} = -\sum_{i=1}^{m}\left(P_i \times \ln P_i\right) \quad (3\text{-}10)$$

取值范围：$\text{SHDI} \geqslant 0$，无上限。

基于以上景观水平上的景观指标，从景观破碎化程度、斑块形状和空间格局三个方面，选取了 5 个斑块类型水平上的景观指标（如表 3-1 所示），力求在了解 1992—2007 年浑太河流域景观格局总体变化趋势之后，进一步从斑块类型水平上分析各景观类型的内部组成和结构变化，以判定具体哪一类景观带来的总体变化最显著，为定量管理提供依据。

表 3-1　斑块类型水平上的景观指标

序号	景观指数		缩写
1	景观破碎化	斑块数	NP
2		边界密度	ED
3	斑块形状	面积周长分维数	PAFRAC
4	斑块空间格局	最大斑块指数	LPI
5		聚集度指数	AI

3.1.2 最佳分析粒度选取

作为分析景观格局特征的定量化指标，景观指数一般以栅格数据作为数据源，在矢量数据栅格化过程中，存在一个可塑性面积单元问题（MAUP），即计算结果随粒度（栅格大小）定义的不同而不同（Turner et al.，1989；申卫军等，2003）。粒度选择过大，细节易被忽略；粒度选择过小，容易忽视总体规律，且增加额外工作量。因此，粒度选取过程中存在最佳粒度的问题。

关于最佳分析粒度，目前尚无统一定义（赵文武等，2003；吕志强等，2007），且未形成完整的方法体系。Lovejoy（1982）根据斑块周长面积比值变化选择最易观察的尺度；赵文武等（2003）、吕志强等（2007）、杨丽等（2007）主要从定性分析角度，利用景观指数粒度效应图中的拐点选择适宜粒度；崔步礼等（2009）采用定量方法，主要利用信息损失评价选择最佳粒度；李保杰等（2016）选择典型矿区，确定了景观格局指数的最佳分析粒度；翟俊等（2018）识别了景观格局指数的尺度效应，评估空间粒度增加引起的景观格局指数信息损失量，确定了流域尺度景观格局分析的最佳粒度；Wang 等（2021）通过信息损失分析和主成分分析，确定了上海市 1998—2017 年景观格局分析的最佳粒度。上述研究取得了一系列成果，但主要通过某一定性或定量方法确定最佳粒度，得出的粒度满足某些方面的研究要求，而最佳粒度本身是主客观因素相结合的产物，其选取则要求至少满足上述多个条件，需要定性与定量方法相结合，以提高景观格局分析的科学性与准确性。

为提高景观指数计算精度，保证后续景观格局与水生态相关性分析的准确性和科学性，本研究综合运用景观指数粒度效应分析、改进后的信息损失评价和运算耗时分析三种方法，定性分析与定量评价相结合，选取研究区景观格局的最佳分析粒度。

3.1.2.1 景观指数粒度效应分析

景观指数粒度效应分析即选取景观水平上具有代表性的指数，以粒度为横轴，以对应的景观指数为纵轴，建立景观指数的粒度效应曲线。筛选出对粒度变化敏感且有明显粒度拐点的指数。对于景观整体而言，需要综合各指数的拐点来划分粒度域，两个拐点之间的区域即为粒度域；划分粒度域之后，进一步确定适宜粒度域，即满足当前方法要求的粒度区间。在适宜粒度域内，景观指数值的变化相对平缓，没有剧烈变动，景观格局特征的保持相对稳定（赵文武等，2003）。在该粒度域下计算出的景观指数能够很好地反映区域景观格局。

在 ArcGIS 9.0 的支持下，以 TM 影像的分辨率 30 m 为起点、200 m 为终点、10 m 为间隔，设定栅格单元大小，对解译出的土地利用矢量数据进行栅格化，得到 18 幅不同粒度的栅格图。以此为数据源，选取代表性指标，运用景观格局分析软件 Fragstats，计算以上景观指数。以粒度为横轴，以对应的景观指数为纵轴，构建景观指数粒度效应曲线。筛选出对粒度变化敏感且有明显粒度拐点的指数 6 个（如图 3-1 所示），分别为斑块数（NP）、斑块密度（PD）、平均斑块面积（MPS）、分离度指数（DIVISION）、最大斑块指数（LPI）和面积周长分维数（PAFRAC）。

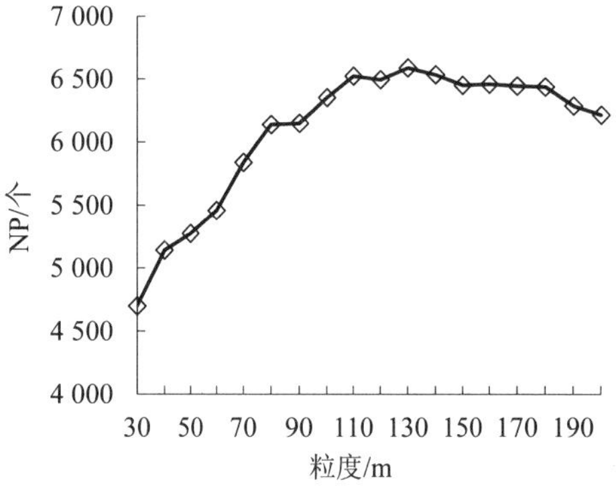

拐点：40 m、60 m、80 m、110 m、150 m、180 m。

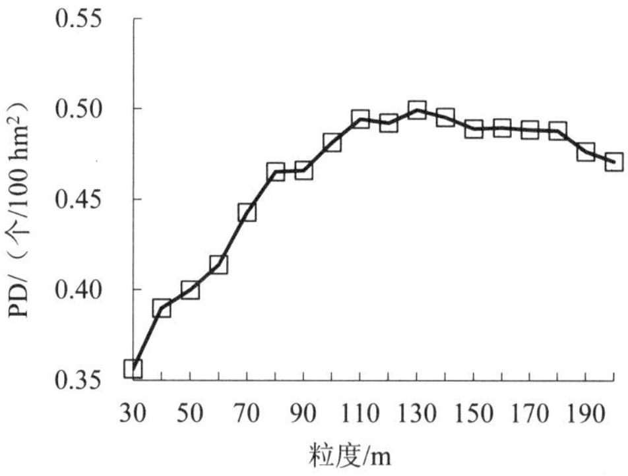

拐点：40 m、60 m、80 m、90 m、110 m、180 m。

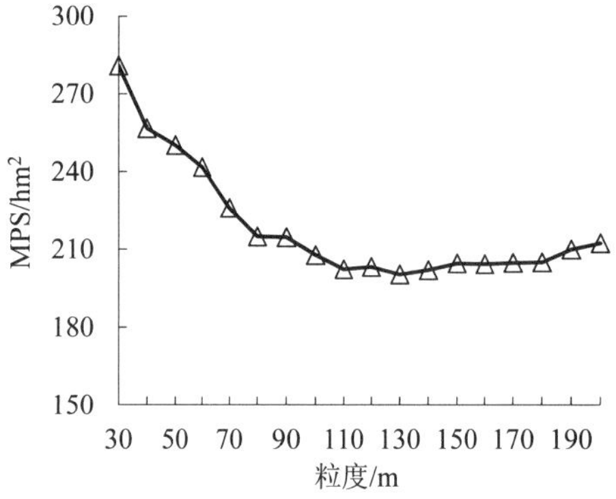

拐点：40 m、60 m、80 m、110 m。

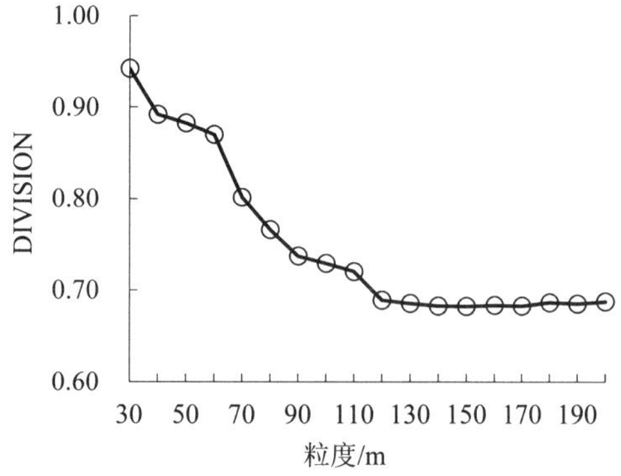

拐点：40 m、60 m、90 m、110 m。

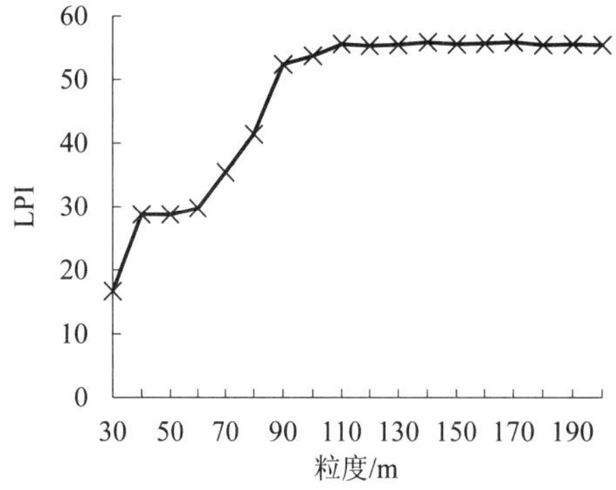

拐点：40 m、60 m、90 m、110 m。

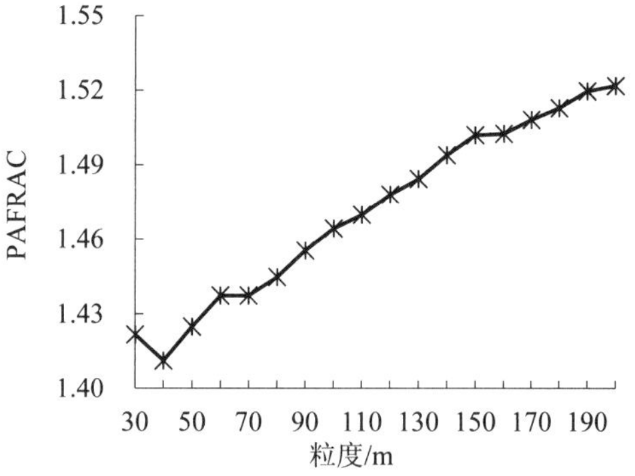

拐点：40 m、60 m、70 m、150 m。

图 3-1 流域景观指数粒度效应

以上 6 个指标在 40 m 处出现第一个拐点，在 60 m 处出现第二个拐点。30～40 m 为本研究的第一粒度域，在该区域内，景观指数变化比较剧烈，该区域为粒度敏感区。40 m 的粒度可能比较接近研究区的本征尺度，所以在进行景观格局分析时，应选取大于 40 m 的粒度。在 40～60 m 区间内，除面积周长分维数外，其余景观格局指数值均保持相对稳定，说明在该粒度域内，景观格局特征的保持相对稳定，景观格局指数能够有效反映景观格局变化特征，是该研究区的适宜粒度域。此外，120～200 m 是另一个适宜粒度域。

3.1.2.2　信息损失评价

采用最大面积值法时，矢量数据在栅格化过程中的损失包含两部分：一是在栅格化过程中，矢量数据原本平滑的边界呈现锯齿状变化，导致面积、周长等发生改变（赵文武等，2003）；二是转换粒度变化会导致相邻地类属性发生改变。为更好地说明第二部分信息损失问题，构建了如图 3-2 所示的包含三种地类的研究区，在最大面积值法下，当转换粒度从 1 增大为 4 时，相邻地类的栅格属性会发生改变，见图 3-2（a）粗体部分。

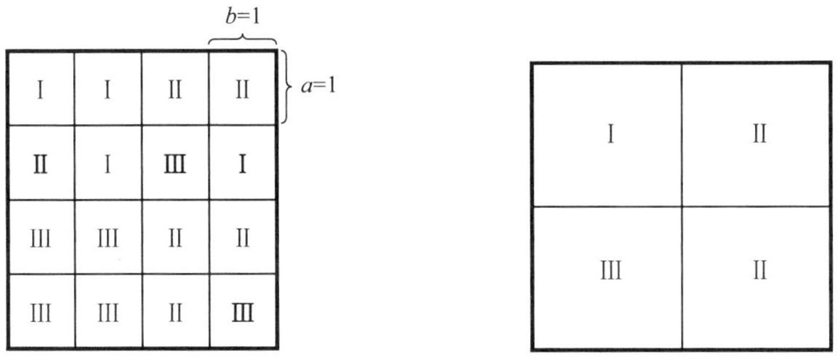

（a）转换粒度=1　　　　（b）转换粒度=4

图 3-2　最大面积值法栅格化过程的粒度效应示意

为表征不同地类矢量数据在栅格化过程中的面积损失，杨存建等（2001）提出如下公式：

$$E = A_g - A_b \tag{3-11}$$

$$L = \left|\frac{100 \times E}{A_b}\right| \tag{3-12}$$

式中：E——面积损失，为正值表示栅格数据值比基准数据值大，反之则表示比基准数据值小；

A_g——面积的栅格数据值；

A_b——面积的基准数据值，即矢量数据值；

L——面积精度损失。

以图 3-2 为例，可统计出该区域面积损失结果（如表 3-2 所示）。为研究方便，假设粒度为 1 时栅格数据最接近矢量数据，令其为基准数据。

表 3-2　研究区面积损失　　单位：个

项目	各地类			研究区整体
	地类 I	地类 II	地类III	
基准数据	4	6	6	16
粒度为 4	4	8	4	16
面积损失	0	2	–2	0

由表 3-2 可知，研究区整体面积损失为零，而实际上，地类 II 面积增加了 2 个栅格，地类III面积减少了 2 个栅格，共有 4 个栅格［图 3-2（a）粗体部分］属性发生了改变。以整体栅格数据减去整体矢量数据得出的损失掩盖了不同地类之间在栅格化过程中发生的转换，实际上是忽视了栅格化过程中产生的第二部分损失。

因此，在进行多类湿地景观整体信息损失分析时，直接套用上述公式会有问题。为更好地体现各类湿地景观在栅格化过程中的整体信息损失程度，提出了自下而上的计算方法，将不同地类的信息损失取绝对值后加和，从而得到湿地景观整体信息损失。据此分析，计算公式修正如下：

$$M=\sum_{i=1}^{n}\left|A_{gi}-A_{bi}\right|,\quad i=1,2,\cdots,n \tag{3-13}$$

$$P=\left|\frac{100\times M}{A_b}\right| \tag{3-14}$$

式中：M——某一评价指标的损失量；

P——某一评价指标的精度损失；

A_{gi}——i 类湿地景观栅格数据值；

A_{bi}——i 类湿地景观基准数据值；

n——湿地类型数目。

选取面积、斑块数、周长 3 个指标，以太子河流域为例，按修正后的公式进行信息损失评价，评价结果如图 3-3、图 3-4 和图 3-5 所示。

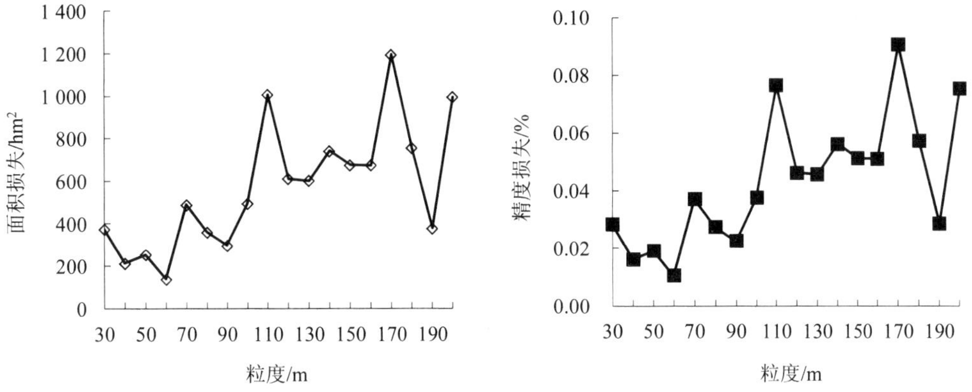

图 3-3　不同粒度下流域景观面积损失和精度损失

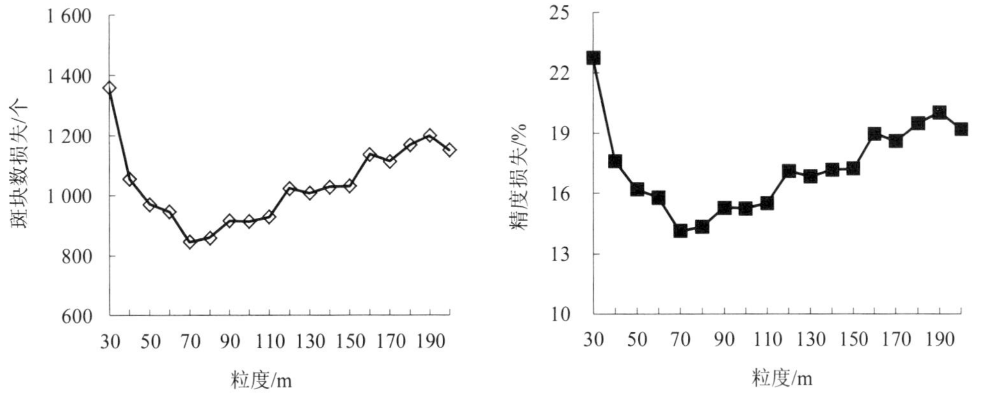

图 3-4　不同粒度下流域景观斑块数损失和精度损失

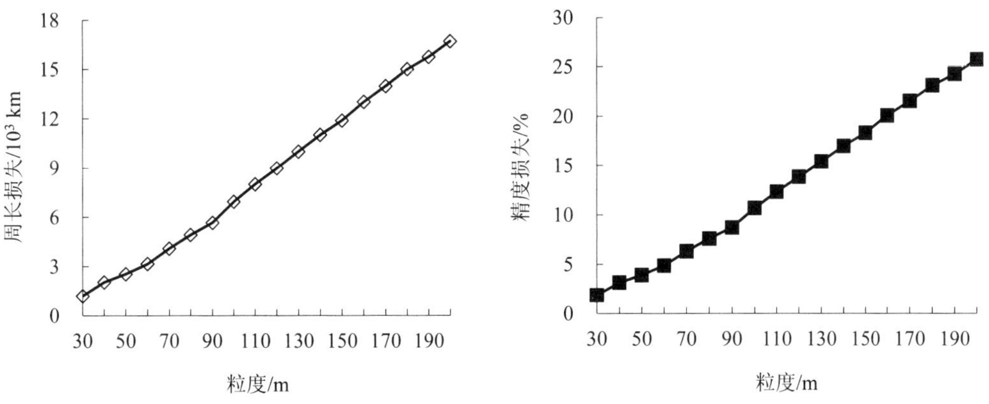

图 3-5　不同粒度下流域景观周长损失和精度损失

由图 3-3 可见，随着转换粒度的增大，面积损失和精度损失虽有波动，但总体呈现上升趋势。粒度为 30～60 m 时，信息损失很小，其中面积损失小于 400 hm^2，精度损失小于 0.03%。粒度大于 60 m 后，信息损失开始变大，最大面积损失和精度损失都在粒度为 170 m 时出现，分别为 1 195 hm^2 和 0.09%。在景观水平上，对面积这一评价指标而言，转换粒度越小，信息损失越小。30～60 m 是适宜粒度域。

图 3-4 表明，斑块数损失和精度损失总体呈现抛物线状变化，都在粒度为 70 m 处达到最小值，分别为 846 个、14.12%。粒度为 50～110 m 时，斑块数信息损失相对较小，其中斑块数损失小于 1 000 个，精度损失小于 17%，因此该区域为适宜粒度域。

由图 3-5 可见，周长损失和精度损失都呈逐渐增大的变化趋势。其中，粒度为 30～90 m 时，周长损失和精度损失相对较小，其中周长损失量小于 6 000 km，精度损失小于 10%，因此该区域为适宜粒度域。

结合以上对 3 个指标的信息损失评价，从信息损失角度看，50～60 m 为本研究区的适宜粒度域。

3.1.2.3 运算耗时分析

研究发现（崔步礼等，2009），随着粒度的减小，数据量呈级数增长，从而使得景观指数的计算过程变慢。从提高工作效率的角度看，运算耗时自然越少越好。值得说明的是，计算机处理速度的提高使得运算耗时不再是粒度选择的制约因素。在通常状况下，选取最佳粒度时，应首先考虑栅格化过程中的信息损失以及景观指数能否对研究区整体进行有效反映，运算耗时可作为次要考虑因素。

本研究的运算平台为 Lenovo Thinkcentre M6000t，CPU 4 核 2.66 GHz，内存 4 GB。在此平台上的运算耗时如图 3-6 所示。由图 3-6 可见，运算耗时对粒度变化响应剧烈，在 30～50 m 粒度域内，运算耗时急剧下降，50～90 m 粒度域内呈现缓慢下降趋势，90 m 之后运算耗时基本保持不变。由此可知，若从运算耗时这一因素考虑，要提高工作效率，最好选择粒度大于 50 m。

3.1.2.4 综合选取最佳分析粒度

景观指数粒度效应分析可保证在所选粒度域内，景观特征没有剧烈变动，景观指数能够对研究区景观格局进行有效反映；信息损失评价可保证所选粒度在栅格化过程中的信息损失相对较小；运算耗时分析则从提高工作效率角度对粒度进行筛选。对上述三种方法各自计算得出的粒度域取交集，综合分析得出满足三者要求的粒度，即最佳分析粒度。

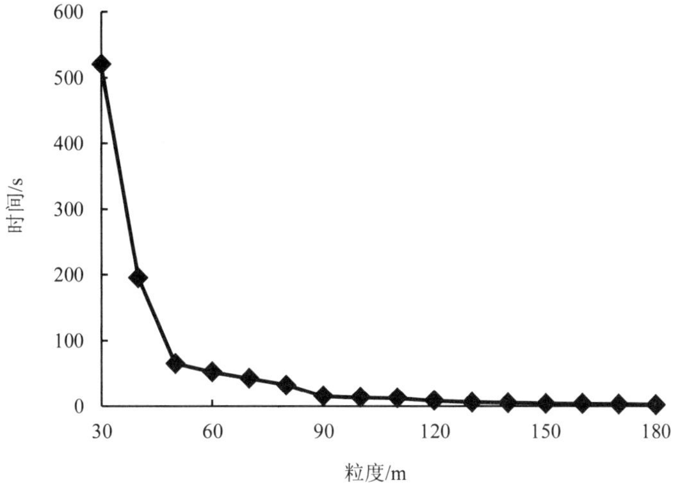

图 3-6　运算耗时对不同粒度的响应

对三种方法各自计算得出的粒度域（如表 3-3 所示）取交集，可得 60 m 为流域景观格局分析的最佳粒度。

表 3-3　各方法计算出的适宜粒度域

方法	适宜粒度域/m
景观指数粒度效应分析	[40，60]和[120，200]
信息损失评价	[50，60]
运算耗时分析	＞50

3.2　流域景观格局变化

3.2.1　流域景观格局变化分析

3.2.1.1　景观水平上景观格局变化特征

从景观水平上开展研究有助于了解流域整体景观格局特点，判断湿地景观格局变化对流域总体变化的贡献大小。基于解译获取的浑太河流域土地利用图，提取出相关景观格局数据（如表 3-4 所示）。由表 3-4 可见，1992—2007 年，浑太河流域景观斑块数和斑块密度呈不断增加趋势，景观斑块向破碎化方向发展，且斑块数在 2001—2007 年增加了

135个，明显大于1992—2001年的增加幅度，说明2001年之后景观斑块受扰程度增大。但边界总长度和边界密度在1992—2001年增加、在2001—2007年减小，即前一时期景观斑块被其他景观类型割裂的程度逐渐增大，斑块边界越来越复杂，后一时期斑块边界总长度开始减小，景观斑块间的连通性提高。斑块形状的变化趋势与斑块边界一致，呈先增加、后减小的变化趋势，即1992—2001年景观斑块形状趋于复杂，2001—2007年又逐渐规则化。

最大斑块指数和聚集度指数变化方向一致，1992—2001年、2001—2007年两个时期呈现先减小、后增加的变化趋势。前一时期二者分别减小了0.10和0.04，大斑块逐渐破碎萎缩，斑块的团聚程度减小；后一时期，最大斑块指数增加了 8.51，大斑块在景观中的面积显著增加，斑块团聚程度再次升高。分离度指数与前两者呈相反变化趋势，斑块在景观中呈先分散（1992—2001 年）、后集中（2001—2007 年）的变化趋势，这与前面的分析一致。从景观异质性来看，1992—2007 年，Shannon 多样性指数和 Shannon 均匀度指数均呈不断增加的趋势，且1992—2001年的增加幅度略小于2001—2007年，说明各类型景观在流域中所占面积比例的差异减小，优势景观的控制作用逐渐减弱，景观多样性提高，且斑块在景观中越来越趋向于均匀分布。

总体来看，1992—2001年，斑块在景观中趋于破碎化、分散、多样、均匀分布，斑块边界和形状越来越复杂；2001—2007年，景观斑块仍趋于多样均匀分布，但斑块的聚集程度和连通性提高，斑块形状趋于简单。景观内部斑块面积、形状和结构的改变造成流域景观发生了复杂变化，仅靠流域景观水平上的整体分析无法全面解释上述变化趋势，须在斑块类型水平上进一步分析湿地景观格局变化，才能判断湿地景观格局变化趋势。

表3-4 景观水平上浑太河流域景观格局变化特征

景观指数		1992年	2001年	2007年	1992—2001年	2001—2007年
破碎化程度	斑块数/个	13 366	13 464	13 599	98	135
	斑块密度/（个/km^2）	0.477	0.480	0.485	0.003	0.005
	边界总长度/m	69 096 780	69 468 540	68 881 860	371 760	−586 680
	边界密度/（m/m^2）	24.64	24.77	24.56	0.13	−0.21
斑块形状	面积周长分维数	1.428	1.431	1.424	0.003	−0.007
空间格局	最大斑块指数	19.36	19.26	27.77	−0.10	8.51
	聚集度指数/%	92.62	92.58	92.62	−0.04	0.04
	分离度指数	0.93	0.94	0.90	0.01	−0.04
景观异质性	Shannon 多样性指数	0.58	0.58	0.59	0	0.01
	Shannon 均匀度指数	1.38	1.40	1.41	0.02	0.01

3.2.1.2 斑块类型水平上景观格局变化特征

基于计算获取的浑太河流域 1992 年、2001 年和 2007 年斑块类型水平上的景观格局指数值，分别计算 1992—2001 年和 2001—2007 年各类型湿地景观的斑块数、边界密度、面积周长分维数、最大斑块指数和聚集度指数的净变化值，以 ΔNP、ΔED、ΔPAFRAC、ΔLPI、ΔAI 表示（如表 3-5 所示）。

表 3-5 斑块类型水平上浑太河流域景观格局变化特征

一级分类	二级分类	年份	ΔNP/个	ΔED/（m/m^2）	ΔPAFRAC	ΔLPI	ΔAI/%
自然湿地景观	河流	1992—2001 年	−96	−0.304	0.004	−0.004	0.35
		2001—2007 年	36	−0.055	0.001	−0.003	−0.20
	湖泊	1992—2001 年	−31	−0.030	−0.058	−0.005	−3.07
		2001—2007 年	9	−0.000	0.030	0.000	−1.13
	滩地	1992—2001 年	19	−0.166	−0.022	−0.100	−6.72
		2001—2007 年	−128	−0.037	−0.010	−0.001	2.32
	沼泽	1992—2001 年	17	0.150	0.003	0.014	1.46
		2001—2007 年	−64	0.036	0.017	−0.002	1.08
	合计	1992—2007 年	−238	−0.406	−0.011	−0.092	−5.93
人工湿地景观	水田	1992—2001 年	−129	0.221	0.001	0.083	0.09
		2001—2007 年	20	−0.041	−0.013	−0.027	0.06
	水库	1992—2001 年	17	0.101	0.025	0.057	0.41
		2001—2007 年	73	0.061	−0.006	−0.023	−0.32
	鱼塘	1992—2001 年	91	0.158	0.023	−0.024	0.64
		2001—2007 年	−56	0.011	0.021	0.048	1.13
	合计	1992—2007 年	16	0.511	0.052	0.115	2.01

由表 3-5 可见，与景观水平上景观格局变化特征不同，自然湿地和人工湿地的景观格局变化具有较大差异。

自然湿地景观的总体变化特征为：①1992—2001 年，河流斑块数和边界密度减小幅度较大，表明这一时期某些河流斑块消失，斑块边界越来越简单，这可能与河流裁弯取直、水利建设等有关。②湖泊斑块间的团聚程度逐渐减小，斑块数和边界密度变化趋势与河流一致，表现为 1992—2001 年湖泊斑块逐渐萎缩，斑块边界越来越简单，斑块形状趋于规则化，这可能与水库修建、河道规范等活动有关。③滩地边界密度、面积周长分维数、最大斑块指数不断减小，说明其大斑块面积减小，斑块边界和形状趋于简单规则；2001—2007 年，斑块数量显著减小，聚集度增大，可能由于该时期部分小斑块聚集为大斑块。④1992—2007 年，沼泽斑块数总体呈减小趋势，其他各指数总体呈增加趋势，即沼泽斑块数量减少，斑块间的聚集程度增大，大斑块面积增加，斑块形状趋于复杂。

人工湿地景观的总体变化特征为：①1992—2001 年，水田斑块数大幅度减小，最大斑块指数和聚集度指数增加，说明斑块间的团聚程度增加，小斑块逐渐聚集为大斑块，水田越来越趋向于集中连片分布。②2001—2007 年，水库斑块数增加幅度显著增大，斑块团聚程度减小，可能是由于该时期的小水库建设。③在 1992—2001 年、2001—2007 年两个时期，鱼塘斑块数量先增加、后减小，最大斑块指数先减小、后增加，即前一时期鱼塘小斑块数量逐渐增多，后一时期鱼塘小斑块逐渐聚集为大斑块，大斑块面积增加。

近 16 年间，河流、湖泊和滩地这三类自然湿地景观与人工湿地景观呈现完全相反的变化趋势：河流、湖泊和滩地景观斑块数减小，且大斑块逐渐萎缩，斑块趋于分散分布，斑块形状和边界越来越规则，表明自然湿地景观斑块受扰程度较大；水田斑块数减少，水库和鱼塘斑块数增加，人工湿地大斑块面积增加，斑块间的团聚程度逐渐增大，人工湿地景观呈扩张趋势，且这一趋势在 1992—2001 年尤为明显。

3.2.2 各水资源分区湿地景观格局变化分析

为识别湿地景观格局变化的空间差异性，本节以前述的浑太河流域水资源分区为研究尺度，在斑块类型水平上，从景观破碎化和斑块空间格局两方面，分析各分区湿地景观格局变化特征，明晰区域人类活动对湿地景观格局的影响，为流域景观调控和湿地景观分区保护提供科学依据。

利用 ArcGIS 的图形编辑与空间分析功能，以辽河流域 1992 年、2001 年和 2007 年三期土地利用矢量图为基础数据，提取浑太河流域水资源分区土地利用矢量图和属性数据库，栅格化后计算其景观指数，计算结果如表 3-6 和表 3-7 所示。

表 3-6 斑块类型水平上各水资源分区景观斑块面积和数量变化

景观指标			面积占比/%				斑块数/个			
景观类型		年份	Ⅰ区	Ⅱ区	Ⅲ区	Ⅳ区	Ⅰ区	Ⅱ区	Ⅲ区	Ⅳ区
自然湿地景观	河流	1992	0.87	1.75	1.33	2.58	81	160	187	50
		2001	0.82	1.50	1.11	2.62	69	99	176	50
		2007	0.85	1.43	1.03	2.70	57	112	122	72
	滩地	1992	0.43	1.33	0.67	1.35	219	173	226	26
		2001	0.59	0.49	0.47	0.31	218	180	244	17
		2007	0.62	0.69	0.45	0.17	173	135	183	13
	沼泽	1992	0.01	1.16	0.22	2.63	8	123	118	69
		2001	0.11	1.23	0.46	3.60	28	165	99	64
		2007	0.22	1.77	0.53	2.89	30	96	91	63

景观指标			面积占比/%				斑块数/个			
景观类型		年份	Ⅰ区	Ⅱ区	Ⅲ区	Ⅳ区	Ⅰ区	Ⅱ区	Ⅲ区	Ⅳ区
人工湿地景观	水田	1992	2.41	22.32	7.31	61.22	386	616	565	81
		2001	2.24	24.20	7.87	61.97	354	597	494	77
		2007	2.36	24.83	7.98	61.25	336	562	520	85
	水库	1992	1.13	0.34	0.47	1.04	33	78	65	4
		2001	1.46	0.27	0.85	1.08	41	79	74	7
		2007	1.35	0.45	0.97	1.19	40	108	92	28
	鱼塘	1992	—	0.82	0.14	1.77	—	198	125	148
		2001	—	1.09	0.13	3.15	—	256	98	220
		2007	—	1.01	0.15	3.64	—	202	104	200

注：湖泊面积占比变化相对较小，低于0.1%，因此不纳入研究。

表3-7 斑块类型水平上各水资源分区景观斑块空间格局变化

景观指标			面积周长分维数				聚集度指数/%			
景观类型		年份	Ⅰ区	Ⅱ区	Ⅲ区	Ⅳ区	Ⅰ区	Ⅱ区	Ⅲ区	Ⅳ区
自然湿地景观	河流	1992	1.673	1.580	1.630	1.606	68.86	78.31	74.41	84.14
		2001	1.686	1.630	1.618	1.604	69.24	78.52	74.54	84.44
		2007	1.678	1.642	1.650	1.578	70.72	76.95	74.21	84.43
	滩地	1992	1.473	1.396	1.424	1.368	68.01	84.28	84.68	90.26
		2001	1.492	1.416	1.430	1.473	71.28	75.47	80.38	81.46
		2007	1.498	1.422	1.429	1.291	72.85	80.51	81.57	85.71
	沼泽	1992	—	1.387	1.461	1.363	64.92	86.95	78.52	89.27
		2001	1.465	1.419	1.390	1.326	75.08	84.47	86.63	91.89
		2007	1.387	1.417	1.365	1.339	82.12	88.32	88.32	90.36
人工湿地景观	水田	1992	1.371	1.357	1.328	1.353	83.25	92.79	93.30	95.94
		2001	1.356	1.357	1.341	1.370	83.59	92.86	93.55	95.90
		2007	1.356	1.359	1.324	1.358	84.37	93.13	93.43	95.86
	水库	1992	1.315	1.366	1.356	—	94.72	84.91	91.64	98.67
		2001	1.307	1.318	1.407	—	94.54	83.58	92.70	98.06
		2007	1.315	1.342	1.403	1.116	94.65	85.03	92.93	96.03
	鱼塘	1992	—	1.434	1.356	1.314	100.00	81.15	79.13	85.29
		2001	—	1.446	1.360	1.339	100.00	81.05	80.00	86.38
		2007	—	1.471	1.362	1.374	100.00	82.17	80.53	86.11

1992—2007年，Ⅰ～Ⅲ区的河流和Ⅱ～Ⅳ区的滩地面积波动减少，Ⅰ～Ⅲ区沼泽面积持续增加，Ⅱ区、Ⅲ区水田面积持续增加，Ⅲ区、Ⅳ区水库面积持续增加，Ⅱ区鱼塘面积先增加、后减少，Ⅳ区鱼塘面积持续增加且变化幅度较大。可以看到，各自然湿地景观面积变化在Ⅱ区和Ⅲ区保持相对较高的一致性。Ⅰ区由于处于上游流域，优势地类

为林地，受人类活动影响较小，变化规律不明显。Ⅳ区各湿地景观呈现不同的变化规律，该分区河流上游是浑河与太子河的汇合口，下游是大辽河入海口，河流、滩地、沼泽、海涂等湿地景观面积相对较大，且与其他各分区的优势地类（旱地和林草地）不同，该分区水田面积占55%以上。

从斑块数变化来看，对于自然湿地景观，1992—2007年，除Ⅳ区外，各分区河流斑块数总体呈减小趋势；滩地和沼泽在各分区的斑块数变化方向差异较大，但2001—2007年，滩地和沼泽斑块数总体呈减少趋势，且变化幅度相对较大，说明该时期这两类自然湿地景观破碎化程度较高，受人类活动干扰明显。对于人工湿地景观，Ⅰ区、Ⅱ区的水田斑块数不断减小，Ⅲ区、Ⅳ区则在1992—2007年先减小、后增加；水库各分区斑块数变化一致，基本呈增加趋势，说明1992—2007年水库修建数量增加较多；鱼塘集中分布在Ⅱ～Ⅳ区，Ⅱ区、Ⅳ区斑块数的变化与Ⅲ区相反，呈先增加、后减少的趋势。

综上，各水资源分区景观斑块破碎化趋势存在较大差异，比较各区景观破碎化程度发现，Ⅱ区和Ⅲ区湿地景观破碎化程度相对其他两区较高，这可能由于Ⅱ区和Ⅲ区覆盖浑河、太子河、汤河等主要河流，人类活动密集，湿地景观受扰程度较大。

分别以景观斑块形状和同类斑块团聚程度表征斑块空间格局。对自然湿地景观，各分区河流斑块面积周长分维数呈现完全不同的变化趋势，Ⅱ～Ⅳ区河流斑块聚集度指数在1992—2007年呈先增加、后减小的趋势；Ⅰ～Ⅲ区滩地面积周长分维数总体呈增加趋势，而Ⅱ～Ⅳ区滩地斑块聚集度指数在两个时期呈先减少、后增加的趋势；各分区沼泽斑块形状和聚集度指数的变化差异较大，没有明显规律。对于人工湿地景观，Ⅲ区、Ⅳ区水田斑块面积周长分维数和聚集度指数在两个时间段总体呈先增加、后减少的趋势，而Ⅰ区、Ⅱ区水田斑块聚集度指数呈增加趋势；Ⅱ～Ⅳ区鱼塘斑块面积周长分维数不断增加；水库斑块空间格局变化没有明显规律。

综上可以看出，Ⅱ区和Ⅲ区自然湿地景观斑块空间格局变化方向相对一致，Ⅲ区和Ⅳ区人工湿地景观斑块空间格局变化方向相对一致，这可能由于Ⅱ区和Ⅲ区分别属于浑河流域和太子河流域，自然湿地景观斑块格局类似，而Ⅲ区和Ⅳ区优势地类为水田，且水库和鱼塘分布较多，使得自然湿地景观斑块格局变化相对一致。

比较各分区景观斑块空间格局差异发现，Ⅰ区斑块面积周长分维数比其他三区大，而聚集度指数比其他三区小，主要由于Ⅰ区优势地类为林地，景观组分多沿水系、丘陵延展分布，从而造成景观边界曲折，斑块形状比较复杂，斑块间的团聚程度下降。Ⅳ区斑块聚集度指数相对其他三区较大，说明Ⅳ区各湿地景观斑块的聚集程度均相对较高，湿地景观呈现集中连片分布，进一步说明Ⅳ区应作为浑太河流域湿地景观的重点保护区域。

3.2.3 各行政分区湿地景观格局变化分析

各水资源分区的湿地景观格局变化虽在一定程度上反映了景观格局变化的空间差异，但要落实到管理层面，须以行政分区为最小分区单元，了解行政分区内人类活动强度与景观格局变化的关系，为流域湿地保护和管理的逐层逐区落实提供定量化依据。

浑太河流域主要包含 7 个市，分别为抚顺市、沈阳市、本溪市、辽阳市、鞍山市、盘锦市和营口市。具体为抚顺市的市辖区、抚顺县、新宾满族自治县、清原满族自治县，沈阳市的市辖区、辽中县（2016 年撤辽中县，设辽中区）、新民市，本溪市的市辖区、本溪满族自治县，辽阳市的市辖区、辽阳县、灯塔市，鞍山市的市辖区、台安县、海城市，盘锦市的大洼县（2016 年撤大洼县，设大洼区）、盘山县和营口市的市辖区、大石桥市。

进一步分析、比较各行政分区湿地景观格局变化，为社会经济驱动因素分析提供数据支持。

1992—2001 年、2001—2007 年两个时期内，各行政分区景观斑块呈现不同的破碎化趋势（如表 3-8 所示）。抚顺市市辖区、抚顺县、本溪市市辖区、本溪满族自治县等流域中上游地区，以及营口市市辖区、大石桥市等大辽河入海口处的景观斑块数不断增加，而沈阳市市辖区、辽阳市市辖区、鞍山市市辖区、海城市等流域中下游地区的景观斑块数不断减小，还有部分地区景观斑块在两个时期呈相反的破碎化趋势。各行政分区不同的景观破碎化趋势与当地人类活动强度、土地利用方式、自然环境背景等因素有关。为深入分析人类活动对湿地景观格局的影响，在流域景观一级分类基础上，研究了自然湿地和人工湿地的景观格局变化趋势（如表 3-9、图 3-7～图 3-10 所示）。

表 3-8 浑太河流域内各行政分区 1992—2007 年景观斑块破碎化分析

序号	名称	所在市	面积/km^2	流域内面积占比/%	斑块数变化/个		斑块密度变化/（个/km^2）	
					1992—2001 年	2001—2007 年	1992—2001 年	2001—2007 年
1	抚顺市市辖区	抚顺市	706.06	100.00	35	5	0.050	0.007
2	抚顺县		2 355.11	99.92	57	49	0.024	0.021
3	新宾满族自治县		4 288.89	77.13	51	–13	0.015	–0.004
4	清原满族自治县		3 925.70	58.07	–28	30	–0.012	0.013
5	沈阳市市辖区	沈阳市	3 472.92	84.73	–73	–45	–0.025	–0.015
6	辽中县		1 633.66	67.23	–3	3	–0.003	0.003
7	新民市		3 284.62	16.09	4	–34	0.008	–0.064
8	本溪市市辖区	本溪市	1 309.21	99.99	27	4	0.021	0.003
9	本溪满族自治县		3 536.48	85.51	64	72	0.021	0.024

序号	名称	所在市	面积/km^2	流域内面积占比/%	斑块数变化/个		斑块密度变化/（个/km^2）	
					1992—2001 年	2001—2007 年	1992—2001 年	2001—2007 年
10	辽阳市市辖区	辽阳市	282.73	100.00	−3	−11	−0.005	−0.019
11	辽阳县		2 818.22	99.96	32	55	0.011	0.015
12	灯塔市		1 349.87	100.00	−39	0	−0.029	0.000
13	鞍山市市辖区	鞍山市	631.86	100.00	−43	−20	−0.068	−0.031
14	台安县		1 425.55	21.61	−8	−32	−0.026	−0.104
15	海城市		2 725.68	95.48	−6	−8	−0.002	−0.003
16	大洼县	盘锦市	1 363.24	65.15	−52	75	−0.059	0.085
17	盘山县		1 891.48	10.00	1	−11	0.005	−0.057
18	营口市市辖区	营口市	503.17	34.75	8	10	0.046	0.059
19	大石桥市		1 608.87	47.77	28	9	0.036	0.012

注：铁岭县和凤城市仅少部分（低于 5%）在浑太河流域内，此处不计入分析。

表 3-9 各行政分区 1992—2007 年自然湿地和人工湿地景观格局变化

序号	名称	面积占比变化/%				斑块数变化/个			
		1992—2001 年		2001—2007 年		1992—2001 年		2001—2007 年	
		自然湿地景观	人工湿地景观	自然湿地景观	人工湿地景观	自然湿地景观	人工湿地景观	自然湿地景观	人工湿地景观
1	抚顺市市辖区	0.32	0.53	0.21	−0.12	5	−2	−10	7
2	抚顺县	−0.25	1.23	0.14	0.17	−12	13	15	12
3	新宾满族自治县	0.42	0.08	0.04	0.14	24	−11	−44	6
4	清原满族自治县	0.04	−0.41	−0.01	0.08	−15	−26	−22	1
5	沈阳市市辖区	−0.31	−0.55	0.23	0.27	−21	−5	−1	11
6	辽中县	−1.27	5.70	0.51	1.15	−23	16	−9	−21
7	新民市	−4.08	7.65	3.76	1.96	−21	1	−12	−10
8	本溪市市辖区	0.79	0.04	−0.02	0.01	−3	5	−12	−4
9	本溪满族自治县	−0.32	1.99	−0.33	0.44	−24	27	−13	6
10	辽阳市市辖区	−0.18	3.49	−0.28	−0.49	2	−12	0	2
11	辽阳县	−1.41	1.53	1.47	0.28	−12	−4	26	5
12	灯塔市	−0.90	2.37	0.51	0.65	2	−35	−24	17
13	鞍山市市辖区	0.15	−0.26	−0.18	−1.22	−7	−25	−6	0
14	台安县	−3.28	1.77	0.25	3.57	−13	−2	−18	−17
15	海城市	−0.77	1.26	−0.04	0.45	−8	−12	−26	7
16	大洼县	0.41	4.79	−1.31	−0.68	−37	13	21	33
17	盘山县	−1.81	−0.59	−0.21	0.99	−5	9	−8	−8
18	营口市市辖区	2.99	−0.21	−2.63	−3.25	−2	12	1	10
19	大石桥市	−0.38	0.87	−0.17	0.65	−9	34	11	14

从湿地景观面积占比变化来看（如图 3-7 和图 3-8 所示），自然湿地景观面积占比于 1992—2001 年在大部分地区呈减少趋势，于 2001—2007 年在流域中上游地区总体呈增加趋势，而中下游地区总体呈减少趋势。人工湿地景观面积占比总体呈增加趋势，占比增加的各行政分区前一时期的增加幅度基本大于后一时期。

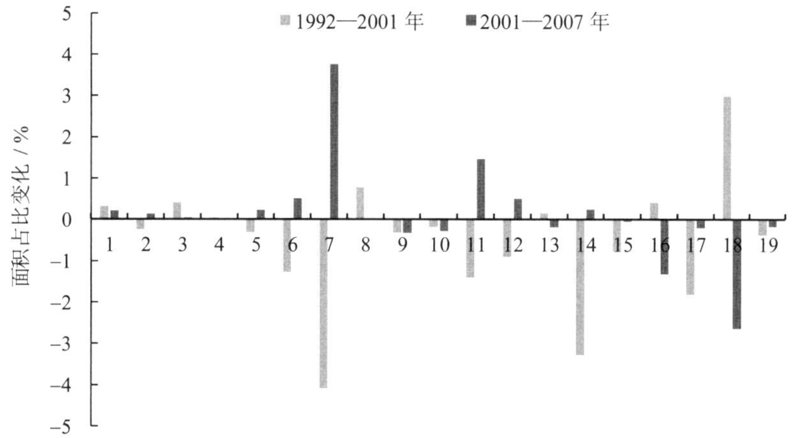

图 3-7 各行政分区自然湿地面积占比变化

注：序号 1～19 分别代表表 3-9 所列行政分区。

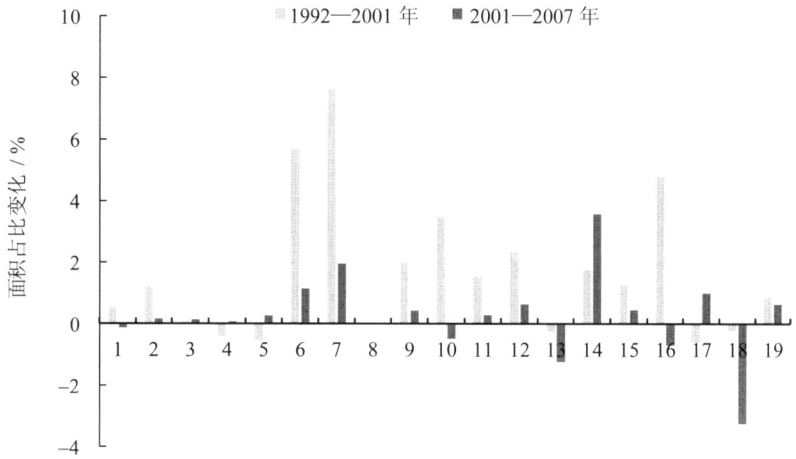

图 3-8 各行政分区人工湿地面积占比变化

注：序号 1～19 分别代表表 3-9 所列行政分区。

从斑块数变化来看（如图 3-9 和图 3-10 所示），全流域自然湿地景观斑块数总体呈减少趋势，但 2001—2007 年流域下游部分行政分区自然湿地景观斑块数增加。人工湿地景观斑块数的变化没有明显规律，各行政分区有增有减，但流域中下游行政分区人工湿地景观斑块数的变化幅度大于中上游区。

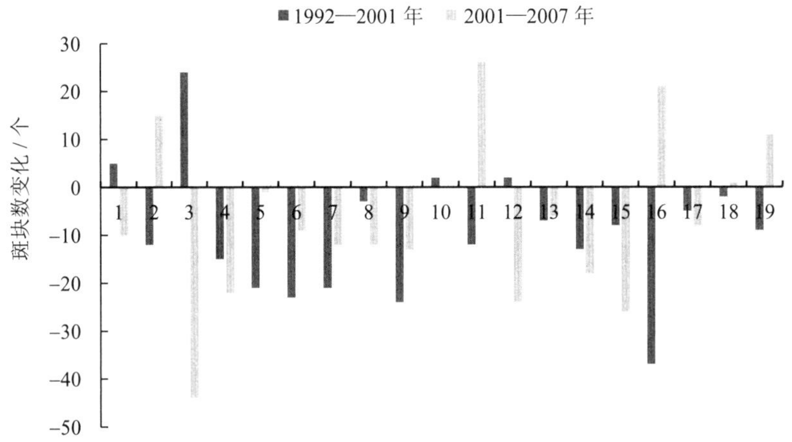

图 3-9　各行政分区自然湿地景观斑块数变化

注：序号 1～19 分别代表表 3-9 所列行政分区。

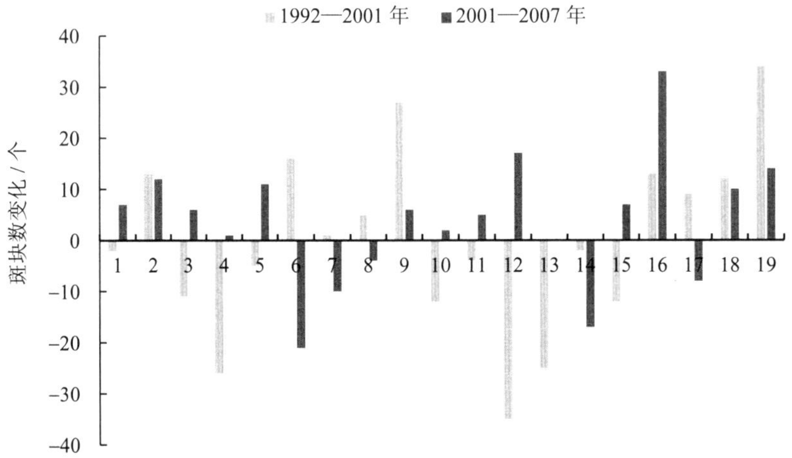

图 3-10　各行政分区人工湿地景观斑块数变化

注：序号 1～19 分别代表表 3-9 所列行政分区。

3.3 流域景观格局变化驱动因素分析

驱动因素分析是认识景观格局变化规律的关键环节。区域景观格局变化的驱动因素一般可分为两大类：自然驱动因素和社会经济驱动因素。本节在探讨自然驱动因素对流域湿地景观格局变化影响的基础上，选取了几类代表性社会经济指标，分别从景观和斑块类型水平分析湿地景观格局变化与社会经济驱动因素间的相关关系和相关程度，以寻求浑太河流域景观格局变化的主要驱动因素，为湿地保护和流域景观规划提供定量依据。

3.3.1 自然驱动因素分析

气候驱动下的水文条件变化可能会对流域内湿地景观格局产生重大影响，这种影响一般是累积的，难以量化。本节选取了年均气温、年降水量和年均径流量 3 个指标，以气温和降水量的年际变化反映浑太河流域气候动态变化特点，以浑河和太子河径流量的历年变化反映河流水量的变化规律，进而分析自然驱动因素对湿地景观格局变化的影响。

参照 1992—2007 年《辽宁统计年鉴》中有关气温与降水的数据，以及 1992—2007 年《浑太水系水文年鉴》中浑河和太子河上的水文站（邢家窝棚站和唐马寨站）统计数据，绘制浑太河流域气温和降水量变化趋势图、浑河和太子河径流量变化趋势图（如图 3-11～图 3-13 所示）。

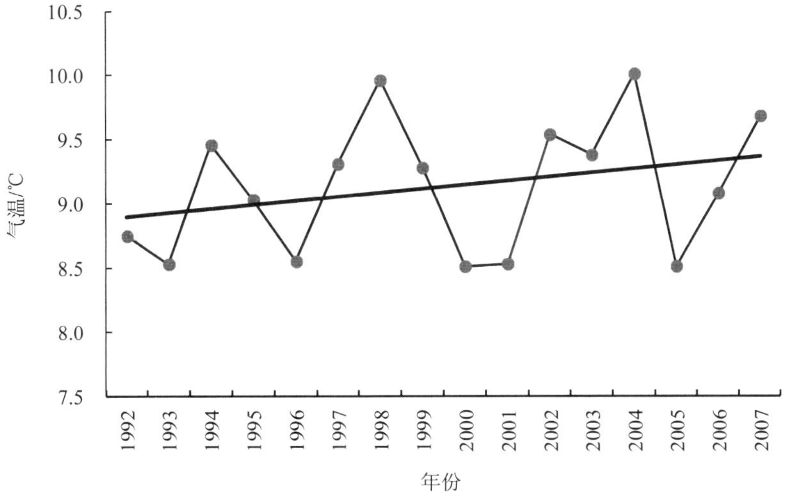

图 3-11　浑太河流域气温变化趋势

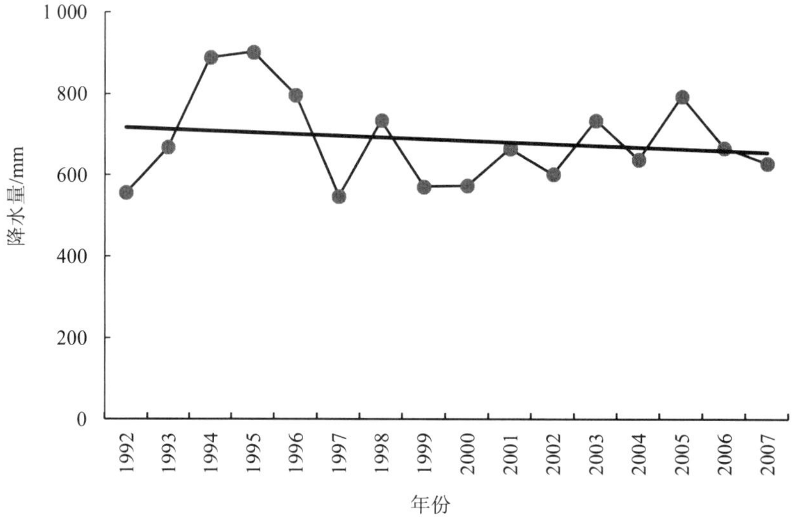

图 3-12　浑太河流域降水量变化趋势

由图 3-11 与图 3-12 可见，浑太河流域年均气温呈波动上升趋势，而降水量则呈缓慢减小趋势，浑太河流域气候表现出由暖湿向暖干转变的特点。

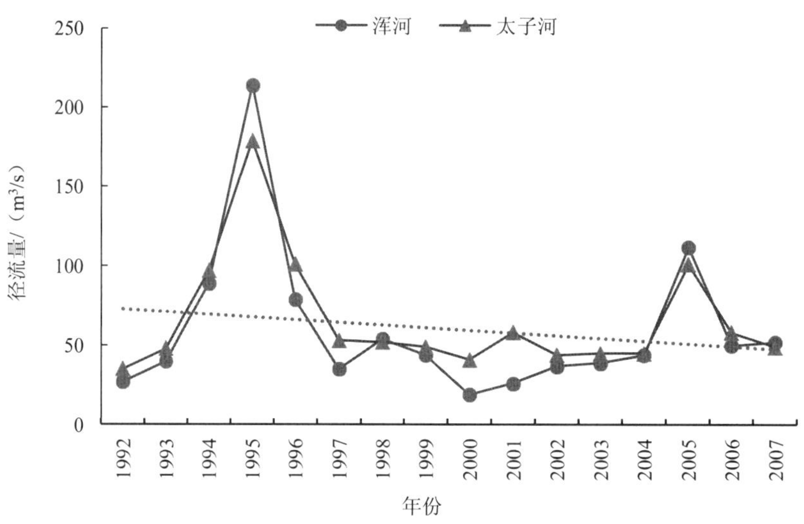

图 3-13　浑河和太子河径流量变化趋势

由图 3-13 可见，浑河和太子河径流量总体呈下降趋势。1995 年和 2005 年出现了峰值，主要由于 1995 年和 2005 年夏季连降暴雨，浑河和太子河水位上涨，上游大伙房水库等的水位超过汛限水位，因而泄洪放水，导致河流径流量大幅度上升。

对于湿地景观，水是维系其空间结构和生态功能的关键要素。大气降水作为流域内湿地最直接、最重要的补给来源，对湿地景观格局变化至关重要。近十几年间，区域气候增暖变干，降水和径流减少且不稳定，一般会造成湿地水面蒸发量上升，河流湿地本身及沼泽湿地、湖泊等自然湿地的面积萎缩，滩地面积增加，影响湿地景观格局。

3.3.2 社会经济驱动因素分析

3.3.2.1 景观水平上的驱动因素分析

根据研究区社会经济发展特点，考虑数据的可获得性和统一性，选取人口（X_1）、人均生产总值（X_2）、人均第一产业增加值（X_3）、人均第二产业增加值（X_4）、人均第三产业增加值（X_5）等指标，以及反映第一产业发展的农业机械总动力（X_6）、人均农作物播种面积（X_7）、单位面积粮食产量（X_8）、单位面积肉类产量（X_9）、单位面积水产产量（X_{10}）、农民人均收入（X_{11}）指标，计算各指标值 1992—2001 年、2001—2007 年的变化量。在计算中，将这些变化量作为自变量组 ΔX，源数据来源于 1992 年、2001 年和 2007 年《辽宁统计年鉴》。由于各市辖区以工业发展为主，社会经济发展模式与农业县差别较大，因此不考虑市辖区，以县和县级市为统计样本。

在开展相关分析前，采用非参数方法 Kolmogorov-Smirnov（K-S）检验 ΔX 样本总体是否符合正态分布。结果显示，其显著性水平大于 0.05，可以进行相关分析。以各县和县级市景观水平上斑块数和斑块密度的变化量，以及自然湿地与人工湿地的面积占比和斑块数变化量为因变量组 ΔY，运用 SPSS 的 Correlate 程序对两个变量组进行多因子相关分析，获得两个时期的相关系数矩阵（如表 3-10 和表 3-11 所示）。

表 3-10 1992—2001 年景观指标与社会经济指标的相关系数

社会经济指标	景观指标				
	各类用地	自然湿地		人工湿地	
	斑块总数	面积占比	斑块数	面积占比	斑块数
人口	−0.367	−0.098	−0.343	0.303	0.158
人均生产总值	0.149	−0.429	0.001	0.154	0.209
人均第一产业增加值	0.692*	−0.449	−0.345	0.346	0.174
人均第二产业增加值	0.405	−0.141	0.189	−0.194	0.185
人均第三产业增加值	0.101	−0.376	0.013	0.333	0.054
农业机械总动力	−0.109	−0.289	−0.077	0.228	0.134

社会经济指标	景观指标				
	各类用地	自然湿地		人工湿地	
	斑块总数	面积占比	斑块数	面积占比	斑块数
人均农作物播种面积	−0.341	−0.802**	−0.297	0.730**	−0.054
单位面积粮食产量	−0.060	−0.212	−0.038	0.355	0.207
单位面积肉类产量	−0.183	−0.432	0.078	0.070	−0.169
单位面积水产产量	−0.437	0.152	−0.514	0.436	0.247
农民人均收入	−0.038	−0.057	−0.050	0.138	0.194

注：*表示在置信度α=0.05 时，两者相关显著；**表示在置信度α=0.01 时，两者相关极显著。

表 3-11　2001—2007 年景观指标与社会经济指标的相关系数

社会经济指标	景观指标				
	各类用地	自然湿地		人工湿地	
	斑块总数	面积占比	斑块数	面积占比	斑块数
人口	−0.202	0.170	−0.151	0.179	0.132
人均生产总值	0.709*	−0.727*	0.638*	−0.357	0.499
人均第一产业增加值	0.185	−0.607*	0.287	−0.293	0.073
人均第二产业增加值	0.678*	−0.446	0.762**	−0.320	0.497
人均第三产业增加值	0.492	−0.818**	0.151	−0.159	0.351
农业机械总动力	0.288	−0.836**	0.095	−0.099	0.205
人均农作物播种面积	−0.051	−0.204	−0.013	−0.346	0.091
单位面积粮食产量	−0.264	0.186	0.201	0.220	−0.091
单位面积肉类产量	−0.331	0.040	0.052	0.593	−0.555
单位面积水产产量	0.349	−0.390	0.454	−0.333	0.604*
农民人均收入	−0.321	0.197	0.247	0.486	−0.372

注：*表示在置信度α=0.05 时，两者相关显著；**表示在置信度α=0.01 时，两者相关极显著。

1992—2001 年，人均第一产业增加值的变化与斑块总数变化显著正相关，相关系数达 0.692。可能是由于第一产业发展伴随着其他用地增加，割裂了原始景观斑块，导致该时期景观破碎化水平上升。人均农作物播种面积占比的变化与自然湿地面积占比变化显著负相关，与人工湿地面积占比变化显著正相关，相关系数分别为−0.802 和 0.730。在该时期，随着粮食、经济作物等农作物的播种面积增加，水田开垦力度增大，人工灌溉渠道等水利设施随之增加，人工湿地面积扩大，占用了部分自然湿地。其他社会经济指标值变化与湿地面积占比、斑块数的变化相关不显著。总体来看，经济发展、农产品单产量与自然湿地面积占比变化负相关，与人工湿地面积占比变化正相关。

2001—2007 年，人均第二产业增加值、人均生产总值变化与斑块总数变化显著正相关，第二产业发展对景观斑块破碎化影响增大。对于自然湿地，这种影响更为明显。人均第二产业增加值、人均生产总值变化与自然湿地斑块数量变化显著正相关，相关系数分别为 0.762 和 0.638。此外，人均生产总值、人均第一产业增加值、人均第三产业增加值、农业机械总动力与自然湿地面积占比变化显著负相关。随着第一产业、第三产业的发展和农业机械化水平的提高，自然湿地面积缩小。对人工湿地而言，单位面积水产产量变化与斑块数变化显著正相关。随着水产养殖业的发展，该时期新增许多散布的小鱼塘，从而导致人工湿地斑块数量的增加。

总体来看，与 1992—2001 年相比，第一产业发展对湿地景观格局变化的影响退居次位，2001—2007 年，湿地景观格局变化受第二产业、第三产业发展影响较大。

3.3.2.2 斑块类型水平上的驱动因素分析

景观水平上的驱动因素分析虽能从总体上有助于了解社会经济活动对自然湿地和人工湿地的影响，但无法明确这一影响具体对何类景观作用最显著。因此，在流域景观一级分类的基础上，进一步以流域景观二级分类为对象，展开斑块类型水平上的驱动因素分析，以探究社会经济活动对各类型景观的作用程度，提高管理的针对性和科学性。

各类型景观面积占比表示该类型景观相对于全流域的占有率。以各类型景观占有率变化为因变量组 ΔY，首先进行因变量组 ΔY 的自相关分析（如表 3-12 和表 3-13 所示），可了解景观变化的内部联系，为斑块类型水平上的驱动因素分析提供参考。

表 3-12　1992—2001 年各类型景观占有率变化相关系数矩阵

景观类型	河流	湖泊	滩地	沼泽	水田	水库	鱼塘	旱地	林草地	建设用地	未利用地
河流	1										
湖泊	0.800**	1									
滩地	−0.416	−0.386	1								
沼泽	0.534	0.755*	−0.556	1							
水田	−0.729**	−0.656*	0.060	−0.379	1						
水库	0.068	0.019	0.231	−0.069	−0.429	1					
鱼塘	−0.362	−0.488	0.408	−0.163	0.434	−0.393	1				
旱地	0.688**	0.450	−0.391	0.161	−0.804**	0.194	−0.626	1			
林草地	−0.030	−0.146	−0.434	0.291	0.035	−0.059	−0.236	0.013	1		
建设用地	−0.424	−0.487	−0.344	0.117	0.245	0.019	−0.322	−0.125	0.720**	1	
未利用地	−0.090	0.454	−0.296	−0.231	−0.031	−0.164	−0.355	0.330	0.534	0.432	1

注：*表示在置信度 α =0.05 时，两者相关显著；**表示在置信度 α =0.01 时，两者相关极显著。

表 3-13　2001—2007 年各类型景观占有率变化相关系数矩阵

景观类型	河流	湖泊	滩地	沼泽	水田	水库	鱼塘	旱地	林草地	建设用地	未利用地
河流	1										
湖泊	−0.068	1									
滩地	−0.889**	−0.203	1								
沼泽	−0.211	−0.232	0.212	1							
水田	0.158	−0.463	−0.152	0.442	1						
水库	0.033	−0.584	0.030	−0.199	−0.07	1					
鱼塘	−0.207	−0.073	0.129	0.065	−0.297	−0.357	1				
旱地	0.236	0.354	−0.232	−0.165	−0.713**	0.049	−0.049	1			
林草地	−0.162	0.135	−0.007	−0.179	−0.392	0.319	0.271	0.072	1		
建设用地	−0.587*	0.354	0.501	−0.023	−0.197	0.065	0.076	−0.163	0.391	1	
未利用地	0.118	−0.604	−0.384	0.215	0.524	0.015	0.204	−0.005	−0.388	−0.716	1

注：*表示在置信度 α =0.05 时，两者相关显著；**表示在置信度 α =0.01 时，两者相关极显著。

对比表 3-12 和表 3-13，在 1992—2001 年和 2001—2007 年两个时期，旱地和水田始终保持极显著负相关；1992—2007 年，随着旱地减少、水田显著增加，大量旱地被水田替代。

1992—2001 年，河流随旱地减少、水田增加而显著减少，该时期河流面积减少主要受水田面积变化的影响，大部分水田主要沿着河流两岸开垦，占用河流水面，导致河流面积的减少。河流、湖泊、沼泽等自然湿地面积变化正相关，其变化规律比较一致。

2001—2007 年，各类型景观变化相对独立。河流随着建设用地的增加而显著减少，滩地随河流的减少而显著增加。该时期河流两岸建设用地扩张较大，且与前一时期河流两岸逐渐被开垦为水田不同，该时期可能由于河流水面面积减小、水位下降，部分滩地裸露出来，从而造成滩地面积增加，这可能与该时期流域内降水量下降有关。

同样，将前述 11 个社会经济指标值分别在 1992—2001 年和 2001—2007 年的变化量作为自变量组 ΔX，与因变量组 ΔY（各类型景观占有率变化）进行多因子相关分析，得到两个时期各类景观占有率变化与社会经济指标值变化的相关系数，将相关显著的相关系数作对比（如表 3-14 和表 3-15 所示），比较不同时期社会经济驱动因素的影响力大小。

表 3-14　湿地景观占有率与社会经济指标的相关系数

社会经济指标	时期	自然湿地景观				人工湿地景观		
		河流	湖泊	滩地	沼泽	水田	水库	鱼塘
人口	1992—2001 年							
	2001—2007 年							
人均生产总值	1992—2001 年		–0.732*					
	2001—2007 年				–0.600*			
人均第一产业增加值	1992—2001 年							0.604*
	2001—2007 年							
人均第二产业增加值	1992—2001 年							
	2001—2007 年							
人均第三产业增加值	1992—2001 年	–0.630*						
	2001—2007 年				–0.603*			
农业机械总动力	1992—2001 年							
	2001—2007 年	–0.888**	–0.846**		–0.590*			
人均农作物播种面积	1992—2001 年			–0.768**				
	2001—2007 年							
单位面积粮食产量	1992—2001 年					0.683*	–0.617*	0.724*
	2001—2007 年							
单位面积肉类产量	1992—2001 年							
	2001—2007 年							
单位面积水产产量	1992—2001 年							0.817**
	2001—2007 年							
农民人均收入	1992—2001 年							0.679*
	2001—2007 年							

注：*表示在置信度α =0.05 时，两者相关显著；**表示在置信度α =0.01 时，两者相关极显著。

表 3-15　其他景观占有率与社会经济指标的相关系数

社会经济指标	时期	旱地	林草地	建设用地	未利用地
人口	1992—2001 年				
	2001—2007 年				
人均生产总值	1992—2001 年				
	2001—2007 年				
人均第一产业增加值	1992—2001 年				
	2001—2007 年				
人均第二产业增加值	1992—2001 年				
	2001—2007 年				
人均第三产业增加值	1992—2001 年				
	2001—2007 年				

社会经济指标	时期	旱地	林草地	建设用地	未利用地
农业机械总动力	1992—2001 年				
	2001—2007 年				
人均农作物播种面积	1992—2001 年				
	2001—2007 年				
单位面积粮食产量	1992—2001 年	–0.585*			
	2001—2007 年				
单位面积肉类产量	1992—2001 年				
	2001—2007 年				
单位面积水产产量	1992—2001 年				
	2001—2007 年				–0.768*
农民人均收入	1992—2001 年				
	2001—2007 年				

注：*表示在置信度α=0.05 时，两者相关显著；**表示在置信度α=0.01 时，两者相关极显著。

由表 3-14 可见，对于自然湿地景观，不同时期社会经济驱动因素影响显著的景观类型存在较大差异。1992—2001 年，人均农作物播种面积与滩地占有率显著负相关，该时期农作物的播种是以占用滩地为主的。2001—2007 年，农业机械总动力与河流占有率、湖泊占有率均显著负相关，人均生产总值、人均第三产业增加值、农业机械总动力与沼泽占有率均显著负相关，该时期河流、湖泊和沼泽三类湿地面积变化受农业机械化推动的农业发展与第三产业发展影响较大。

社会经济驱动因素对人工湿地的影响主要体现在 1992—2001 年。单位面积粮食产量与水田占有率显著正相关，与水库占有率显著负相关。在该时期，为追求更高的粮食产量，加大了水田开垦力度，而水库面积的增加可能淹没了部分耕地，造成粮食减产。此外，该时期鱼塘占有率与人均第一产业增加值、单位面积粮食产量、单位面积水产产量、农民人均收入均显著正相关。鱼塘面积增加受多方面因素影响，其中受水产品单产量的增加影响最显著。在该时期，水产品单产量、粮食单产量的增加意味着农业和渔业的发展，进而带动第一产业的发展和农民生活水平的提高。

由表 3-15 可见，1992—2001 年，旱地占有率与单位面积粮食产量显著负相关，即旱地面积持续减小，单位面积粮食产量反而增加。在该时期，粮食产量主要来自水田，而非旱地。2001—2007 年，单位面积水产产量与未利用地占有率显著负相关，可能是由于该时期水产养殖业的发展带来了对未利用地的使用需求增加，从而导致鱼塘面积增加而未利用地面积减小。

第 4 章　流域景观变化的水文水质响应

流域景观变化影响水文情势，并对河流水质产生影响。本研究以太子河与嫩江流域为研究区，分析了月均流量与年均流量的变化趋势，研究了流域景观变化的水文响应；提取水质与景观指数，利用相关性分析与回归分析、排序（梯度）分析等方法，分干流与支流两个尺度，研究了流域景观变化的水质响应。

4.1　流域景观变化的水文响应

4.1.1　太子河流域概况

太子河流域位于我国辽宁省境内，流域面积为 1.31 万 km^2（如图 4-1 所示）。太子河分为南北两支，北支发源于辽宁省抚顺市新宾满族自治县平顶山镇红石砬子，南支发源于辽宁省本溪满族自治县东营坊乡羊湖沟草帽顶子山麓，南北两支在本溪满族自治县下崴子汇合后称太子河，向西流经本溪市、辽阳市、鞍山市，是辽河下游左侧一大支流。太子河大小支流较多，较大的支流有细河、兰河、汤河、北沙河、南沙河、杨柳河、海城河、五道河等。流域内河流、湖泊、沼泽、坑塘、水田等湿地景观众多，已建成大型水库 3 座，分别是观音阁水库、葠窝水库和汤河水库。

流域地跨本溪市、鞍山市、辽阳市等，流域人口密度、城镇化率和地区生产总值均高于辽河流域内其他流域，是辽河流域经济最为发达的地区。社会经济的高速发展给流域水生态带来了巨大压力，突出表现在太子河流域景观格局破碎化趋势明显、流域湿地面积减少、河流水质下降、生物多样性降低等。

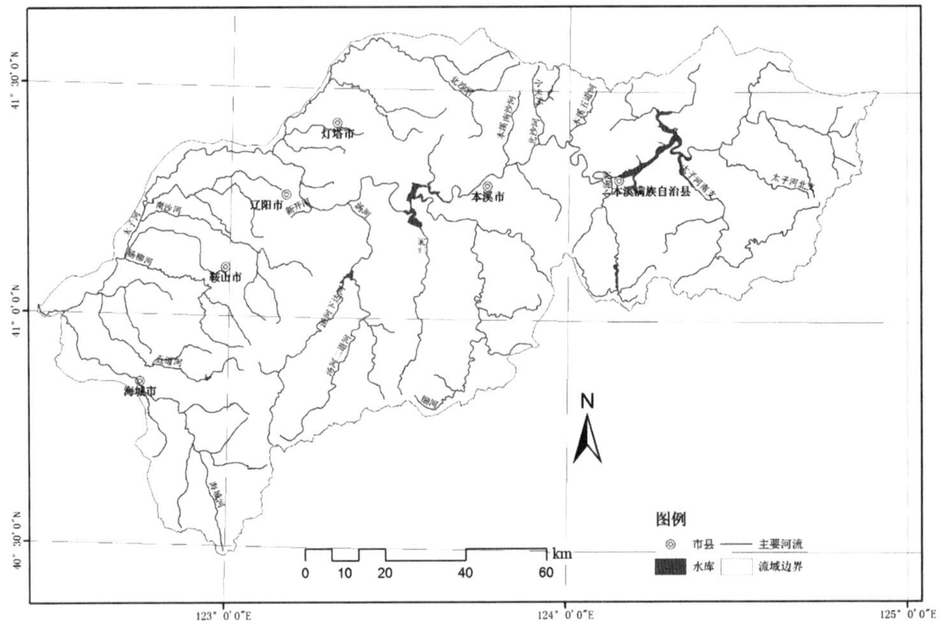

图 4-1 太子河流域水系分布

太子河是松辽流域水资源量较为丰沛的河流，季节性特点非常突出，其丰水期、枯水期水量变化十分明显；且太子河上下游流量特征变化显著，其中上游为山地森林区，植被覆盖良好，水资源开发利用程度较小；中游为丘陵城市区，近几十年来大型水库汤河水库、葠窝水库和观音阁水库等的修建使得流域水资源被高强度开发；下游为平原农业区，沿河农业灌溉取水口较多，河道流量过程受到了严重影响。

4.1.2 月均流量变化趋势分析

太子河干流流量变化直接受到流域景观变化，特别是大型水库建设和运行的影响。本研究计算了干流的本溪站、辽阳站、小林子站、唐马寨站等 4 个站点建坝前后各月的流量中值（如图 4-2～图 4-5 所示）。由图可见，太子河各站点自然基流过程比较相似，呈现了较强的季节变化特征，并且在 6 月都有明显的下跌；随着集水面积的增加，下游河段的基流流量总体上大于上游河段的基流流量。

在本溪站，观音阁水库的建成运行对基流流量和高流量过程的影响均较大，除汛期 8 月、9 月以外，其他所有月份的流量平均值均增加；在水库调节作用下，建坝之后的冬季流量是建坝之前的 3 倍多（如图 4-2 所示）。而在辽阳站，水库群的联合调度和综合影响增加了汛前 5 月、6 月的基流流量，减少了汛期和汛后所有月份的基流流量。其中，汤河水库和葠窝水库的运行使 6 月的基流流量增加为最大值；但在观音阁水库建成之后，由于其所起的主导影响，使得 5 月的基流流量增加为最大值（如图 4-3 所示）。

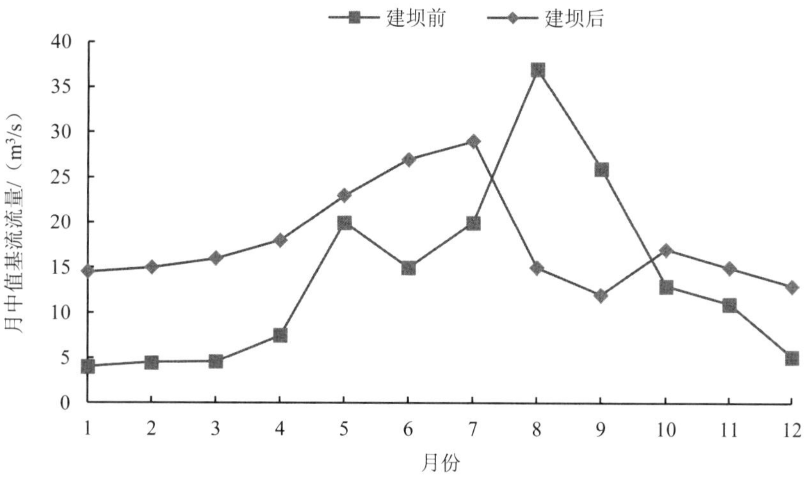

图 4-2　本溪站逐月基流流量变化

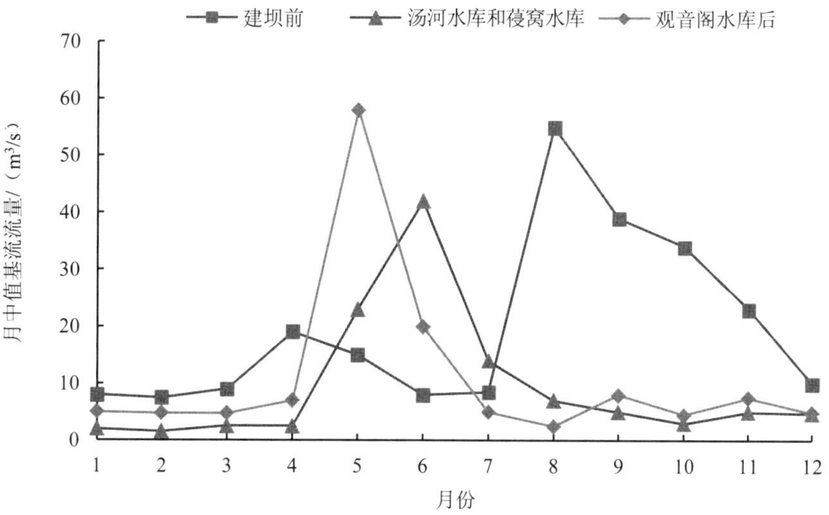

图 4-3　辽阳站逐月基流流量变化

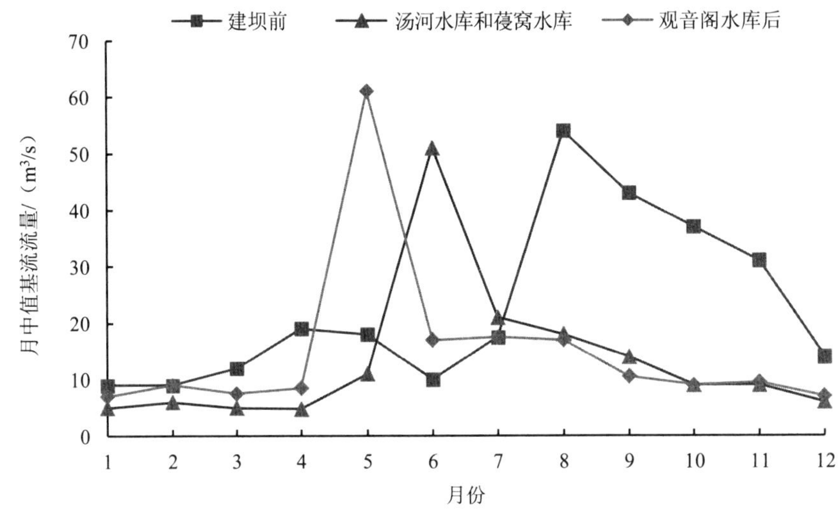

图 4-4　小林子站逐月基流流量变化

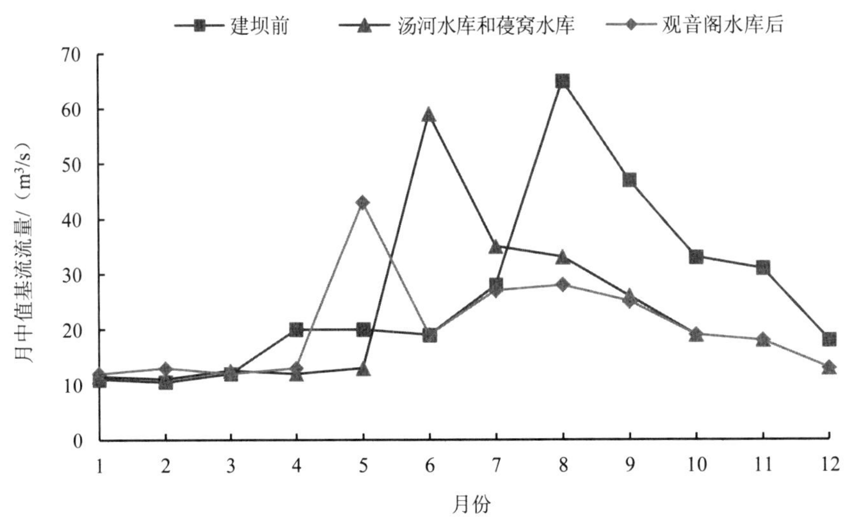

图 4-5　唐马寨站逐月基流流量变化

流域景观变化及河流筑坝对小林子站基流的影响与辽阳河段影响相似。受水库群的联合调度和综合影响，汛前 5 月、6 月的基流流量增加，汛期和汛后所有月份的基流流量减少。其中，汤河水库和葠窝水库的运行使 6 月的基流增加为最大值；但在观音阁水库建成之后，5 月的基流增加为最大值（如图 4-4 所示）。在唐马寨站，受水库群联合调度和景观变化的综合影响，汛前 5 月、6 月的基流流量增加。其中，汤河水库和葠窝水库的运行使 6 月的基流增加为最大值；观音阁水库建成之后，由于其所起的主导影响，5 月的基流增加到最大（如图 4-5 所示）。随着水库修建数量的增加，唐马寨站的最大基流逐渐减少，年总基流流量也相应减少。

4.1.3 年均流量及其极端流量变化趋势分析

采用 Richter 等（1997）提出的水文改变指标法（IHA），计算了太子河干流年均流量及其流量过程变化，将流量过程分为 5 组 33 个参数，包括流量、时间、频率、延时和改变率等方面。图 4-6 展示了 1961—2019 年太子河干流上本溪站、辽阳站、小林子站、唐马寨站 4 个站点的年均流量变化及拟合趋势线。由图 4-6 可见，除了 1964 年、1985 年、1986 年、2009 年、2011 年等 5 个年份的平均流量出现较大波动外，从整体上看，年均流量均呈现下降的趋势（拟合直线斜率均为负值）。

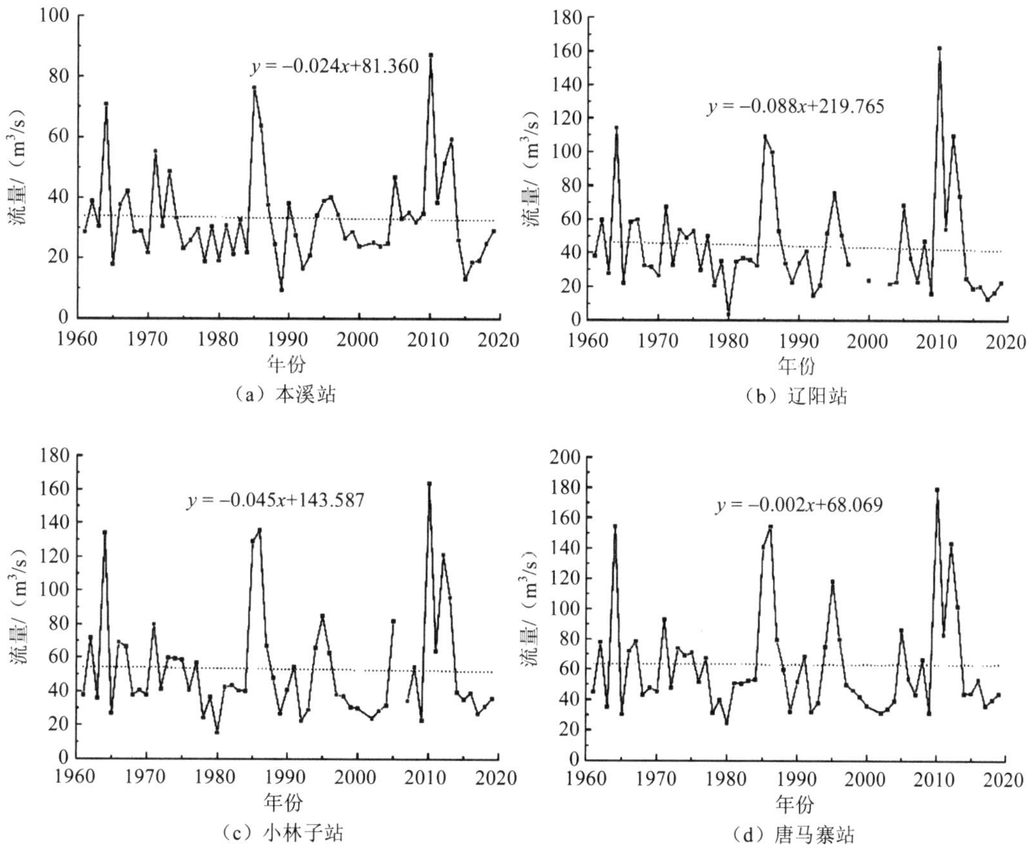

图 4-6 1961—2019 年本溪站、辽阳站、小林子站、唐马寨站年均流量变化

最小 1 日流量是反映河流枯水期情况的指标之一。采用流量变化范围法（Range of Variability Approach，RVA；Richter et al.，1997）统计出的本溪站、辽阳站、小林子站、唐马寨站 4 个站点 1961—2019 年最小 1 日流量上下限及中值如图 4-7 所示。可以看出，本溪站最小 1 日流量在 1961—1995 年变化较稳定，范围为 0.89～5.47 m^3/s；1995—2019 年变化较大，范围为 1.85～17.1 m^3/s，尤其在 1995—1996 年出现大幅度增大。辽阳站出现零流量的次数较多，其 RVA 下限为 0，RVA 中值为 0.01 m^3/s。在 4 个站点中，唐马寨站 RVA 上下限及中值最高，流量相对较大。极端流量波动较大不仅对河流河道的地貌产生影响，还会影响栖息地的构建。极端流量的波动也会影响生态系统的稳定性，由于不同生物对流量的需求程度不同，生物的结构也会发生不同的变化。

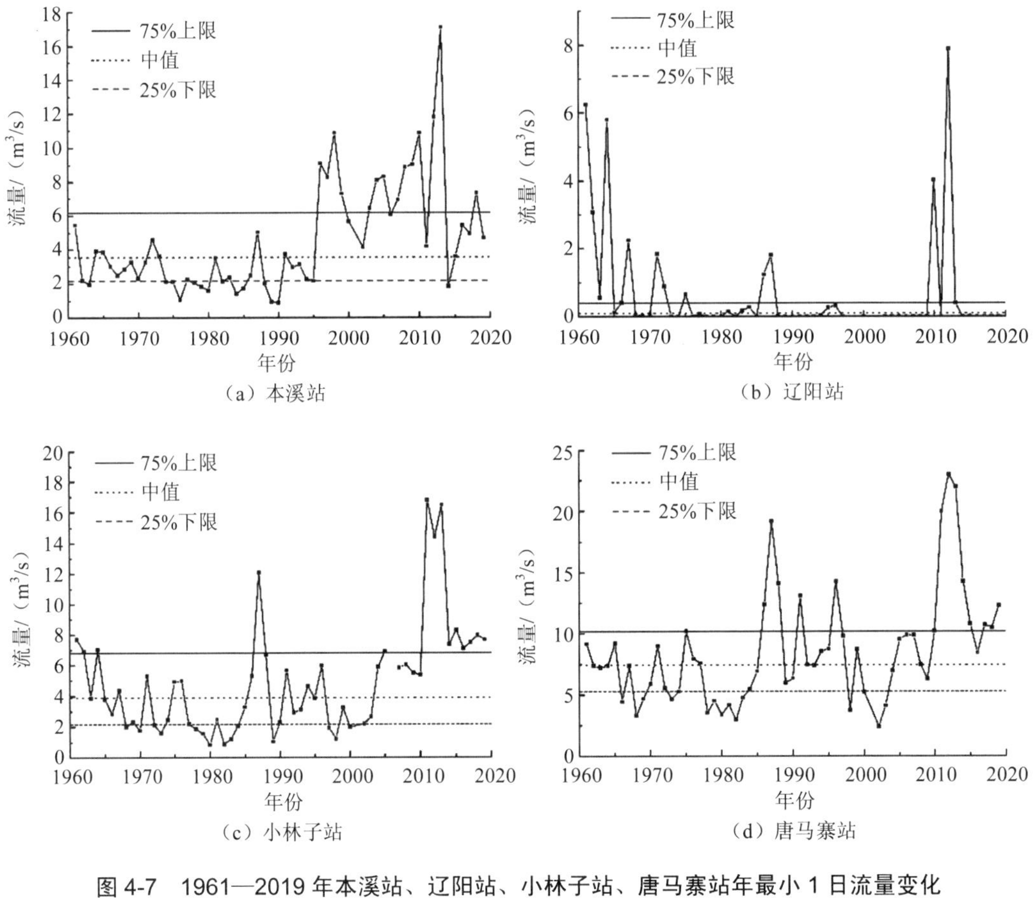

图 4-7　1961—2019 年本溪站、辽阳站、小林子站、唐马寨站年最小 1 日流量变化

高低流量出现次数及历时是衡量河流生态系统的重要指标。由图 4-8 可以看出，小林子站低流量脉冲数发生较多，唐马寨站低流量脉冲数在后期逐渐增加。低流量脉冲数的增加会导致泥沙运输能力的下降，降低对滞洪区水生生物的支持。与低流量脉冲数相比，辽阳站、小林子站、唐马寨站的高流量脉冲数均有所减少，且超出阈值范围的部分也逐渐减少（如图 4-9 所示）。高流量脉冲数和低流量脉冲数的变化会改变河道的结构，使土壤湿度的变化率降低，湿地面积将会减少。

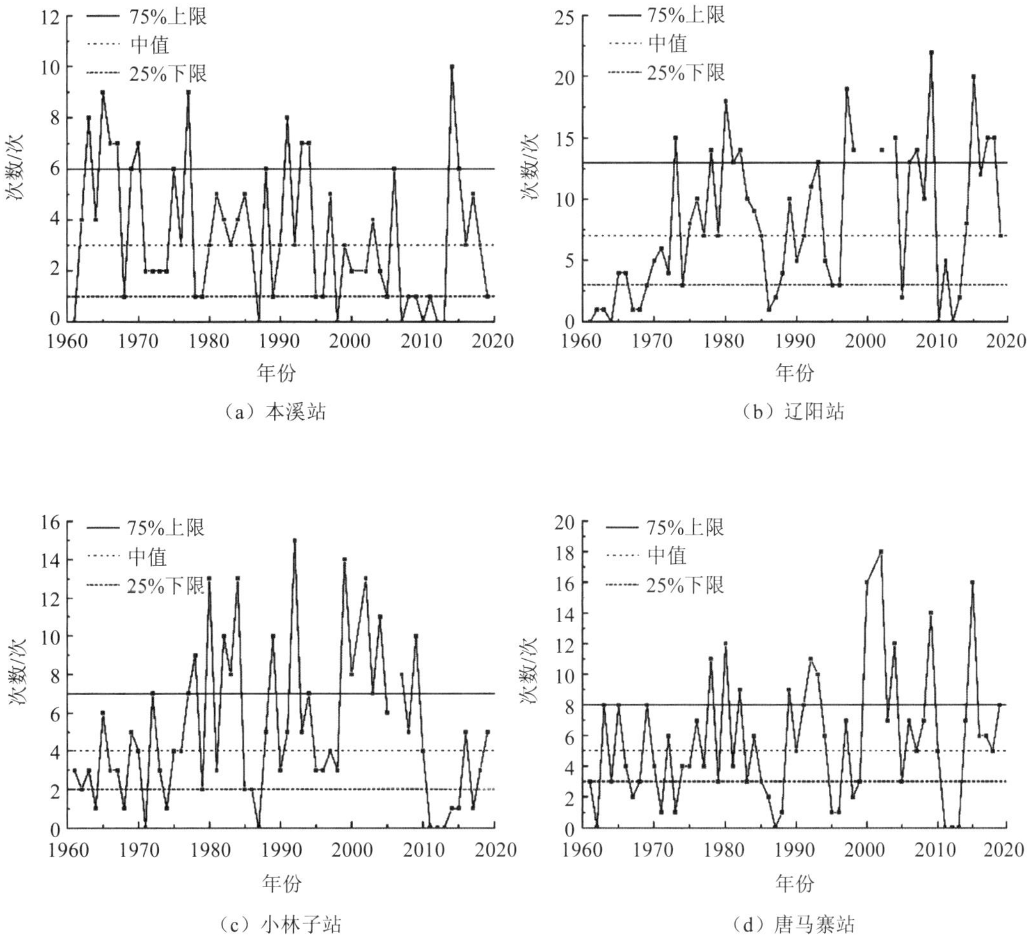

图 4-8　1961—2019 年本溪站、辽阳站、小林子站、唐马寨站低流量脉冲数变化

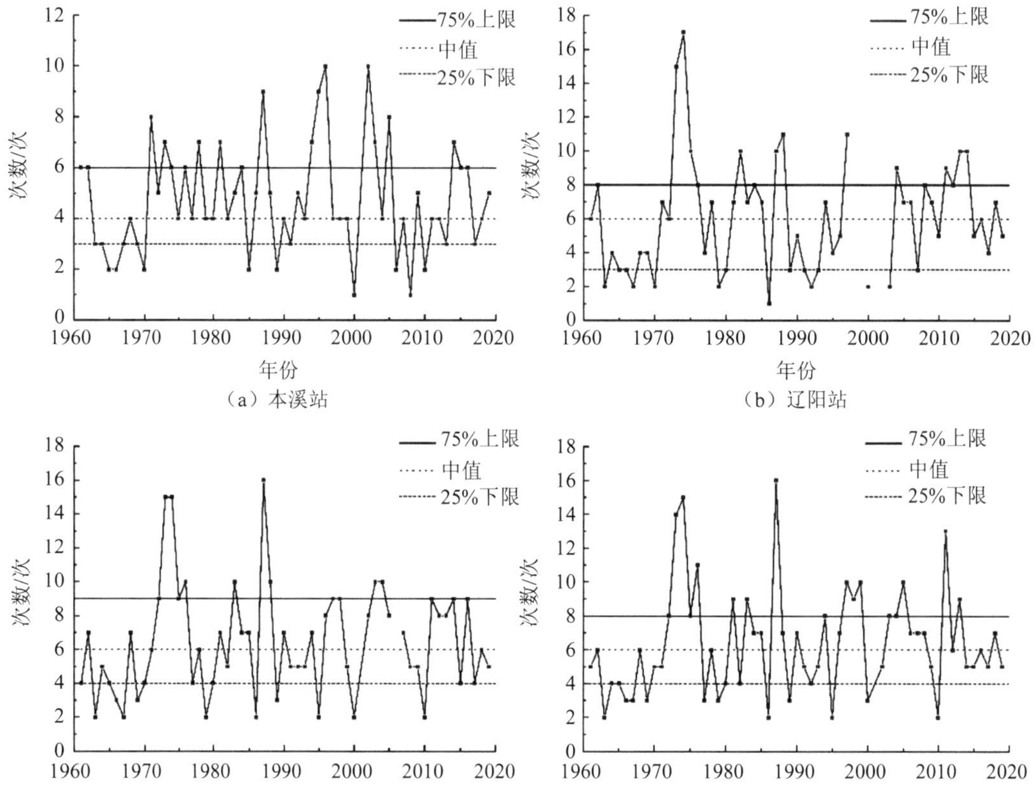

（a）本溪站 （b）辽阳站

（c）小林子站 （d）唐马寨站

图 4-9 1961—2019 年本溪站、辽阳站、小林子站、唐马寨站高流量脉冲数变化

4.2 流域景观变化的水质响应

4.2.1 太子河流域景观变化的水质响应

4.2.1.1 水质特征分析与评价

研究中监测了 16 项指标（如表 4-1 所示），选择酸碱度（pH 值）、溶解氧（DO）、生化需氧量（BOD_5）、化学需氧量（COD）、高锰酸盐指数（COD_{Mn}）、氨氮（NH_3-N）、总磷（TP）、挥发酚（Volatile phenol，下文简写为 Volatile）、大肠杆菌（Ecoli）等 9 项指标，采用《地表水环境质量标准》(GB 3838—2002)进行单因子评价，同时选择 BOD_5、COD_{Mn}、NH_3-N、TP、Volatile、Ecoli 等 6 项指标，采用综合污染指数法进行综合评价，以确定主

要污染指标和首要污染指标。主要污染指标是指超过III类标准的指标，首要污染指标是指污染分担率最大的指标（张远，2006）。

表 4-1 水质理化指标及缩略语

指标类型	缩略语
基本物理性质指标	Temp
	pH
	EC
	SS
	TDS
耗氧有机物指标	DO
	COD
	COD_{Mn}
	BOD_5
营养元素指标	NH_3-N
	NO_3-N
	NO_2-N
	TN
	TP
有毒有机物指标	Volatile
生物学指标	Ecoli

单因子指数法计算公式如下：

$$P_i = \frac{C_i}{S_i} \tag{4-1}$$

式中：P_i——i 评价因子的标准指数；

C_i——i 评价因子的监测值，mg/L；

S_i——i 评价因子的标准值，mg/L。

其中，pH 值标准指数计算方法为：

$$P_{pH} = \frac{7.0 - pH_i}{7.0 - pH_x}, pH_i \leqslant 7.0 \tag{4-2}$$

$$P_{pH} = \frac{pH_i - 7.0}{pH_s - 7.0}, pH_i > 7.0 \tag{4-3}$$

式中：P_{pH}——pH 值标准指数；

pH_i——pH 值的监测值；

pH_x——pH 值的标准下限值；

pH_s——pH 值的标准上限值。

溶解氧（DO）的标准指数计算方法为：

$$P_{DO}=\frac{\left|DO_f-DO_j\right|}{DO_f-DO_s}, DO_j\geqslant DO_s \tag{4-4}$$

$$P_{DO}=10-9\frac{DO_j}{DO_s}, DO_j<DO_s \tag{4-5}$$

$$DO_f=468/\left(31.6+T\right) \tag{4-6}$$

式中：P_{DO}——DO 标准指数；

DO_f——水体中 DO 的饱和浓度；

DO_j——水体中 DO 的实测浓度；

DO_s——DO 的标准值；

T——水温。

综合污染指数及污染分担率计算公式如下：

$$P_r=\sum_{i=1}^{n}P_i \tag{4-7}$$

$$P_{ji}=\frac{P_i}{P_r}\times 100\% \tag{4-8}$$

式中：P_r——综合污染指数；

n——参与评价的污染物项数；

P_{ji}——污染分担率。

利用太子河流域干流的21个监测点位及14条主要支流上的38个监测点位（如图4-10所示）的监测结果进行评价，干流与支流的评价结果分别如表 4-2 和表 4-3 所示。由表4-2 可知，太子河干流上，G13 以上点位水质以Ⅴ类为主，部分为Ⅳ类，G14 以下点位水质以劣Ⅴ类为主。主要河流污染物有 Volatile、COD、BOD_5、TP、NH_3-N、Ecoli 六类，首要污染指标包括 Volatile、BOD_5、COD、TP 和 Ecoli 五类。21 个点位中有 14 个点位的首要污染指标为 Volatile，可见工业污染对干流水质的影响较大。

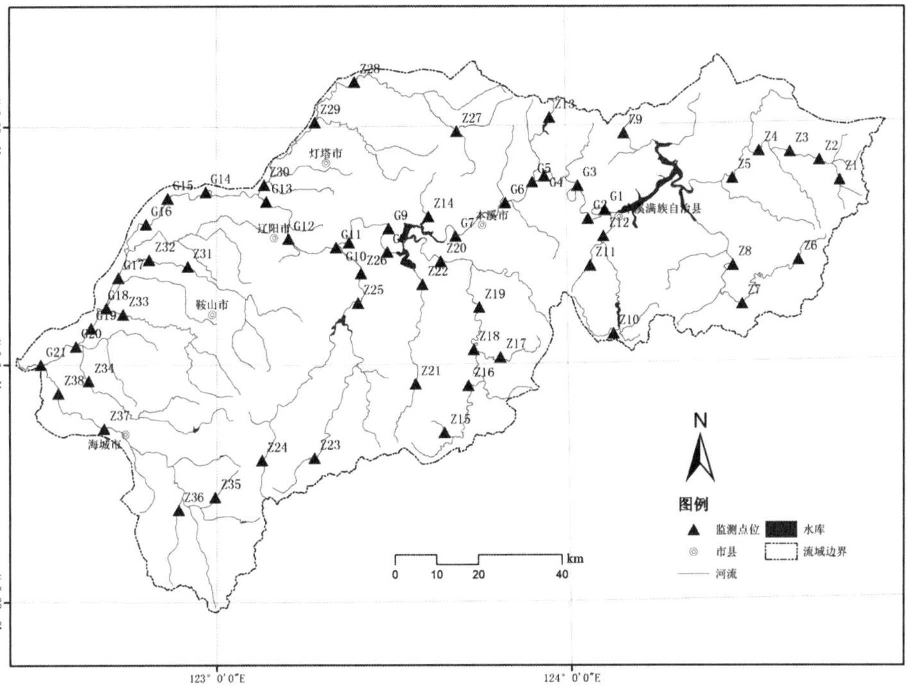

图 4-10 监测点位分布

表 4-2 太子河干流各点位水体理化指标

点位编号	水质类别	综合污染指数	主要污染指标	首要污染指标
G1	Ⅳ	3.89	Volatile	Volatile
G2	Ⅴ	5.17	Volatile	Volatile
G3	Ⅳ	4.71	Volatile、Ecoli	Volatile
G4	Ⅴ	21.55	BOD_5、Volatile	Volatile
G5	Ⅴ	12.00	Volatile	Volatile
G6	Ⅳ	3.21	Volatile	Volatile
G7	Ⅴ	11.55	BOD_5、Volatile	Volatile
G8	Ⅴ	8.69	BOD_5、Volatile	Volatile
G9	Ⅴ	8.94	BOD_5、COD、Volatile	Volatile
G10	Ⅴ	5.38	BOD_5、COD	BOD_5
G11	Ⅴ	4.31	BOD_5、COD	BOD_5
G12	Ⅳ	6.37	COD、TP、Ecoli	Ecoli
G13	Ⅴ	10.54	DO、COD、Volatile	Volatile
G14	劣Ⅴ	26.26	DO、COD、NH_3-N、TP、Volatile	Volatile

点位编号	水质类别	综合污染指数	主要污染指标	首要污染指标
G15	Ⅳ	6.03	DO、BOD_5、COD、NH_3-N、Volatile	Volatile
G16	Ⅳ	7.95	BOD_5、COD、NH_3-N、TP、Volatile	COD
G17	劣Ⅴ	7.74	BOD_5、COD	COD
G18	劣Ⅴ	11.25	除 pH 值、DO、COD_{Mn}外皆超标	Volatile
G19	Ⅴ	11.84	除 pH 值、DO、COD_{Mn}外皆超标	Volatile
G20	劣Ⅴ	8.66	BOD_5、COD、NH_3-N、TP、Volatile	TP
G21	劣Ⅴ	25.50	除 pH 值、DO、COD_{Mn}外皆超标	TP

由表 4-3 可知，在太子河支流上，各监测点位水质以Ⅳ类、Ⅴ类、劣Ⅴ类为主，部分为III类，整体水质比干流好，但部分点位污染较重。主要污染物有 BOD_5、Volatile 和 COD 三类，首要污染指标包括 Volatile、BOD_5、COD、TP 和 Ecoli 五类。

表 4-3 太子河支流各点位水体理化指标

点位编号	支流名称	水质类别	综合污染指数	主要污染指标	首要污染指标
Z1	太子河北支	Ⅳ	3.49	COD	COD
Z2	太子河北支	劣Ⅴ	14.10	BOD_5、COD、COD_{Mn}、TP、Volatile	COD_{Mn}
Z3	太子河北支	III	3.74	—	—
Z4	太子河北支	Ⅳ	3.92	Volatile	Volatile
Z5	太子河北支	Ⅳ	5.20	BOD_5、COD、Volatile	Volatile
Z6	太子河南支	Ⅳ	6.58	COD、Volatile	Volatile
Z7	太子河南支	Ⅳ	3.53	BOD_5	BOD_5
Z8	太子河南支	Ⅴ	4.44	BOD_5、COD	BOD_5
Z9	清河	Ⅳ	4.99	BOD_5、Volatile	Volatile
Z10	小汤河	Ⅳ	3.02	Volatile	Volatile
Z11	小汤河	III	2.11	—	—
Z12	小汤河	Ⅳ	4.70	BOD_5、Volatile	Volatile
Z13	三道河	Ⅳ	6.82	BOD_5、Volatile	Volatile
Z14	鸡冠河	Ⅳ	2.53	NH_3-N	NH_3-N
Z15	细河	劣Ⅴ	14.39	BOD_5、COD、COD_{Mn}、	Volatile

点位编号	支流名称	水质类别	综合污染指数	主要污染指标	首要污染指标
				TP、Volatile	
Z16	细河	劣Ⅴ	10.23	DO、BOD_5、NH_3-N	NH_3-N
Z17	细河	Ⅳ	4.65	BOD_5、COD	COD
Z18	细河	Ⅳ	3.59	Volatile	Volatile
Z19	细河	Ⅲ	4.60	—	—
Z20	细河	Ⅴ	5.30	BOD_5、COD	BOD_5
Z21	兰河	Ⅴ	18.51	COD、Volatile	Volatile
Z22	兰河	劣Ⅴ	15.42	BOD_5、COD、COD_{Mn}、Volatile	COD_{Mn}
Z23	汤河	Ⅴ	9.36	BOD_5、COD、COD_{Mn}、Volatile	Volatile
Z24	汤河	Ⅳ	6.79	BOD_5、Volatile、Ecoli	Volatile
Z25	汤河	Ⅴ	14.52	BOD_5、COD、Volatile	Volatile
Z26	汤河	Ⅴ	4.12	DO、BOD_5、COD	BOD_5
Z27	北沙河	Ⅳ	4.63	TP、Volatile	Volatile
Z28	北沙河	Ⅴ	15.29	DO、COD_{Mn}、TP、Volatile	Volatile
Z29	北沙河	劣Ⅴ	13.18	DO、BOD_5、NH_3-N、COD_{Mn}、Volatile	NH_3-N
Z30	北沙河	Ⅴ	11.72	BOD、NH_3-N、COD_{Mn}、Volatile	Volatile
Z31	南沙河	劣Ⅴ	19.34	除 pH 值、Volatile、Ecoli 外皆超标	TP
Z32	南沙河	劣Ⅴ	22.88	除 pH 值、Ecoli 外皆超标	TP
Z33	杨柳河	劣Ⅴ	21.50	BOD_5、COD、NH_3-N、TP	TP
Z34	五道河	劣Ⅴ	25.65	除 pH 值、Volatile 外皆超标	TP
Z35	海城河	Ⅴ	4.40	pH 值、Volatile	Volatile
Z36	海城河	Ⅴ	5.96	DO、Volatile	Volatile
Z37	海城河	劣Ⅴ	15.09	BOD_5、COD_{Mn}、NH_3-N、Ecoli	Ecoli
Z38	海城河	劣Ⅴ	21.40	除 pH 值、Volatile 外皆超标	BOD_5

综合污染指数的计算结果如图 4-11 和图 4-12 所示。由图可知，无论是干流还是支流，综合污染指数从上游到下游总体上呈逐渐增大的趋势，说明水质存在空间上的梯度差异。

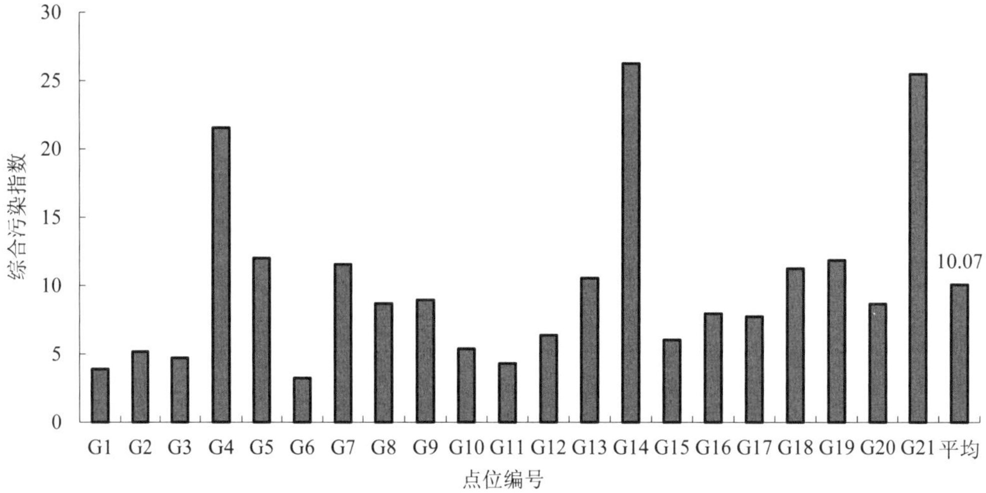

图 4-11 太子河干流综合污染指数空间变化情况

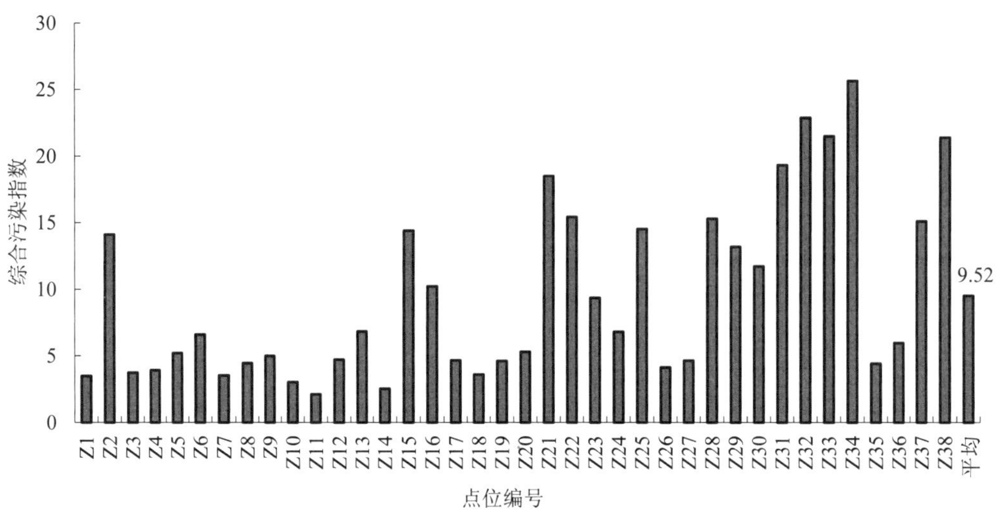

图 4-12 太子河支流综合污染指数空间变化情况

4.2.1.2 指标选取

（1）景观指数选取

利用景观指数反映流域景观格局特征。由于景观指数众多，且不同指数存在信息重叠，为保证选取的景观指数具有代表性，参考相关文献（Clausen et al.，2000；吴璟，2007；官宝红等，2008），结合本研究目的，选取景观水平上反映景观格局组成和构型属性的两类共 10 项景观指数（如表 4-4 所示）开展研究。其中，通过 5 个景观指数，从数量（NP）、形状（PAFRAC）、多样性（SHDI）以及聚散性（CONTAG、AI）等方面来表征景观格局空间构型。

利用亚流域及河流廊道矢量边界，截取土地利用数据，栅格化后，基于 Fragstats3.3 计算景观指数。

表 4-4 研究中选取的景观指数

指数	缩略语	含义
林草地景观占比	PL1	林草地景观面积占所有景观类型面积的百分比
旱地景观占比	PL2	旱地景观面积占所有景观类型面积的百分比
水田景观占比	PL3	水田景观占所有景观类型面积的百分比
湿地景观占比	PL4	湿地景观占所有景观类型面积的百分比
建设用地景观占比	PL5	建筑用地景观占所有景观类型面积的百分比
斑块数	NP	景观中斑块总数，其值大小与景观破碎化程度正相关
面积周长分维数	PAFRAC	反映斑块形状的复杂程度；其值越接近 1，表明景观斑块形状越简单规则；越接近 2，表明景观斑块形状越复杂
Shannon 多样性指数	SHDI	反映景观要素的多少和各景观要素所占比例的变化；景观类型越丰富，破碎化程度越高，其值越大
蔓延度指数	CONTAG	描述景观中不同斑块类型的团聚程度或延展趋势；数值高说明景观中的某种优势斑块类型形成了良好的连接性；数值低则表明景观是具有多种要素的密集格局，景观破碎化程度较高
聚集度指数	AI	描述景观内不同生态系统的团聚程度；数值高代表景观出少数团聚的大斑块组成；数值低则代表景观由许多小斑块组成

（2）水质指标选取

监测的水质指标有信息重叠，具有相关性，且对河流水质的贡献大小不同。为简化研究，利用主成分分析法对水质指标进行筛选，选取对河流水质贡献率较大的指数以开展后续相关性研究。在进行主成分分析前，需要检验变量是否适合主成分分析。此外，为探求水质整体状况与景观格局的相关关系，将综合污染指数纳入研究中。

1）干流水质指标主成分分析

经 Bartlett 球度检验（相伴概率为 $0.000<0.05$）得出了干流水质的主成分分析结果（如表 4-5 所示）。由表 4-5 可见，前 3 个主成分分量的累计方差贡献率超过 80%，基本包含了大部分常用水质指标，可满足分析需要。第一主成分分量方差贡献率为 45.95%，主要反映了营养盐信息，包括 pH 值、NH_3-N、NO_2-N、NO_3-N、TN、TP 的信息，可见干流

中营养盐的浓度受水体 pH 值影响很大；第二主成分分量方差贡献率为 21.49%，反映了水体电导率和有毒物质信息，包含 Temp、EC、Volatile 的信息，可见 EC 和 Volatile 浓度与水温关系紧密；第三主成分分量方差贡献率为 12.67%，反映了水体有机污染及悬浮物信息，包含 DO、SS、COD_{Mn}、COD 的信息。

经主成分分析，最终选取 Temp、pH 值、NH_3-N、TN、TP、COD、COD_{Mn}、DO、SS、EC、Volatile 等指标，外加综合污染指数（P），共 12 项水质指标与景观指数进行相关性分析。

表 4-5 太子河干流水质指标主成分分析结果

变量	PC1	PC2	PC3
Temp	0.578	0.721	0.034
pH	−0.945	0.030	−0.157
DO	−0.368	−0.508	0.678
EC	−0.266	0.906	−0.234
SS	−0.623	0.330	0.653
TDS	−0.497	0.178	−0.558
BOD_5	−0.457	0.295	0.467
COD	0.407	0.573	0.581
COD_{Mn}	−0.399	0.174	0.693
NH_3-N	0.890	0.331	0.057
TN	0.845	−0.302	0.120
NO_2-N	0.898	−0.207	0.187
NO_3-N	0.725	0.170	−0.154
TP	0.949	−0.145	0.043
Volatile	−0.474	−0.713	0.106
Ecoli	0.632	0.023	−0.271
方差贡献率/%	45.95	21.49	12.67
累计方差贡献率/%	45.95	67.44	80.11

2）支流水质指标主成分分析

经 Bartlett 球度检验（相伴概率为 $0.000<0.05$），得出支流水质的主成分分析结果（如表 4-6 所示）。由表 4-6 可见，前 5 个主成分分量的累计方差贡献率超过 80%，可满足分析需要。第一主成分分量方差贡献率为 23.28%，主要反映了含氮营养盐信息，包含 TN、NO_2-N、NO_3-N、Temp、Ecoli 的信息，说明含氮营养盐及大肠杆菌受水温影响较大；第二主成分分量方差贡献率为 22.12%，主要体现了 NH_3-N、TP、pH 值、DO、EC 的信息；第三主成分分量方差贡献率为 18.17%，反映了水体有机污染信息，包含 BOD_5、COD_{Mn}、COD 的信息；第四主成分分量方差贡献率为 10.82%，反映了水体中悬浮物信息；第五主

成分分量方差贡献率为 8.42%，反映了有毒物质 Volatile 的信息。

经主成分分析，最终选取 Temp、pH 值、DO、EC、SS、BOD_5、COD、COD_{Mn}、NH_3-N、TN、TP、Volatile、Ecoli 等指标，外加综合污染指数（P），共 14 项水质指标与景观指数进行相关性分析。

表 4-6　太子河支流水质指标主成分分析结果

变量	FC1	FC2	FC3	FC4	FC5
Temp	0.760	0.230	0.372	−0.501	−0.324
pH	0.286	−0.766	0.095	−0.159	0.346
DO	0.113	−0.736	−0.429	−0.078	0.062
EC	0.145	0.756	0.488	−0.223	0.044
SS	−0.331	0.231	0.437	0.705	0.098
TDS	0.548	0.008	0.009	0.464	−0.069
BOD_5	0.035	0.174	0.815	−0.042	−0.011
COD	−0.141	0.439	0.771	−0.007	0.199
COD_{Mn}	−0.072	0.008	0.835	0.252	0.015
NH_3-N	0.455	0.822	0.060	0.148	0.157
TN	0.887	0.211	−0.002	0.024	0.208
NO_2-N	0.876	0.019	−0.228	0.101	−0.165
NO_3-N	0.931	−0.245	−0.148	0.015	0.063
TP	−0.086	0.844	0.303	0.068	0.206
Volatile	−0.050	−0.056	−0.009	−0.030	−0.909
Ecoli	0.634	−0.121	0.145	−0.226	0.309
方差贡献率/%	23.28	22.12	18.17	10.82	8.42
累计方差贡献率/%	23.28	45.40	63.57	74.39	82.81

4.2.1.3　相关性分析与回归分析

基于 SPSS 软件，分干流和支流及亚流域和河流廊道两个尺度，进行水质指标与景观指数的相关性分析。基于相关性分析结果，对亚流域尺度上与景观指数具有显著相关性的指标进行回归分析，定量研究水质指标与景观指数之间的关系，为流域水质管理与景观调控提供定量依据。在河流廊道尺度上，着重开展景观指数与水质指标相关系数变化趋势的分析，查明不同类型景观对河流水质影响程度最大的廊道宽度，为河流廊道管理与河流污染防治提供借鉴。相关性分析与回归分析结果如表 4-7～表 4-12 所示。由于太子河干流水质指标与景观指数的回归效果较好，因此采用 Mintab 进行绘图，图中标明回归方程及 95%置信区间；太子河支流回归效果不理想，采用 SPSS 绘图。

表 4-7 亚流域尺度景观指数与水质指标的相关系数（太子河干流）

变量	PL1	PL2	PL3	PL4	PL5	NP	PAFRAC	CONTAG	SHDI	AI
Temp	−0.797（**）	0.797（**）	0.307	0.233	0.775（**）	0.799（**）	−0.662（**）	−0.799（**）	0.797（**）	−0.799（**）
pH	0.585（**）	−0.585（**）	−0.313	0.059	−0.643（**）	−0.576（**）	0.558（**）	0.576（**）	−0.585（**）	0.576（**）
DO	0.595（**）	−0.595（**）	0.082	−0.455（*）	−0.592（**）	−0.602（**）	0.395	0.602（**）	−0.595（**）	0.602（**）
EC	−0.509（*）	0.509（*）	−0.02	0.522（*）	0.473（*）	0.513（*）	−0.268	−0.513（*）	0.509（*）	−0.513（*）
SS	0.440（*）	−0.440（*）	0.153	−0.322	−0.416	−0.445（*）	0.245	0.445（*）	−0.440（*）	0.445（*）
COD	−0.733（**）	0.733（**）	0.413	0.161	0.702（**）	0.736（**）	−0.599（**）	−0.736（**）	0.733（**）	−0.736（**）
COD_{Mn}	−0.066	0.066	−0.073	0.308	0.048	0.072	−0.101	−0.072	0.066	−0.072
NH_3–N	−0.904（**）	0.904（**）	0.614（**）	−0.082	0.915（**）	0.905（**）	−0.855（**）	−0.905（**）	0.904（**）	−0.905（**）
TN	−0.470（*）	0.470（*）	0.479（*）	−0.27	0.470（*）	0.484（*）	−0.409	−0.484（*）	0.470（*）	−0.484（*）
TP	−0.727（**）	0.727（**）	0.627（**）	−0.296	0.691（**）	0.734（**）	−0.641（**）	−0.734（**）	0.727（**）	−0.734（**）
Volatile	0.216	−0.216	0.155	−0.265	−0.268	−0.199	0.061	0.199	−0.216	0.199
综合污染指数	−0.238	0.204	0.353	−0.226	0.162	0.26	−0.293	−0.26	0.238	−0.26

注：**表示在 $P \leqslant 0.01$ 水平显著相关；*表示在 $P \leqslant 0.05$ 水平显著相关。

表 4-8 河流廊道尺度景观指数与水质指标的相关系数（太子河干流）

变量	廊道宽度/m	PL1	PL2	PL3	PL4	PL5	NP	PAFRAC	CONTAG	SHDI	AI
Temp	100	−0.665（**）	0.083	0.252	−0.309	0.731（**）	0.785（**）	−0.504（*）	−0.710（**）	0.690（**）	0.142
	200	−0.751（**）	0.590（**）	0.268	−0.268	0.738（**）	0.783（**）	−0.762（**）	−0.673（**）	0.727（**）	0.474（*）
	300	−0.762（**）	0.661（**）	0.272	−0.277	0.745（**）	0.783（**）	−0.768（**）	−0.662（**）	0.711（**）	0.355
	500	−0.771（**）	0.699（**）	0.269	−0.284	0.755（**）	0.790（**）	−0.465（*）	−0.755（**）	0.760（**）	−0.133
	1 000	−0.789（**）	0.723（**）	0.246	−0.224	0.759（**）	0.788（**）	−0.396	−0.782（**）	0.755（**）	−0.842（**）
pH	100	0.485（*）	−0.005	−0.329	0.392	−0.655（**）	−0.590（**）	0.369	0.546（*）	−0.566（**）	−0.449（*）
	200	0.564（**）	−0.366	−0.346	0.377	−0.665（**）	−0.596（**）	0.511（*）	0.563（**）	−0.537（*）	−0.530（*）
	300	0.570（**）	−0.394	−0.377	0.424	−0.642（**）	−0.601（**）	0.584（**）	0.548（*）	−0.548（*）	−0.618（**）

变量	廊道宽度/m	PL1	PL2	PL3	PL4	PL5	NP	PAFRAC	CONTAG	SHDI	AI
pH	500	0.582（**）	−0.431	−0.362	0.381	−0.639（**）	−0.587（**）	0.667（**）	0.576（**）	−0.573（**）	−0.385
	1 000	0.593（**）	−0.505（*）	−0.37	0.369	−0.670（**）	−0.592（**）	0.489（*）	0.579（**）	−0.611（**）	0.412
DO	100	0.357	−0.228	0.043	0.116	−0.635（**）	−0.625（**）	0.440（*）	0.574（**）	−0.572（**）	0.097
	200	0.558（**）	−0.309	0.07	0.015	−0.635（**）	−0.610（**）	0.626（**）	0.482（*）	−0.566（**）	−0.253
	300	0.595（**）	−0.432	0.095	−0.057	−0.650（**）	−0.602（**）	0.607（**）	0.483（*）	−0.527（*）	−0.122
	500	0.593（**）	−0.492（*）	0.086	−0.072	−0.626（**）	−0.619（**）	0.218	0.597（**）	−0.594（**）	0.345
	1 000	0.601（**）	−0.545（*）	0.094	−0.083	−0.604（**）	−0.603（**）	0.12	0.594（**）	−0.587（**）	0.642（**）
EC	100	−0.366	0.23	0.019	−0.029	0.533（*）	0.516（*）	−0.32	−0.456（*）	0.460（*）	−0.071
	200	−0.505（*）	0.278	−0.038	0.062	0.509（*）	0.517（*）	−0.573（**）	−0.429	0.466（*）	0.176
	300	−0.515（*）	0.353	−0.053	0.081	0.504（*）	0.500（*）	−0.508（*）	−0.429	0.446（*）	0.101
	500	−0.501（*）	0.411	−0.055	0.062	0.480（*）	0.500（*）	−0.255	−0.504（*）	0.487（*）	−0.31
	1 000	−0.511（*）	0.446（*）	−0.054	0.095	0.483（*）	0.502（*）	−0.172	−0.500（*）	0.469（*）	−0.714（**）
SS	100	−0.296	0.253	0.068	−0.051	−0.444（*）	−0.451（*）	0.171	0.434（*）	−0.396	0.171
	200	−0.431	−0.231	0.074	−0.087	−0.43	−0.456（*）	0.396	0.431	−0.422	−0.105
	300	−0.457（*）	−0.309	0.092	−0.117	−0.444（*）	−0.475（*）	0.399	0.423	−0.426	−0.018
	500	−0.478（*）	−0.327	0.064	−0.106	−0.462（*）	−0.457（*）	0.052	0.473（*）	−0.475（*）	0.294
	1 000	−0.466（*）	−0.355	0.073	−0.094	−0.419	−0.462（*）	−0.051	0.460（*）	−0.455（*）	0.352
COD	100	−0.606（**）	0.059	0.483（*）	−0.41	0.750（**）	0.736（**）	−0.696（**）	−0.700（**）	0.726（**）	0.426
	200	−0.754（**）	0.540（*）	0.42	−0.356	0.746（**）	0.735（**）	−0.781（**）	−0.678（**）	0.723（**）	0.543（*）
	300	−0.760（**）	0.645（**）	0.376	−0.278	0.736（**）	0.721（**）	−0.713（**）	−0.713（**）	0.714（**）	0.416
	500	−0.743（**）	0.691（**）	0.385	−0.357	0.682（**）	0.734（**）	−0.465（*）	−0.716（**）	0.717（**）	0.067
	1 000	−0.743（**）	0.702（**）	0.406	−0.32	0.702（**）	0.732（**）	−0.547（*）	−0.738（**）	0.732（**）	−0.802（**）
COD_{Mn}	100	−0.073	−0.145	0.009	0.123	0.094	0.08	−0.116	−0.134	0.123	−0.143
	200	−0.095	0.024	−0.057	0.165	0.067	0.083	−0.196	−0.189	0.158	−0.037
	300	−0.097	0.053	−0.067	0.162	0.107	0.058	−0.086	−0.198	0.184	−0.204
	500	−0.074	0.038	−0.055	0.09	0.062	0.057	0.128	−0.084	0.062	−0.397
	1 000	−0.068	0.027	−0.077	0.087	0.06	0.059	0.158	−0.07	0.067	−0.35

变量	廊道宽度/m	PL1	PL2	PL3	PL4	PL5	NP	PAFRAC	CONTAG	SHDI	AI
NH_3-N	100	−0.875（**）	0.305	0.577（**）	−0.585（**）	0.885（**）	0.917（**）	−0.629（**）	−0.857（**）	0.848（**）	0.514（*）
	200	−0.889（**）	0.766（**）	0.585（**）	−0.593（**）	0.909（**）	0.913（**）	−0.865（**）	−0.843（**）	0.875（**）	0.723（**）
	300	−0.877（**）	0.799（**）	0.609（**）	−0.642（**）	0.935（**）	0.913（**）	−0.922（**）	−0.839（**）	0.863（**）	0.689（**）
	500	−0.882（**）	0.836（**）	0.598（**）	−0.635（**）	0.921（**）	0.916（**）	−0.825（**）	−0.875（**）	0.877（**）	0.298
	1 000	−0.804（**）	0.869（**）	0.595（**）	−0.587（**）	0.930（**）	0.912（**）	−0.732（**）	−0.888（**）	0.867（**）	−0.775（**）
TN	100	−0.509（*）	0.404	0.455（*）	−0.479（*）	0.466（*）	0.486（*）	−0.348	−0.453（*）	0.477（*）	0.395
	200	−0.487（*）	0.548（*）	0.436（*）	−0.481（*）	0.474（*）	0.494（*）	−0.449（*）	−0.391	0.465（*）	0.419
	300	−0.460（*）	0.535（*）	0.412	−0.475（*）	0.512（*）	0.494（*）	−0.475（*）	−0.404	0.388	0.443（*）
	500	−0.461（*）	0.556（**）	0.406	−0.444（*）	0.503（*）	0.483（*）	−0.557（**）	−0.460（*）	0.458（*）	0.426
	1 000	−0.471（*）	0.556（**）	0.431	−0.445（*）	0.494（*）	0.491（*）	−0.552（**）	−0.466（*）	0.422	−0.273
TP	100	−0.714（**）	0.329	0.706（**）	−0.671（**）	0.781（**）	0.757（**）	−0.655（**）	−0.701（**）	0.746（**）	0.691（**）
	200	−0.800（**）	0.688（**）	0.677（**）	−0.614（**）	0.771（**）	0.748（**）	−0.756（**）	−0.696（**）	0.755（**）	0.771（**）
	300	−0.787（**）	0.749（**）	0.669（**）	−0.577（**）	0.728（**）	0.740（**）	−0.768（**）	−0.703（**）	0.725（**）	0.696（**）
	500	−0.774（**）	0.781（**）	0.660（**）	−0.628（**）	0.709（**）	0.754（**）	−0.691（**）	−0.780（**）	0.775（**）	0.466（*）
	1 000	−0.762（**）	0.766（**）	0.651（**）	−0.601（**）	0.721（**）	0.745（**）	−0.797（**）	−0.765（**）	0.728（**）	−0.606（**）
Volatile	100	−0.018	0.105	0.134	0.009	−0.194	−0.177	0.051	0.137	−0.155	0.043
	200	0.16	−0.078	0.156	−0.013	−0.198	−0.198	0.109	0.036	−0.061	−0.058
	300	0.202	−0.093	0.178	−0.077	−0.17	−0.216	0.134	0.007	0.008	−0.176
	500	0.22	−0.142	0.165	−0.161	−0.239	−0.176	0.198	0.219	−0.216	0.011
	1 000	0.182	−0.195	0.167	−0.165	−0.262	−0.196	0.14	0.161	−0.166	0.25
综合污染指数	100	−0.413	0.213	0.394	−0.249	0.261	0.284	−0.329	−0.318	0.288	0.236
	200	−0.323	0.317	0.388	−0.21	0.239	0.269	−0.33	−0.408	0.392	0.219
	300	−0.273	0.343	0.396	−0.266	0.277	0.243	−0.279	−0.436（*）	0.448（*）	0.038
	500	−0.248	0.305	0.388	−0.364	0.206	0.277	−0.096	−0.258	0.252	0.003
	1 000	−0.282	0.275	0.375	−0.384	0.175	0.261	−0.106	−0.313	0.295	−0.236

注：**表示在 $P \leqslant 0.01$ 水平显著相关；*表示在 $P \leqslant 0.05$ 水平显著相关。

表 4-9 景观指数与水质指标的回归分析结果（太子河干流）

景观指标	水质指标	模型类型	回归检验参数					模型系数		
			R^2	F	df_1	df_2	Sig.	Constant	b_1	b_2
PL1	pH	线性模型	0.620	30.980	1	19	0.000	3.718	0.056	
	COD	二次模型	0.553	11.118	2	18	0.001	−614.074	19.344	−0.142
	NH_3-N	二次模型	0.852	51.867	2	18	0.000	−6.846	0.273 7	−0.002
	TP	一次模型	0.720	46.350	1	18	0.000	1.487	−0.018	
PL2	pH	线性模型	0.614	30.251	1	19	0.000	9.837	−0.119	
	COD	二次模型	0.609	13.230	2	18	0.001	−101.601	13.692	−0.341
	NH_3-N	二次模型	0.857	54.021	2	18	0.000	−3.280	0.366	−0.007
	TP	一次模型	0.719	46.086	1	18	0.000	−0.445	0.038	
PL3	NH_3-N	线性模型	0.696	43.483	1	19	0.000	0.154	0.205	
PL5	Temp	二次模型	0.555	10.595	2	17	0.001	15.516	3.450	−0.292
	pH	线性模型	0.623	29.720	1	18	0.000	8.657	−0.189	0.623
	DO	二次模型	0.580	11.722	2	17	0.001	10.597	−2.114	0.192
	NH_3-N	二次模型	0.846	46.535	2	17	0.000	−0.400	0.410	−0.024
	TP	线性模型	0.707	43.47	1	18	0.000	−0.063	0.058 5	
NP	Temp	二次模型	0.582	11.853	2	17	0.001	13.232	0.006	-8.21×10^{-7}
	pH	二次模型	0.638	14.980	2	17	0.000	8.214	0.000 1	-9.76×10^{-8}
	DO	二次模型	0.652	15.919	2	17	0.000	12.382	−0.004	6.07×10^{-7}
	EC	二次模型	0.627	2.914	2	17	0.000	−191.696	0.364	-5.68×10^{-5}
	NH_3-N	一次模型	0.845	97.956	1	18	0.000	−0.277	0.000 3	
PAFRAC	pH	线性模型	0.601	27.128	1	18	0.000	−31.795	27.204	
	NH_3-N	线性模型	0.777	62.854	1	18	0.000	38.105	−25.646	
SHDI	pH	线性模型	0.605	27.551	1	18	0	9.959	−2.499	−5.427
	DO	二次模型	0.561	10.873	2	17	0.001	40.404	−48.554	43.043
	EC	二次模型	0.533	9.701	2	17	0.002	−2 508.176	6 576.478	−3 676.984
	NH_3-N	二次模型	0.857	50.763	2	17	0	−4.656	10.554	−4.684

景观指标	水质指标	模型类型	回归检验参数					模型系数		
			R^2	F	df_1	df_2	Sig.	Constant	b_1	b_2
CONTAG	pH	线性模型	0.599	26.923	1	18	0.000	2.532	0.077	0.599
	DO	二次模型	0.600	12.752	2	17	0	191.427	−5.602	0.042
	EC	二次模型	0.549	10.364	2	17	0.001	−15 442.184	471.781	−3.506
	NH_3-N	线性模型	0.829	87.225	1	18	0.000	5.917	−0.075	
AI	NH_3-N	线性模型	0.848	100.247	1	18	0	70.724	−0.747	0

表 4-10 亚流域尺度景观指数与水质指标的相关系数（太子河支流）

变量	PL1	PL2	PL3	PL4	PL5	NP	PAFRAC	CONTAG	SHDI	AI
Temp	−0.407（*）	0.386（*）	0.174	0.108	0.306	0.336（*）	−0.095	−0.410（*）	0.394（*）	−0.399（*）
pH	0.499（**）	−0.452（**）	−0.403（*）	−0.092	−0.425（**）	−0.237	0.450（**）	0.466（**）	−0.487（**）	0.415（**）
DO	0.411（*）	−0.337（*）	−0.279	−0.304	−0.402（*）	−0.370（*）	0.108	0.320（*）	−0.455（**）	0.347（*）
EC	−0.756（**）	0.699（**）	0.600（**）	0.364（*）	0.703（**）	0.539（**）	−0.417（*）	−0.754（**）	0.781（**）	−0.674（**）
SS	−0.375（*）	0.367（*）	0.221	0.063	0.3	0.148	−0.086	−0.331（*）	0.363（*）	−0.384（*）
BOD_5	−0.271	0.223	0.297	0.442	0.221	0.362	−0.19	−0.31	0.325	−0.199
COD	−0.254	0.184	0.193	0.235	0.411（*）	0.116	−0.175	−0.25	0.297	−0.117
COD_{Mn}	−0.524（**）	0.504（**）	0.502（**）	0.089	0.540（**）	0.266	−0.466（**）	−0.547（**）	0.522（**）	−0.427（**）
NH_3-N	−0.660（**）	0.644（**）	0.458（**）	0.128	0.553（**）	0.302	−0.378（*）	−0.698（**）	0.635（**）	−0.550（**）
TN	−0.458（**）	0.448（**）	0.459（**）	0.165	0.27	0.315	−0.325	−0.475（**）	0.456（**）	−0.383（*）
TP	−0.603（**）	0.623（**）	0.552（**）	0.119	0.498（**）	0.207	−0.568（**）	−0.642（**）	0.592（**）	−0.551（**）
Volatile	−0.128	0.198	0.086	−0.194	−0.008	−0.072	−0.036	−0.247	0.079	−0.27
Ecoli	−0.009	0.069	−0.083	−0.093	0.075	−0.264	−0.09	−0.085	−0.021	−0.034
综合污染指数	−0.153	0.152	0.146	0.150	0.139	0.197	−0.135	−0.158	0.151	−0.149

注：*表示在 $P \leqslant 0.05$ 水平显著相关；**表示在 $P \leqslant 0.01$ 水平显著相关。

表 4-11 河流廊道尺度景观指数与水质指标的相关系数（太子河支流）

变量	廊道宽度/m	PL1	PL2	PL3	PL4	PL5	NP	PAFRAC	CONTAG	SHDI	AI
Temp	100	−0.231	0.006	0.102	0.147	0.19	0.238	−0.043	−0.206	0.165	−0.153
	200	−0.193	0.151	0.007	0.077	0.237	0.15	−0.012	−0.25	0.205	0.056
	300	−0.251	0.093	0.139	0.124	0.22	0.263	−0.13	−0.208	0.234	0.056
	500	−0.259	0.221	0.175	0.14	0.235	0.3	0.115	−0.099	0.307	0.007
	1 000	−0.273	0.319	0.131	0.078	0.289	0.331（*）	0.164	−0.389（*）	0.360（*）	−0.173
pH	100	0.464（**）	−0.234	−0.254	0.111	−0.370（*）	−0.163	0.296	−0.421（**）	−0.035	−0.348（*）
	200	0.435（**）	−0.251	−0.207	−0.063	−0.299	−0.023	−0.138	−0.25	−0.088	0.066
	300	0.481（**）	−0.359（*）	−0.192	0.081	−0.396（*）	−0.273	−0.126	−0.049	−0.11	0.02
	500	0.475（**）	−0.363（*）	−0.233	0.056	−0.459（**）	−0.228	−0.134	0.078	−0.211	0.17
	1 000	0.510（**）	−0.427（**）	−0.359（*）	0.013	−0.472（**）	−0.237	−0.254	0.332（*）	−0.377（*）	0.319
DO	100	0.487（**）	−0.202	−0.288	−0.24	−0.271	−0.259	0.136	−0.303	−0.217	0.008
	200	0.433（**）	−0.243	−0.167	−0.352（*）	−0.236	−0.135	−0.204	−0.151	−0.262	0.094
	300	0.453（**）	−0.251	−0.244	−0.236	−0.297	−0.309	−0.126	−0.033	−0.303	0.132
	500	0.442（**）	−0.348（*）	−0.281	−0.251	−0.342（*）	−0.331（*）	−0.267	−0.132	−0.384（*）	0.206
	1 000	0.446（**）	−0.370（*）	−0.352（*）	−0.27	−0.448（**）	−0.347（*）	−0.315	0.398（*）	−0.479（**）	0.298
EC	100	−0.566（**）	0.16	0.318	0.198	0.550（**）	0.398（*）	−0.206	0.149	0.399（*）	0.08
	200	−0.587（**）	0.431（**）	0.111	0.109	0.612（**）	0.175	0.054	−0.124	0.365（*）	0.03
	300	−0.666（**）	0.384（*）	0.301	0.174	0.596（**）	0.448（**）	−0.088	−0.099	0.454（**）	0.122
	500	−0.659（**）	0.541（**）	0.350（*）	0.21	0.657（**）	0.473（**）	0.185	−0.035	0.584（**）	−0.023
	1 000	−0.632（**）	0.595（**）	0.407（*）	0.17	0.655（**）	0.524（**）	0.375（*）	−0.645（**）	0.689（**）	−0.313
SS	100	−0.390（*）	0.432（**）	0.167	−0.007	0.222	0.058	0.029	0.297	0.058	0.096
	200	−0.344（*）	0.385（*）	0.148	0.191	0.104	−0.015	0.264	0.094	0.128	−0.125
	300	−0.370（*）	0.505（**）	0.128	0.003	0.247	0.142	0.237	−0.018	0.136	−0.084
	500	−0.363（*）	0.449（**）	0.161	0.016	0.281	0.157	0.339（*）	0.043	0.219	−0.279
	1 000	−0.384（*）	0.442（**）	0.214	0.074	0.308	0.178	0.349（*）	−0.401（*）	0.341（*）	−0.397（*）

变量	廊道宽度/m	PL1	PL2	PL3	PL4	PL5	NP	PAFRAC	CONTAG	SHDI	AI
BOD_5	100	−0.287	−0.014	0.1	0.315	0.193	0.365（*）	−0.079	−0.113	0.321	−0.202
	200	−0.383（*）	0.196	−0.11	0.482（**）	0.178	0.028	0.266	−0.381（*）	0.316	−0.442（**）
	300	−0.317	0.072	0.116	0.366（*）	0.131	0.345（*）	−0.18	−0.173	0.355（*）	−0.223
	500	−0.317	0.188	0.164	0.415（*）	0.227	0.360（*）	−0.147	−0.008	0.385（*）	−0.036
	1 000	−0.291	0.2	0.167	0.427（*）	0.243	0.365（*）	0.021	−0.385（*）	0.409（*）	−0.111
COD	100	−0.264	0.004	0.053	0.183	0.321	0.068	−0.149	0.212	0.186	0.142
	200	−0.304	0.077	0.015	0.252	0.388（*）	0.143	0.062	0.106	0.248	−0.099
	300	−0.296	0.112	−0.011	0.205	0.352（*）	0.117	0.07	−0.075	0.23	0.036
	500	−0.283	0.142	0.007	0.24	0.417（*）	0.097	0.021	−0.341（*）	0.259	0.015
	1 000	−0.291	0.185	0.096	0.266	0.405（*）	0.113	0.076	−0.258	0.333（*）	−0.042
COD_{Mn}	100	−0.472（**）	0.303	0.355（*）	0.023	0.442（**）	0.151	−0.096	0.373（*）	0.255	0.218
	200	−0.536（**）	0.406（*）	0.278	0.167	0.532（**）	0.123	0.259	0.017	0.344（*）	−0.142
	300	−0.537（**）	0.465（**）	0.286	0.054	0.556（**）	0.246	0.231	−0.042	0.353（*）	0.083
	500	−0.533（**）	0.458（**）	0.296	0.092	0.598（**）	0.252	0.329（*）	−0.193	0.459（**）	−0.148
	1 000	−0.521（**）	0.474（**）	0.346（*）	0.113	0.561（**）	0.271	0.424（**）	−0.555（**）	0.547（**）	−0.374（*）
NH_3-N	100	−0.460（**）	0.264	0.163	−0.006	0.475（**）	0.186	−0.249	0.176	0.174	0.131
	200	−0.405（*）	0.269	0.221	−0.004	0.636（**）	0.277	−0.175	0.141	0.244	0.247
	300	−0.545（**）	0.434（**）	0.151	−0.02	0.523（**）	0.262	−0.039	0.012	0.253	0.165
	500	−0.545（**）	0.506（**）	0.189	0.005	0.534（**）	0.258	0.113	−0.115	0.389（*）	−0.032
	1 000	−0.512（**）	0.485（**）	0.24	0.009	0.546（**）	0.298	0.201	−0.483（**）	0.494（**）	−0.202
TN	100	−0.244	0.058	0.268	0.123	0.201	0.199	−0.088	0.057	0.262	−0.002
	200	−0.295	0.192	0.176	0.136	0.389（*）	0.171	0.026	−0.141	0.314	0.006
	300	−0.345（*）	0.17	0.289	0.092	0.277	0.254	−0.026	−0.006	0.281	0.083
	500	−0.362（*）	0.292	0.307	0.098	0.294	0.261	0.138	0.099	0.341（*）	0.01
	1 000	−0.360（*）	0.343（*）	0.338（*）	0.047	0.320（*）	0.296	0.281	−0.359（*）	0.390（*）	−0.18

变量	廊道宽度/m	PL1	PL2	PL3	PL4	PL5	NP	PAFRAC	CONTAG	SHDI	AI
TP	100	–0.451（**）	0.309	0.23	–0.059	0.453（**）	0.108	–0.308	0.465（**）	0.117	0.318
	200	–0.514（**）	0.388（*）	0.188	–0.032	0.604（**）	0.128	–0.007	0.221	0.142	0.086
	300	–0.562（**）	0.508（**）	0.171	–0.049	0.482（**）	0.194	0.013	0.179	0.159	0.175
	500	–0.557（**）	0.512（**）	0.205	–0.004	0.556（**）	0.176	0.115	–0.125	0.307	0.01
	1 000	–0.552（**）	0.521（**）	0.319	0.024	0.511（**）	0.215	0.308	–0.425（**）	0.482（**）	–0.222
Volatile	100	0.053	–0.144	0.137	–0.072	–0.29	–0.142	–0.169	0.098	–0.132	0.216
	200	0.038	–0.035	0.103	–0.133	–0.146	–0.057	–0.126	–0.059	–0.055	0.1
	300	0.031	–0.03	0.112	–0.071	–0.182	–0.121	–0.012	0.04	–0.084	0.287
	500	–0.024	0.018	0.075	–0.045	–0.082	–0.102	0.13	–0.131	–0.019	0.171
	1 000	–0.076	0.111	0.059	–0.001	–0.002	–0.065	0.182	–0.188	0.046	–0.103
Ecoli	100	0.167	0.069	–0.412（*）	–0.18	0.071	–0.212	–0.097	–0.084	–0.169	0.194
	200	0.173	0.046	–0.394（*）	–0.301	0.092	–0.133	–0.319	0.177	–0.321	0.306
	300	0.089	0.14	–0.399（*）	–0.183	0.05	–0.262	–0.381（*）	0.11	–0.261	0.216
	500	0.081	0.07	–0.366（*）	–0.188	0.058	–0.289	–0.349（*）	–0.011	–0.227	0.239
	1 000	0.055	0.045	–0.314	–0.211	0.037	–0.261	–0.278	0.112	–0.125	0.254
综合污染指数	100	–0.279	0.062	0.238	0.089	0.129	0.095	–0.279	0.263	0.115	0.236
	200	–0.348（*）	0.22	0.061	–0.005	0.338（*）	0.031	–0.078	–0.033	0.144	0.066
	300	–0.383（*）	0.186	0.183	0.087	0.242	0.132	–0.167	0.05	0.187	0.308
	500	–0.409（*）	0.292	0.191	0.124	0.356（*）	0.144	0.041	–0.096	0.315	0.202
	1 000	–0.440（**）	0.421（**）	0.254	0.12	0.405（*）	0.199	0.267	–0.497（**）	0.463（**）	–0.166

注：**表示在 $P\leqslant0.01$ 水平显著相关；*表示在 $P\leqslant0.05$ 水平显著相关。

表 4-12　景观指数与水质指标的回归分析结果（太子河支流）

景观指标	水质指标	模型类型	回归检验参数					模型系数		
			R^2	F	df_1	df_2	Sig.	Constant	b_1	b_2
PL1	TP	指数模型	0.513	36.939	1	35	0.000	8.333	–0.058	0
	NH_3-N	指数模型	0.518	37.627	1	35	0	16.03	–0.05	0
	EC	二次模型	0.646	30.961	2	34	0	800.043	2.34	–0.109
PL2	EC	幂模型	0.502	35.27	1	35	0.000	32.455	0.755	–0.107
PL5	DO	指数模型	0.516	35.206	1	33	0	6.466	–0.079	0.001
	TP	二次模型	0.654	30.305	2	32	0.000	0.055	0.052	0.001
	NH_3-N	指数模型	0.527	36.736	1	33	0	0.209	0.146	0.001
	EC	二次模型	0.799	63.649	2	32	0	168.354	50.346	–0.646
PAFRAC	TP	二次模型	0.773	52.736	2	31	0	362.042	–491.767	166.999
SHDI	EC	二次模型	0.697	39.171	2	34	0	44.322	134.34	375.325
CONTAG	NH_3-N	幂模型	0.529	39.307	1	35	0	—	–6.644	0.003
	EC	二次模型	0.647	31.191	2	34	0	3 938.896	–81.802	0.432

（1）太子河干流

1）亚流域尺度

由表 4-7 可知，水质指标中 Temp、pH 值、DO、COD、NH_3-N、TP、EC、SS、TN 等 9 个指标与多个景观指数显著相关（$P\leqslant 0.05$），综合污染指数（P）等其他水质指标与各景观指数无显著相关性；景观指数中，旱地景观占比（PL2）、建设用地景观占比（PL5）、斑块数（NP）、Shannon 多样性指数（SHDI）与水质指标以正相关为主；林草地景观占比（PL1）、面积周长分维数（PAFRAC）、蔓延度指数（CONTAG）、聚集度指数（AI）与水质指标以负相关为主。具体如图 4-13 所示。

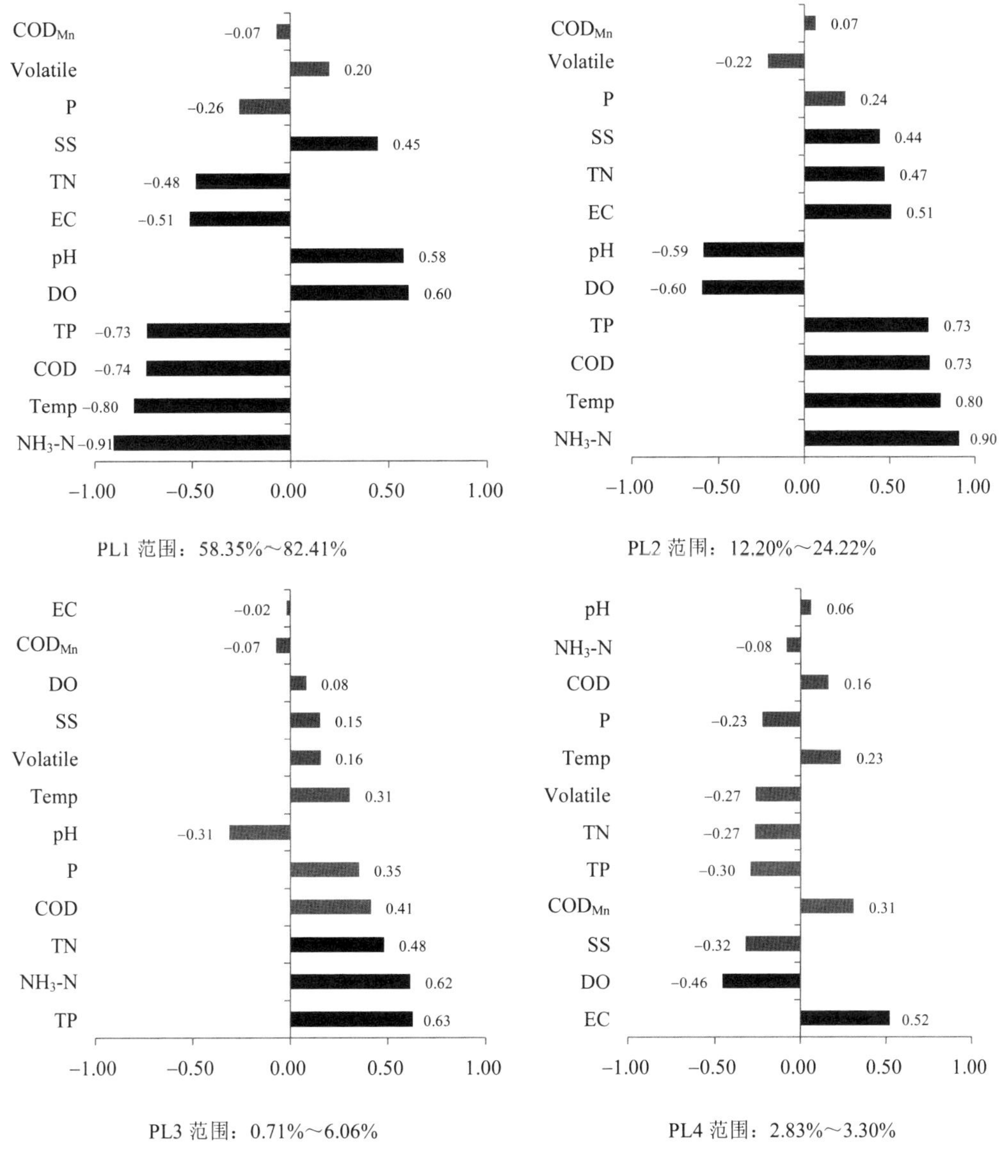

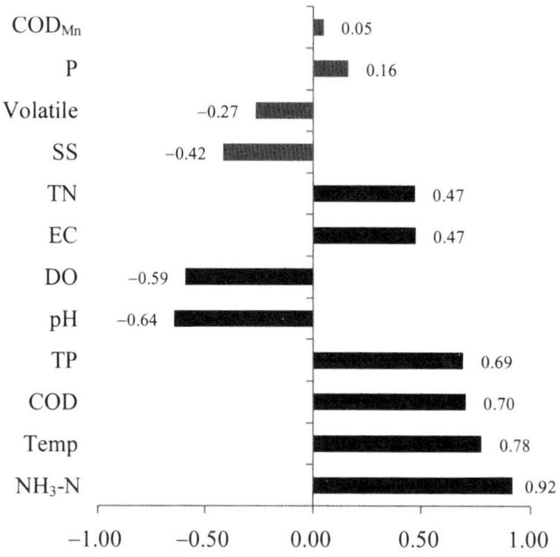

PL5 范围：1.28%～8.54%

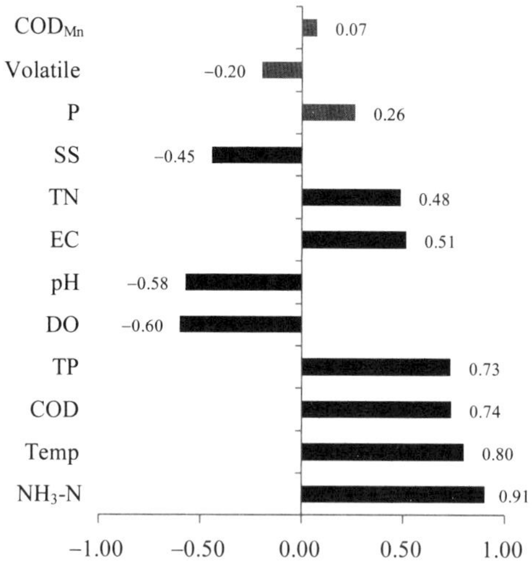

NP 范围：1 091～5 292 个

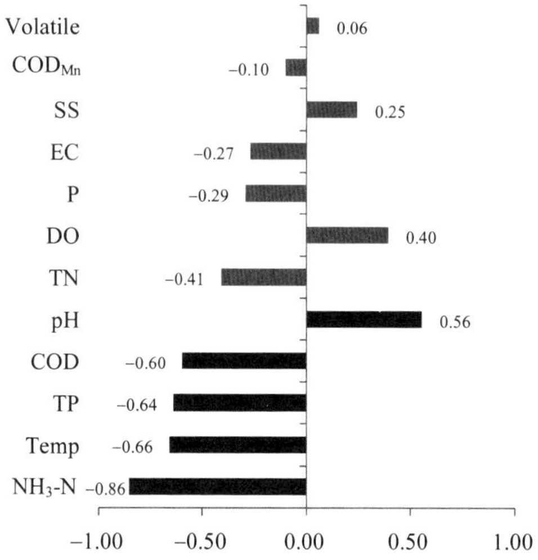

PAFRAC 范围：1.43～1.48

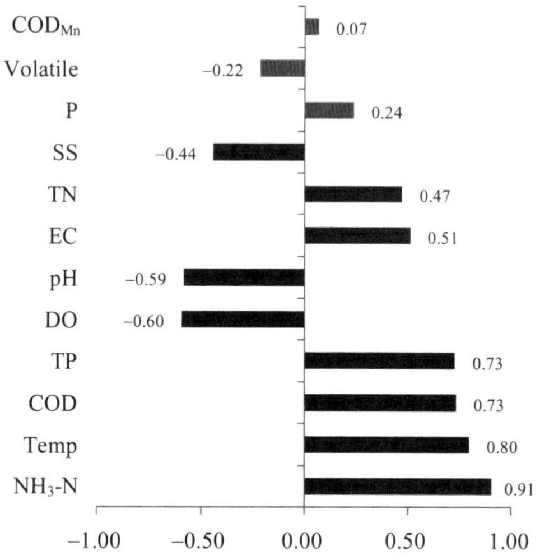

SHDI 范围：0.63～1.14

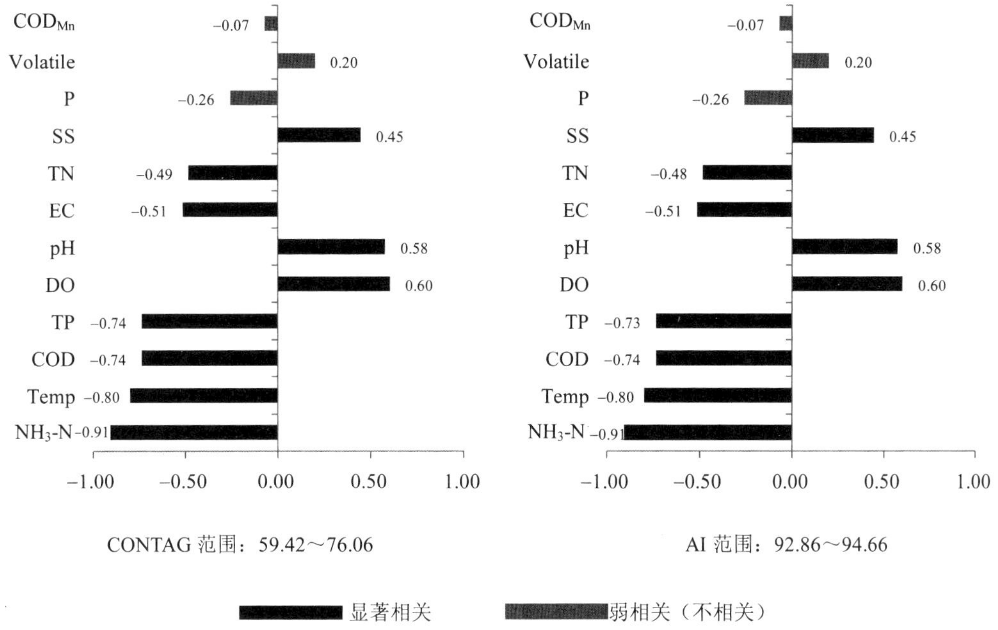

图 4-13 亚流域尺度景观指数与水质指标的相关性分析（太子河干流）

①水质对景观组成变化的响应。

a）对林草地景观和旱地景观变化的响应。

在亚流域尺度上，林草地景观是各亚流域的基质，占比介于 58.35%～82.41%，值越大表示流域受人类干扰越小，反映到相关关系上即：PL1 与 NH_3-N、COD、TP、Temp 在 $P≤0.01$ 水平显著负相关，与 TN、EC、SS 在 $P≤0.05$ 水平显著负相关；与 DO、pH 值在 $P≤0.01$ 水平显著正相关。

PL2（范围为 12.20%～24.22%）与各水质指标的相关性与 PL1 分析结果完全相反。一方面说明林草地景观与旱地景观影响水质的机制不同，另一方面说明在亚流域尺度上 PL1 与 PL2 存在显著负相关关系（Pearson 相关系数为 0.994），旱地景观面积的增加建立在对林草地景观占用的基础上，PL2 越大，一定程度上表示人类干扰越强，河流水质越差。采用偏相关分析，当控制 PL2 时，PL1 与各水质指标无显著相关性；反之亦然。由此说明，林草地景观和旱地景观对水质是有协同作用的，并无主次之分。

回归分析结果表明（如图 4-14 所示），PL1、PL2 与 pH 值、TP 呈线性关系。当 PL1 超过 70%、PL2 小于 20%时，pH 值大于 7.5，TP 小于 0.3 mg/L；当 PL1 小于 70%、PL2 大于 20%时，pH 值小于 7，TP 大于 0.3 mg/L。由此给流域管理的一个启示就是，保持林草地景观占比和旱地景观占比分别在 70%以上和 20%以下，有助于降低总磷浓度，并可避免水体酸化。

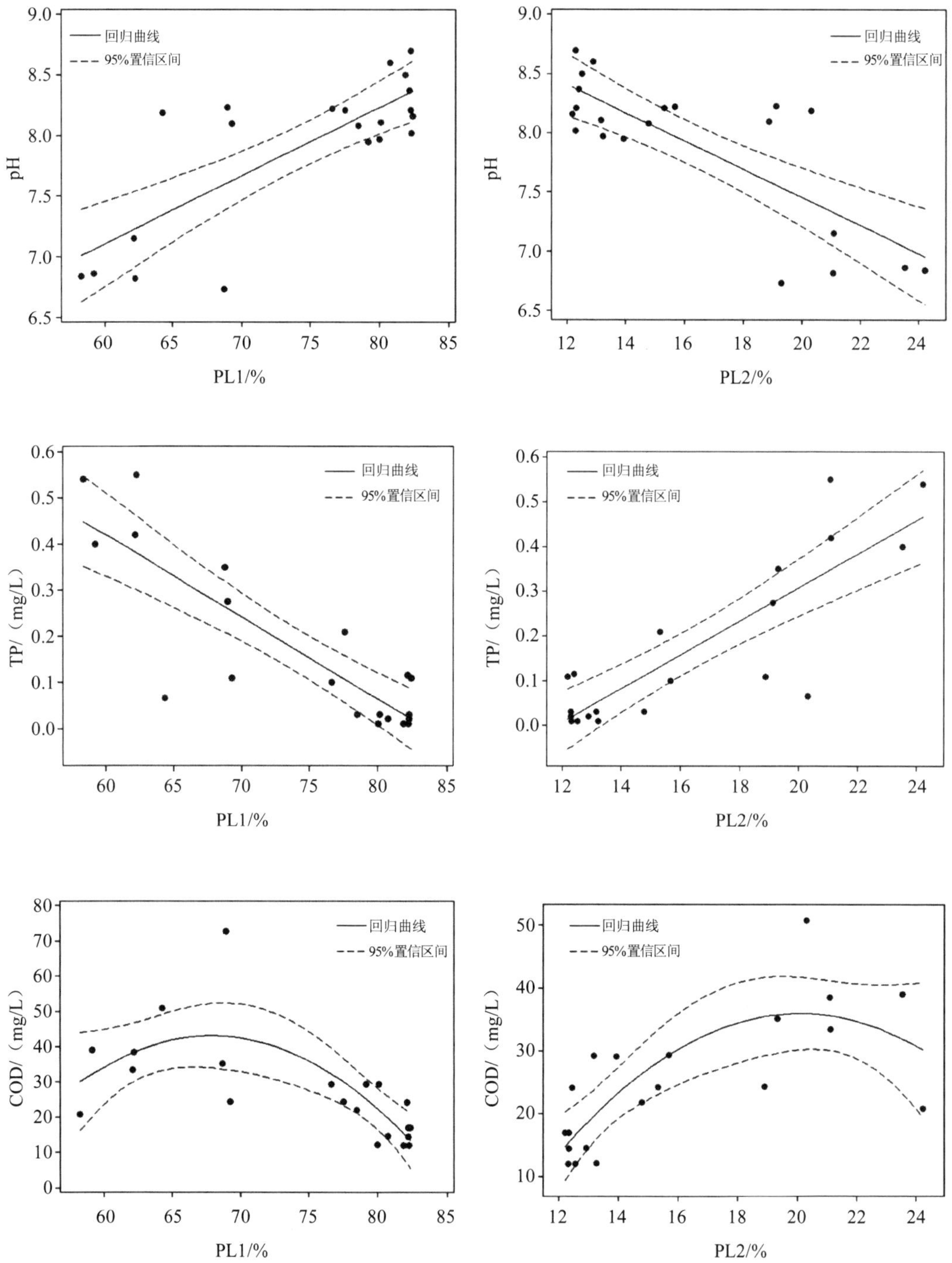
回归曲线
95%置信区间
pH
PL1/%
PL2/%
TP/（mg/L）
COD/（mg/L）

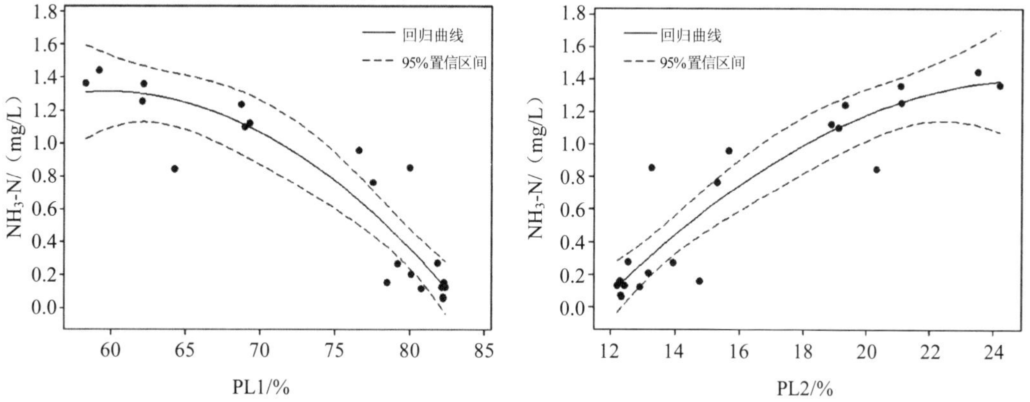

图 4-14　PL1、PL2 与部分水质指标的回归曲线

COD 与 PL1、PL2 呈二次曲线关系，70%和 20%为阈值点（曲线顶点）。当 PL1 小于 70%、PL2 小于 20%时，COD 随两者的增大而增大；超过阈值点后，则随两者的增大而减少。这说明 COD 对 PL1、PL2 变化的响应不是线性的，在 PL1 低于 70%时，旱地景观作为 COD 的“源”的作用更强；当 PL1 超过 70%时，林草地景观作为 COD 的“汇”的作用更强。

NH_3-N 与 PL1、PL2 也呈二次曲线关系，但与 COD 不同的是，曲线的阈值点未落在 PL1、PL2 变化区间内；NH_3-N 随 PL1 的增加而减少，斜率逐渐增大；随 PL2 的增加而增大，但斜率逐渐减少。由此说明林草地景观对 NH_3-N 的削减速率随着面积占比的增加而增加，旱地景观对 NH_3-N 的贡献速率随面积占比的增加而减缓。整体来看，当 PL1 大于 70%、PL2 小于 20%时，水体中 NH_3-N 浓度基本维持在 1.0 mg/L 以下。

由上述分析可知，在该尺度下，林草地景观和旱地景观对水质的影响不总是呈单一线性关系，因此单纯依靠相关系数来判定景观类型对水质的影响，结果不可靠。原因可能在于各类型景观对各水质指标浓度的提高或削减受景观类型之间作用及水体容量、自净作用等多方面因素影响，存在一定的阈值效应。受限于研究区面积，林草地景观与旱地景观对水质的影响是此消彼长的。对太子河干流来说，保持 PL1 达到 70%以上、PL2 低于 20%有助于改善河流水质。

b）对水田景观和建设用地景观变化的响应。

水田景观占比（PL3）（0.71%～6.06%）与 NH_3-N、TP 在 $P\leqslant 0.01$ 水平显著正相关，与 TN 在 $P\leqslant 0.05$ 水平显著正相关，与其他水质指标无显著相关性。由分析结果可知，水田景观与旱地景观对河流水质的影响存在显著差异；与旱地景观相比，与水田景观占比显著相关的水质指标个数减少，相关性降低。从回归分析可知（如图 4-15 所示），PL3 与 NH_3-N 回归效果较好，呈线性关系，说明该尺度下水田景观面积占比越大，带来的 NH_3-N 污染也就越严重。

PL5（1.28%～8.54%）与各水质指标的相关性与 PL2 分析结果基本保持一致。从回归分析可知（如图 4-15 所示），PL5 与 pH 值、TP 呈线性关系，随着 PL5 的增加，pH 值逐渐减小，而 TP 逐渐增大。PL5 与 NH_3-N 的二次曲线在 PL5 变化范围内不存在阈值点（二次曲线顶点）；建设用地面积占比越大，带来的 NH_3-N 污染也就越严重；随着 PL5 的增大，NH_3-N 增加的速率逐渐放缓；当 PL5≤5 时，NH_3-N 浓度基本达到Ⅲ类标准。Temp、DO 在 PL5 变化范围内则存在阈值点（二次曲线顶点）；当 PL5≤5 时，Temp 随 PL5 的增加而升高，之后开始缓慢降低；DO 则随 PL5 的增加而降低，超过阈值点之后开始上升。

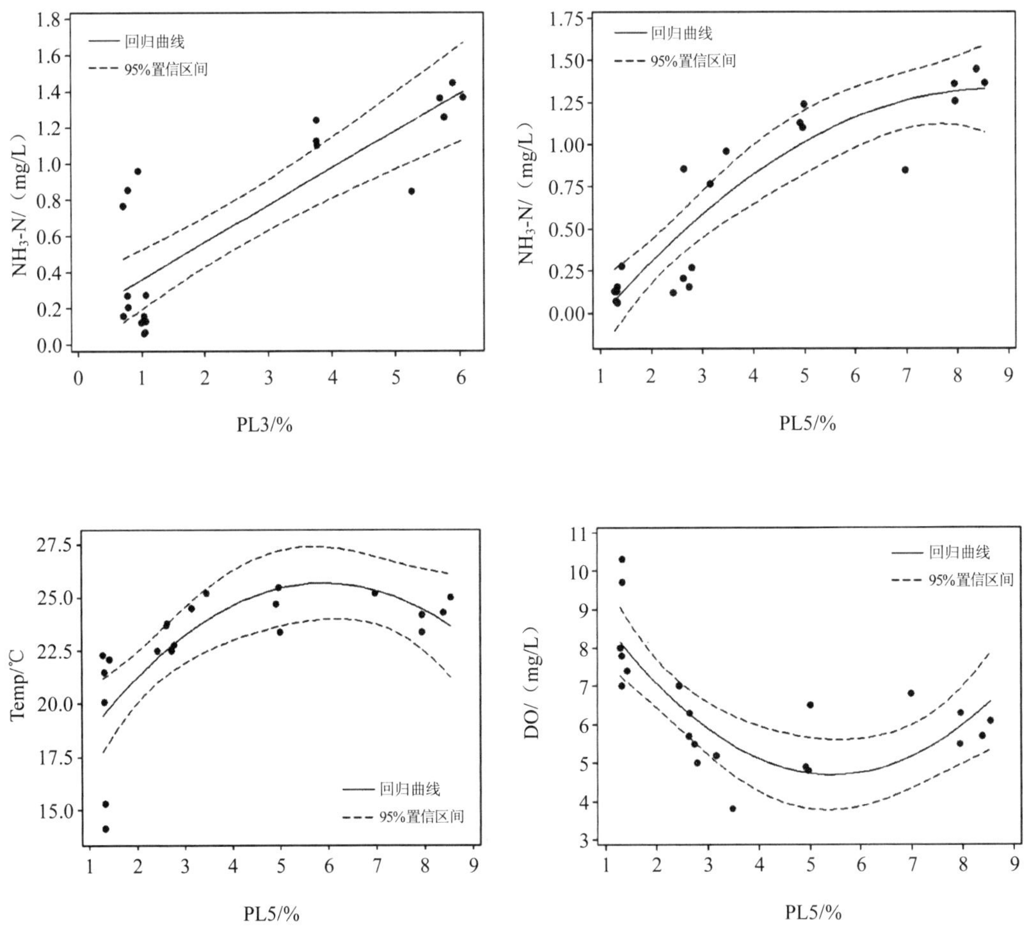

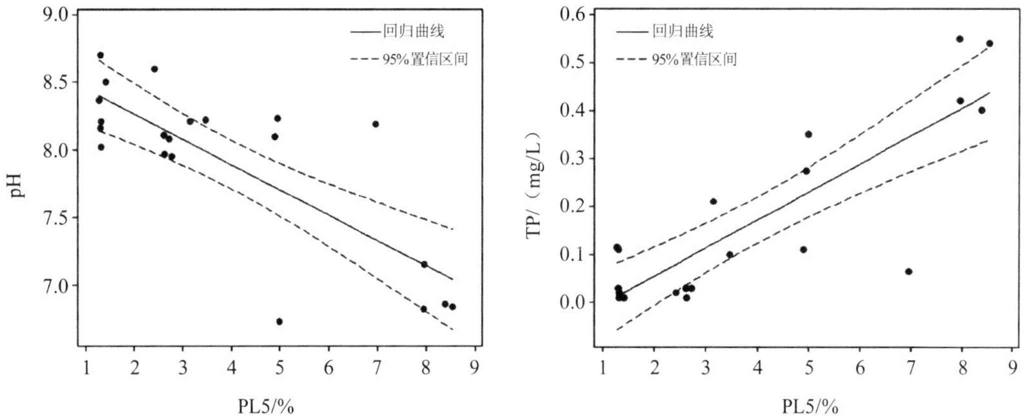

图 4-15 PL3、PL5 与部分水质指标的回归曲线

由此说明，建设用地景观对 DO、Temp 的影响存在临界值，只有其占比介于某段区间内才会对水质产生明显不良影响；超过这一临界值，对水质的负面影响程度会有所缓解。主要原因是 Temp、DO 多受气温、降水等外来因素干扰，加之水体自净作用，使得 DO 不可能无限制下降。

c）对湿地景观变化的响应。

各亚流域湿地景观占比（PL4）变化幅度不大，介于 2.83%～3.30%，在 $P\leqslant 0.05$ 水平只与 EC 和 DO 两项水质指标显著相关，与 EC 显著正相关，相关系数为 0.52；与 DO 显著负相关，相关系数为–0.46。说明受湿地影响最显著的是 EC 和 DO。

②水质对景观格局构型变化的响应。

a）对斑块数变化的响应。

NP 为研究区斑块数，代表了区域内人类活动的总体强度；在一定程度上，NP 越大说明人类活动越剧烈。21 个亚流域的斑块数介于 1 091～5 292 个之间，代表了不同程度的人类干扰。结果表明：NP 与 NH_3-N、Temp、COD、TP、EC、TN 显著正相关，与 pH 值、DO 显著负相关。

流域面积不同时，斑块数通常会有很大差异，因此单纯分析斑块数与各水质指标间的定量关系不具可比性。由表 4-9 可知，NP 与 EC、pH 值、DO、Temp 之间的最优回归方程为二次方程，而与 NH_3-N 的最优回归方程是线性方程。其中，pH 值与 NP 的回归曲线顶点不在 NP 变化区间内，pH 值随 NP 增大而减少；EC、DO、Temp 与 NP 的回归曲线皆存在顶点，说明上述 3 项水质指标对景观斑块数变化的响应存在阈值点，阈值点两侧 NP 对这 3 项指标的影响不同。

b）对面积周长分维数变化的响应。

各亚流域 PAFRAC 值变化不大，介于 1.43～1.48，说明在该尺度上景观格局受人类干扰较大，导致分维数变化范围较小，景观形状较为单一。由于 PAFRAC 变化范围较小，其回归分析结果可能不具代表性，因此不进行详细分析。通过相关系数可知，在一定程度上保持流域景观形状的复杂多样会降低水温，削减 NH_3-N、COD、TP 入河量，缓解水体酸化，整体上改善河流水质。

c）对多样性指数、蔓延度指数和聚集度指数变化的响应。

SHDI 介于 0.63～1.14，说明在亚流域尺度上景观多样性不高。相关性分析结果表明 SHDI 与 NH_3-N、Temp、COD、TP、EC、TN 显著正相关，与 pH 值、DO 显著负相关，其分析结果与 NP 基本一致。

CONTAG 的分析结果与 AI 高度一致，只有个别指标的相关系数有所变动，说明 AI 与 CONTAG 具有极高的正相关关系。CONTAG、AI 都与 NH_3-N、Temp、COD、TP、EC、TN 显著负相关，与 pH 值、DO、SS 显著正相关。说明在亚流域尺度上，具有良好连接性和较高斑块团聚度的林草地景观有助于改善河流水质。此结论可以为采用景观格局优化、景观规划等方法控制非点源污染提供依据（高超等，2004）。

与 NP 不同，SHDI、CONTAG、AI 是相对指标，具有不同研究区的可比性，分析其与水质指标的定量关系具有实际意义。由图 4-16 可知，pH 值与 SHDI、CONTAG 分别呈负线性关系和正线性关系；NH_3-N 与 SHDI、CONTAG 虽然呈二次关系，但其顶点未落在 SHDI 变化区间内，当 SHDI＜0.9、CONTAG＞68 时 NH_3-N 浓度保持在 1.0 mg/L 以下。当 SHDI＜0.9、CONTAG＜68 时，EC 随两者的增大而增大，DO 随两者的增大而减小；当 SHDI＞0.9 时，变化趋势相反。由此可知，SHDI=0.9、CONTAG=68 是流域管理的一个关键点。

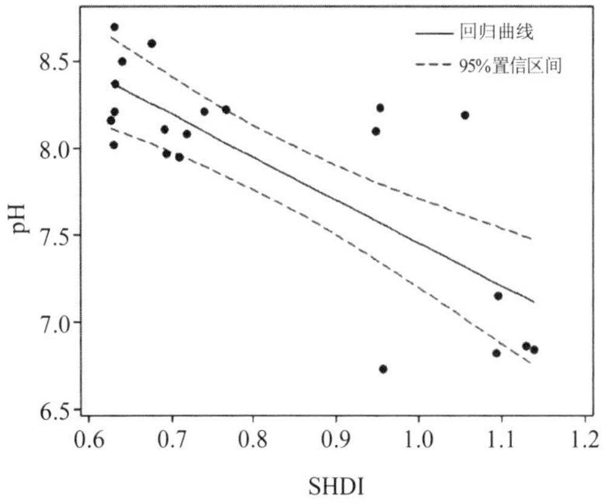

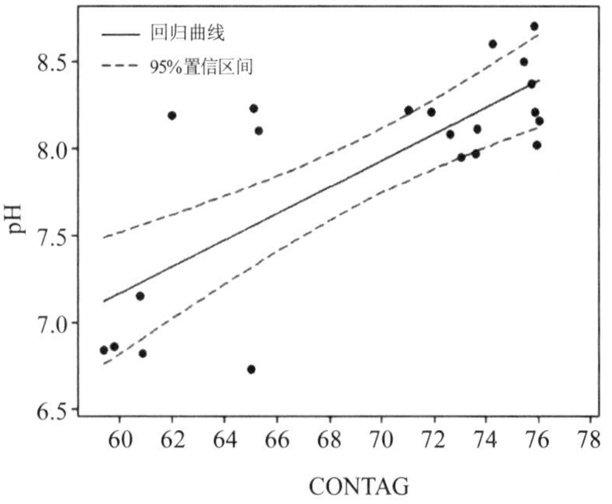

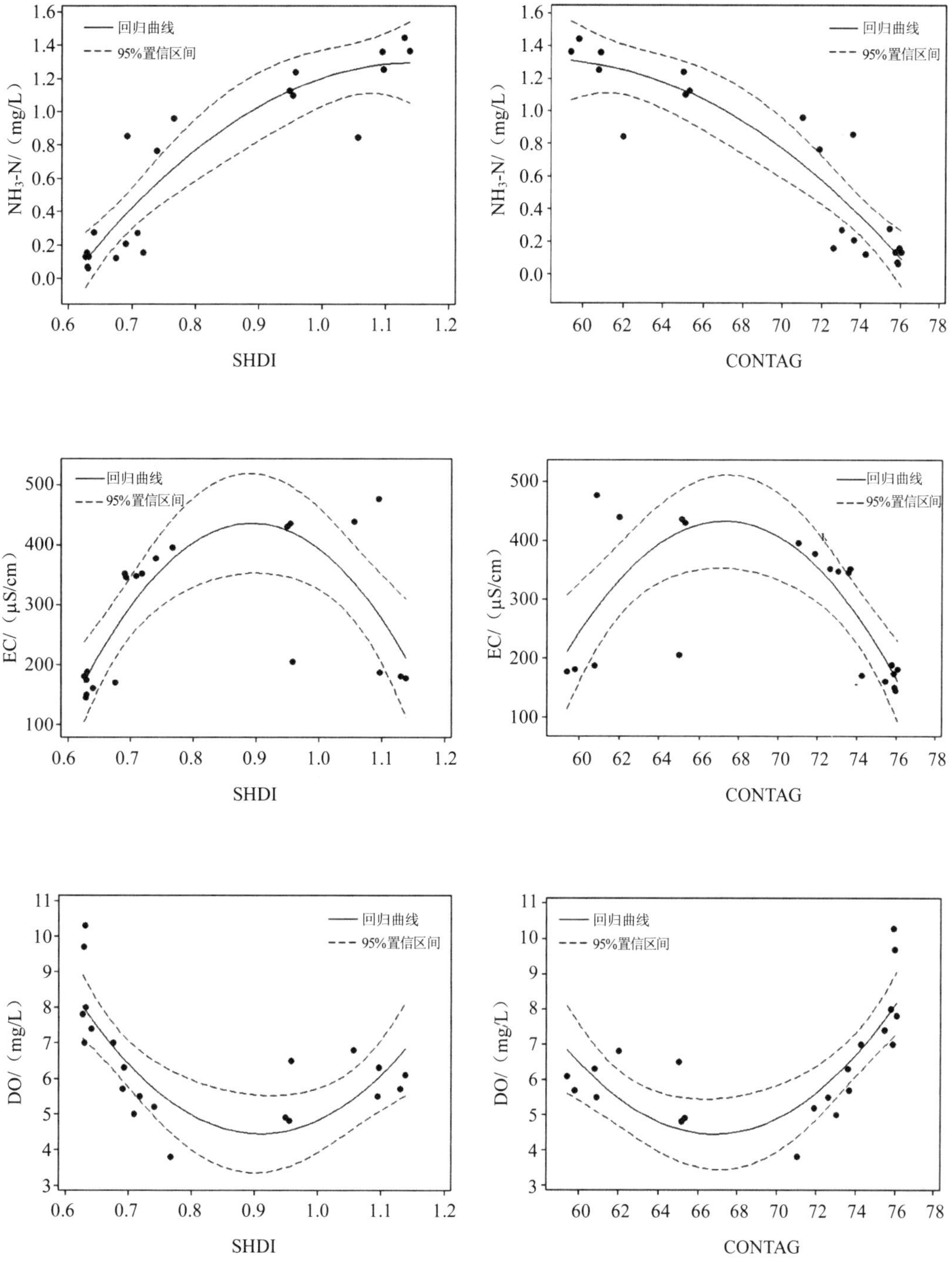

图 4-16　SHDI、CONTAG 与部分水质指标的回归曲线

③讨论。

在影响河流水温方面，林草地景观与其他景观所起的作用不同。这可能主要有两方面原因：一是林草地尤其是林地占比增加会增大亚流域的郁闭度，减少阳光照射河流水体的面积和时间，因此使水温降低（于兴修等，2003）；二是作为河流的屏障和过滤器，林草地景观可有效降低外源热污染的入河温度并减少其入河数量，而耕地景观、建设用地景观通常会向河流内排放灌溉用水、生活污水等热源污染，提高河流水温。

在影响河流水体 pH 值方面，林草地景观占比和湿地景观占比与 pH 值线性正相关；耕地（旱地和水田）景观占比和建设用地景观占比与 pH 值线性负相关。林草地景观和湿地景观可缓解水体酸化，而耕地景观和建设用地景观则会增加水体酸性，其中建设用地景观的影响更大，说明太子河干流水体受到一定程度的工业酸性废水排放影响。

在影响河流水体 DO 方面，林草地景观与其他景观类型所起的作用不同。一般情况下，林草地景观占比较大的地区位于上游山区，地势较高，水体流速较快，因此水体中 DO 浓度较大。同时，林草地景观占比大意味着受人类干扰较少，水体中有机物耗氧少，DO 浓度大。耕地（旱地和水田）景观、建设用地景观的存在会给水体带来大量外源有机污染，使 BOD_5、COD 增加，导致水体 DO 浓度降低，同时受限于水体自身环境容量及自净能力，加之不同类型景观面积之间存在此消彼长的关系，因此耕地景观和建设用地景观对水体中有机污染的影响不是单一的，而是存在一定的阈值。湿地景观占比的增加会降低水体 DO 浓度，一是由于湿地景观内大量湿生植物的存在使得水体流速变缓，天然复氧缓慢；二是由于湿地景观内滞留着较多有机污染物，其生化作用大量耗氧，通常会使湿地处于厌氧状态。当 DO 浓度极低的湿地水体汇入河流时，会显著降低河流的 DO 浓度。

在影响河流水体营养盐（NH_3-N、TN、TP）、有机物污染方面，林草地景观、湿地景观发挥着拦截和减缓的作用，是污染的“汇”；耕地景观、建筑用地景观则是污染的“源”（陈利顶等，2003）。

通过上述分析可知，亚流域内林草地景观的增加可显著降低河流水体内的营养盐、有机污染、溶解性离子和悬浮物的浓度，改善水质，还会增加 DO 浓度、降低河流水温。耕地景观和建设用地景观的增加则会带来相反的结果，湿地景观主要影响河流水体的 DO 浓度和 EC。从整体上看，本研究的结论与前人的研究结论具有较高的一致性，如于兴修等（2003）、李俊然等（2000）、Ren 等（2003）的研究也表明耕地景观、建设用地景观可降低水体质量，而林地景观具有降低非点源污染、改善河流水质的作用；但也有研究表明耕地面积占比与 BOD_5、TN、TP 等污染指标存在负相关关系（Sliva et al.，2001；Jung et al.，2008；官宝红等，2008），这说明耕地景观对水质的影响存在不确定性，本研究将其定义为阈值性，而本研究通过回归分析阐释了这种不确定性，并尝试解释这一现象出现的原因。另外，郭宝琴（2005）的研究表明，森林地区的河流 pH 值、DO 偏低，与本研究结论不一致，主要是由于其研究时间处于融雪季节，森林地区的河流水量有限、流速缓慢，致使其 DO 浓度偏低。

不同研究区域和研究尺度下优势斑块类型的不同会导致分析结果出现差异。张大伟等（2010）的研究表明，当优势斑块类型为耕地和建设用地时，蔓延度指数与 COD、BOD_5、TP、NH_3-N 等呈显著正相关。本研究得出相反结论，说明在本研究区亚流域尺度内优势斑块类型是林草地景观，而不是耕地景观和建设用地景观。

相关性分析结果表明，Shannon 多样性指数值越高，景观多样性越大，水质恶化情况越严重。这一分析结论与张大伟等（2010）的研究结论不同，原因是 Shannon 多样性指数从斑块类型和斑块分布均衡程度两方面反映了景观多样性与异质性，由多样性指数与斑块数分析结果基本一致可知，两者存在显著相关性（Pearson 相关系数为 0.978），这说明亚流域景观多样性的增加来自斑块数的增加，而不是来自斑块类型分布均匀性的增加。随着斑块数的增加，耕地景观、建设用地景观等主要污染输出类型在景观中的优势程度、主导作用也会有所增加，因此氮营养盐、有机污染物的产生对水体的影响也会相对有所增加，Shannon 多样性指数与污染指标明显的正相关关系说明亚流域尺度景观多样性与河流水质之间关系密切。

2）河流廊道尺度

由表 4-8 可知，除聚集度指数外，其他景观指数与水质指标的相关关系与亚流域尺度的分析结果一致。随着河流廊道宽度的增加，聚集度指数与各景观指数的相关性也会发生改变，说明不同尺度下聚集度指数对水质的影响不同。

下文对景观指数水质指标的相关性不多做阐述，重点对反映景观格局组成属性的指数与水质指标的相关性变化趋势进行分析。

①林草地景观与水质指标相关系数变化趋势。

由图 4-17 可知，在 100 m、200 m、300 m、500 m、1 000 m 等不同河流廊道宽度处，PL1 与 EC、TN、TP、NH_3-N、COD、Temp 负相关，与 DO、pH 值正相关，其中与 TP、NH_3-N、COD、Temp 的相关性较强。总体上看，PL1 与 NH_3-N 的相关性在河流廊道宽度为 1 000 m 处有所降低，PL1 与其他指标的相关性在河流廊道宽度为 200 m、300 m、500 m、1 000 m 处变化不大，基本稳定。

②旱地景观与水质指标相关系数变化趋势。

与亚流域尺度相比，在河流廊道尺度，PL2 与各水质指标的相关性有所降低。由图 4-18 可知，在河流廊道小于 100 m 时，PL2 与 Temp、pH 值、DO、COD、NH_3-N、TN、TP、EC 无明显相关性；随着河流廊道宽度增大，Temp、pH 值、DO、COD、NH_3-N、

TP、EC 与 PL2 的相关性逐渐增强；只有在河流廊道宽度达到 200 m 之后，旱地景观才会显著影响河流水质。

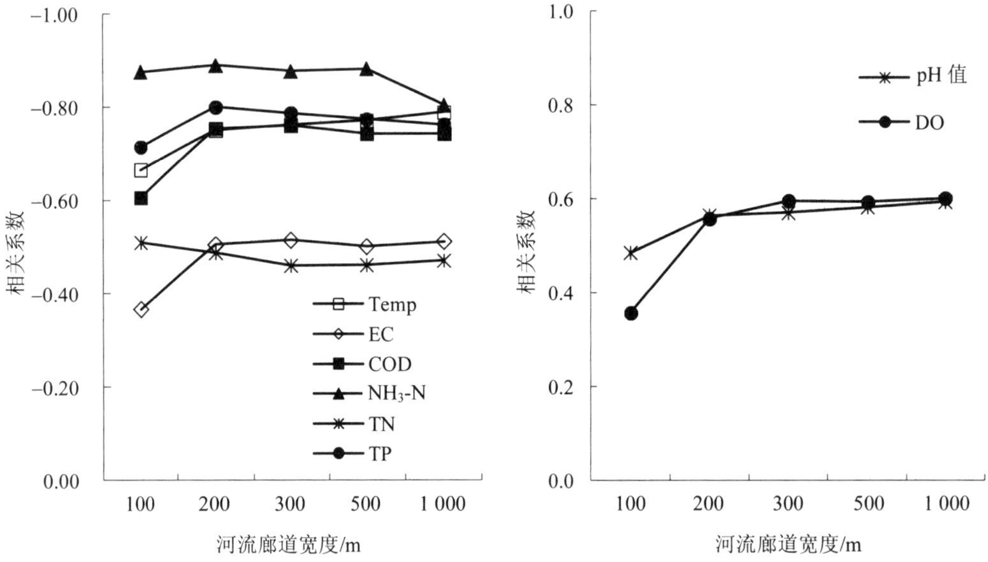

图 4-17　不同河流廊道宽度下 PL1 与各水质指标相关系数变化（太子河干流）

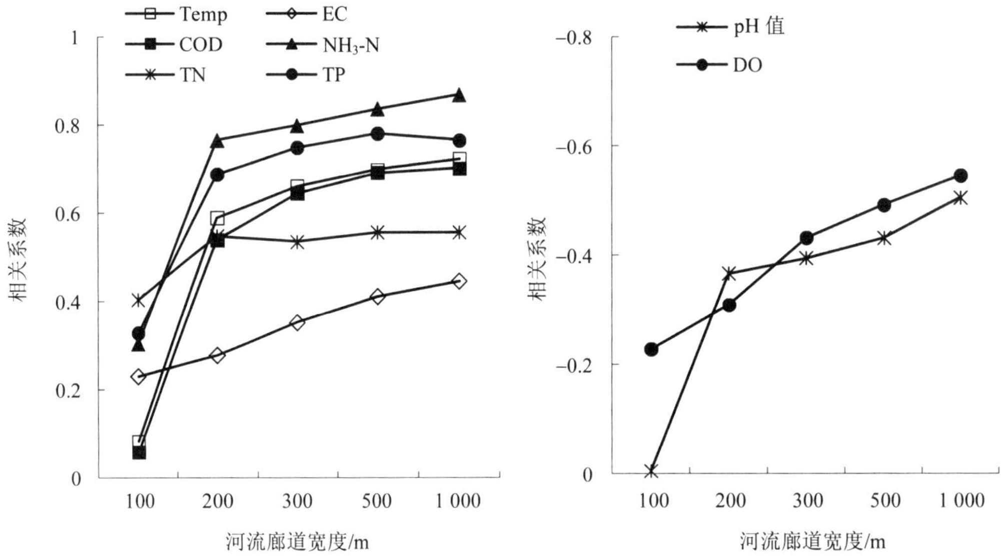

图 4-18　不同河流廊道宽度下 PL2 与各水质指标相关系数变化（太子河干流）

旱地景观占比与污染指数间的相关关系表现为随缓冲区距离增加而增加的规律，这一结论与张大伟等（2010）的研究结论截然相反；此外，于磊等（2011）的研究结论表明 300 m 处相关性最强。出现这种情况可能是由于本研究区内，在河流廊道宽度 200 m 内，旱地景观很少，多以水田和建设用地景观为主，导致与水质相关性不强。由此可见，研究区河流廊道景观格局不同，景观指数与水质指标相关性最强时的河流廊道宽度往往有所差异。

③水田景观、湿地景观与水质指标相关系数变化趋势。

由表 4-8 可知，在河流廊道尺度上，PL3 与 COD 在 100 m、与 TN 在 100～200 m、与 NH_3-N 和 TP 在 100～1 000 m 内存在显著正相关关系，且除 NH_3-N 在 300 m 外，其余指数与 PL3 皆在 100 m 宽度处相关性最高。由此可见，在 100 m 范围内，水田景观对水体中营养盐和 COD 影响较大。

在河流廊道尺度上，PL4 与 NH_3-N、TN、TP 在 100～1 000 m 范围内皆显著负相关，相关性随河流廊道宽度增加呈现先增后减的变化趋势。与亚流域分析结果相比，在河流廊道尺度上，PL4 对河流水质的影响更为显著和强烈；随着研究尺度扩大，湿地景观作为污染的“汇”，对营养盐的削减作用被掩盖了。

④建设用地景观与河流水质指标相关系数变化趋势。

与亚流域尺度相比，河流廊道尺度下，PL5 与各水质指标的相关性有所下降（COD 除外，如图 4-19 所示）。随着河流廊道宽度增大，PL5 与 Temp 相关性逐渐增大；与 COD、TP、EC 的相关性先减后增，皆在 100 m 和 500 m 处达到最大值和最小值；与 DO、NH_3-N、TN 的相关性则先增后减，在 300 m 处达到最大值；与 pH 值的相关性变化不规律。总体来看，在河流廊道宽度为 100～300 m 内，建设用地景观对河流水质的影响最为强烈。

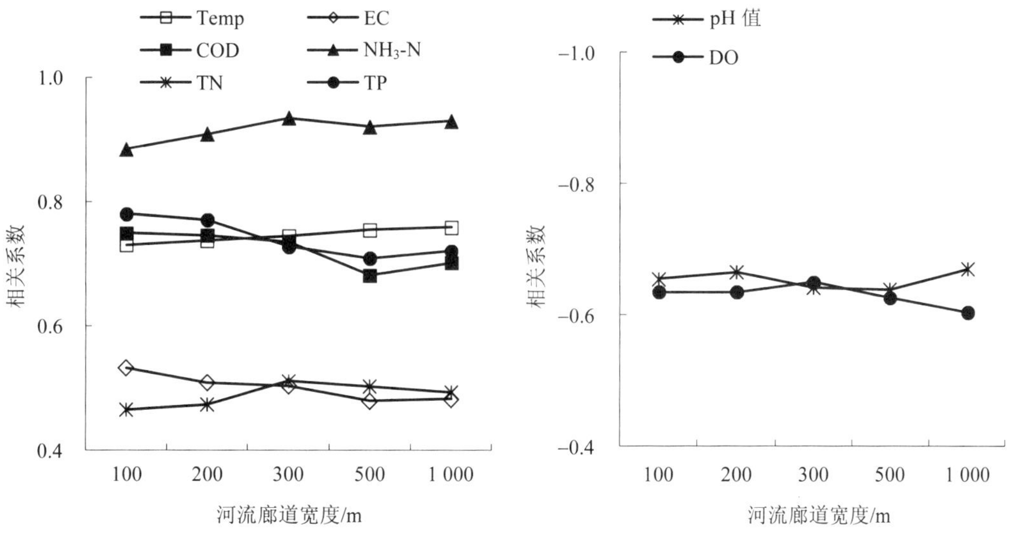

图 4-19 不同河流廊道宽度下 PL5 与各水质指标相关系数变化（太子河干流）

（2）太子河支流

1）亚流域尺度

由表 4-10 可知，水质指标中 pH 值、EC、COD_{Mn}、NH_3-N、TN、TP 六项指标在 $P \leqslant 0.01$ 水平与景观指数显著相关，Temp、DO、SS、COD 与景观指数在 $P \leqslant 0.05$ 水平显著相关，BOD_5、Volatile、Ecoli、综合污染指数与景观指数无显著相关性。景观指数中，PL1、PL2、PL5、CONTAG、SHDI、AI 与水质指标相关性较大。PL2、PL3、PL5、NP、SHDI 与水质指标以正相关为主；LP1、PAFRAC、CONTAG、AI 与水质指标以负相关为主。具体如图 4-20 所示。

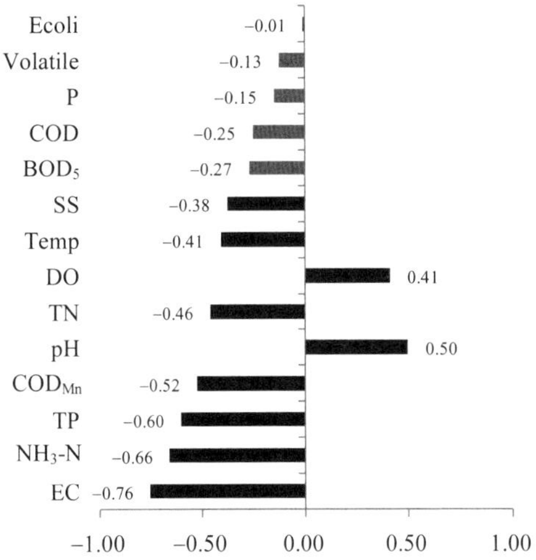

PL1 范围：27.34%～97.33%

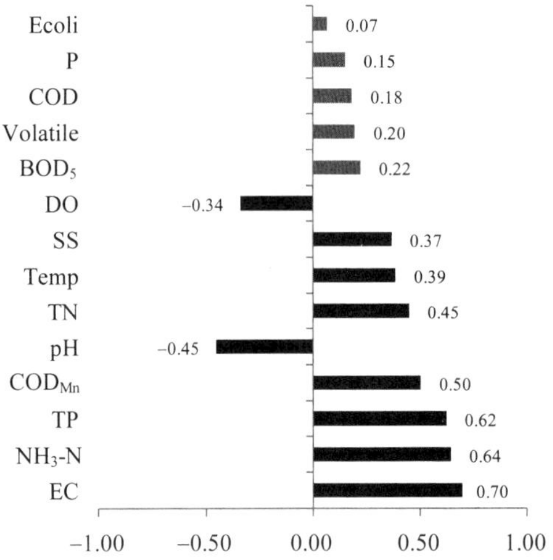

PL2 范围：1.7%～54.35%

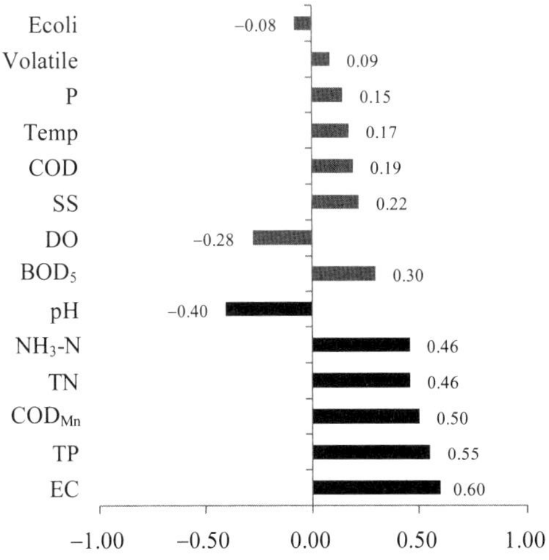

PL3 范围：0～20.4%

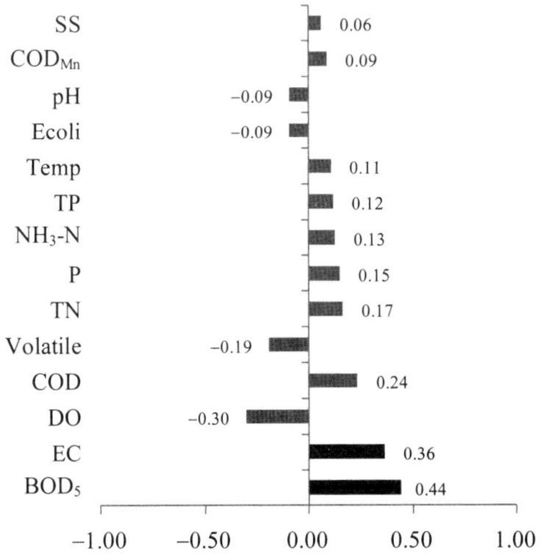

PL4 范围：0～3.52%

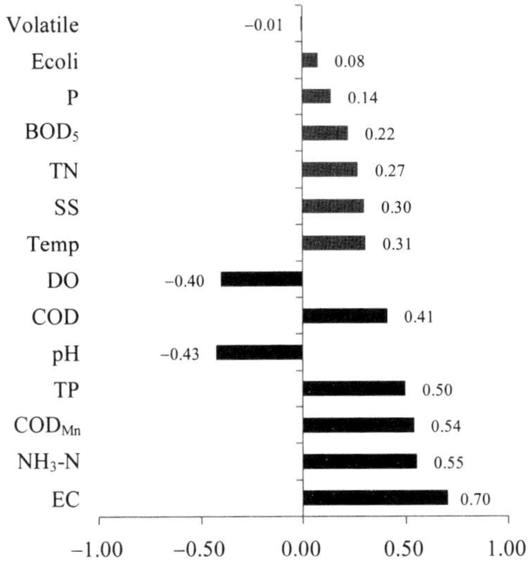

PL5 范围：0～24.23%

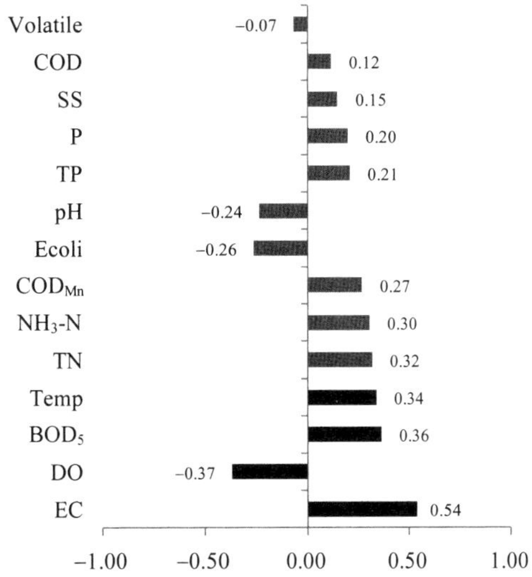

NP 范围：6～836 个

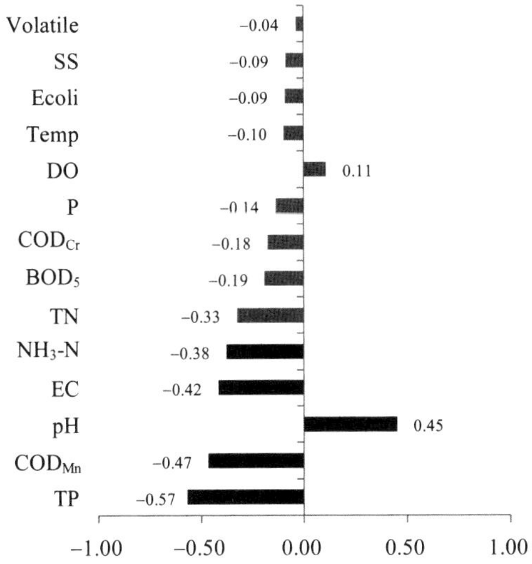

PAFRAC 范围：1.35～1.56

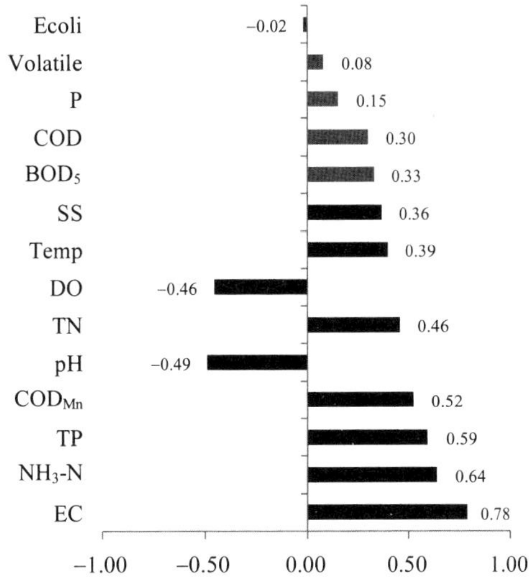

SHDI 范围：0.14～1.39

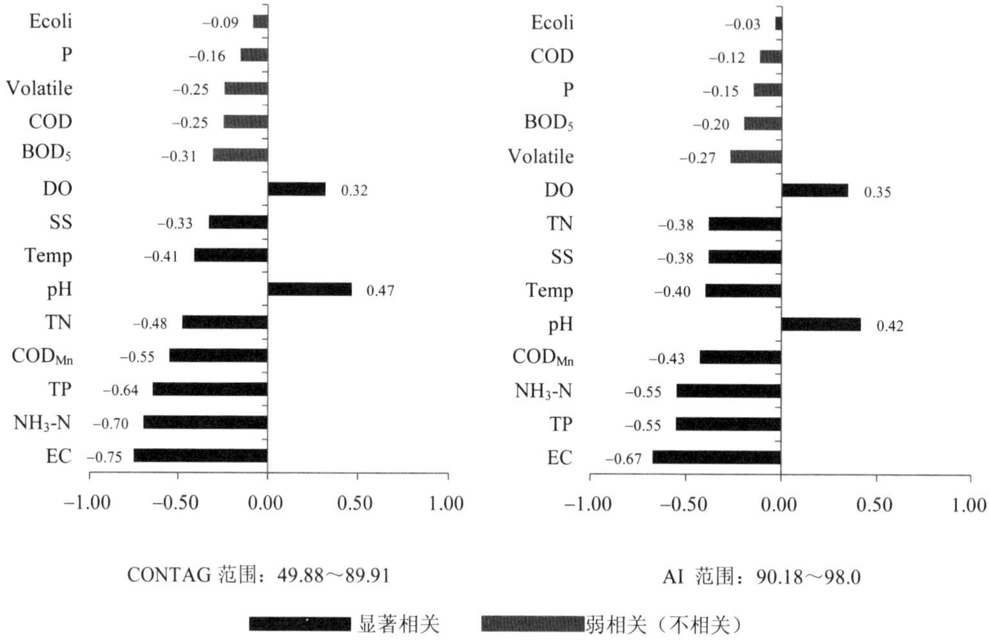

图 4-20　亚流域尺度景观指数与水质指标的相关性（太子河支流）

①水质对景观格局组成变化的响应。

由图 4-21 可知，在亚流域尺度上，景观格局组成属性指标与水质的相关性分析结果同干流基本一致。在干流流域和支流流域，景观指数与 SS 相关性有所不同；与干流相比，除 EC、COD_{Mn}与各景观指数的相关性有所增大外，其余水质指标与景观指数的相关性都有所降低。下文只对干流与支流结果的差异进行分析。

在太子河支流，在 $P \leqslant 0.05$ 水平，SS 与 PL1 显著负相关、与 PL2 显著正相关，说明在太子河支流，林草地面积占比的增加可能会降低水体中的 SS 含量，而旱地则可能会向水体输送悬浮物，体现了林草地景观的截留作用和旱地景观的污染“源”作用。

与干流相比，支流景观指数与 EC 的相关性有所增大，说明支流流域各类型景观对水体中溶解性离子的“源”“汇”作用更强。

与干流流域相比，支流流域景观指数与 COD、COD_{Mn}的相关性显著程度不一样，干流景观指数与 COD 的相关性更显著，而支流景观指数与 COD_{Mn}的相关性更显著，这体现了干流和支流的水质差异。对于污水一般用 COD 来表征需氧量，COD_{Mn}多用于微污染水。由前文分析可知，干流水质要比支流差很多，因此在干流，景观指数与 COD 的关系显著；而支流景观指数与 COD_{Mn}的关系更显著。

从回归分析（如表 4-12 所示）可知，与干流不同，在支流亚流域尺度下，二次模型、指数模型和幂模型能够对景观格局组成特征指标与水质指标进行较好的回归，体现了景观格局变化对水质影响的非线性特征，同时支流回归方程决定系数（R^2）偏低，回归效果比干流差，也反映出支流亚流域尺度下水质对景观格局变化响应的规律性不强，存在较大不确定性。具有较好回归效果的响应关系如图 4-21 所示。

由图 4-21 可知，EC 与各类型景观占比的关系一致，随 PL1 增大而减少，随 PL2、PL5 增大而增大；当 PL1 大于 80%、PL2 小于 25%、PL5 小于 5%时，EC 基本处于 400 μS/cm 以下。NH_3-N 与 PL1、PL5 呈指数关系，当 PL1 大于 70%、PL5 小于 5%时，NH_3-N 浓度基本保持在 1.0 mg/L 以下，满足地表水III类标准；其中，当 PL1 超过 80%时，NH_3-N 浓度变化不大，PL1 对其的削减作用开始减缓。TP 与 PL1 呈指数关系，与 PL5 呈二次关系，当 PL1 大于 70%时，TP 浓度基本位于 0.2 mg/L 以下；当 PL1 超过 80%时，TP 浓度变化不大，林草地景观对总磷的削减作用减缓。当 PL5 超过 5%之后，TP 浓度有明显上升，建设用地景观对水体中 TP 浓度的贡献开始增大。

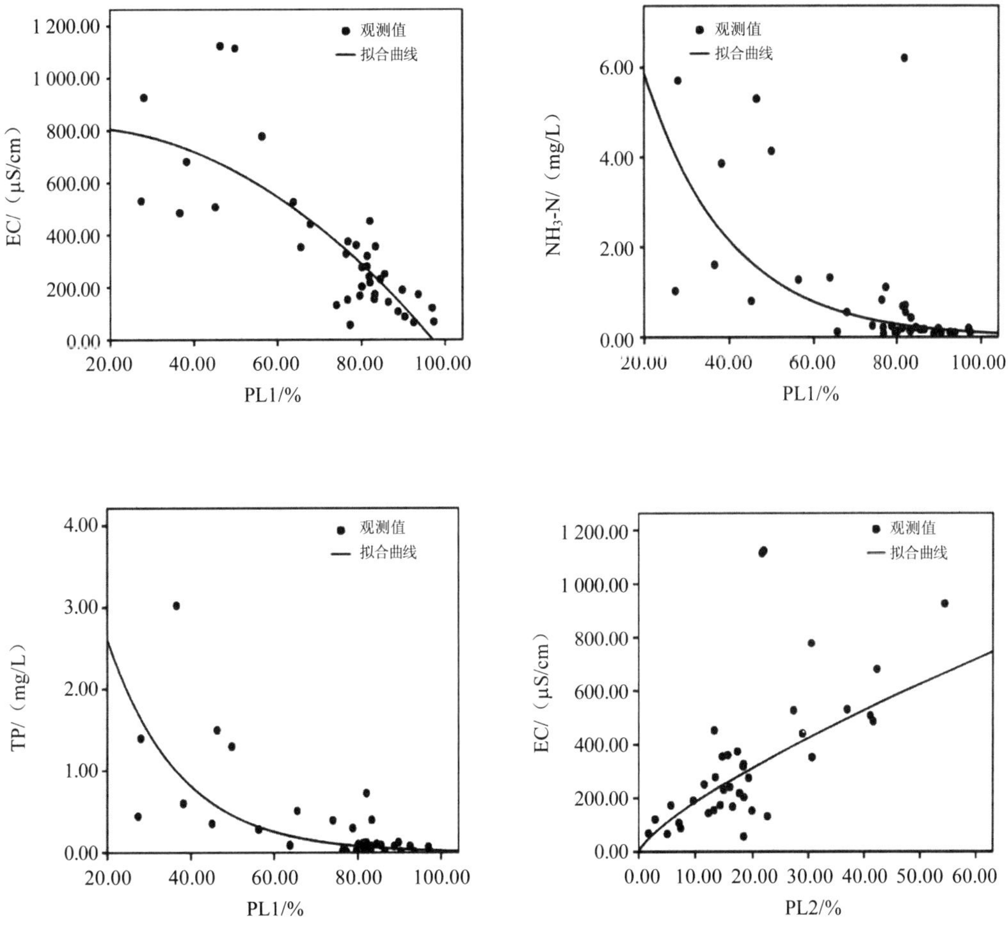

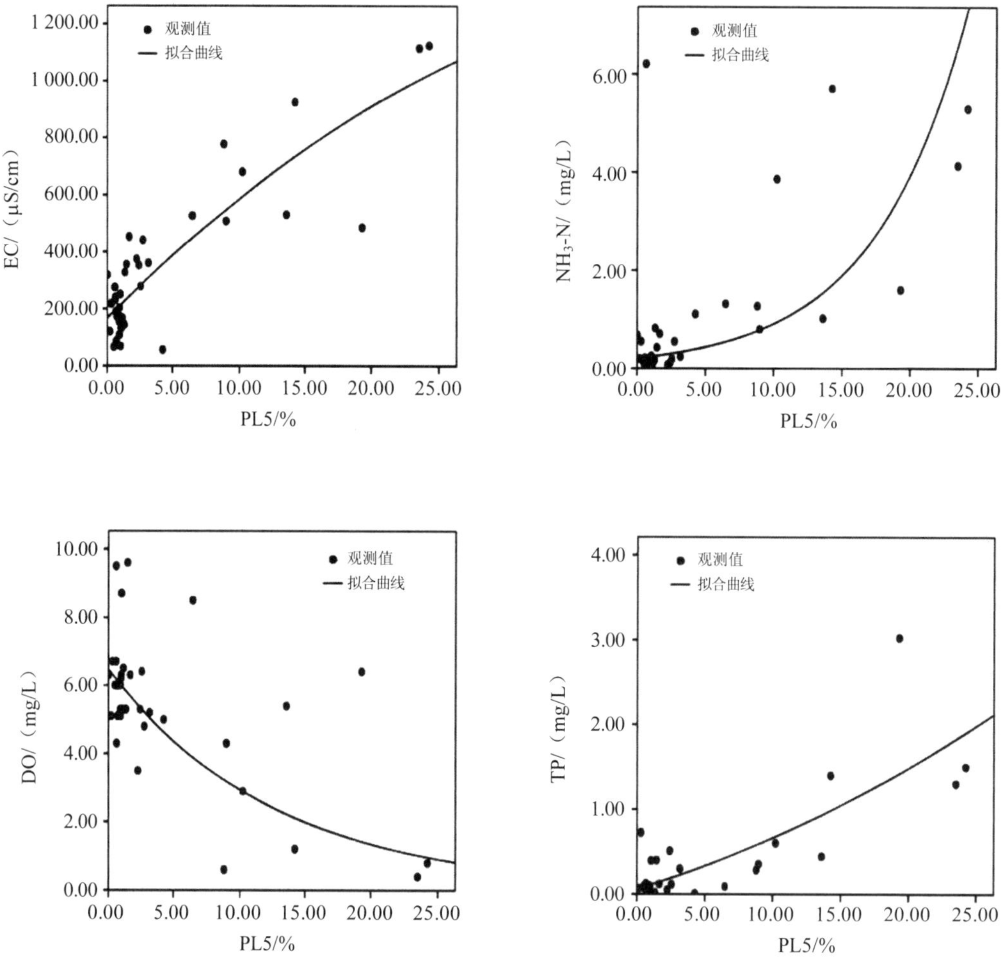

图 4-21 景观格局组成属性指标与部分水质指标的回归曲线

从上述分析可知，林草地景观占比超过 80%时，再增加林草地景观面积对河流水质改善效果不明显；建设用地景观占比低于 5%时，减少建设用地景观面积对水质下降并无显著贡献。因此，在太子河流域的综合治理中，要充分考虑林草地景观、建设用地景观占比变化对水质带来的影响。

②水质对景观格局构型变化的响应。

在支流亚流域尺度上，反映景观格局构型的景观指数与水质的相关性分析同干流基本一致。在干流和支流流域，景观指数与 SS 相关性有所不同；与干流相比，除 EC、COD_{Mn} 与各景观指数的相关性有所增大外，其余水质指标与景观指数的相关性都有所降低。下文只对干流与支流结果的差异进行分析。

与干流相比，太子河支流亚流域面积较小，斑块数介于6～836个，与其显著相关的水质指标个数有所减少，只有Temp、DO和EC三个指标与景观指数具有显著相关性。其中，景观指数与Temp、DO的相关性降低，与EC相关性升高。

支流PAFRAC变化范围较干流有所增大，介于1.35～1.56，说明支流亚流域景观形状更为复杂多样，从侧面反映了支流受人类干扰较少的现状。与干流相比，与PAFRAC显著相关的水质指标有所不同。在干流上不显著，但在支流上出现显著关系的水质指标有EC、COD_{Mn}；在干流上显著，但在支流上显著性消失的水质指标有Temp和COD；在干流和支流都显著，但支流相关性有所降低的水质指标有pH值、NH_3-N、TP。尽管干流和支流与PAFRAC显著相关的水质指标不同，但均可得出保持景观形状复杂多样具有改善水质、缓解水质下降作用的结论。

支流SHDI介于0.14～1.39，较干流变化范围有所增大，说明支流亚流域景观多样性变化区间较大。与干流相比，SHDI与Temp、pH值、DO、NH_3-N、TN、TP、P的相关性降低；与EC的相关性增大；与COD_{Mn}的相关性显著增加，由干流时的不显著变成$P \leqslant 0.01$水平显著正相关；与COD的显著相关性消失；与SS的相关性由干流时的负相关变成支流时的正相关。如前文分析，SHDI从斑块类型和斑块分布均衡程度两方面反映了景观多样性与异质性，太子河支流亚流域尺度SHDI与NP的相关性（Pearson相关系数为0.60）较干流显著下降，NP、SHDI与各水质指标的相关性存在显著差异，说明该尺度下SHDI的增加不仅来自NP的增加，也来自斑块类型分布均匀性的增加。因此，随着NP的增加、斑块类型分布均匀性的提高，耕地、建设用地等在景观中的优势程度和主导作用也会有所降低，因此对水体营养盐、有机污染物浓度的影响也会相对有所减小。

CONTAG的分析结果与AI高度一致，只有个别指标的相关系数有所变动，说明CONTAG与AI具有极高的正相关关系。与干流相比，CONTAG、AI与Temp、pH值、DO、NH_3-N、TN、TP、P的相关性降低；与COD_{Mn}的相关性增加，由干流时的不显著变成$P \leqslant 0.01$水平的显著正相关；与COD的显著相关性消失；与SS的相关性由干流时的负相关变成支流时的正相关。

从回归分析（如图4-22所示）可知，SHDI与NH_3-N回归曲线是指数型，NH_3-N随SHDI的增加速度逐渐增加；在SHDI＞1之后，NH_3-N浓度急速升高，说明在多样性指数达到1后，由耕地景观、建设用地景观斑块数增加导致SHDI增加的作用开始增强。TP与PAFRAC呈二次曲线关系，但大部分点都落在曲线顶点左右，线性方程决定系数也在0.5以上；整体上看，分维数与TP呈负相关关系。

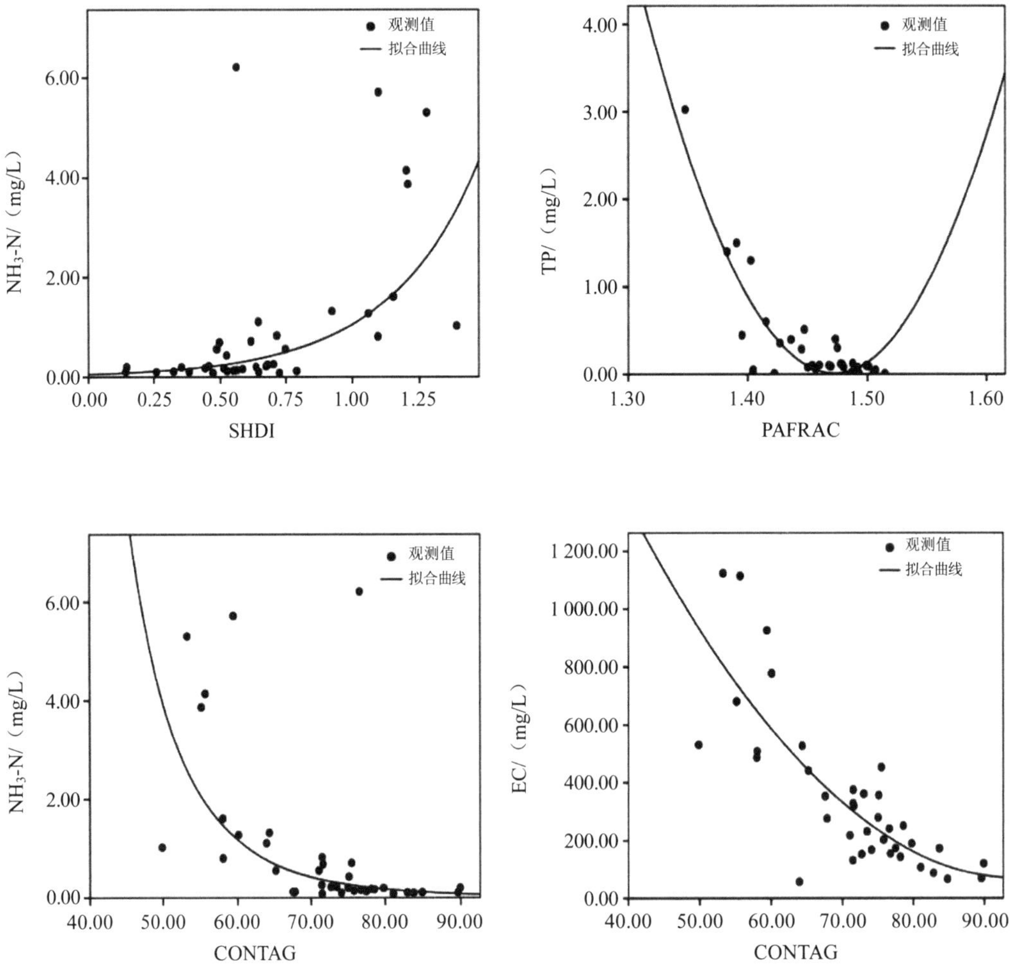

图 4-22　景观格局构型指标与部分水质指标的回归曲线

③讨论。

与干流相比，支流大部分水质指标（包括 Temp、pH 值、COD、NH_3-N、TN、TP、P）与各景观指数的相关性有所降低，这表明在亚流域尺度上，干流水质对景观格局变化的响应更强。原因可能有两个：一是与干流相比，支流受人类干扰较少，气温、降水、地形等自然因素对水质的影响占据主导，在一定程度上会掩盖景观格局对水质的影响；二是干流和支流各亚流域单元面积相差很大，虽然同属亚流域尺度，但面积大小差异决定了其内部生态过程存在差异，景观格局对水质影响的累积程度也有所不同；面积越大，景观格局对水质的影响也就越大。

2）河流廊道尺度

由表4-11可知，与亚流域尺度相比，与各景观指数显著相关的水质指标显著减少，且大部分指标的相关性有所降低。这一结论与Sliva等（2001）、于磊等（2011）的研究一致。前者对加拿大安大略省南部3个流域和沿岸缓冲区内的土地利用与水质的相关关系进行了研究，认为流域尺度的相关性比缓冲区尺度略强；后者对嫩江右岸典型子流域的研究表明，在亚流域尺度上，与水质指标相关性显著的景观指数个数较河流廊道尺度多。

下文对景观指数与水质指标的相关性不多阐述，只对景观格局组成特征指数与水质指标的相关性变化趋势进行分析。

①林草地景观与水质指标相关系数变化趋势。

由图4-23可知，随河流廊道宽度的增加，PL1与各水质指标的相关系数并无明显变化规律。总体来看，在河流廊道宽度为300～500 m、100～300 m、1 000 m时，PL1分别与营养盐类指标、有机污染指标、其他水质指标相关性最强。

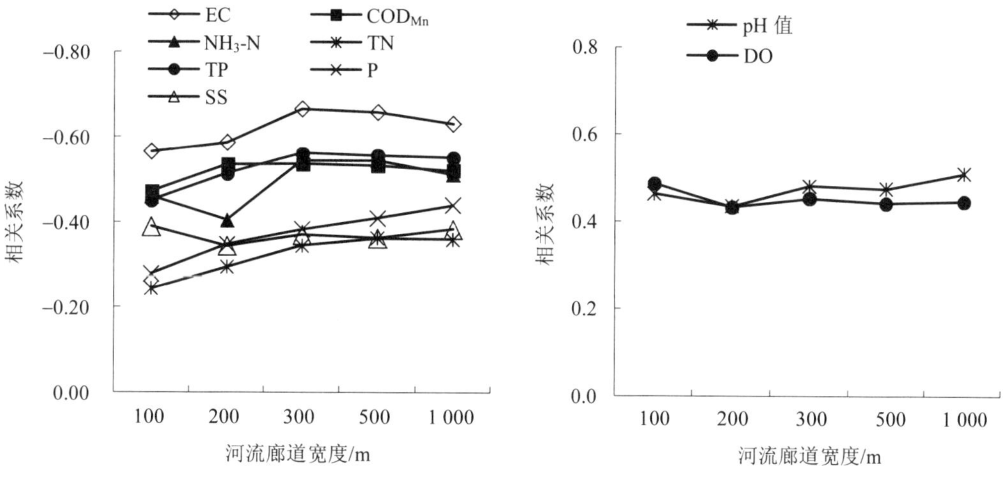

图4-23　不同河流廊道宽度下PL1与各水质指标相关系数（太子河支流）

②旱地景观与水质指标相关系数变化趋势。

由图4-24可知，随河流廊道宽度的增加，PL2与各水质指标的相关系数整体上呈增加趋势；在河流廊道宽度100 m内，除SS外，没有水质指标与PL2存在显著相关关系，这一结论与干流基本一致。这表明干流和支流在河流廊道宽度100 m内，水质受旱地景观影响可能性极小。

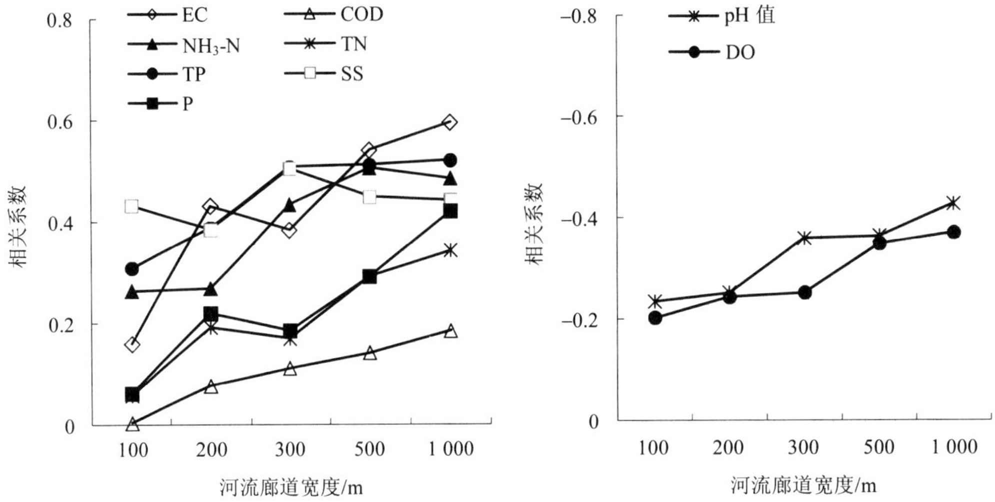

图 4-24　不同河流廊道宽度下 PL2 与各水质指标相关系数（太子河支流）

③水田景观、湿地景观与水质指标相关系数的变化趋势。

由表 4-11 可知，在河流廊道尺度上，与 PL3 具有显著相关性的指标只有 Ecoli，两者间的负相关性随河流廊道宽度的增大而减弱；在亚流域尺度上，两者显著相关性消失。这一结论与 Sliva 等（2001）的研究结论一致。这说明太子河支流在河流廊道尺度上，水田景观的存在减缓了人畜粪便对河流水质的污染。当尺度扩展到亚流域，这种效应则会消失。

在河流廊道尺度上，与 PL4 存在显著相关性的水质指标为 BOD_5；河流廊道宽度在 200～1 000 m 内，两者显著正相关，200 m 处相关性最大。如前文分析，湿地内往往积累了大量的有机污染物和营养盐；通过水体交换，湿地会将这种污染物带到河流中，导致 BOD_5 升高，同样这种效应在尺度扩展到亚流域时会消失。

④建设用地景观占比与水质指标相关系数变化趋势。

由图 4-25 可知，PL5 与不同水质指标相关最强时的河流廊道宽度不同。在 200 m、500 m、1 000 m，PL5 分别与营养盐类指标（NH_3-N、TN、TP）、有机污染类指标（COD、COD_{Mn}）、其他指标（pH、DO、P）相关性最强。

4.2.1.4　排序（梯度）分析

分别将太子河干流、支流水质与其各自对应的亚流域尺度景观数据导入 Canoco 中，进行除趋势对应分析（DCA）梯度轴检验，以选择合适模型、开展排序分析，结果如表 4-13、表 4-14 所示。经检验，本研究中 DCA 梯度轴长度皆小于 3，因此选择冗余分析（RDA）进行排序分析。

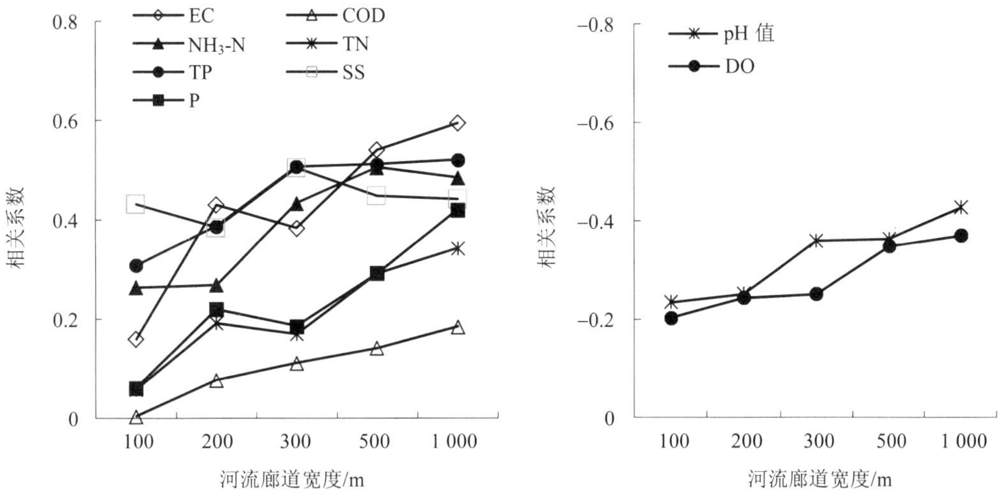

图 4-25　不同河流廊道宽度下 PL5 与各水质指标相关系数（太子河支流）

表 4-13　水质指标与景观指数间的 DCA 检验结果（太子河干流）

轴	1	2	3	4	总方差
特征值	0.51	0.082	0.041	0.004	1
物种-环境相关性	0.893	0.584	0.809	0.411	
物种数据累积百分比方差	51	59.2	63.3	63.7	
物种与环境相关性累积百分比方差	79.6	92.4	98.8	99.4	
特征值之和					1
正则特征值之和					0.64

表 4-14　水质指标与景观指数间的 DCA 检验结果（太子河支流）

轴	1	2	3	4	总方差
特征值	0.328	0.009	0.001	0	1
物种-环境相关性	0.58	0.664	0.669	0.372	
物种数据累积百分比方差	32.8	33.7	33.7	33.8	
物种与环境相关性累积百分比方差	97.2	99.7	99.9	100	
特征值之和					1
正则特征值之和					0.338

（1）太子河干流

RDA 分析结果以二维平面图的形式直观展示了分析点位、水质和景观格局指数之间的对应关系（如图 4-26 所示）。排序图中的圆点代表太子河干流 21 个水质监测点位，圆点之间的距离标示各点位之间水质变化的相似性；排序图中蓝色虚线箭头线表示干流水质，箭头之间的距离表示水质指标之间的相似性；排序图中红色实线箭头线表示景观指数，箭头线长度表示水质指标与景观指数之间相关性大小，箭头连线与排序轴夹角表示景观指数与排序轴相关性大小，箭头之间的夹角表示景观指数之间的相关关系。

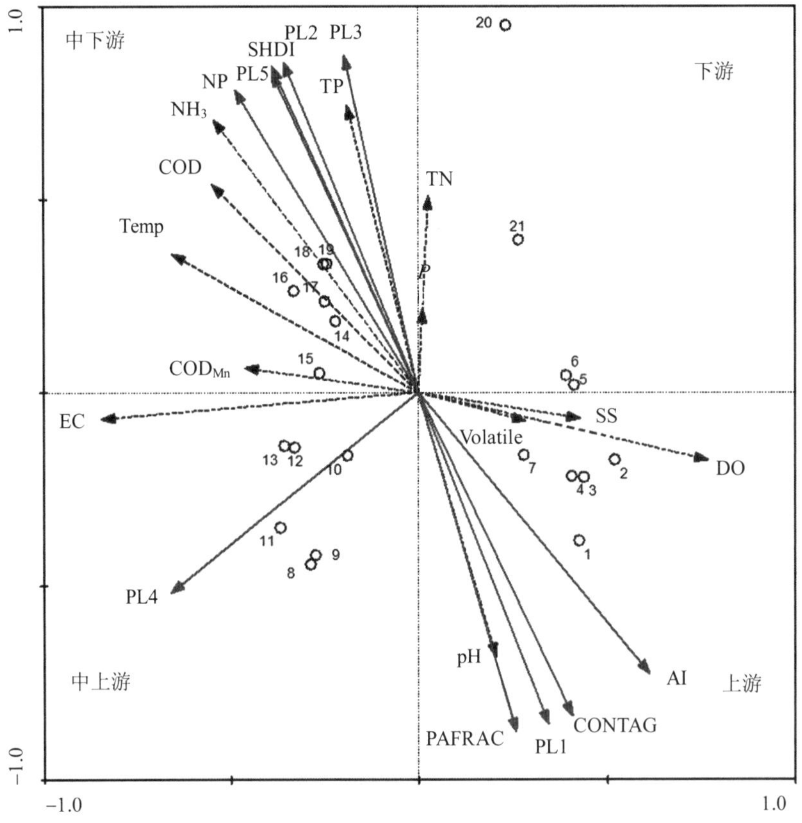

图 4-26　太子河干流景观指数与 21 个点位水质的 RDA 二维排序图

RDA 分析结果表明，第一排序轴、第二排序轴的总特征值为 0.59；Monte Carlo 检验表明，两个排序轴体现的水质和景观指数之间相关性显著（如表 4-15 所示）。景观格局与水质间关系的 79.6%体现在第一排序轴上，前两个排序轴集中了全部排序轴所能反映的相关关系的 85%以上，因此 RDA 能够很好地解释景观格局变化与水质指标间的相关关系。

表 4-15　Monte Carlo 检验结果

第一排序轴显著性检验			所有排序轴的显著性检验		
特征值	*F* 值	*P* 值	特征值	*F* 值	*P* 值
0.510	12.478	0.013	0.640	2.672	0.017

由图 4-26 可知，太子河干流水质空间上存在较大差异。根据 21 个点位排序结果，可以将水质在空间上划分为 4 个组，位于第四象限及一四象限排序轴附近的点位 1～7 为一组；位于第三象限的点位 8～13 为一组；位于第二象限的点位 14～19 为一组；位于第一象限的点位 20、点位 21 为第四组。以上 4 组很好地体现了上游到下游的变化，第一组、第二组、第三组和第四组分别对应太子河干流上游、中上游、中下游和下游。上游水质清洁，主要特征指标为 pH、DO、SS、Volatile，主要污染物为 Volatile，SS 含量也较高；中上游水质较为清洁，主要特征指标为 EC；中下游水质恶化，主要特征指标是有机污染类和营养类指标，如 COD、COD_{Mn}、NH_3-N 和 TP；下游主要污染指标为 TN。

由排序图可知，SHDI、NP、PL2、PL5 四个指标之间的相关性较大，再次验证了前文的分析，即干流亚流域尺度上，景观多样性的增加来自旱地景观和建设用地景观斑块数的增加。而 PL1 与 PL2、PL5 恰好位于对称的象限，说明存在显著负相关性，即流域内旱地景观、建设用地景观面积的增加必然伴随着林草地景观面积的减少。从与水质的相关性来看，PL2、PL3、PL5、NP、SHDI 与主要污染指标 NH_3-N、COD、COD_{Mn}、TP、TN 呈正相关关系，PL1、PAFRAC、CONTAG、AI 与主要污染指标呈负相关，但与 pH 值、DO 等指示水体良好状况的指标正相关，PL4 与主要污染指标呈负相关，与 EC 呈正相关。说明耕地景观占比和建设用地景观占比、斑块数及景观多样性的增加会导致水质下降，而林草地景观占比、聚集度指数和蔓延度指数、分维数的增加则会改善水质，这与前文相关性分析及回归分析结果一致。透过排序图可知，人为干扰在太子河中下游和下游地区最为强烈，各点位所属亚流域景观格局变化较大，水质指标对其的响应也最强；上游和中上游点位所属亚流域内林草地景观和湿地景观占据主导，水质受这两类景观影响较大。

RDA 排序图可较好地反映水质、景观格局变化在空间上的梯度性，体现了上游、中上游、中下游、下游水质对景观格局变化响应的差别。

（2）太子河支流

RDA 分析结果表明，第一排序轴、第二排序轴的总特征值为 0.34；经 Monte Carlo 检验（如表 4-16 所示），*P* 值均大于 0.05，排序轴与水质、景观指数之间的相关性不显著，说明太子河支流水质指标无显著特征，水质对景观格局变化的响应不强，这与相关性分析和回归分析结果保持一致。

表 4-16　Monte Carlo 检验结果

第一排序轴的显著性检验			所有排序轴的显著性检验		
特征值	*F* 值	*P* 值	特征值	*F* 值	*P* 值
0.328	13.197	0.279	0.338	1.377	0.268

4.2.2 嫩江流域景观变化的水质响应

4.2.2.1 嫩江流域概况

嫩江是松花江最大的支流，位于我国黑龙江省中西部，源于大兴安岭北麓伊勒呼里山，南流到镇赉县，经吉林省大安市，在三岔河汇入松花江，全长 1 370 km，流域面积为 28.27 万 km^2。流域位于温带大陆性季风气候区，年降水量为 400～500 mm，丰枯水期变化明显，5—10 月降水量占 90%以上。主要有甘河、霍林河、诺敏河、绰尔河、洮儿河等 14 条一级支流，这些支流多是顺着大兴安岭、小兴安岭坡面，成东北至西南或西北至东南方向流入干流，呈“平行河”分布，较大支流多分布于右岸。

考虑数据的可获得性、子流域面积及土地利用方式、人类干扰强度等的差异，选取嫩江右岸受人类干扰较小、水质较好的 8 个子流域进行研究（如图 4-27 所示）。

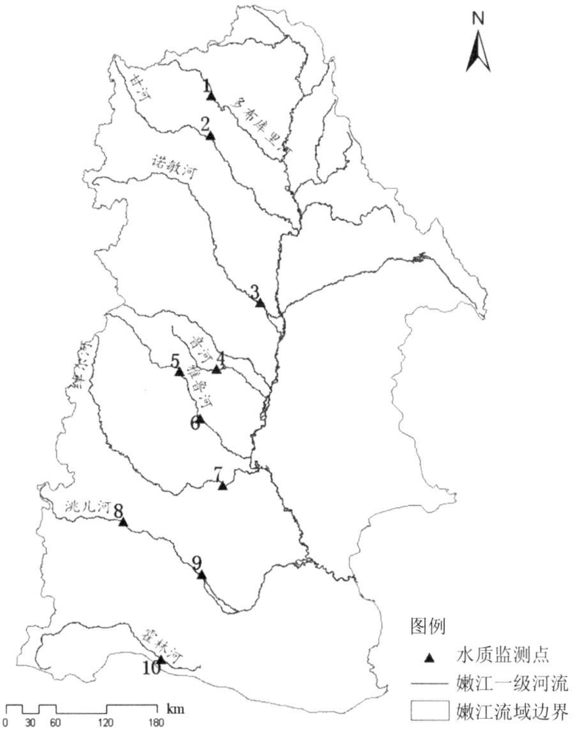

水质监测点名称

1—松岭；2—加格达奇；3—古城子；4—音河水坝（坝下）；5—扎兰屯；

6—碾子山；7—两家子；8—索伦；9—镇西；10—白云胡硕

图 4-27 嫩江水系及水质监测点位分布

4.2.2.2 数据获取

土地利用数据以2005年Landsat 5 TM影像为数据源，在ENVI 4.4中对遥感影像进行几何校正、影像拼接、影像截取等预处理后，导入基于面向对象的专业遥感解译软件Definiens Developer 7.0中，采用邻近分类和手工分类相结合的人机交互式解译方法进行信息提取，结合流域情况，将景观类型分为林地、草地、耕地、建筑用地、湿地、未利用地6类（如图4-28所示）。

图4-28 嫩江流域土地利用

水质数据选取2004—2006年10个点位（如图4-27所示）的逐月监测值。为减少数据不确定性，选取的水质指标采用3年逐月平均值。水质指标包括pH值、电导率、溶解氧、高锰酸盐指数、五日生化需氧量、悬浮物、氯离子、硫酸根、矿化度、总硬度、氨氮、亚硝酸盐氮、硝酸盐氮、化学耗氧量、六价铬、镉、铅、溶解性铁、氟化物、砷化物、挥发酚等21项。

研究中还用到了嫩江流域数字高程模型（DEM）数据、1∶25万水系图及水资源分区图。

4.2.2.3 研究尺度和方法

（1）研究尺度

在空间尺度上，参照 Morley 等（2002）的方法，分亚流域（样点上游整个集水区域）和河流廊道（从样点开始至源头，河流周围一定宽度的河岸带）两个尺度研究。其中，河流廊道尺度又划分为 100 m、200 m、300 m、400 m、600 m、1 000 m 等 6 个宽度域。

受降水影响，嫩江各支流径流年内分配极不均匀，径流量主要集中在 5—10 月，占全年径流量的 95%以上；丰水期、枯水期水体污染特征存在明显差异（王昱等，2010）。故时间尺度上分丰水期（5—10 月）和枯水期（11 月—翌年 4 月）开展研究。

（2）研究方法

1）亚流域划分及河流廊道宽度确定

利用 DEM 数据，在 ArcGIS 9.0 平台的支持下，通过以下步骤划分亚流域：①利用水文模块（Hydrology）下的 Fill 工具对 DEM 数据进行洼地填充；②计算水流方向和汇流积累量；③设定不同的汇流累积量阈值、进行河网提取，通过提取结果与水系图的比较，确定合理阈值，确保生成河网最接近实际情况；④利用 Watershed 工具生成集水流域，结合水资源分区图，确定各子流域边界；⑤按照 Morley 等（2002）的方法，划分亚流域。

在河流廊道宽度尺度上，利用 ArcGIS 9.0 中的 Buffer Wizard 命令划定样点河流的缓冲区，缓冲区宽度分别设为 100 m、200 m、300 m、400 m、600 m、1 000 m。

2）水质及景观指标选取

经主成分分析，选取溶解性总固体（TDS）、溶解氧（DO）、氨氮（NH_3-N）、硝酸盐氮（NO_3-N）、五日生化需氧量（BOD_5）5 项主成分中权重较大的关键水质指标展开研究。为研究景观格局与河流总体水质状况的相关关系，选取 pH 值、溶解氧、氨氮、硝酸盐氮、高锰酸盐指数、五日生化需氧量、六价铬、砷化物、镉、铅、挥发酚、氰化物等 12 项指标，计算综合污染指数，以此代表水质总体状态。

利用景观指数反映流域景观格局特征，选取斑块密度（PD）、斑块数（NP）、面积周长分维数（PAFRAC）、Shannon 多样性指数（SHDI）、景观类型占比作为景观指数。

4.2.2.4 研究结果与分析

利用亚流域边界及不同缓冲区边界，提取两个尺度上的土地利用数据。基于 Fragstas 3.3 计算各尺度下景观指数，利用 SPSS 中的相关分析工具对水质指标与景观指数进行相关分析，具有显著相关关系的分析结果如表 4-17 和表 4-18 所示。

表 4-17　亚流域尺度上水质指标与景观指数相关性分析结果

项目	TDS			DO			NH_3-N			NO_3-N			BOD_5			P		
	年均值	丰水期	枯水期	年均值	丰水期	枯水期	年均值	丰水期	枯水期	年均值	丰水期	枯水期	年均值	丰水期	枯水期	年均值	丰水期	枯水期
NP	0.645*	0.586	0.704*	−0.126	−0.228	−0.071	0.912**	0.452	0.858**	0.861**	0.904**	0.612	0.594	0.449	0.423	0.695*	0.419	0.770**
PD	0.575	0.560	0.592	−0.055	−0.116	0.16	0.489	0.071	0.471	0.774**	0.664*	0.805**	0.360	−0.101	0.378	0.350	0.012	0.528
SHDI	0.676*	0.629	0.746*	0.091	−0.135	0.372	0.547	0.419	0.441	0.702*	0.699*	0.585	0.351	0.002	0.350	0.657*	0.446	0.618
耕地景观占比	0.520	0.662*	0.444	0.392	0.280	0.502	0.413	0.145	0.434	0.639*	0.624	0.503	0.390	0.196	0.155	0.697*	0.689*	0.455
林地景观占比	−0.938**	−0.947**	−0.887**	0.194	0.153	0.054	−0.615	−0.356	−0.507	−0.815**	−0.965**	−0.780**	−0.226	0.083	0.065	−0.720*	−0.681*	−0.392
草地景观占比	−0.667*	−0.721*	−0.524	−0.409	−0.277	−0.365	0.448	0.298	0.328	−0.678*	−0.750*	−0.602	−0.099	−0.169	−0.132	−0.347	−0.348	−0.315
建筑用地景观占比	0.806**	0.757*	0.855**	−0.004	−0.047	0.041	0.636*	0.324	0.591	0.752*	0.666*	0.739*	0.394	0.251	0.033	0.678*	0.519	0.661*

表 4-18 河流廊道尺度上水质指标与景观指数相关性分析结果

项目	宽度/m	TDS			DO			NH_3-N			NO_3-N			BOD_5			P		
		年均值	丰水期	枯水期	年均值	丰水期	枯水期	年均值	丰水期	枯水期	年均值	丰水期	枯水期	年均值	丰水期	枯水期	年均值	丰水期	枯水期
PD	100	0.375	0.370	0.364	0.093	−0.212	0.284	0.293	0.151	0.282	0.601	0.503	0.601	0.431	−0.287	0.591	0.136	−0.132	0.349
	200	0.469	0.483	0.436	−0.026	−0.316	0.175	0.314	0.228	0.285	0.629	0.509	0.645*	0.347	−0.311	0.502	0.173	−0.061	0.333
	300	0.455	0.443	0.450	0.042	−0.255	0.237	0.349	0.200	0.331	0.650	0.561	0.639*	0.422	−0.239	0.587	0.192	−0.081	0.382
	400	0.454	0.454	0.436	0.009	−0.267	0.195	0.354	−0.288	0.285	0.297	0.247	0.659*	−0.541	−0.334	0.523	0.163	−0.12	0.336
	600	0.506	0.476	0.517	0.004	−0.245	0.173	0.398	−0.128	0.531	0.376	0.350	0.665*	−0.534	−0.423	−0.03	0.238	−0.065	0.438
	1 000	0.488	0.445	0.513	0.037	−0.198	0.191	0.431	0.067	0.457	0.456	0.501	0.686*	0.415	−0.077	0.532	0.242	−0.073	0.46
耕地景观占比	100	0.722*	0.825**	0.599	0.037	−0.045	−0.095	0.868**	0.839**	0.465	0.851**	0.928**	0.617	0.564	0.655	0.352	0.776*	0.858**	0.537
	200	0.726*	0.831**	0.600	0.01	0.009	−0.026	0.917**	0.888**	0.493	0.859**	0.938**	0.648	0.565	0.685	0.359	0.784*	0.872**	0.554
	300	0.733*	0.835**	0.603	0.163	0.043	0.030	0.956**	0.923**	0.448	0.871**	0.967**	0.653	0.554	0.632	0.367	0.788*	0.877**	0.571
	400	0.713*	0.823**	0.577	0.277	0.037	−0.008	0.552	0.878**	0.686	0.738*	0.765*	0.645	0.09	−0.237	0.352	0.772*	0.865**	0.525
	600	0.699*	0.786**	0.587	0.233	−0.078	0.300	0.374	0.393	0.193	0.748*	0.758*	0.635	−0.159	−0.473	0.463	0.765*	0.804*	0.521
	1 000	0.615	0.709*	0.498	0.243	0.014	0.409	0.469	0.483	0.129	0.700*	0.720*	0.582	0.319	0.128	0.346	0.702*	0.796*	0.495
林地景观占比	100	−0.662*	−0.657*	−0.643*	0.239	0.216	0.206	−0.275	−0.289	−0.225	−0.372	−0.322	−0.363	0.321	−0.115	0.367	−0.585	−0.472	−0.324
	200	−0.712*	−0.703*	−0.695*	0.269	0.206	0.227	−0.308	−0.294	−0.260	−0.431	−0.358	−0.433	0.304	−0.119	0.378	−0.623	−0.480	−0.366
	300	−0.765**	−0.751*	−0.750*	0.213	0.184	0.237	−0.341	−0.290	−0.297	−0.498	−0.399	−0.514	0.282	−0.117	0.391	−0.664*	−0.490	−0.414
	400	−0.874**	−0.851**	−0.801**	0.195	0.184	0.282	0.113	−0.294	−0.557	−0.870**	−0.895*	−0.785*	−0.141	0.181	0.304	−0.792**	−0.56	−0.623
	600	−0.891**	−0.870**	−0.844**	0.037	0.137	0.229	0.209	−0.081	0.415	−0.828**	−0.833**	−0.685**	−0.202	0.134	0.345	−0.780*	−0.519	−0.522
	1 000	−0.937**	−0.948**	−0.856**	0.01	0.122	0.212	−0.457	−0.312	−0.419	−0.744*	−0.820**	−0.643**	0.134	−0.03	0.411	−0.745**	−0.529	−0.59

注：*表示在 0.05 水平显著相关；**表示在 0.01 水平显著相关。

（1）不同空间尺度相关性分析

在空间尺度上，主要分析了水质指标年均值和综合污染指数与景观指数之间的相关关系。

在亚流域尺度上，林地景观是各子流域的基质，林地景观占比越大，表示流域受人类干扰破坏越小，河流水质自然就越好，因而反映水质总体状态的综合污染指数（P）与林地景观占比显著负相关。对研究区而言，耕地景观和建设用地景观的增加是建立在对林地景观占用的基础上的，从而导致区域景观破碎化加剧，景观遭受人类干扰越大，对水质的负面影响也就越强烈，使得 P 与 NP、SHDI、耕地景观占比、建筑用地景观占比显著正相关。DO、BOD_5 与各景观指数之间无显著相关性，TDS 与 NP、SHDI、建筑用地景观占比显著正相关，与草地景观占比、林地景观占比显著负相关。TDS 值反映了水中溶解性总固体含量，其值越大，说明水中杂质含量越大。流域景观破碎化程度越大、建筑用地景观占比越大，水体中可溶性离子浓度越大，而林草地景观可有效降低水中可溶性离子浓度。与草地景观相比，林地景观在拦截泥沙及污染物、降低冲刷等方面的作用比草地大（罗伟祥等，1990），故与 TDS 的负相关性更强。NH_3-N 与 NP、建筑用地景观占比显著正相关；NO_3-N 与 PD、SHDI、耕地景观占比显著正相关，与林地景观占比显著负相关。这表明各子流域水体中 NH_3-N 主要来自建成区污水排放，而 NO_3-N 除来自建成区污水排放外，还可能与农田化肥等非点源流失有关。增加林地景观面积、减少耕地景观和建设用地景观面积、降低流域景观破碎化是流域水质管理的重要途径。

在河流廊道尺度上，P、TDS、NH_3-N、NO_3-N 与耕地景观占比正相关，相关系数随着缓冲区宽度增大，呈先增后减的趋势，在 300 m 处正相关性最强。TDS 与林地景观占比显著负相关，相关系数随缓冲区宽度增大而减少；P、NO_3-N 与林地景观占比负相关系数随缓冲区宽度增大，呈现先减后增的趋势，在 400 m 处负相关性最强。其余景观指数与水质指标无显著相关性。总体上看，300～400 m 范围可能是嫩江子流域河流廊道管理的关键区域，在这个区域内，应严格控制林地砍伐，减少耕地和建设用地对其他生态用地的占用。

（2）不同时间尺度相关性分析

在丰水期亚流域尺度上，P 与耕地景观占比显著正相关，与林地景观占比显著负相关；TDS 与耕地景观和建筑用地景观占比显著正相关，与林地景观和草地景观占比显著负相关；NO_3-N 与 NP、PD、SHDI、建筑用地景观占比显著正相关，与林地景观和草地景观占比显著负相关；其余水质指标与各景观指数无显著相关性。在河流廊道尺度上，P、TDS、NH_3-N、NO_3-N 与耕地景观占比正相关，相关系数随河流廊道宽度增大先增后减，在 300 m 处正相关性最强；NO_3-N 还与林地景观占比负相关，相关系数随河流廊道宽度增大先减后增，在 400 m 处负相关性最强；TDS 与林地景观占比显著负相关，相关系数随着河流廊道宽度增大而减少。

在枯水期，流域降水量减少，地面冲刷减弱，林地景观和草地景观对污染物的拦截贡献率降低，使得亚流域尺度上 P、TDS、NO_3-N 与林地景观和草地景观占比的负相关关系减弱。同时，地面径流减少导致非点源污染物入河量减少，建成区污水排放对河流水质的影响与贡献率加大，因此 P、TDS、NO_3-N 与耕地景观占比的正相关关系减弱，与建筑用地景观占比的正相关关系反而增强。在河流廊道尺度上，TDS 与林地景观占比相关性与丰水期一致，只是相关性较丰水期弱；NO_3-N 与 PD 在 200～1 000 m 范围内显著正相关，相关系数随河流廊道宽度的增大而增大，200 m 内无显著相关性。与丰水期相比，枯水期 P、NH_3-N 与耕地景观和林地景观占比相关性减弱，已无显著相关性；NO_3-N 与林地景观占比负相关性减弱，与耕地景观占比无显著相关性。枯水期河流两岸林地景观对污染物截留作用、非点源对水体中污染物浓度贡献都较丰水期弱，这一结论与亚流域尺度上的分析结果一致。

第 5 章　流域景观变化的水生生物响应

流域景观变化通过影响水文情势与水质，进一步影响到水生生物。本研究以太子河流域为例，在水生生物指标监测与景观指数计算基础上，分干流流域与支流流域两个层次、亚流域与河流廊道两个尺度，利用相关性分析与回归分析、排序（梯度）分析等方法，分析了流域景观变化的水生生物响应，明确了响应特征与规律。

5.1　调查与分析方法

5.1.1　水生生物数据获取

在太子河流域干流及 14 条主要支流上共布设了 69 个点位进行监测，时间为 2009 年 5 月 7 日至 2009 年 5 月 23 日。水生生物包括浮游植物、浮游动物、底栖藻类、大型底栖动物和鱼类五类；对其种类、数量，按照水生生物监测相关要求进行监测与分析。

对数据进行分析，删除异常点位，最终选择干流 21 个、支流 38 个点位（如表 4-2、表 4-3 和图 4-10 所示）的数据开展后续研究。

5.1.2　指标选取

5.1.2.1　景观指数选取

利用景观指数反映流域景观格局特征。由于景观指数众多，且不同指数存在信息重叠，为保证选取的景观指数具有代表性，参考相关文献（Clausen et al.，2000；吴璟，2007；官宝红等，2008），结合本研究目的，选取景观水平上反映景观格局组成和构型属性的两类共 10 项常用景观指数（如表 5-1 所示）展开研究。其中，通过 5 个景观指数，从数量（NP）、形状（PAFRAC）、多样性（SHDI）以及聚散性（CONTAG、AI）方面表征景观格局空间构型。

表 5-1 研究中选取的景观指数

指数	缩略语	含义
林草地景观占比	PL1	林草地景观面积占所有景观类型面积的百分比
旱地景观占比	PL2	旱地景观面积占所有景观类型面积的百分比
水田景观占比	PL3	水田景观占所有景观类型面积的百分比
湿地景观占比	PL4	湿地景观占所有景观类型面积的百分比
建设用地景观占比	PL5	建筑用地景观占所有景观类型面积的百分比
斑块数	NP	景观中斑块总数，其值与景观破碎化程度正相关
面积周长分维数	PAFRAC	反映斑块形状的复杂程度；其值越接近 1，表明景观斑块形状越简单规则；越接近 2，表明景观斑块形状越复杂
Shannon 多样性指数	SHDI	反映景观要素的多少和各景观要素所占比例的变化；景观类型越丰富，破碎化程度越高，其值越大
蔓延度指数	CONTAG	描述景观中不同斑块类型的团聚程度或延展趋势；数值高说明景观中的某种优势斑块类型形成了良好的连接性；数值低则表明景观是具有多种要素的密集格局，景观破碎化程度较高
聚集度指数	AI	描述景观内不同生态系统的团聚程度；数值高代表景观由少数团聚的大斑块组成；数值低则代表景观由许多小斑块组成

5.1.2.2 水生生物指标选取

相比于可用于水生生物群落监测的其他生物类群，如微生物、浮游藻类、浮游动物、底栖植物等，大型底栖动物具有数量和种类组成丰富，本身对环境变化敏感，世代时间较长、能指示一段时间的环境综合影响，较易采样固定和分类分析等优点，因此经常被认为在水生态评价中是一类很好的生物监测者（Walley et al.，1996）；特别是在河流等流动水体的生态系统中，在 100 多种现有的生物评价方法中，60%以上是基于大型底栖动物的生物监测评价；在景观格局变化生态响应的水生生物研究中也被广为采用。除此之外，鱼类指标也较常使用。本研究借鉴前人成果，采用以上两类指标，同时为丰富该领域的研究，还选择浮游植物、浮游动物两类指标开展研究，探寻其对景观格局变化的响应规律，以及与底栖动物、鱼类两类指标响应规律的差异。本研究选取浮游植物、浮游动物、底栖动物和鱼类四类，共 14 项水生生物指标（如表 5-2 所示）。

表 5-2 选取的水生生物指标

指标类型	指标参数	缩略语
浮游植物指标	浮游植物密度	P-D
	浮游植物物种数	P-S
	浮游植物 Shannon-Wiener 多样性指数	P-H
浮游动物指标	浮游动物密度	Z-D
	浮游动物物种数	Z-S
	浮游动物 Shannon-Wiener 多样性指数	Z-H
底栖动物指标	底栖动物密度	B-D
	底栖动物物种数	B-S
	底栖动物 Shannon-Wiener 多样性指数	B-H
	底栖动物 IBI 指数	B-IBI
鱼类指标	鱼类密度	F-D
	鱼类物种数	F-S
	鱼类 Shannon-Wiener 多样性指数	F-H
	鱼类 IBI 指数	F-IBI

注：数据来源于中国环境科学研究院，B-IBI、F-IBI 参照美国环境保护局技术规范（USEPA，1999）及王备新等（2005）的方法计算。

5.2 生物特征分析与评价

采用 Shannon-Wiener 多样性指数，对太子河干流和支流上浮游植物、浮游动物、底栖动物和鱼类的物种多样性指数空间变化情况进行分析，并利用计算出的底栖动物多样性指数（B-H），按表 5-3 分级标准（孔繁翔，2000）进行评价，评价结果如图 5-1～图 5-4 所示。

$$H = -\sum_{i=1}^{S}\left(\frac{n_i}{N}\right)\ln\left(\frac{n_i}{N}\right) \tag{5-1}$$

式中：S——生物种类数；

N——群落的个体总数；

n_i——第 i 种的个体数。

表 5-3 多样性指数评价分级标准

指数	清洁	轻度污染	中度污染	重度污染
底栖动物 Shannon-Wiener 多样性指数（B-H）	B-H≥3	2≤B-H＜3	1≤B-H＜2	0≤B-H＜1

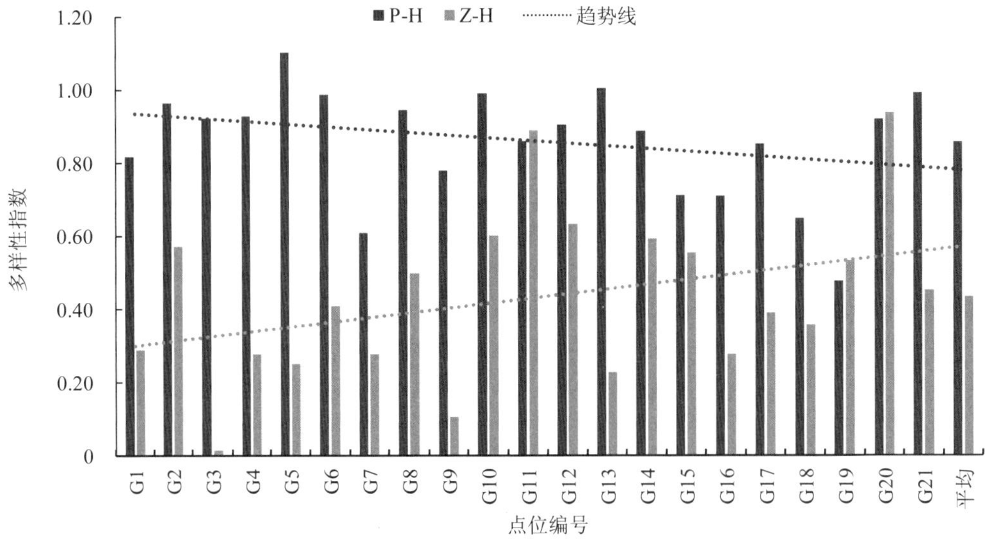

图 5-1 太子河干流浮游植物和浮游动物多样性指数空间变化

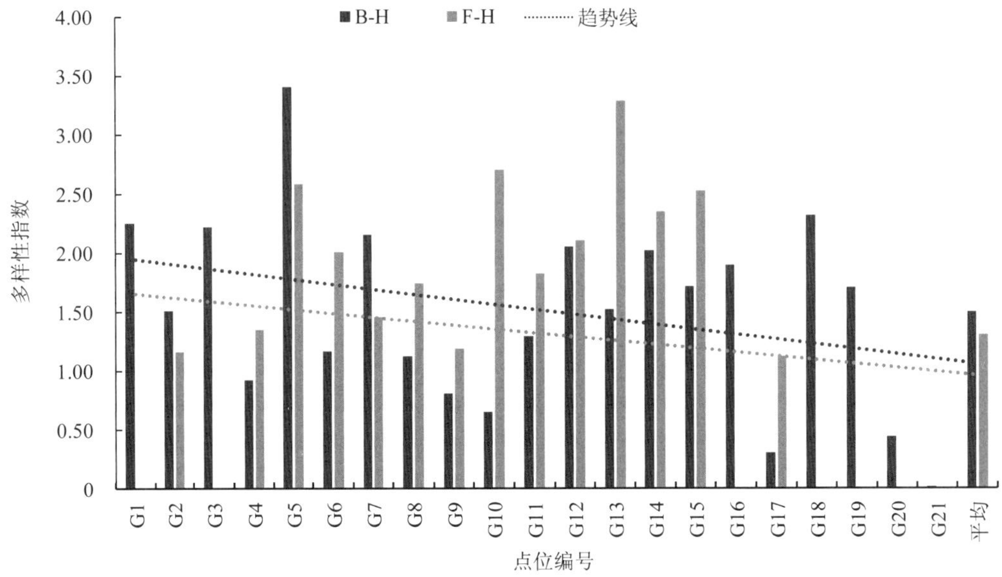

图 5-2 太子河干流底栖动物和鱼类多样性指数空间变化

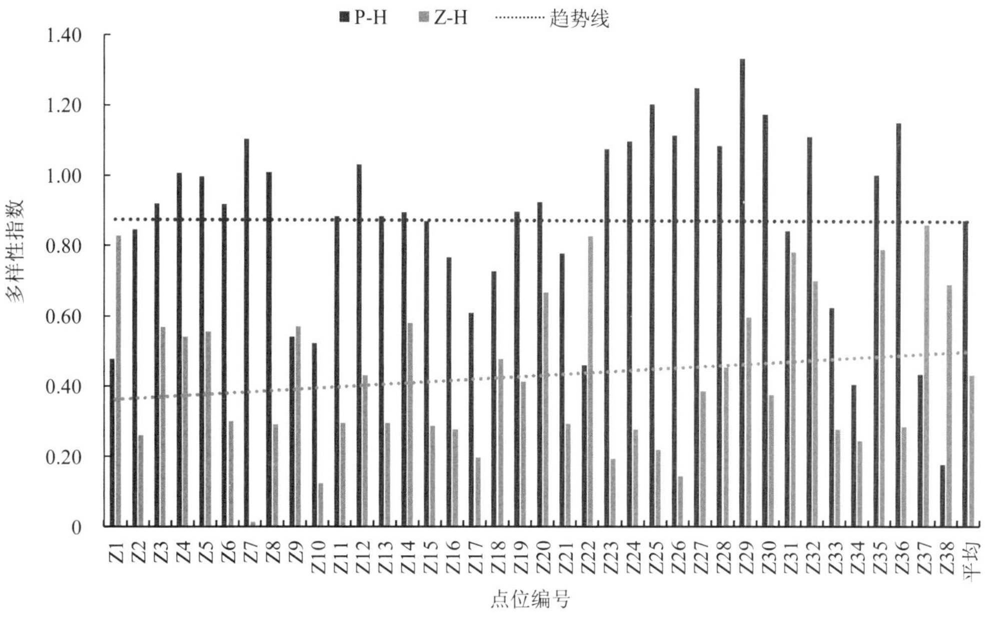

图 5-3 太子河支流浮游植物和浮游动物多样性指数空间变化

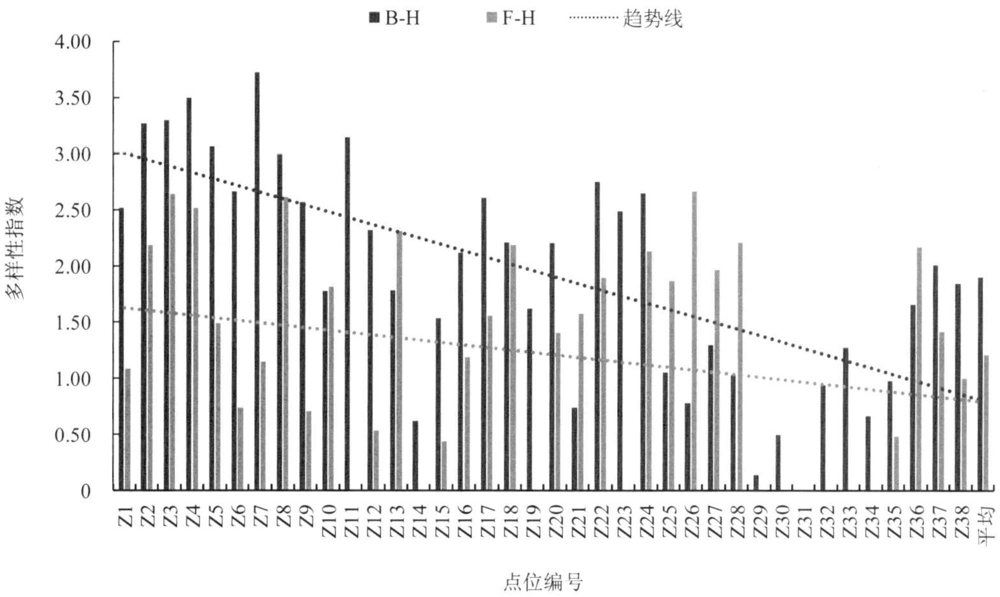

图 5-4 太子河支流底栖动物和鱼类多样性指数空间变化

由图 5-1 和图 5-2 可知，太子河干流从上游到下游，浮游植物、底栖动物、鱼类多样性指数总体呈逐渐降低趋势，而浮游动物多样性指数则呈相反变化趋势。多样性指数评价结果显示，太子河干流整体处于中度污染状态（B-H=1.5），下游部分点位甚至处于重度污染状态，表明太子河干流污染比较严重。

由图 5-3 和图 5-4 可知，从太子河上游支流到下游支流，浮游植物、底栖动物、鱼类多样性指数总体呈逐渐降低趋势，而浮游动物多样性指数则呈相反变化趋势。多样性指数评价结果显示，太子河支流 B-H 平均值为 1.9，即太子河支流处于中度污染状态，但主要是由于部分点位（Z29～Z30）污染导致整体值偏低，上游的支流 B-H 基本保持在 2 以上，有 6 个点位的 B-H 在 3 以上，由此说明太子河支流基本处于轻度污染状态，仅个别支流污染较重。

5.3 相关性分析与回归分析结果

基于 SPSS 16.0，区分干流和支流，在亚流域和河流廊道两个尺度上，开展景观指数与水生生物指标的关系研究。基于相关性分析结果，对亚流域尺度上与景观指数具有显著相关性的指标进行回归分析，并根据拟合曲线，定量研究景观格局变化对水生生物的影响。对河流廊道尺度上与景观指数显著相关的指标进行相关系数变化趋势的分析，寻找相关性最强时的河流廊道宽度，为河流廊道管理提供依据。分析结果如表 5-4～表 5-8 所示。

5.3.1 太子河干流

5.3.1.1 亚流域尺度

由表 5-4 可知，水生生物指标中，P-D、Z-D、Z-S、B-S、B-IBI、F-IBI 6 项指标与多项景观指数高度相关，其中 B-S、B-IBI、F-IBI 与景观指数的相关性最强、最显著，P-S、P-H、Z-H、B-D、B-H、F-D 与各景观指数皆无显著相关性。说明在亚流域尺度上，底栖动物和鱼类（尤其是底栖动物）对景观格局变化的响应最为显著，印证了大型底栖动物在水生态评价中是一类很好的生物监测者这一结论。

景观指数中，PL1、PL4、PAFRAC、CONTAG、AI 与水生生物指标以正相关为主；其余景观指数与水生生物指标以负相关为主。具体如图 5-5 所示。

表 5-4 亚流域尺度景观指数与水生生物指标的相关性系数（太子河干流）

景观指标	PL1	PL2	PL3	PL4	PL5	NP	PAFRAC	CONTAG	SHDI	AI
P-D	−0.492（*）	0.492（*）	0.610（**）	−0.423	0.500（*）	0.494（*）	−0.643（**）	−0.494（*）	0.492（*）	−0.494（*）
P-S	−0.12	0.12	0.297	−0.223	0.11	0.123	−0.31	−0.123	0.12	−0.123
P-H	0.286	−0.286	−0.186	0.138	−0.323	−0.284	0.274	0.284	−0.286	0.284
Z-D	−0.495（*）	0.495（*）	0.166	0.311	0.482（*）	0.496（*）	−0.35	−0.496（*）	0.495（*）	−0.496（*）
Z-S	−0.550（**）	0.550（**）	0.07	0.317	0.553（**）	0.552（**）	−0.367	−0.552（**）	0.550（**）	−0.552（**）
Z-H	−0.345	0.345	0.023	0.051	0.387	0.351	−0.258	−0.351	0.345	−0.351
B-D	0.371	−0.371	−0.242	0.09	−0.366	−0.366	0.406	0.366	−0.371	0.366
B-S	0.781（**）	−0.781（**）	−0.519（*）	0.157	−0.822（**）	−0.778（**）	0.791（**）	0.778（**）	−0.781（**）	0.778（**）
B-H	0.284	−0.284	−0.062	−0.208	−0.314	−0.3	0.24	0.3	−0.284	0.3
B-IBI	0.602（**）	−0.602（**）	−0.319	−0.251	−0.647（**）	−0.595（**）	0.592（**）	0.595（**）	−0.602（**）	0.595（**）
F-D	−0.077	0.077	−0.169	0.358	0.116	0.08	−0.004	−0.08	0.077	−0.08
F-S	−0.072	0.072	−0.22	0.561（**）	0.021	0.074	0.053	−0.074	0.072	−0.074
F-H	0.229	−0.229	−0.522（*）	0.569（**）	−0.293	−0.22	0.344	0.22	−0.229	0.22
F-IBI	0.781（**）	−0.781（**）	−0.741（**）	0.258	−0.754（**）	−0.778（**）	0.785（**）	0.778（**）	−0.781（**）	0.778（**）

注：*表示在 $P\leqslant 0.05$ 水平显著相关；**表示在 $P\leqslant 0.01$ 水平显著相关。

表 5-5　景观指数与水生生物指标回归分析结果（太子河干流）

景观指标	水质指标	模型类型	回归检验参数					模型系数		
			R^2	F	df_1	df_2	Sig.	Constant	b_1	b_2
PL1	B-S	指数模型	0.641	33.951	1	19	0.000	0.152	0.056	
	F-IBI	指数模型	0.571	25.306	1	19	0.000	2.492	0.025	
PL2	B-S	指数模型	0.658	36.622	1	19	0.000	67.370	−0.120	
	F-IBI	指数模型	0.578	26.055	1	19	0.000	37.723	−0.053	
PL3	F-IBI	指数模型	0.563	24.466	1	19	0.000	20.418	−0.101	
PL5	B-S	指数模型	0.636	33.185	1	19	0.000	19.900	−0.185	
	F-IBI	指数模型	0.529	21.312	1	19	0.000	21.763	−0.080	
NP	B-S	指数模型	0.641	33.987	1	19	0.000	25.239	0.000	
	F-IBI	指数模型	0.534	21.788	1	19	0.000	24.124	0.000	
	P-D	二次模型	0.562	11.570	2	18	0.001	4.300×10^{6}	-2.980×10^{3}	0.922
PAFRAC	B-S	指数模型	0.633	32.761	1	19	0.000	7.568×10^{-17}	26.980	
	F-IBI	指数模型	0.602	28.681	1	19	0.000	2.013×10^{-7}	12.458	
	P-D	线性模型	0.540	22.287	1	19	0.000	2.878×10^{8}	-1.941×10^{8}	
SHDI	B-S	指数模型	0.624	31.526	1	19	0.000	71.262	−2.451	
	F-IBI	指数模型	0.577	25.880	1	19	0.000	39.572	−1.116	
CONTAG	B-S	指数模型	0.624	31.489	1	19	0.000	0.048	0.076	
	F-IBI	指数模型	0.577	25.943	1	19	0.000	1.416	0.035	
AI	B-S	指数模型	0.562	24.375	1	19	0.000	9.834×10^{-29}	0.712	
	F-IBI	指数模型	0.529	21.318	1	19	0.000	7.629×10^{-13}	0.327	

表 5-6 河流廊道尺度景观指数与水生生物指标的相关性系数（太子河干流）

景观指标	河流廊道宽度/m	PL1	PL2	PL3	PL4	PL5	NP	PAFRAC	CONTAG	SHDI	AI
P-D	100	−0.566（**）	0.596（**）	0.618（**）	−0.577（**）	0.428	0.482（*）	−0.472（*）	−0.491（*）	0.502（*）	0.578（**）
	200	−0.529（*）	0.597（**）	0.657（**）	−0.620（**）	0.474（*）	0.479（*）	−0.434（*）	−0.502（*）	0.520（*）	0.623（**）
	300	−0.504（*）	0.596（**）	0.672（**）	−0.645（**）	0.455（*）	0.501（*）	−0.501（*）	−0.501（*）	0.515（*）	0.519（*）
	500	−0.518（*）	0.568（**）	0.665（**）	−0.679（**）	0.482（*）	0.501（*）	−0.533（*）	−0.509（*）	0.534（*）	0.353
	1 000	−0.500（*）	0.548（*）	0.613（**）	−0.639（**）	0.494（*）	0.498（*）	−0.614（**）	−0.509（*）	0.494（*）	−0.469（*）
B-S	100	0.680（**）	−0.288	−0.582（**）	0.618（**）	−0.802（**）	−0.778（**）	0.694（**）	0.785（**）	−0.794（**）	−0.595（**）
	200	0.746（**）	−0.661（**）	−0.611（**）	0.609（**）	−0.806（**）	−0.784（**）	0.721（**）	0.825（**）	−0.789（**）	−0.696（**）
	300	0.772（**）	−0.673（**）	−0.614（**）	0.629（**）	−0.814（**）	−0.793（**）	0.756（**）	0.800（**）	−0.801（**）	−0.643（**）
	500	0.797（**）	−0.660（**）	−0.625（**）	0.599（**）	−0.823（**）	−0.778（**）	0.666（**）	0.789（**）	−0.793（**）	−0.282
	1 000	0.783（**）	−0.705（**）	−0.592（**）	0.614（**）	−0.825（**）	−0.784（**）	0.532（*）	0.782（**）	−0.816（**）	0.667（**）
B-IBI	100	0.501（*）	0.045	−0.218	0.184	−0.537（*）	−0.587（**）	0.36	0.514（*）	−0.487（*）	−0.208
	200	0.513（*）	−0.339	−0.275	0.253	−0.568（**）	−0.591（**）	0.503（*）	0.567（**）	−0.518（*）	−0.342
	300	0.531（*）	−0.36	−0.296	0.303	−0.625（**）	−0.601（**）	0.538（*）	0.565（**）	−0.545（*）	−0.352
	500	0.556（**）	−0.397	−0.3	0.311	−0.612（**）	−0.596（**）	0.509（*）	0.510（*）	−0.524（*）	−0.071
	1 000	0.587（**）	−0.458（*）	−0.326	0.274	−0.638（**）	−0.601（**）	0.324	0.553（**）	−0.565（**）	0.506（*）
F-IBI	100	0.861（**）	−0.476（*）	−0.719（**）	0.621（**）	−0.700（**）	−0.796（**）	0.658（**）	0.783（**）	−0.725（**）	−0.573（**）
	200	0.790（**）	−0.806（**）	−0.728（**）	0.655（**）	−0.706（**）	−0.785（**）	0.748（**）	0.797（**）	−0.788（**）	−0.616（**）
	300	0.745（**）	−0.795（**）	−0.754（**）	0.757（**）	−0.767（**）	−0.772（**）	0.768（**）	0.786（**）	−0.786（**）	−0.605（**）
	500	0.753（**）	−0.801（**）	−0.747（**）	0.737（**）	−0.749（**）	−0.793（**）	0.736（**）	0.757（**）	−0.757（**）	−0.323
	1 000	0.776（**）	−0.803（**）	−0.734（**）	0.718（**）	−0.749（**）	−0.782（**）	0.655（**）	0.774（**）	−0.745（**）	0.695（**）

注：**表示在 $P \leqslant 0.01$ 水平显著相关；*表示在 $P \leqslant 0.05$ 水平显著相关；本表只列出具有显著相关性的指标。

表 5-7　亚流域尺度景观指数与水生生物指标的相关性系数（太子河支流）

景观指标	PL1	PL2	PL3	PL4	PL5	NP	PAFRAC	CONTAG	SHDI	AI
P-D	−0.197	0.208	0.24	−0.114	0.08	0.185	−0.402（*）	−0.215	0.166	−0.206
P-S	−0.342（*）	0.350（*）	0.399（*）	−0.167	0.175	0.273	−0.289	−0.452（**）	0.344（*）	−0.445（**）
P-H	−0.112	0.086	0.206	−0.169	0.06	0.211	0.127	−0.17	0.16	−0.239
Z-D	−0.457（**）	0.337（*）	0.373（*）	−0.396（*）	0.398（*）	0.481（**）	−0.294	−0.409（*）	0.465（**）	−0.329（*）
Z-S	−0.443（**）	0.313	0.466（**）	−0.371（*）	0.389（*）	0.553（**）	−0.255	−0.370（*）	0.487（**）	−0.331（*）
Z-H	−0.27	0.212	0.266	−0.106	0.232	0.272	−0.225	−0.254	0.29	−0.236
B-D	0.145	−0.214	0.104	0.081	−0.162	0.151	0.101	0.197	−0.099	0.139
B-S	0.691（**）	−0.621（**）	−0.388（*）	−0.344（*）	−0.659（**）	−0.395（*）	0.281	0.723（**）	−0.697（**）	0.589（**）
B-H	0.589（**）	−0.560（**）	−0.335（*）	−0.152	−0.559（**）	−0.294	0.281	0.675（**）	−0.579（**）	0.588（**）
B-IBI	0.623（**）	−0.568（**）	−0.372（*）	−0.284	−0.603（**）	−0.379（*）	0.276	0.682（**）	−0.630（**）	0.599（**）
F-D	0.332	−0.196	−0.201	0.594（**）	−0.483（**）	−0.501（**）	0.154	0.185	−0.406（*）	0.127
F-S	−0.078	0.091	−0.049	0.005	−0.115	0.023	0.481（**）	−0.014	0.064	−0.158
F-H	0.112	−0.081	−0.164	0.034	−0.282	0.019	0.502（**）	0.202	−0.119	−0.005
F-IBI	0.500（**）	−0.357（*）	−0.308	0.543（**）	−0.614（**）	−0.578（**）	0.245	0.416（*）	−0.565（**）	0.342

注：*表示在 $P\leqslant 0.05$ 水平显著相关；**表示在 $P\leqslant 0.01$ 水平显著相关。

表 5-8 河流廊道尺度景观指数与水生生物指标的相关性系数（太子河支流）

景观指标	廊道宽度/m	PL1	PL2	PL3	PL4	PL5	NP	PAFRAC	CONTAG	SHDI	AI
Z-D	100	−0.482（**）	0.133	0.407（*）	−0.214	0.335（*）	0.372（*）	−0.11	0.163	0.383（*）	0.106
	200	−0.495（**）	0.182	0.292	−0.269	0.284	0.202	−0.28	−0.179	0.561（**）	−0.265
	300	−0.448（**）	0.138	0.405（*）	−0.267	0.338（*）	0.447（**）	−0.275	−0.062	0.505（**）	−0.005
	500	−0.426（**）	0.25	0.458（**）	−0.3	0.343（*）	0.467（**）	−0.372（*）	−0.335（*）	0.553（**）	−0.127
	1 000	−0.373（*）	0.264	0.491（**）	−0.295	0.353（*）	0.471（**）	−0.231	−0.432（**）	0.521（**）	−0.265
Z-S	100	−0.457（**）	0.082	0.542（**）	−0.271	0.325（*）	0.469（**）	−0.12	0.038	0.527（**）	−0.045
	200	−0.439（**）	0.188	0.360（*）	−0.262	0.204	0.182	−0.245	−0.287	0.634（**）	−0.395（*）
	300	−0.452（**）	0.139	0.566（**）	−0.275	0.392（*）	0.547（**）	−0.266	−0.251	0.614（**）	−0.241
	500	−0.449（**）	0.29	0.585（**）	−0.294	0.402（*）	0.562（**）	−0.273	−0.489（**）	0.635（**）	−0.412（*）
	1 000	−0.433（**）	0.347（*）	0.603（**）	−0.272	0.414（**）	0.556（**）	−0.201	−0.517（**）	0.553（**）	−0.491（**）
Z-H	100	−0.15	−0.032	0.331（*）	0.077	0.199	0.218	−0.173	−0.093	0.312	−0.041
	200	−0.136	0.045	0 23	0.131	0.169	0.097	−0.432（**）	−0.242	0.361（*）	−0.137
	300	−0.205	0.032	0.356（*）	0.037	0.332（*）	0.283	−0.278	−0.283	0.351（*）	−0.131
	500	−0.221	0.122	0.344（*）	0.04	0.32	0.29	−0.213	−0.360（*）	0.366（*）	−0.350（*）
	1 000	−0.254	0.215	0.353（*）	−0.016	0.302	0.287	−0.165	−0.331（*）	0.299	−0.386（*）
B-S	100	0.427（**）	−0.018	−0.158	−0.175	−0.420（**）	−0.273	0.302	−0.172	−0.263	−0.186
	200	0.376（*）	−0.152	−0.053	−0.118	−0.526（**）	−0.272	0.381（*）	−0.099	−0.272	−0.243
	300	0.520（**）	−0.233	−0.131	−0.173	−0.501（**）	−0.326（*）	0.512（**）	0.045	−0.322（*）	−0.263
	500	0.536（**）	−0.376（*）	−0.162	−0.204	−0.595（**）	−0.331（*）	0.687（**）	0.326（*）	−0.451（**）	−0.103
	1 000	0.531（**）	−0.445（**）	−0.223	−0.193	−0.637（**）	−0.377（*）	0.566（**）	0.518（**）	−0.570（**）	0.129

景观指标	廊道宽度/m	PL1	PL2	PL3	PL4	PL5	NP	PAFRAC	CONTAG	SHDI	AI
B-H	100	0.410（*）	−0.179	−0.166	0.068	−0.422（**）	−0.169	0.338（*）	−0.185	−0.111	−0.333（*）
	200	0.288	−0.174	−0.158	0.147	−0.473（**）	−0.305	0.400（*）	−0.194	−0.17	−0.378（*）
	300	0.416（**）	−0.286	−0.154	0.057	−0.453（**）	−0.235	0.526（**）	−0.064	−0.157	−0.301
	500	0.422（**）	−0.353（*）	−0.19	0.027	−0.470（**）	−0.226	0.609（**）	0.163	−0.292	−0.147
	1 000	0.401（*）	−0.333（*）	−0.24	0.005	−0.510（**）	−0.276	0.476（**）	0.368（*）	−0.410（*）	0.084
B-IBI	100	0.411（*）	−0.033	−0.224	−0.089	−0.391（*）	−0.245	0.343（*）	−0.205	−0.217	−0.277
	200	0.345（*）	−0.158	−0.113	0.004	−0.475（**）	−0.252	0.364（*）	−0.102	−0.237	−0.254
	300	0.455（**）	−0.204	−0.197	−0.095	−0.461（**）	−0.304	0.542（**）	−0.019	−0.262	−0.285
	500	0.475（**）	−0.330（*）	−0.231	−0.132	−0.523（**）	−0.307	0.687（**）	0.216	−0.393（*）	−0.119
	1 000	0.460（**）	−0.364（*）	−0.296	−0.139	−0.566（**）	−0.356（*）	0.517（**）	0.448（**）	−0.501（**）	0.135
F-D	100	0.306	0.188	−0.206	0.474（**）	−0.225	−0.469（**）	−0.103	−0.002	−0.431（*）	0.307
	200	0.313	−0.087	0.034	0.318	−0.282	−0.184	0.206	0.12	−0.311	0.086
	300	0.357（*）	0.137	−0.199	0.491（**）	−0.364（*）	−0.440（*）	−0.089	0.073	−0.440（*）	0.112
	500	0.385（*）	−0.057	−0.202	0.512（**）	−0.410（*）	−0.470（**）	0.205	0.259	−0.484（**）	0.12
	1 000	0.353（*）	−0.18	−0.217	0.443（**）	−0.451（**）	−0.468（**）	0.201	0.316	−0.458（**）	0.141
F-IBI	100	0.392（*）	0.138	−0.26	0.385（*）	−0.376（*）	−0.528（**）	−0.012	−0.07	−0.461（**）	0.19
	200	0.448（**）	−0.156	0.02	0.324	−0.373（*）	−0.168	0.148	0.119	−0.398（*）	0.186
	300	0.493（**）	0.001	−0.237	0.399（*）	−0.427（*）	−0.506（**）	0.117	0.079	−0.447（**）	0.097
	500	0.496（**）	−0.202	−0.269	0.436（*）	−0.521（**）	−0.534（**）	0.303	0.305	−0.516（**）	0.11
	1 000	0.455（**）	−0.278	−0.319	0.378（*）	−0.567（**）	−0.534（**）	0.328	0.395（*）	−0.528（**）	0.189

注：**表示在 $P \leq 0.01$ 水平显著相关；*表示在 $P \leq 0.05$ 水平显著相关；本表只列出具有显著相关性的指标。

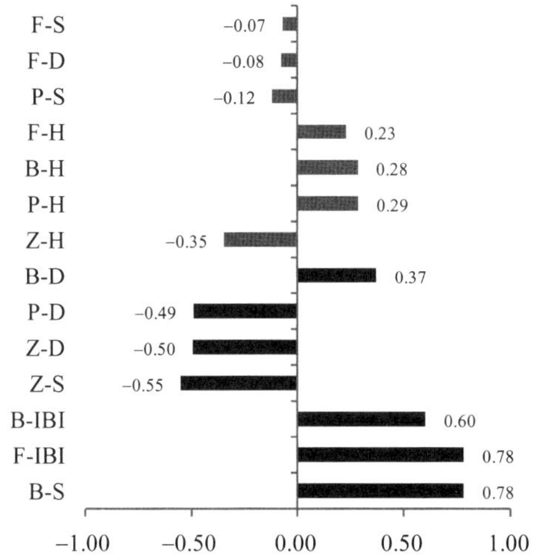

PL1 范围：58.35%～82.41%

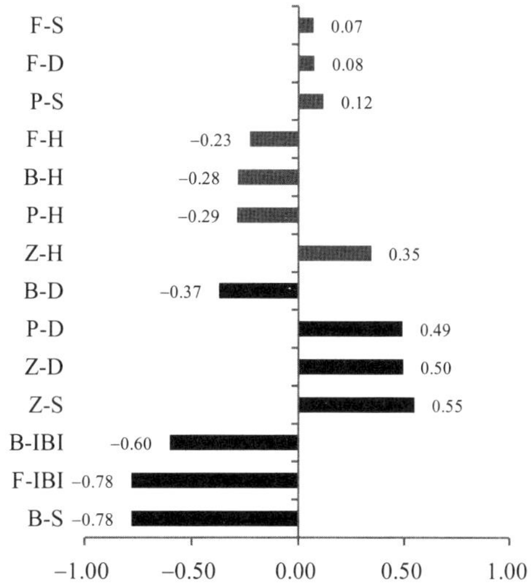

PL2 范围：12.20%～24.22%

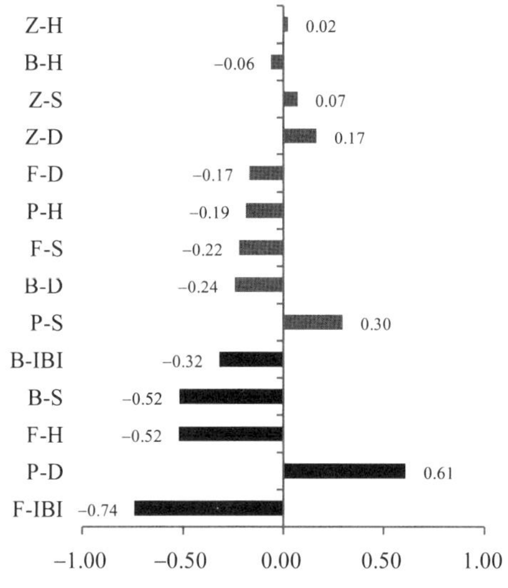

PL3 范围：0.71%～6.06%

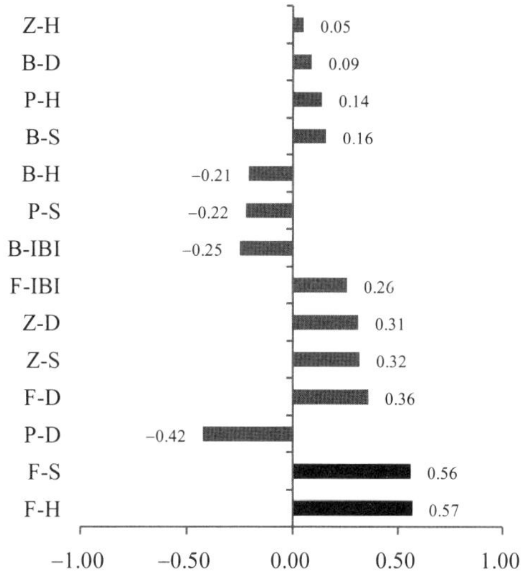

PL4 范围：2.83%～3.30%

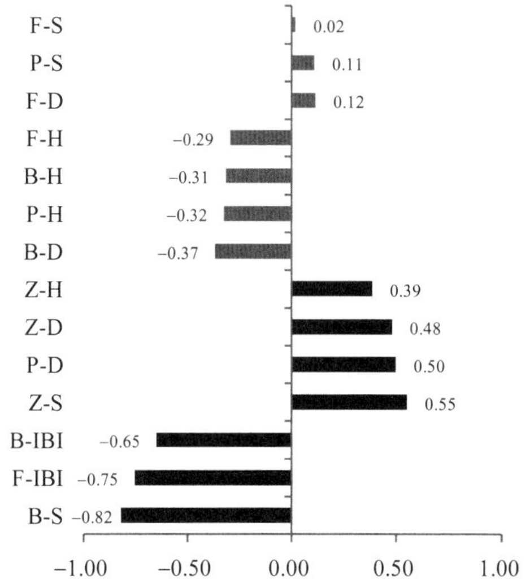

PL5 范围：1.28%～8.54%

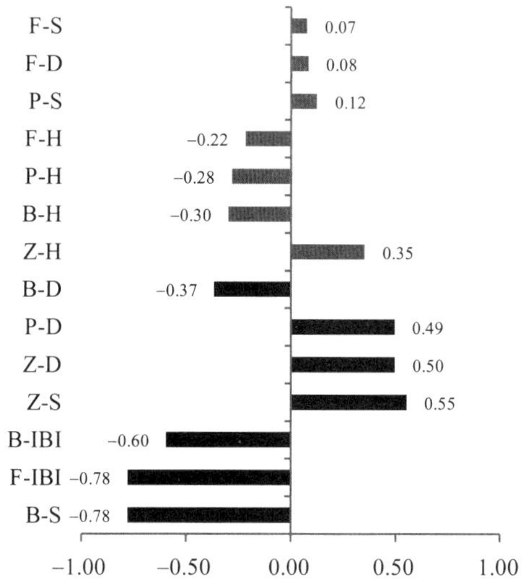

NP 范围：1 091～5 292 个

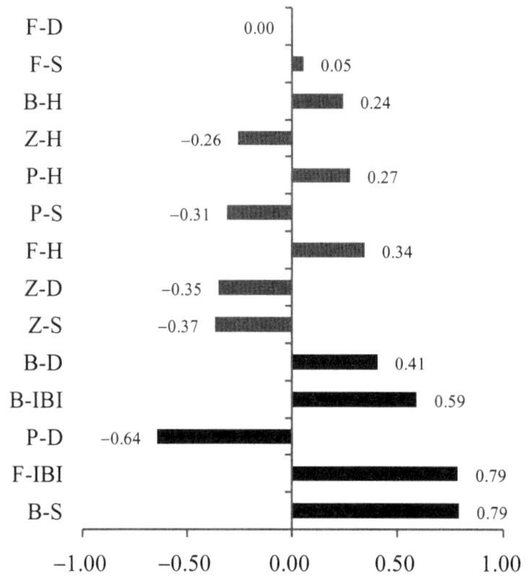

PAFRAC 范围：1.43～1.48

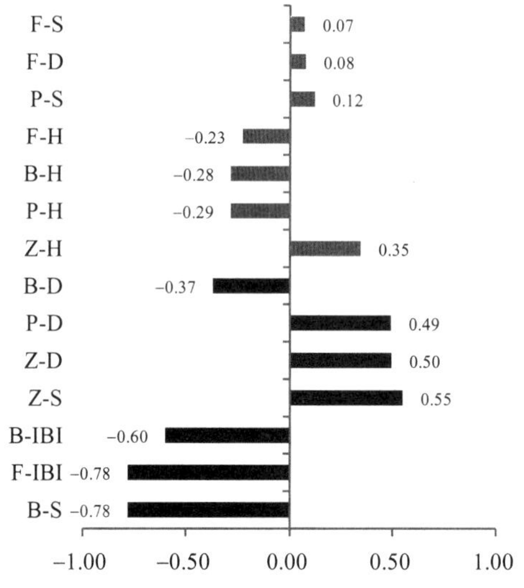

SHDI 范围：0.63～1.14

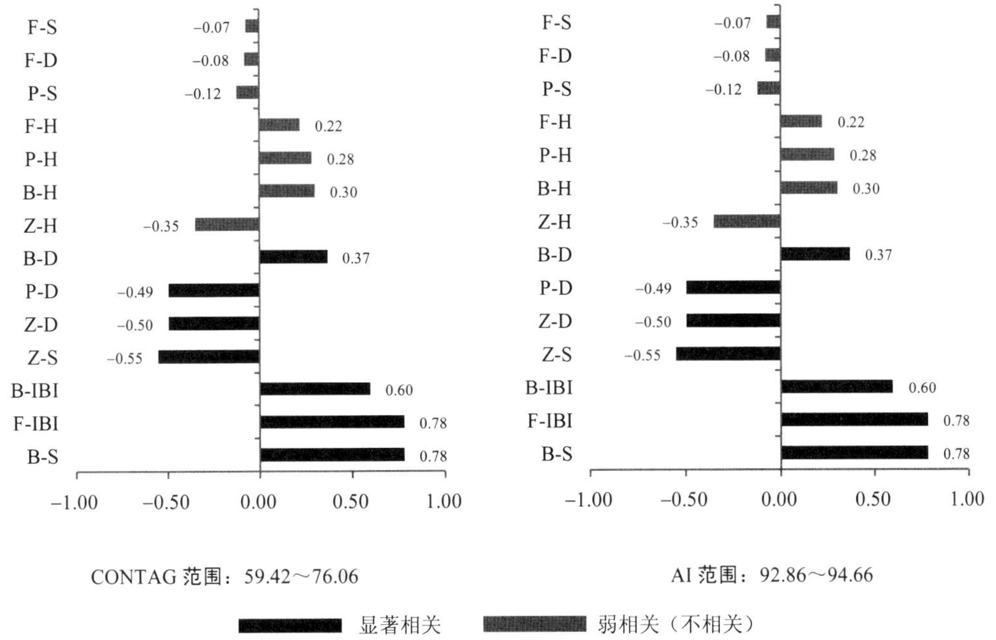

图 5-5 亚流域尺度景观指数与水生生物指标的相关分析结果（太子河干流）

（1）水生生物对景观格局组成变化的响应

1）对林草地景观占比变化的响应

相关性分析表明，PL1 与 F-IBI、B-S、B-IBI 显著正相关，与 Z-S、Z-D、P-D 显著负相关。说明林草地景观对底栖动物、鱼类以及浮游动植物有显著影响；增加林草地面积，将会显著提升生态完整性，但对浮游动植物的个体数量及种群数量则会带来不利影响。原因可能有两个方面：一是从前文分析可知，干流水质对景观格局变化响应显著，林草地景观占比增加可显著改善水质，这种响应关系又进一步反映到水生生物上；二是受底栖动物和鱼类的捕食作用影响，浮游动植物种类和密度会随着底栖动物、鱼类的增加而降低。

回归分析结果（如表 5-5 所示）表明，指数模型或生长模型对 PL1 与 B-S、F-IBI 拟合效果最好。由回归曲线图（如图 5-6 所示）可知，B-S、F-IBI 随 PL1 的增加而增加，且变化速率逐渐增大。当 PL1 小于 78%时，B-S 基本小于 10，F-IBI 基本在 15 以下；当 PL1 超过 78%时，B-S、F-IBI 迅速增加，说明底栖动物物种数、鱼类完整性指数对林草地景观占比变化的响应可能存在一个阈值，阈值之内响应不显著，而超过阈值后，响应程度显著增加。

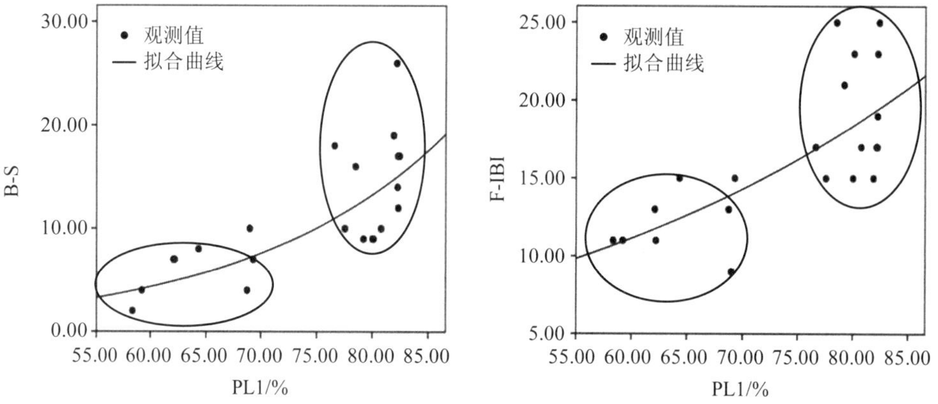

图 5-6　PL1 与部分水生生物指标的回归曲线

2）对旱地景观、建设用地景观占比变化的响应

PL2、PL5 的相关性分析结论与 PL1 截然相反，说明旱地景观、建设用地景观与林草地景观的水生态效应存在差异。旱地景观、建设用地景观的存在对水生生物而言意味着人类外源干扰。农业非点源、生活污水和工业废水的过量排放改变了水生生物的生长环境，有可能会损害以鱼类、底栖动物为代表的大型水生动物的生长、发育和繁殖；同时，有机物、营养盐的输入又为某些浮游动植物的大量繁殖提供了有利条件。由 P-H 与 PL2、PL3、PL5 呈负相关可知，虽然浮游植物密度增加，但多样性降低，说明某一种类的浮游植物成为优势种。

回归结果（如表 5-5 所示）表明，与 PL1 一致，指数模型或生长模型对 B-S 和 F-IBI 与 PL2 和 PL5 具有较好的回归效果。由图 5-7 可知，B-S、F-IBI 随 PL2、PL5 的增加而减少，减少速率也逐渐降低，说明旱地景观和建设用地景观对底栖动物物种数和鱼类完整性指数的影响程度逐渐放缓，看不出有明显波动区间。总体来看，保持 PL2 不高于 15%，PL5 不高于 4%，有利于维持底栖动物物种数及鱼类完整性在一个相对较高的水平。

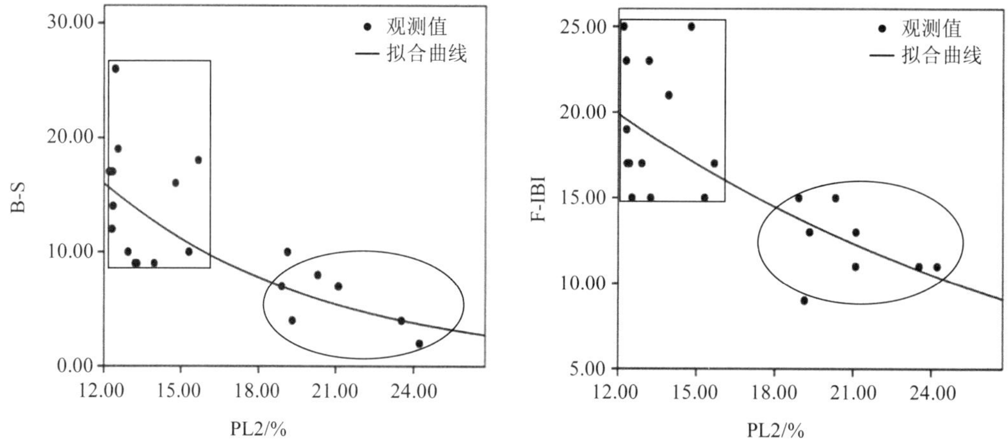

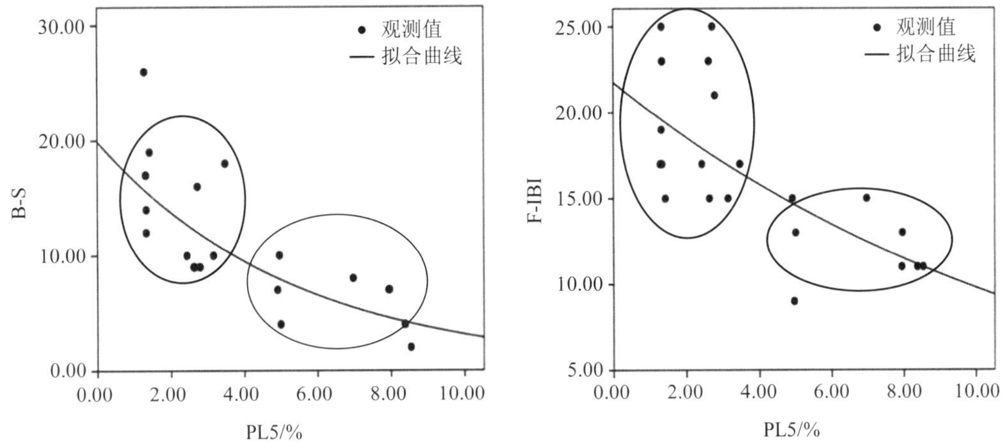

图 5-7　PL2、PL5 与水生生物指标的回归曲线

3）对水田景观、湿地景观占比变化的响应

相关性分析结果表明，PL3 与 P-D 显著正相关，与 F-IBI、F-H、B-S 显著负相关。由此可见，在一定程度上增加水田面积会提高浮游植物密度，同时也会降低底栖动物和鱼类的生态完整性。与旱地相比，水田对浮游植物的影响更大，而对底栖动物和鱼类的影响相对较小。原因可能是水田为人工湿地，作为一种特殊的湿地，与旱地景观相比具有以下特点：一方面，受耕作施肥等人为影响，水田中生长了大量的浮游植物，当水田景观内的水体会因暴雨、排水等原因与河流水体发生联系时，高浓度的浮游植物进入河流，导致浮游植物密度上升；另一方面，与河流存在联系的一些近岸水田可为某些鱼类和大型底栖动物提供庇护场所，减少外来冲击。但总体上可能对水生生物产生不利影响。

PL4 与 F-H、F-S 显著正相关，与其他水生生物指标的相关性不明显。可见，湿地景观对提高鱼类个体及种群的数量极为有利。

PL3、PL4 与水生生物指标的回归效果不理想，说明水生生物对水田景观和湿地景观的响应规律性不强。

（2）水生生物对景观格局构型变化的响应

NP、SHDI 与 F-IBI、B-S、B-IBI 显著负相关，与 Z-S、P-D、Z-D 显著正相关，这与 PL2、PL5 的分析结论一致。斑块数越大、景观多样性越高，对鱼类、底栖动物的负面影响就越大，原因可能是亚流域内林草地景观通常以大斑块形式存在，而旱地景观和建设用地景观由于受人类主导，通常以小斑块形式存在，而该尺度下斑块数的增加主要来自旱地景观和建设用地景观两类景观，斑块数的增加又导致景观多样性指数的增加。在干流亚流域尺度上，水质、水生生物对 NP、SHDI 的响应一致。

PAFRAC 与 F-IBI、B-S、B-IBI 显著正相关，与 P-D 显著负相关。说明保持景观形状的复杂多样有利于维持鱼类和底栖动物的生态完整性，但对浮游植物密度将产生不利影响。

CONTAG、AI 与 F-IBI、B-S、B-IBI 显著正相关，与 Z-S、P-D、Z-D 显著负相关。说明在亚流域尺度上，林草地作为优势景观，其斑块类型形成良好的连接性、团聚度有助于提高鱼类和底栖动物的生态完整性，降低浮游动植物的密度。

回归分析（如表 5-5 所示）结果表明，反映景观空间构型的景观指数与 B-S、F-IBI 拟合效果最好的模型依然是指数模型或生长模型。这说明底栖动物物种数、鱼类完整性指数对景观格局变化的响应关系是非线性的。

由回归曲线图（如图 5-8 所示）可知，B-S、F-IBI 随 SHDI 的增大而减小，随 PAFRAC、CONTAG 的增大而增大，曲线斜率都呈逐渐减小的变化趋势。这说明这两个水生生物指标对反映景观空间属性的指标变化响应程度的变化速率逐渐减小。

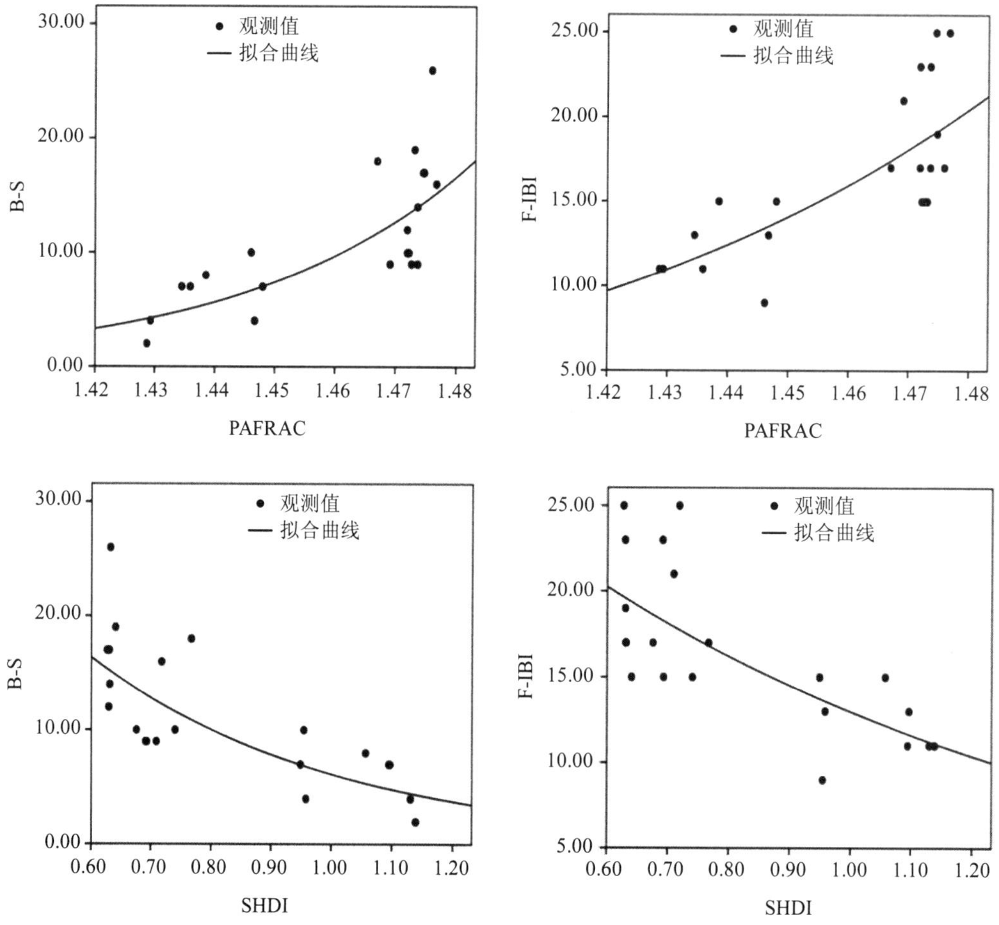

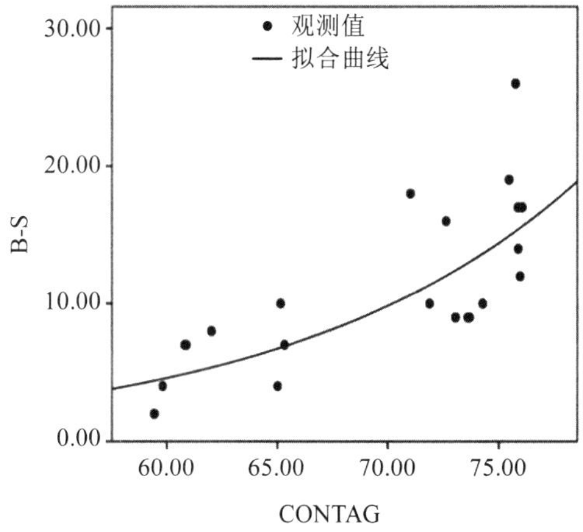

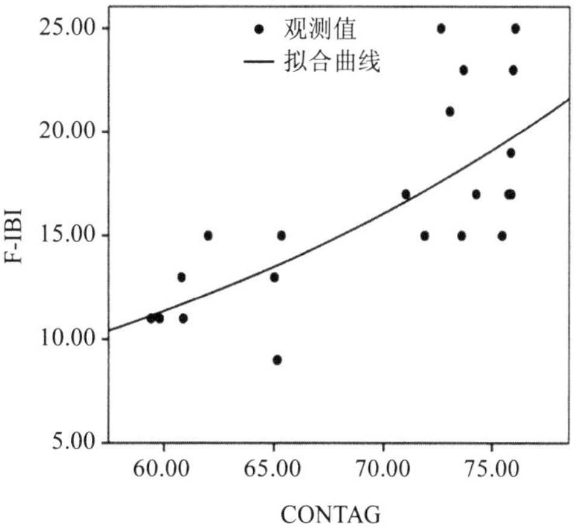

图 5-8 景观空间属性指标与水生生物指标回归曲线

（3）讨论

在流域尺度（亚流域尺度）上，大部分学者的研究结论基本趋同，即以林草地景观、湿地景观为代表的自然用地的面积占比与鱼类、底栖动物等的水生生物指标正相关，对鱼类、底栖动物完整性提升具有正效应；以耕地景观、建设用地景观为代表的开发用地的面积占比与鱼类、底栖生物等的水生生物指标负相关，对鱼类、底栖动物完整性提升具有负效应。Wang 等（2000）比较了美国威斯康星州 47 条河流在 1970 年和 1990 年的流域土地利用变化引起的鱼类聚群变化，发现流域内城市用地面积占比与鱼类种群数量、生物完整性指数负相关；An 等（2002）在韩国 Keum-Ho 河的研究证明，F-IBI 与森林覆盖率正相关，与城市用地面积占比负相关；Pinto 等（2006）认为 F-IBI 与草地面积占比、支流流域面积占比正相关，与城市用地面积占比负相关。

Wang 等（1997）选取了美国威斯康星州的 103 条典型代表性河流，对比了鱼类群落响应显著的城市用地和农业用地的变化阈值，发现流域内 10%～20%的用地城市化后，F-IBI 持续处于较低值，农业用地面积占比大于 50%时，栖息地质量和生物完整性才显著下降。同样在威斯康星州，Fitzpatrick 等（2001）选取了东部 25 条农业河流，发现流域内农业用地面积占比超过 30%时，F-IBI 才显著下降。即流域内农业用地面积占比在 30%～50%时，河流仍能保持较高的生物完整性和良好的栖境；超出这一范围时，河流生态完整性才发生显著变化。本研究的结果表明，林草地景观占比超过 78%时，B-S、F-IBI 发生显著变化。由于干流各亚流域内林草地景观为优势景观，旱地景观占比介于 12.20%～24.22%，建设用地景观占比介于 1.28%～8.54%，两类景观占比变化区间较窄，因此底栖动物、鱼类等的水生生物指标对景观格局变化的响应无明显波动，找不出前人研究的阈值点或阈值区间。

本研究中得出的有关浮游植物、浮游动物对景观格局变化响应的结论，无同类研究可以参照。

5.3.1.2 河流廊道尺度

由表 5-6 可知，与亚流域尺度相比，在河流廊道尺度，与景观指数显著相关的水生生物指标基本一致，两者相关性有所增加。说明在河流廊道尺度上，水生生物对景观格局变化的响应比亚流域尺度强。吴璟（2007）也得出了类似的结论。以下着重对景观指数与水生生物指标相关系数变化趋势进行分析，试图找出相关性最强的河流廊道宽度。

（1）林草地景观占比与水生生物指标相关系数变化趋势

由图 5-9 可知，在与 PL1 显著相关的水生生物指标中，B-IBI 与 PL1 的相关性随河流廊道宽度的增大而增大，F-IBI、P-D 则呈先减后增趋势，在 300 m 处最小、100 m 处最大；B-S 则先增后减，在 500 m 处相关性最强。由此说明在河流廊道宽度为 100 m 处，鱼类和浮游植物对林草地景观的响应最强；在宽度为 500～1 000 m，底栖动物对林草地景观的响应最强。

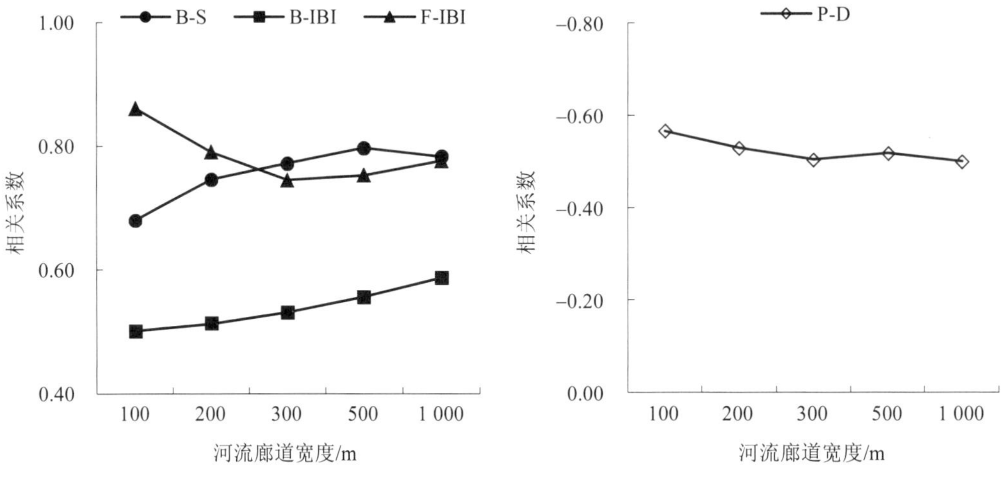

图 5-9 不同河流廊道宽度下 PL1 与水生生物指标相关系数变化（太子河干流）

（2）旱地景观占比与水生生物指标相关系数变化趋势

由图 5-10 可知，与 PL2 显著相关的水生生物指标中，除 P-D 外，其余指数变化趋势基本一致，河流廊道宽度小于 100 m 时无显著相关性，超过 200 m 后对 PL2 变化响应增强。这与水质指标的分析结果一致，说明在干流河流廊道尺度上，河流廊道宽度小于 200 m 时，水质指标、水生生物指标与旱地景观占比之间无显著相关性。

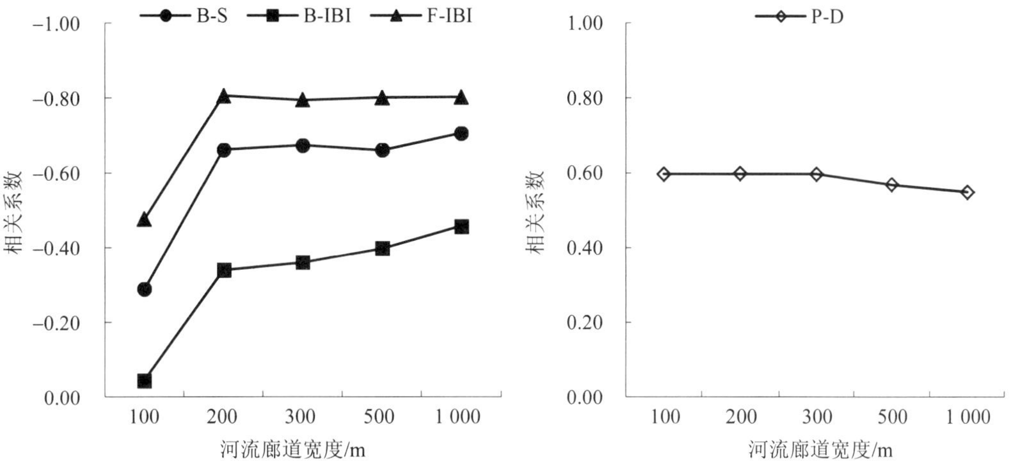

图 5-10 不同河流廊道宽度下 PL2 与水生生物指标相关系数变化（太子河干流）

（3）水田景观、湿地景观占比与水生生物指标相关系数变化趋势

由图 5-11 可知，随河流廊道宽度增加，底栖动物种类、鱼类完整性指数、浮游植物密度与水田景观占比的相关性保持稳定，相关系数变化曲线无明显拐点。

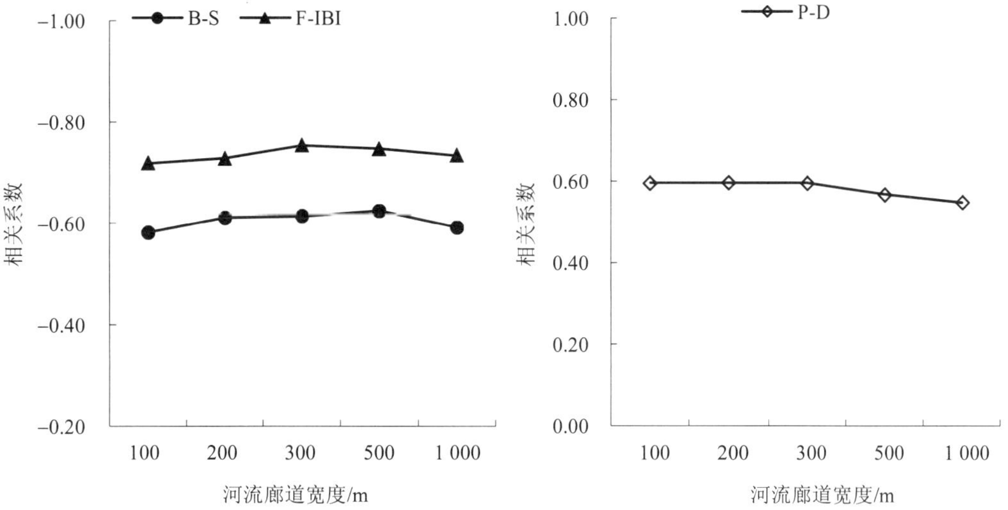

图 5-11 不同河流廊道宽度下 PL3 与水生生物指标相关系数变化（太子河干流）

由图 5-12 可知，水生生物指标与 PL4 的相关性呈先增后减的变化趋势，在河流廊道宽度为 300 m 处，PL4 与 B-S、F-IBI 相关性最强；在河流廊道宽度为 500 m 处，PL4 与 P-D 相关性最强。与亚流域尺度相比，在河流廊道尺度，PL4 与 P-D、F-IBI、B-S 出现显著相关性，与 F-H、F-D 显著相关性消失。由此说明不同尺度下，湿地景观对水生生物产生的影响不同；

在亚流域尺度上增加湿地景观面积，会显著提高鱼类密度和多样性；在河流廊道尺度上提高湿地景观占比，有助于提高浮游植物密度、鱼类完整性指数，增加底栖动物种类。

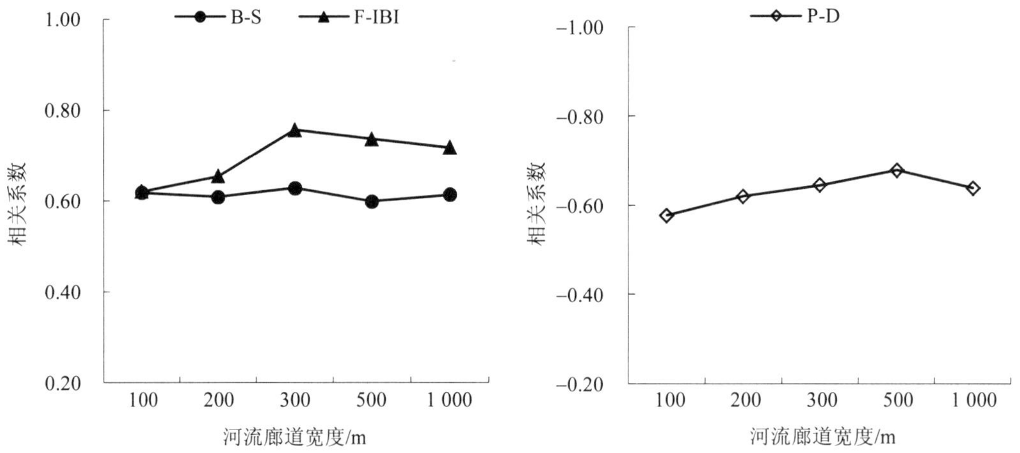

图 5-12　不同河流廊道宽度下 PL4 与水生生物指标相关系数变化（太子河干流）

（4）建设用地景观占比与水生生物指标相关系数变化趋势

由图 5-13 可知，B-IBI、F-IBI 与 PL5 的相关系数变化趋势一致，相关性先增后减，在河流廊道宽度小于 300 m 处相关性最强；B-S 与 PL5 的相关系数达−0.8，且随着河流廊道宽度增大基本保持平稳，说明建设用地景观对底栖动物物种数量的影响随河流廊道宽度增加的变化不大；P-D 与 PL5 在河流廊道宽度小于 100 m 时无显著相关性，超过 100 m 后相关系数随河流廊道宽度增加的变化不大。

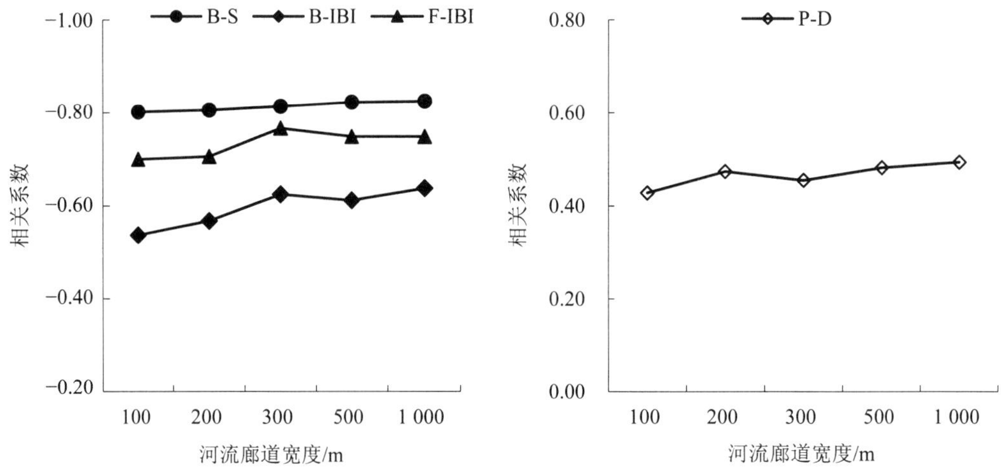

图 5-13　不同河流廊道宽度下 PL5 与水生生物指标相关系数变化（太子河干流）

5.3.2 太子河支流

5.3.2.1 流域尺度

由表 5-7 和图 5-14 可知，水生生物指标中，P-S、Z-D、Z-S、B-S、B-H、B-IBI、F-IBI 7 项指标与多项景观指数显著相关；其中，B-S、B-H、B-IBI、F-IBI 与景观指数的相关性

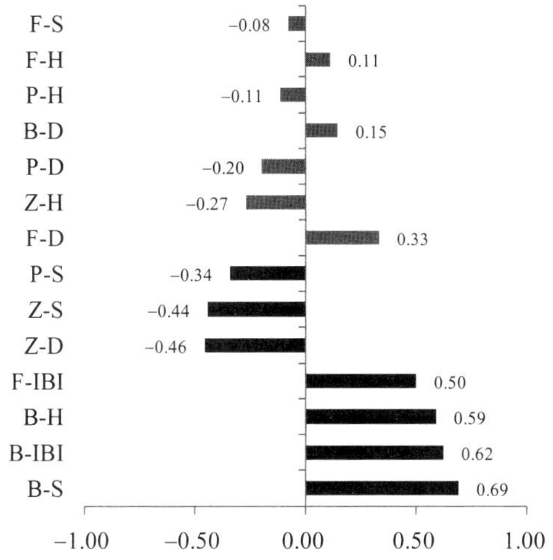

PL1 范围：27.34%～97.33%

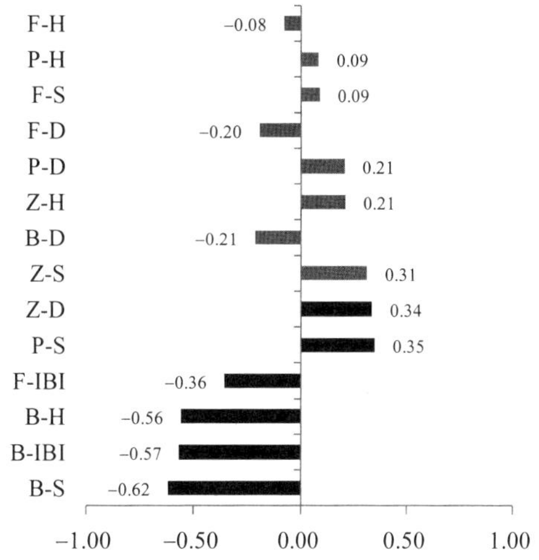

PL2 范围：1.7%～54.35%

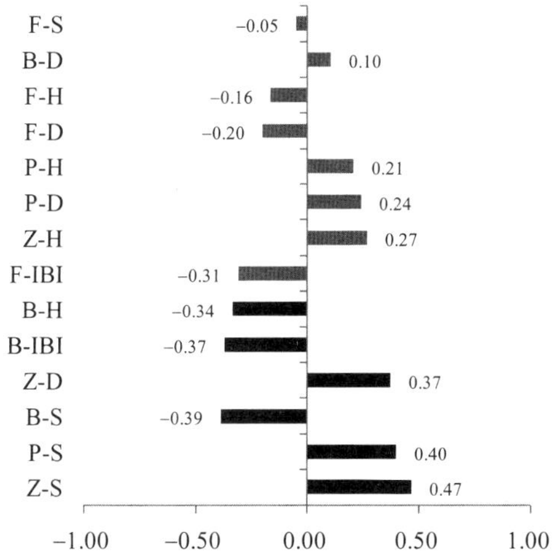

PL3 范围：0～20.4%

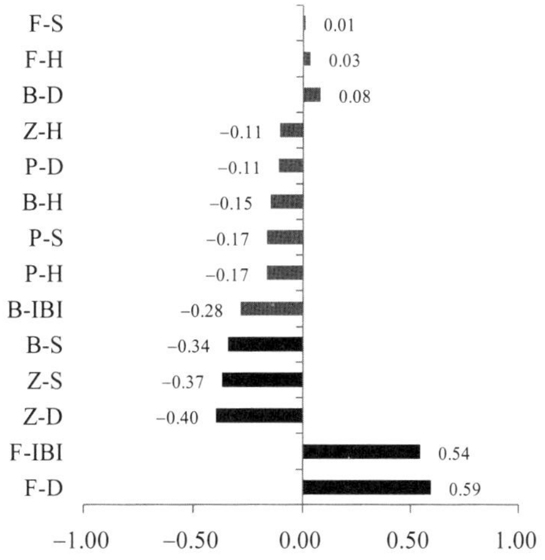

PL4 范围：0～3.52%

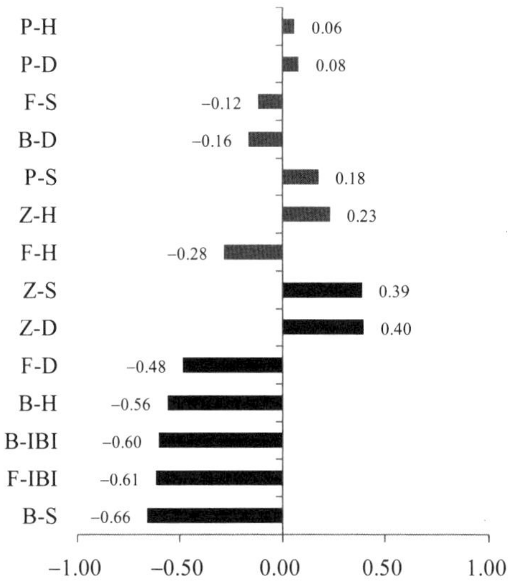

PL5 范围：0～24.23%

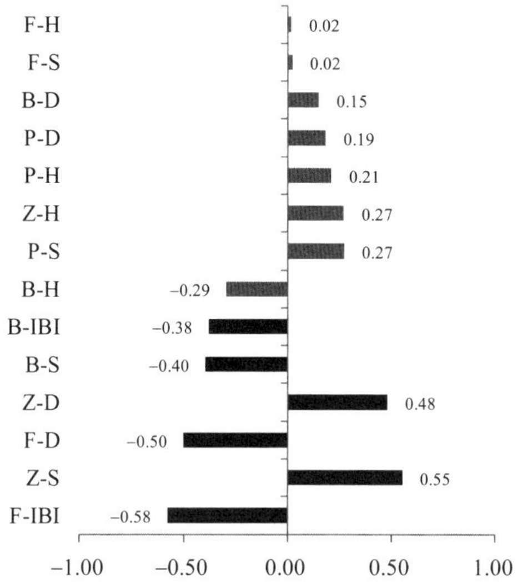

NP 范围：6～836 个

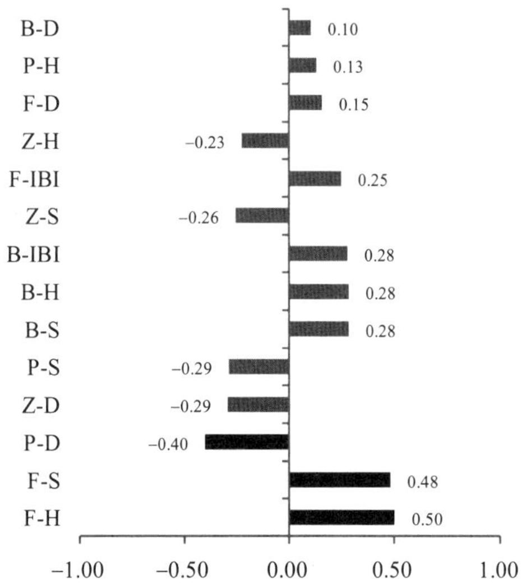

PAFRAC 范围：1.35～1.56

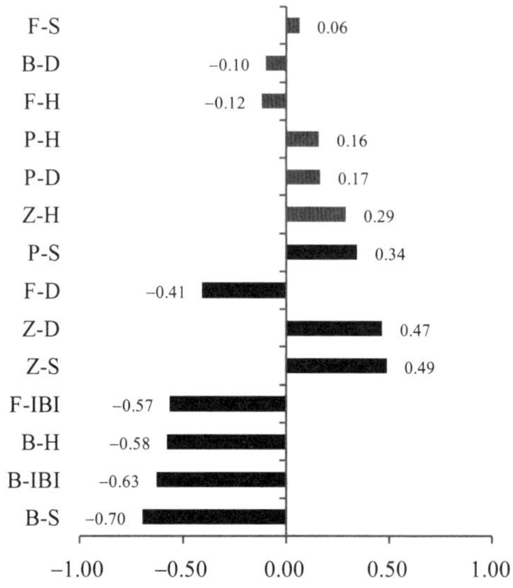

SHDI 范围：0.14～1.39

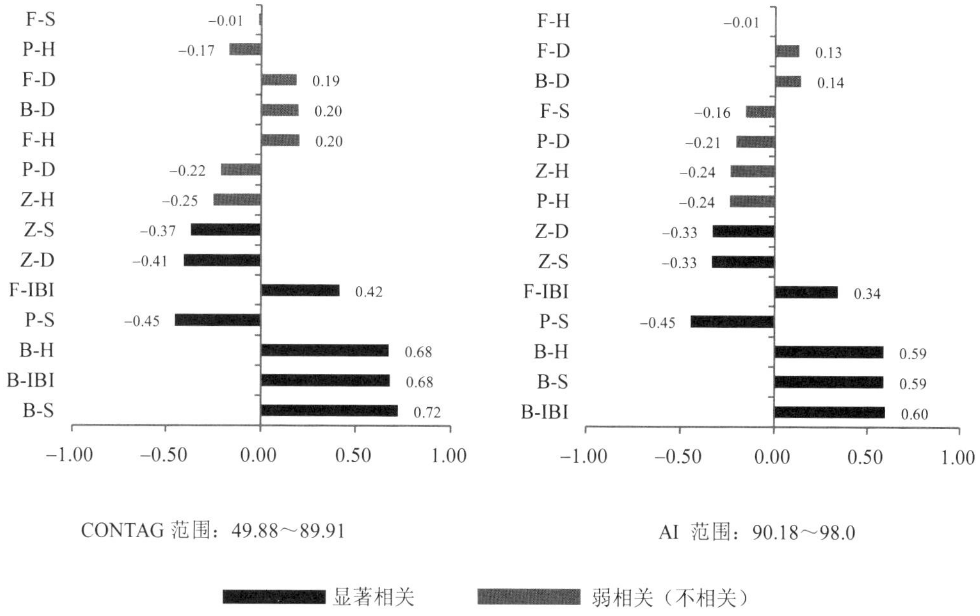

图 5-14　亚流域尺度景观指数与水生生物指标的相关分析结果（太子河支流）

最强，说明亚流域尺度景观格局对底栖动物和鱼类（尤其是底栖动物）的影响最为显著。与干流同尺度分析结果相比，支流景观指数与水生生物指标间的相关性有所降低，但与景观指数显著相关的水生生物指标个数增加，说明支流景观格局对水生生物的影响降低，但影响范围有所扩大，这与水质指标响应的分析结果一致。

对具有显著相关性的指标进行回归分析，结果表明，PL1 与 B-S，PL5 与 B-S、F-IBI，以及 CONTAG、SHDI 与 B-S 的回归效果比较理想，回归方程解释了因变量 50%以上的变化，即决定系数大于 0.5。其余景观指数与水生生物指标回归效果皆不理想。由此可见，在支流亚流域尺度上，整体上水生生物对景观格局变化响应的规律性不强。

（1）水生生物对景观格局组成变化的响应

1）对林草地景观占比变化的响应

从相关性分析可知，LP1 与 B-S、B-H、B-IBI、F-IBI 显著正相关，与 Z-S、Z-D、P-S 显著负相关。与干流分析结果相比，LP1 与 B-S、B-IBI、F-IBI、Z-S、Z-D、P-S 相关性减弱，与 B-H、P-D 由干流时的不相关变为在支流上的显著相关。

由图 5-15 可知，随着 PL1 的增大，B-S、B-IBI 整体呈升高趋势，PL1 与二者呈非线性关系。当 PL1 小于 80%时，B-S 均在 20 以下，PL1 超过 80%后，B-S 迅速提高；B-IBI

也有类似的变化趋势。这说明底栖动物对林草地景观的响应存在阈值，超过阈值后响应开始显著。支流上的阈值（PL1=80%）比干流上的阈值（PL1=78%）略高。

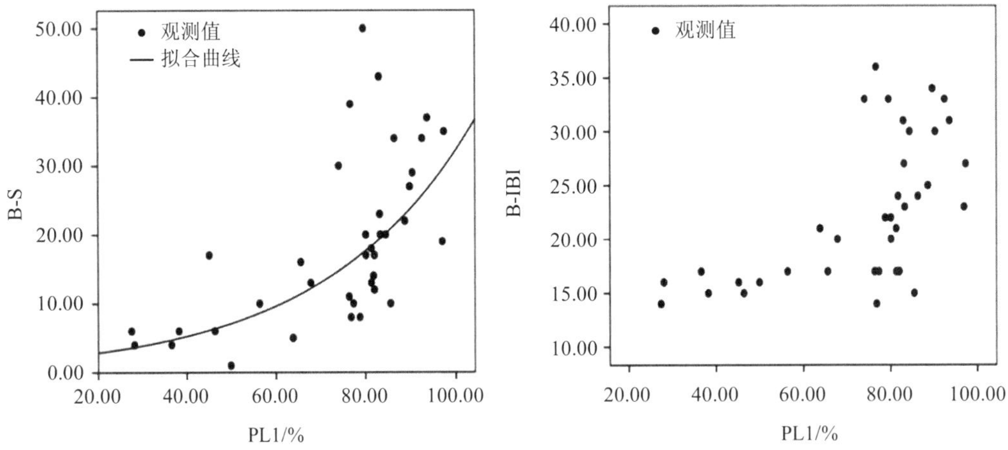

图 5-15　PL1 与部分水生生物指标的回归曲线及散点图

2）对旱地景观和建设用地景观占比变化的响应

LP2 与 B-S、B-H、B-IBI 和 F-IBI 分别在 $P \leqslant 0.01$ 和 $P \leqslant 0.05$ 水平显著负相关，与 P-S、Z-D 在 $P \leqslant 0.05$ 水平显著正相关。与干流相比，支流上底栖动物、鱼类及浮游动植物对旱地景观的响应强度降低，但与 LP2 显著相关的水生生物指标有所增加。原因可能是河流级别不同，其流域内旱地耕作强度也有所不同，干流流域通常位于平原地区，人口密集、经济发达，易于实现大规模农业耕作，农业面源污染负荷通常比支流大，干流水质对景观格局变化响应的程度也高于支流，进而导致支流水生生物对旱地景观的响应程度较干流低。

LP5 与 B-S、B-H、B-IBI、F-IBI 在 $P \leqslant 0.01$ 水平显著正相关，与 Z-D、Z-S 在 $P \leqslant 0.05$ 水平显著负相关。与旱地景观分析结果一致，支流上建设用地景观对底栖动物和浮游动物的影响程度也比干流上低。

由图 5-16 可知，B-S、B-IBI 与 PL2 相关性规律极不明显，说明支流上底栖动物对旱地景观的响应无明显规律。当 PL5 小于 5%时，点位散乱分布，但 B-S 基本保持在 10 以上，F-IBI 也在 10 以上，这说明限制建设用地景观占比在 5%以下可能会有助于增加底栖动物物种数，维持其生态完整性。

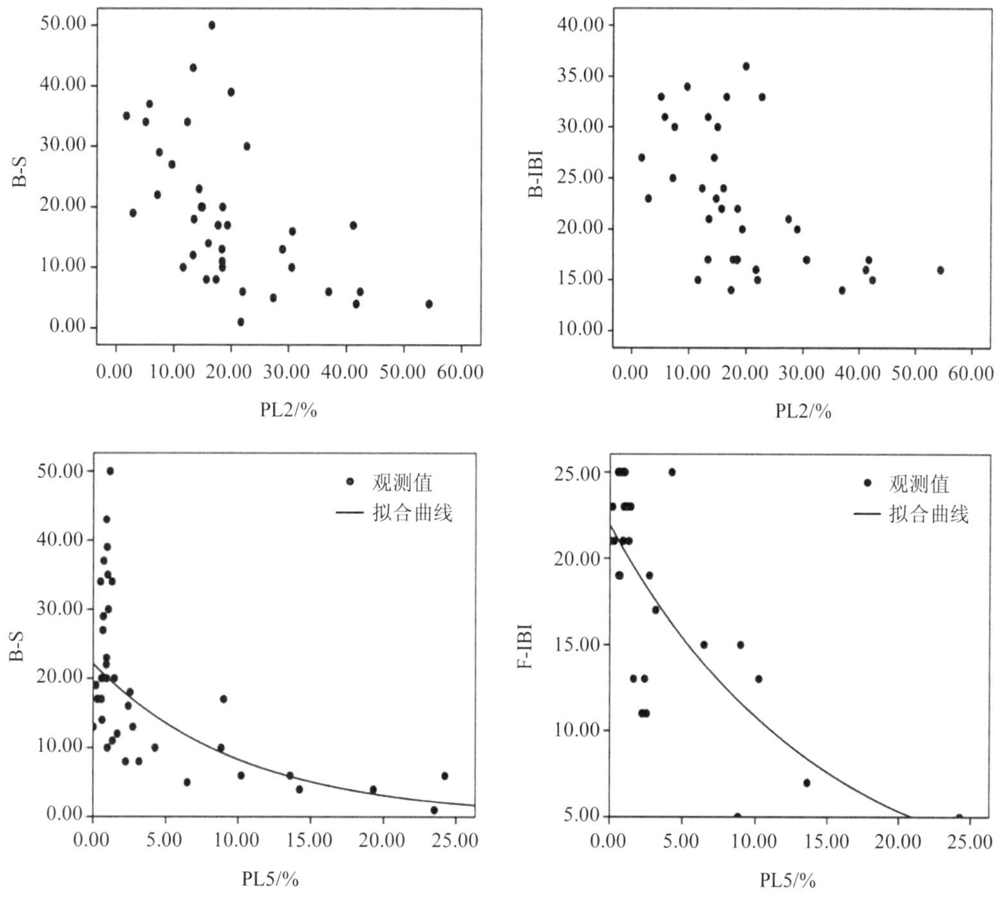

图 5-16　PL2、PL5 与部分水生生物指标的回归曲线及散点图

3）对水田景观、湿地景观占比变化的响应

LP3 与 Z-S 和 P-S、Z-D 分别在 $P\leqslant0.01$ 和 $P\leqslant0.05$ 水平显著正相关，与 B-S、B-H、B-IBI 在 $P\leqslant0.05$ 水平显著负相关，但相关系数绝对值不高，总体上相关性不强。与干流相比，支流上水田景观对鱼类的影响较弱，对浮游动物和底栖动物的影响更强。

LP4 与 F-D、F-IBI 在 $P\leqslant0.01$ 水平显著正相关，与 Z-D、Z-S、B-S 在 $P\leqslant0.05$ 水平显著负相关。与干流分析结果相比，与 LP4 显著相关的水生生物指标发生了改变，说明干流和支流湿地景观对水生生物的影响不同。在干流流域增加湿地景观面积会提高鱼类物种数量和多样性；支流流域内湿地景观面积的增加会带来鱼类密度的增加和完整性的提高，同时鱼类密度的增加使对浮游动物的捕食量增加，造成了浮游植物密度和物种数量的降低。可见，无论是干流还是支流，对湿地景观响应最显著的水生生物就是鱼类。对流域管理及生物多样性保护的借鉴意义为保护鱼类的一个关键措施就是在流域尺度上加大湿地保护的力度。

回归分析表明，水生生物对水田景观和湿地景观的响应无明显规律性。

（2）水生生物对景观格局构型变化的响应

从相关性分析可知，与干流不同的是，NP 除了与 F-IBI、B-S、B-IBI 显著负相关外，还与 B-H、F-D 显著负相关，这说明在支流上，底栖生物多样性指数、鱼类物种数量也对斑块数有显著响应。

支流上与 PAFRAC 显著相关的水生生物指标与干流相比发生了较大变动。支流上没有底栖动物指标与 PAFRAC 显著相关，干流上鱼类指标中 F-IBI 与 PAFRAC 显著相关；支流上 F-S、F-H 与 PAFRAC 显著相关。这说明在支流的亚流域尺度上，分维数对底栖生物的影响程度降低；保持景观形状的复杂多样对提高鱼类物种数量和多样性有利。

与干流结论基本一致，浮游植物、浮游动物、底栖动物、鱼类四类水生生物都有指标与 SHDI、CONTAG、AI 显著相关。

回归分析表明，反映景观格局空间构型的指标与水生生物指标回归效果不太好，说明水生生物对其响应的规律不强。

5.3.2.2 河流廊道尺度

由表 5-8 可知，与亚流域尺度相比，在河流廊道尺度上，与各景观指数显著相关的水生生物指标有明显差异，且相关性也有所不同。与干流相比，支流亚流域和河流廊道两个尺度的差异性更大。下文着重对景观指数与水生生物指标相关系数变化趋势进行分析，试图找出相关性最强的河流廊道宽度。

（1）林草地景观占比与水生生物指标相关系数变化趋势

由图 5-17 可知，在河流廊道宽度分别为 500 m、200 m、100 m 时，PL1 分别与 B-S、B-H、B-IBI、F-D、F-IBI，Z-D，Z-S 显著相关。不同类型水生生物对林草地景观响应最强时的河流廊道宽度不同，在河流廊道宽度为 500 m 时，鱼类和底栖动物对林草地景观响应最强；在河流廊道宽度为 100～200 m 时，浮游动物对林草地景观响应最强。

（2）旱地景观占比与水生生物指标相关系数变化趋势

由表 5-8 可知，在河流廊道尺度，在河流廊道宽度为 500～1 000 m、1 000 m 时，PL2 分别与 B-S、B-H、B-IBI 以及 Z-S 显著相关。在河流廊道宽度为 500 m 以内时，PL2 与水生生物指标无显著相关性。

（3）水田景观、湿地景观占比与水生生物指标相关系数变化趋势

由表 5-8 可知，在河流廊道尺度，PL3 只与 Z-D、Z-S，PL4 只与 F-D、F-IBI 存在显著相关性。与亚流域尺度相比，在河流廊道尺度上，底栖动物对水田和湿地的响应显著降低。

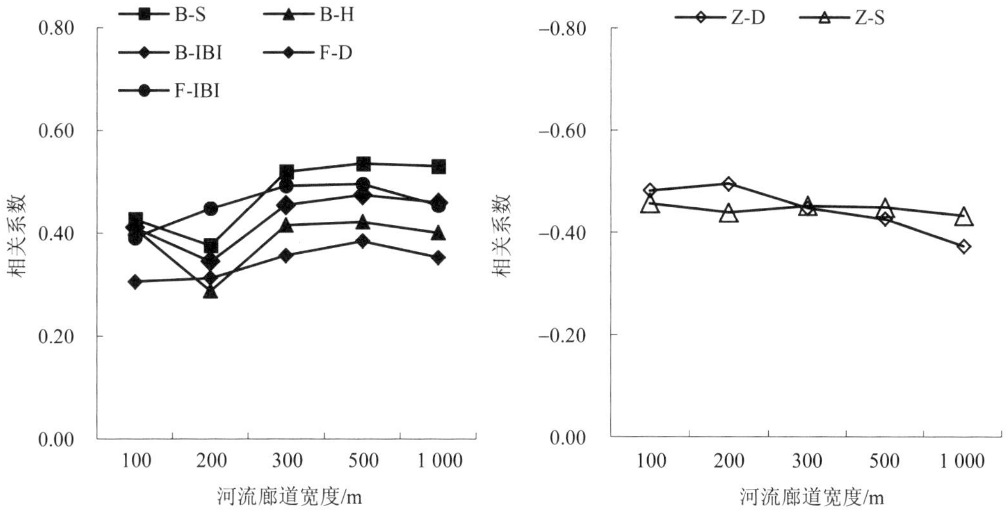

图 5-17 不同河流廊道宽度下 PL1 与水生生物指标相关系数变化（太子河支流）

（4）建设用地景观占比与水生生物指标相关系数变化趋势

由图 5-18 可知，PL5 与 Z-D、Z-S 显著正相关，与 B-S、B-H、B-IBI、F-D、F-IBI 显著负相关，都在河流廊道宽度为 1 000 m 处相关性最强。浮游动物、底栖动物和鱼类对建筑用地景观的响应随河流廊道宽度的增大而增强。

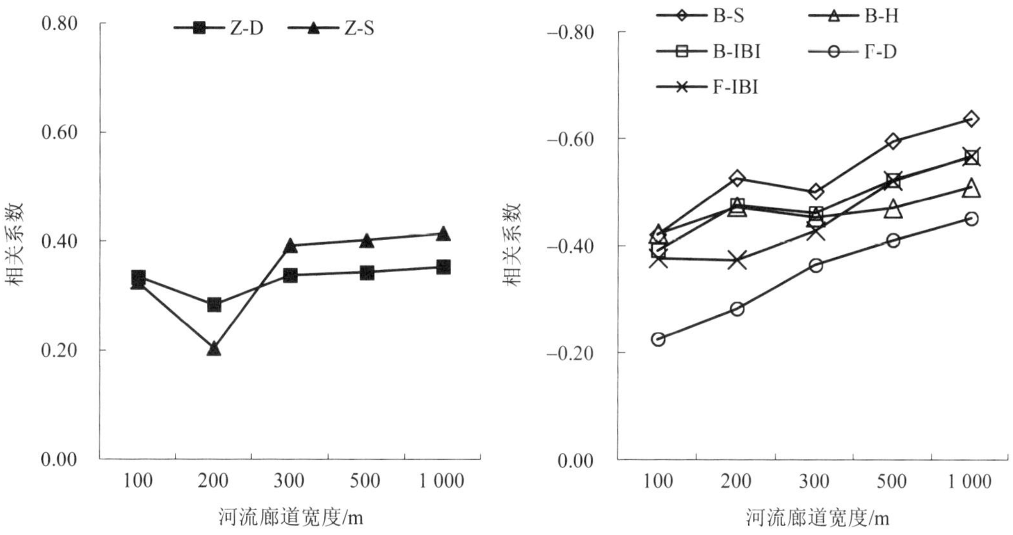

图 5-18 不同河流廊道宽度下 PL5 与水生生物指标相关系数变化（太子河支流）

5.4 排序（梯度）分析结果

分别将太子河干流和支流水生生物指标与景观数据导入 Canoco 软件中，进行 DCA 梯度轴检验，以选择合适模型、开展排序分析，结果如表 5-9 和表 5-10 所示。经检验，本研究中 DCA 梯度轴的长度皆小于 3，因而选择冗余分析（RDA）进行排序分析。

表 5-9　水生生物指标与景观指数间的 DCA 检验结果（太子河干流）

轴	1	2	3	4	总方差
特征值	0.328	0.009	0.001	0	1
物种-环境相关性	0.58	0.664	0.669	0.372	
物种数据累积百分比方差	32.8	33.7	33.7	33.8	
物种与环境相关性累积百分比方差	97.2	99.7	99.9	100	
特征值之和					1
正则特征值之和					0.338

表 5-10　水生生物指标与景观指数间的 DCA 检验结果（太子河支流）

轴	1	2	3	4	总方差
特征值	0.251	0.007	0	0	1
物种-环境相关性	0.504	0.738	0.476	0.554	
物种数据累积百分比方差	25.1	25.8	25.8	25.8	
物种与环境相关性累积百分比方差	97.3	100	100	100	
特征值之和					1
正则特征值之和					0.258

5.4.1 太子河干流

RDA 分析结果表明，第一排序轴、第二排序轴的总特征值为 0.83，排序轴体现的水生生物和景观指数之间的相关性显著（如表 5-11 所示）。景观格局与水生生物间的关系的 99.7%体现在第一排序轴上，前两个排序轴集中了全部排序轴所能反映的全部相关关系，因此 RDA 能够很好地解释景观格局变化与水生生物指标间的相关关系。

表 5-11 Monte Carlo 检验结果

第一排序轴显著性检验			所有排序轴的显著性检验		
特征值	*F* 值	*P* 值	特征值	*F* 值	*P* 值
0.825	56.701	0.001	0.828	7.210	0.001

RDA 结果以二维平面图的形式直观展示了分析点位、水生生物指标和景观格局指标之间的对应关系（如图 5-19 所示）。排序图中的圆点代表太子河干流 21 个水生生物监测点位，圆点之间的距离表示各点位之间水生生物指标间的相似性；排序图中蓝色虚线箭头线表示干流水生生物指标，箭头之间的距离表示水生生物指标之间的相似性；排序图中红色实线箭头线代表景观指数，箭头线长度表示水生生物指标与景观指数之间相关关系大小，箭头连线与排序轴夹角表示景观指数与排序轴相关性大小，箭头之间的夹角表示景观指数指标之间的相关关系。

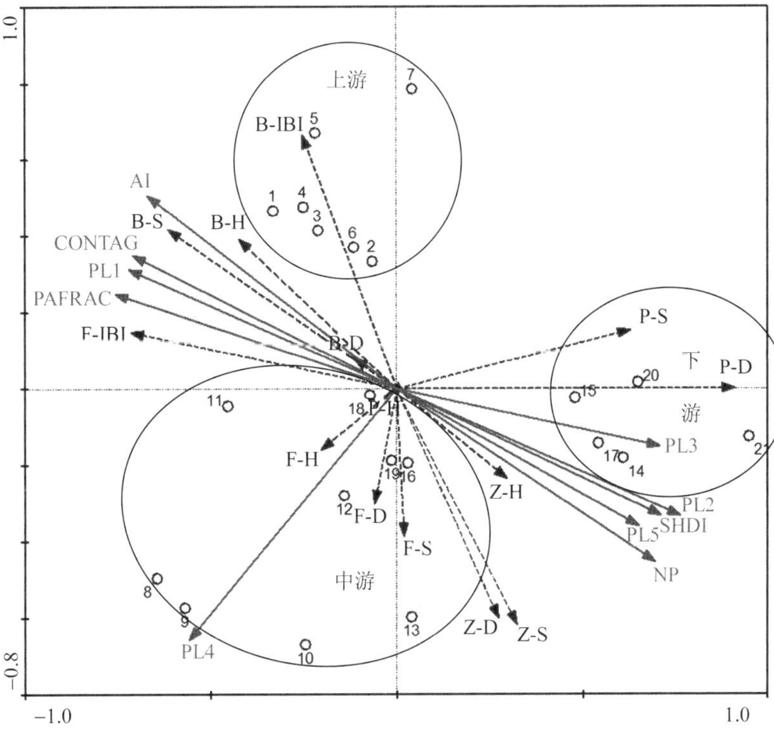

图 5-19 太子河干流景观指数与水生生物指标 RDA 二维排序图

由图 5-19 可知，与水质一样，太子河干流水生生物在空间上存在明显的梯度。21 个点位的排序结果显示，可以将水生生物在空间上划分为 3 组，位于第二象限及一二象限排序轴附近的点位 1～7 为一组；位于第三象限及三四象限排序轴附近的点位 8～13、点位 16、点位 18、点位 19 为一组；位于第四象限及一四象限排序轴附近的其他点位为一组；以上 3 组很好地体现了上游到下游的变化。上游水质清洁，底栖动物多样性指数、物种数量及完整性指数保持较高水平；中游水质开始变差，但河宽、水深都有所增大，根据河流连续体概念（River Continuum Concept，RCC），在河流中游，初级生产力有了较大提高，收集者和食草者开始占优势，使得浮游动物和鱼类物种数、密度和多样性较高；在下游，伴随着水质下降，鱼类和底栖动物数量、物种数显著降低，水生生物以浮游植物为主。

由排序图可知，PL2、PL3、PL5、NP、SHDI 与浮游植物、浮游动物类指标呈正相关关系，PL1、PAFRAC、CONTAG、AI 与底栖动物类指标呈正相关关系，PL4 与鱼类指标呈正相关关系，此结论与前文相关性分析与回归分析结果一致。从排序图可知，上游地区受人类干扰较小，底栖动物对景观格局变化的响应强烈，中游地区鱼类随湿地景观占比的增加而显著增加，响应最为强烈，可能是由于中游地区存在的湿地对保护鱼类种群数量和物种数量发挥了积极作用；下游地区受人类干扰较大，耕地景观和建设用地景观占比增加及由此带来的斑块数的增加、景观多样性的增加给底栖动物和鱼类带来了不利影响，但为浮游植物的生长提供了较为充足的外源营养物质，使浮游植物物种数量和密度迅速增加。

RDA 排序图很好地反映了水生生物、景观格局在空间上的梯度性，体现了水生生物对景观格局变化的响应关系在上游、中游、下游存在差别。

5.4.2 太子河支流

RDA 分析结果表明，第一排序轴、第二排序轴的总特征值为 0.258，经 Monte Carlo 检验（如表 5-12 所示），第一排序轴及所有排序轴的 P 值均大于 0.05，排序轴与水生生物和景观指数之间的相关性不显著，说明太子河支流水生生物对景观格局变化的响应不强，这与相关性分析与回归分析结果基本一致。

表 5-12 Monte Carlo 检验结果

第一排序轴显著性检验			所有排序轴的显著性检验		
特征值	F 值	P 值	特征值	F 值	P 值
0.251	9.034	0.488	0.258	0.937	0.480

第 6 章　景观变化的生态系统服务功能响应

景观变化改变了土地利用与土地覆被，直接影响了生态系统的服务功能。本研究以黄河三角洲典型区域为例，利用遥感影像解译了土地覆被数据，分析了 1989—2015 年土地覆被的时空变化，揭示了不同时期各类用地的转移去向和来源构成；采用 InVEST 模型和市场价值法，评价了碳储量、栖息地质量和物质生产三种主导生态系统服务的时空分布及动态响应变化。

6.1　生态系统服务功能评估模型

生态系统服务的定量评估方法一般包括物质量评估、价值量评估和能值分析三类，不同评估方法的结果差别较大。InVEST 模型是由自然资本项目支持开发的，旨在权衡经济发展与生态保护之间的关系，寻求最优经济发展和自然资源管理模式。该模型可通过建立土地利用与土地覆被情景，评价当前和未来情景下的生态系统服务功能，为决策提供参考（Nelson et al.，2009；Boithias et al.，2014）。目前，该模型被科研工作者广泛认可，广泛应用于流域和景观尺度的碳储量、土壤保持、水体净化、产水量等的生态系统服务功能评估（周彬等，2010；Polasky et al.，2011；Vigerstol et al.，2011；白杨等，2013；李屹峰等，2013）。InVEST 平台是由 16 个小模块构成的套件，可以用于评估陆地、水域及海洋生态系统，模拟碳储量、栖息地质量、渔业、滨海蓝碳（由海洋捕获的碳）、滨海脆弱性及海洋水质等服务。本研究基于 InVEST 3.1.1 平台，构建了栖息地质量和碳储量的时空模拟模型，提出了基于市场价值法的湿地物质生产服务评估方法。

6.1.1　基于 InVEST 的湿地碳储和碳汇模型

InVEST 模型的 Carbon 模块可用于评价不同地类上一定时间跨度内碳的总存储量，还可以根据研究需要，输入碳的市场交易价格、贴现率以计算碳的经济价值，输出价值分布图。在该模块中，不同土地利用与土地覆被类型上的生态系统碳储量划分为 4 种基本碳库：地上生物碳（C_{above}）、地下生物碳（C_{below}）、土壤碳（C_{soil}）和死亡有机碳（C_{dead}）。地上生物碳包含所有活体植物的地上部分（例如树皮、树干、树枝、树叶）中的碳；地下生物碳包含地上生物的活体根茎部分中的碳；土壤碳指土壤中的有机碳；死亡有机碳包含腐殖质、枯落物及死亡植物中的碳。模型的计算公式为：

$$C_{total} = C_{above} + C_{below} + C_{soil} + C_{dead} \tag{6-1}$$

式中：C_{total}——总碳储量；

C_{above}——地上生物碳储量；

C_{below}——地下生物碳储量；

C_{soil}——土壤碳储量；

C_{dead}——死亡有机碳储量。

模型的输入数据包括研究区不同时期的土地利用与土地覆被栅格图（Raster 格式）、不同地类对应的 4 种碳库的碳密度（Mg/hm^2）。碳储量是用 4 种碳库的平均碳密度乘以各类土地利用覆被面积得到。综合考虑研究区面积和评价模型精度要求，网格大小选取 270 m × 270 m，每个栅格对应一种土地利用类型。

6.1.2 基于 InVEST 的湿地栖息地质量模型

基于 InVEST 的湿地栖息地质量模型构建中，认为影响生物栖息地质量的因素包括四个方面：一是每种威胁因子的相对影响；二是每种栖息地类型对每种威胁因子的相对敏感性；三是自然栖息地（栖息地斑块）与威胁因子的距离，一般认为威胁程度随该距离的增大而降低；四是土地受法律保护的水平，如是否为保护区或私有土地、是否开放采伐或随意进入等（Sun et al.，2015；Terrado et al.，2015）。为此，主要需要输入四类数据：土地利用与土地覆被栅格图、威胁因子图层、威胁因子得分表、不同地类对威胁因子的敏感性。栖息地质量得分用[0，1]之间的数字表示，该值越小，栖息地质量得分越低。模型的计算公式为：

$$Q_{xj} = H_j\left(1 - \frac{D_{xj}^z}{D_{xj}^z + k^z}\right) \tag{6-2}$$

式中：Q_{xj}——不同土地利用与土地覆被下的栖息地质量；

H_j——不同土地利用与土地覆被的栖息地质量得分；

k——半饱和常数，由用户自己设定，一般取 k 值为栅格精度值的一半，当

$1-\frac{D_{xj}^{z}}{D_{xj}^{z}+k^{z}}=0.5$ 时，k 值与 D_{xj} 值相等；

z——归一化指数，量纲一，默认为2.5；

D_{xj}——不同土地利用与土地覆被的栖息地受威胁因子的影响水平，采用式（6-3）计算。

$$D_{xy}=\sum_{r=1}^{R}\sum_{y=1}^{Y_r}\left(\frac{w_r}{\sum_{r=1}^{R}w_r}\right)r_y i_{rxy}\beta_x s_{jr} \tag{6-3}$$

$$i_{rxy}=1-\frac{d_{xy}}{d_{r\max}} \tag{6-4}$$

式中：R——威胁因子数量；

Y_r——威胁因子占的栅格数；

w_r——威胁因子权重，一般取值为0～1；

r_y——栅格 y 的威胁因子值；

i_{rxy}——栅格 y 的影响值 r_y 对栅格 x 的威胁水平；

β_x——栅格 x 的可达性，一般取值为0～1，数值越大，可达性水平越强；

s_{jr}——栖息地对威胁因子的敏感性；

d_{xy}——栅格 x 与栅格 y 之间的直线距离；

$d_{r\max}$——胁迫因子 r 的最大影响距离。

6.1.3 基于市场价值法的湿地物质生产服务评估方法

物质生产服务价值主要为可产生经济价值的物质价值，一般包括粮棉价值、芦苇价值、水产品价值、经济林价值等，计算公式如下：

$$V=\sum Y_i\cdot A_i\cdot P_i \tag{6-5}$$

式中：V——研究区物质生产服务总市场价值，万元；

Y_i——第 i 类物质单位面积产量（以下简称“单产量”）的平均值，万元/hm^2；

A_i——第 i 类物质的生产面积，hm^2；

P_i——对应指定年份第 i 类物质市场价格的平均值，万元/t。

为避免计算过程过于复杂，未考虑各时期的技术革新带来的产量提高，居民消费偏好的变化，供需关系变化引起的市场价格变动，以及通货膨胀导致的价值变化。本研究在 ArcGIS10.0 平台中，基于市场价值法的计算结果，对物质生产服务进行了空间化，使这一静态评估方法很好地应用于生态系统服务的动态评估。

6.2 数据来源与处理

6.2.1 研究区概况

黄河三角洲位于山东省东营市的黄河入海口，北邻渤海，东靠莱州湾，由黄河携带的泥沙冲积而成，是世界上大型三角洲地区最活跃的陆-海互动区之一，也是我国暖温带保存最完整、最广阔、最年轻、面积最大的河口湿地生态系统（宋晓龙等，2009）。随着大量泥沙的运输，黄河三角洲每年以 2～3 km 的速度向渤海推进，形成大片新增陆地，尤其是渤海与黄河相会处形成了大面积浅海滩涂和湿地。湿地总面积约 4 500 km^2，其中泥质滩涂面积达 1 150 km^2，地形为平原，滨海湿地处于潮间带地区，潮涨潮落的影响很大。湿地有淡水沼泽、盐水沼泽、滩涂、潮间带、河漫滩及河流沟渠、水库坑塘等形式。

研究区内分布有黄河三角洲国家自然保护区。该保护区始建于 1991 年，2006 年被确定为国家级示范自然保护区。该保护区旨在保护黄河口原生湿地生态系统。保护区总面积为 15.3 万 hm^2，分为核心区、缓冲区、实验区。保护区为温带大陆性季风气候，季节分明，雨热同期，年平均降水量和年平均蒸发量分别为 551.6 mm 和 1 962 mm。保护区内生态景观别具一格，生物资源颇为丰饶，仅水生生物就有 800 多种，植物有 400 余种。区内自然植被覆盖率达 55.1%，保护区是我国沿海最大的新生湿地自然植被区。植被为原生性滨海湿地演替系列，自然植被类型丰富，包括盐生灌丛、典型草甸、盐生草甸、草本沼泽、落叶阔叶林及水生植被，具有重要的生态服务功能（韩美等，2009；靳宇弯等，2015）。保护区是丹顶鹤在我国越冬的最北界和世界稀有鸟类黑嘴鸥的重要繁殖地，也是东北亚内陆和环西太平洋鸟类迁徙的重要“中转站”和越冬、繁殖地（李逸凡，2015）。然而，由于气候变化和人为影响，黄河泥沙年淤积量在过去几十年逐渐下降（Wang et al.，2006；史红玲等，2014；Pan et al.，2021），黄河三角洲淡水湿地退化，生物多样性和土壤质量都受到缺水和盐分胁迫加剧的威胁，表现为植被逆向演替，水鸟栖息地遭到严重破坏（Cui et al.，2009）。

6.2.2 土地利用与土地覆盖数据解译及提取

为分析研究区景观变化，分别选取 1989 年 8 月、1998 年 4 月、2008 年 5 月、2015 年

5月的四期SPOT5卫星影像图，采用面向对象和目视解译相结合的方法进行解译，获得土地利用与土地覆被矢量图，解译精度为20 m。解译中，参照《土地利用现状分类》（GB/T 21010—2007），将研究区土地利用与土地覆被划分为17个类型（如表6-1所示）。

表6-1 研究区滨海湿地分类系统

一级分类	二级分类	编码	一级分类	二级分类	编码
天然湿地	近海水域	3	人工湿地	养殖塘	1
	滩涂	14		裸地	2
	芦苇	6		农田	4
	翅碱蓬	11		油田	5
	柽柳	13		盐田	12
	互花米草	10		港口	7
	河流潮沟	9		水库坑塘	8
其他	林地	16		防潮堤	15
				居工用地	17

解译获取的1989—2015年四期土地利用与土地覆被如图6-1所示。从图6-1中可以看出，1989年研究区陆域面积有一半以上被自然地类（如植被、滩涂和水面）覆盖，养殖业不发达，集中分布于北部的小片区域，几乎没有盐田和居民区，港口面积为0。1998—2008年，研究区北部沿海（包括黄河故道区域）蚀退大于淤积，岸线南移，这是由于该区域黄河泥沙造陆趋势减弱，引起了海岸蚀退；在黄河现入海口及东部沿海地区，黄河尾闾上摆，形状发生了较大变化，且滩涂面积向东不断增加，但北部沿岸岸线蚀退趋势更加显著，因而研究区陆域面积略有减小。2006年，黄河三角洲被确定为国家级示范自然保护区后，着力保护黄河口原生湿地生态系统、改善栖息地质量，因而2006—2015年，保护区内植被覆盖面积显著增加，黄河沿岸植被也得到大面积恢复；在保护区外，为发展经济，开发了大片的养殖塘和盐田，地类分布差异较为显著。此外，为保护沿海地区，修建和加固了防潮堤，已部分建成了沿海防潮体系。

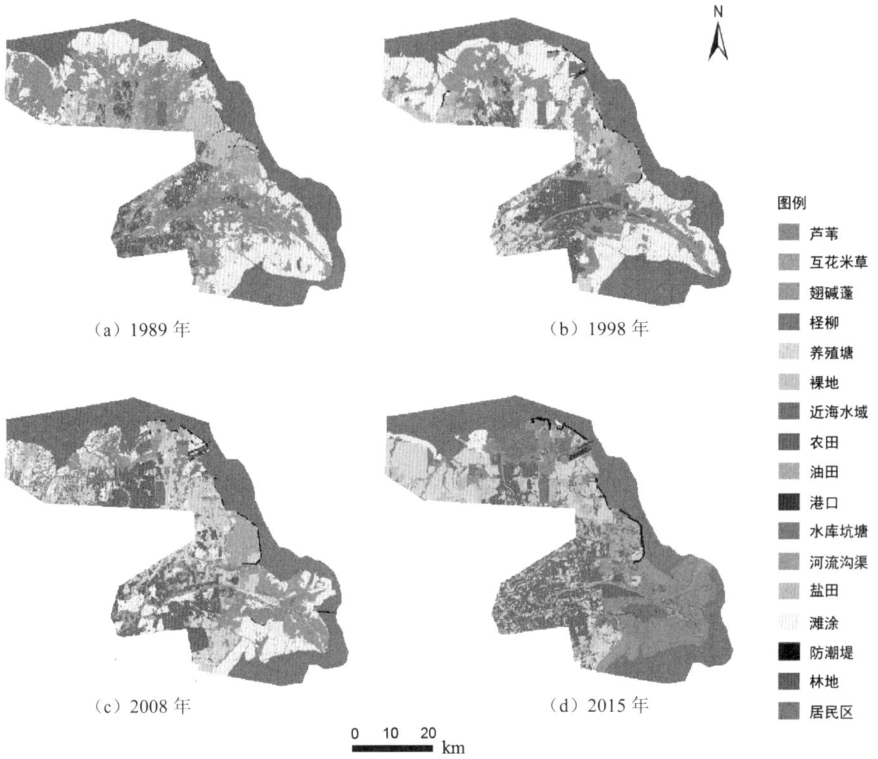

图 6-1 研究区不同时期土地利用与土地覆被

进一步统计不同类型土地利用面积变化（如图 6-2 所示）。由图 6-2 可见，研究区总面积约为 2 827 km^2；1989—1998 年，农田面积变化不大，减少了 8%，防潮堤面积增加了 14%，养殖塘面积增加了 34%，港口、盐田、居民区面积从 0 分别增加到 3.35 km^2、59.30 km^2、4.65 km^2，油田面积则减少了 67%；1998—2008 年，农田和居民区面积均增加了 11%，防潮堤面积增加了 12%，港口面积增加了 75%，养殖塘、油田面积大幅增加，分别增加了 1.77 倍、2.54 倍，盐田面积则减少了 20%；2008—2015 年，港口、防潮堤面积分别增加了 12%、15%，盐田、农田面积分别增加了 76%、82%，居民区面积增加了 5.73 倍，养殖塘面积变化不大，减少了 6%，油田面积则减少了 43%。总体上，在整个研究期内，油田面积减少了 33%，防潮堤、农田面积分别增加了 46%、85%，养殖塘面积增加了 2.51 倍，港口、居民区、盐田面积分别从 0 增加到 6.60 km^2、34.85 km^2、83.73 km^2。各时期土地利用与土地覆被变化都十分剧烈，但近海水域、滩涂植被（翅碱蓬、芦苇）、河流沟渠、农田、养殖塘都占据优势，构成了整个研究区滨海湿地的景观基质。

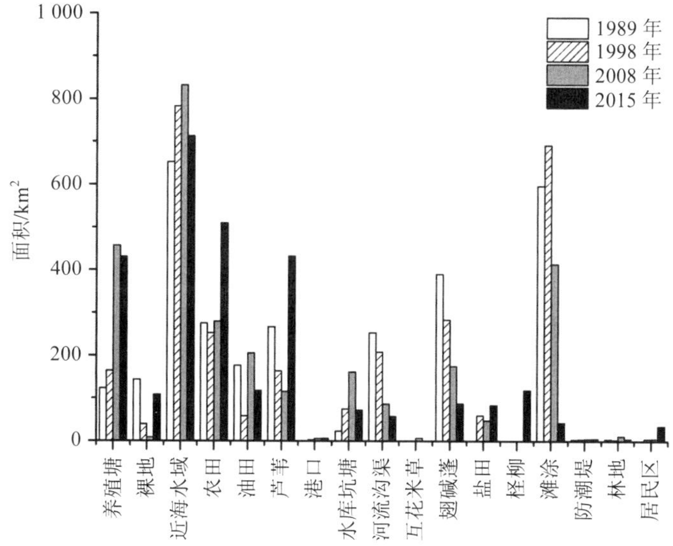

图 6-2 不同时期各地类面积

6.2.3 评估模型参数及相关数据获取

（1）栖息地质量相关参数

由式（6-2）和式（6-3）可知，在确定保护目标物种的基础上，需要识别栖息地可达性、目标物种的栖息威胁因子、各威胁因子的影响水平和各栖息地对威胁因子的敏感性，并输入 InVEST 模型的栖息地质量模块以进行模拟。因此，首先结合黄河三角洲生物多样性现状和保护要求，确定了目标物种，并开展了专家问卷调查，获得了目标物种栖息地威胁因子和胁迫水平，为评估模型提供了参数。

黄河三角洲保护目标选择：黄河三角洲湿地是鹤科的重要分布区，记录有 7 种鹤类（我国有 9 种），包括沙丘鹤（*Grus canadensis*）、蓑羽鹤（*Grus virgo*）、丹顶鹤（*Grus japonensis*）、灰鹤（*Grus grus*）、白头鹤（*Grus monacha*）、白枕鹤（*Grus vipio*）、白鹤（*Grus leucogeranus*）。鹤类与同类群的其他物种相比，对环境条件要求较高，对环境变化更为敏感，最喜欢芦苇沼泽和开放水域（宋晓龙等，2009；刘海防，2015）。因此，选取典型物种鹤类作为湿地水禽的指示种，评价景观变化对滨海湿地鹤类栖息地的影响。参照土地利用与覆盖分类体系，结合实地调查，选择水库坑塘、河流沟渠、近海水域、滩涂、芦苇、翅碱蓬、互花米草、柽柳作为栖息地，其他地类（居民区、农田、油田、盐田、养殖塘、防潮堤、港口）为非栖息地。

栖息地可达性：根据不同土地利用类型，并结合城市建设和交通情况，将可达性分为 4 个等级，其中 1 代表相应的土地利用类型可达性水平最高。研究区不同土地利用与土地覆被类型可达性如表 6-2 所示。

表 6-2 不同土地利用与土地覆被类型可达性

景观类型	可达性赋值	景观类型	可达性赋值
养殖塘	0.50	河流潮沟	0.25
裸地	0.25	互花米草	0.25
近海水域	0.25	翅碱蓬	0.25
农田	1	盐田	0.50
油田	0.50	柽柳	0.25
芦苇	0.25	滩涂	0.25
港口	1	防潮堤	0.50
水库坑塘	0.50	居工用地	1

目标物种的栖息威胁因子：非栖息地类型（包括防潮堤、港口、养殖塘、盐田、农田、居民区、油田等）会对目标物种鹤类产生一定的威胁，但是威胁程度会有所差异，如在越冬期，鸟类也会出现在农田中觅食，因此农田对鸟类的人为干扰相对较少。

各威胁因子的影响水平：采用专家调查问卷方式获得了威胁因子得分表（如附录 1 所示），即每种威胁因子（非栖息地类型）的相对权重，从而对上述非栖息地类型的威胁水平进行了定量化评估。威胁因子得分表包括每种威胁因子的相对权重（w），各威胁因子对栖息地的最大影响距离（$d_{\max}$），以及这些威胁随距离增加而呈线性或非线性减少的模式（即衰减模式）。本次调查共发放专家调查问卷 30 份，回收 23 份，其中 20 份来自黄河三角洲国家级自然保护区的工作人员，3 份来自相关的湿地专家和鸟类专家。进一步按照专家打分权重定为 0.6、保护区工作人员打分权重为 0.4 的原则，对调查问卷结果进行了加权平均计算，结果作为各威胁因子的权重和最大影响距离值；衰减模式则是依据专家经验判定。具体结果如表 6-3 所示。

表 6-3 栖息地质量模块的威胁因子得分表

威胁因子	权重	最大影响距离/km	衰减模式（线性/非线性）
养殖塘	0.44	1.77	非线性
农田	0.47	1.12	非线性
防潮堤	0.89	9.70	非线性
油田	0.84	3.84	线性
港口	0.92	5.52	线性
居工用地	0.83	3.22	非线性
盐田	0.49	1.32	线性

栖息地对威胁因子的敏感性：不同的栖息地类型对每种威胁因子具有不同的敏感性，敏感性取值范围是0～1，0表示栖息地对某种威胁因子无敏感性，1表示具有高度的敏感性。关于栖息地对应的取值，如果土地利用与土地覆被类型是栖息地，用数字1表示，否则用0表示。获得敏感性调查表，结果如表6-4所示。

表6-4 不同土地利用与土地覆被类型的威胁因子敏感性调查表

代码	地类	栖息地	养殖塘	农田	防潮堤	油田	港口	居工用地	盐田
1	养殖塘	0	0	0	0	0	0	0	0
2	裸地	0	0	0	0	0	0	0	0
3	近海水域	1	0.41	0.33	0.88	0.58	0.90	0.42	0.50
4	农田	0	0	0	0	0	0	0	0
5	油田	0	0	0	0	0	0	0	0
6	芦苇	1	0.28	0.58	0.53	0.80	0.92	0.76	0.33
7	港口	0	0	0	0	0	0	0	0
8	水库坑塘	1	0.23	0.24	0.88	0.82	0.83	0.43	0.49
9	河流潮沟	1	0.44	0.46	0.78	0.80	0.93	0.79	0.44
10	互花米草	1	0.50	0.55	0.75	0.65	0.99	0.90	0.45
11	翅碱蓬	1	0.46	0.55	0.72	0.72	0.86	0.73	0.46
12	盐田	0	0	0	0	0	0	0	0
13	柽柳	1	0.50	0.62	0.91	0.82	0.91	0.76	0.56
14	滩涂	1	0.42	0.61	0.83	0.82	0.87	0.73	0.49
15	防潮堤	0	0	0	0	0	0	0	0
16	居工用地	0	0	0	0	0	0	0	0

（2）碳储碳汇相关参数

碳模块的输入数据参考相关文献获得。其中，地上生物碳密度和地下生物碳密度数据来源于董洪芳等（2010）、张绪良等（2012）、许振等（2014）和宋红丽（2015），土壤碳密度数据来源于曹磊等（2013）、于君宝等（2013），死亡有机碳密度来源于宋红丽（2015）。汇总后得到研究区湿地碳库表，如表6-5所示。

表 6-5 研究区不同地类碳库表

单位：Mg/hm^2

代码	地类	地上生物碳密度	地下生物碳密度	土壤碳密度	死亡有机碳密度
1	养殖塘	0.50	0	12	0
2	裸地	0	0	13	0
3	近海水域	0	0	27	0
4	农田	9	4	25	0.30
5	油田	4	2	14.80	0.17
6	芦苇	18	9	15	0.55
7	港口	0	0	8	0
8	水库坑塘	1	0.50	30	0
9	河流潮沟	1.50	0.50	16	0
10	互花米草	40.80	13.60	15.40	0.20
11	翅碱蓬	6.80	1.70	17	0.30
12	盐田	0	0	21	0
13	柽柳	12.90	3.20	20	0.25
14	滩涂	0.50	0	15	0
15	防潮堤	0	0	12	0
16	林地	30	30	30	13
17	居工用地	0	0	12	0

（3）经济社会相关数据

黄河三角洲地区五大主导产业为粮棉、畜牧、水产、林果、种子（韩美等，2009）。以此为基础，研究区内产生的物质生产服务价值主要为粮棉价值、芦苇价值、水产品价值、原盐价值、经济林价值（周方文等，2015）。此部分数据来源于国家及山东省、东营市的统计年鉴、政府网站数据及相关文献数据。经过处理后，得到各类物质生产服务产品的单产量及市场均价。缺乏研究区数据时，采用全国平均或其他地区的数据替代。结合本研究的土地利用数据，为便于计算及满足空间化制图的需要，粮棉种植面积各占农田面积的一半；养殖塘对应的水产品产量及产值是淡水养殖和海水养殖的主要水产品（如中国对虾等）产量及产值的平均值；水库坑塘对应毛蟹养殖，将精养和放养的毛蟹产量及产值求平均值；经济林产量、产值是按照各种经济林（如冬枣树、桑蚕树、果树等）的产量、产值求平均值。需要指出的是，由于土地利用图精度有限，且果园种植园等小而分散，图中未能显示所有经济林的分布；同时，考虑到本研究不计算生态林的物质生产价值，用土地利用图中林地这一类别代指经济林进行估算。各时期各类物质生产服务产品的单位面积价值如表 6-6 所示。

表 6-6 研究区物质生产服务的单位面积价值 单位：万元/hm²

年份	粮棉	芦苇	水产品		原盐	经济林
			海水养殖	淡水养殖		
1989	0.41	0.09	0.10	0.23	0.94	0.32
1998	0.55	0.20	0.48	2.13	0.69	0.55
2008	0.89	0.36	2.70	2.41	2.41	1.07
2015	1.98	0.64	4.54	4.00	1.54	6.64

6.3 景观变化下生态系统服务的响应

6.3.1 黄河三角洲湿地生态系统服务定量化评估

1989—2015 年的碳密度分布如图 6-3 所示。由图 6-3 可见，各时期碳密度最高值为

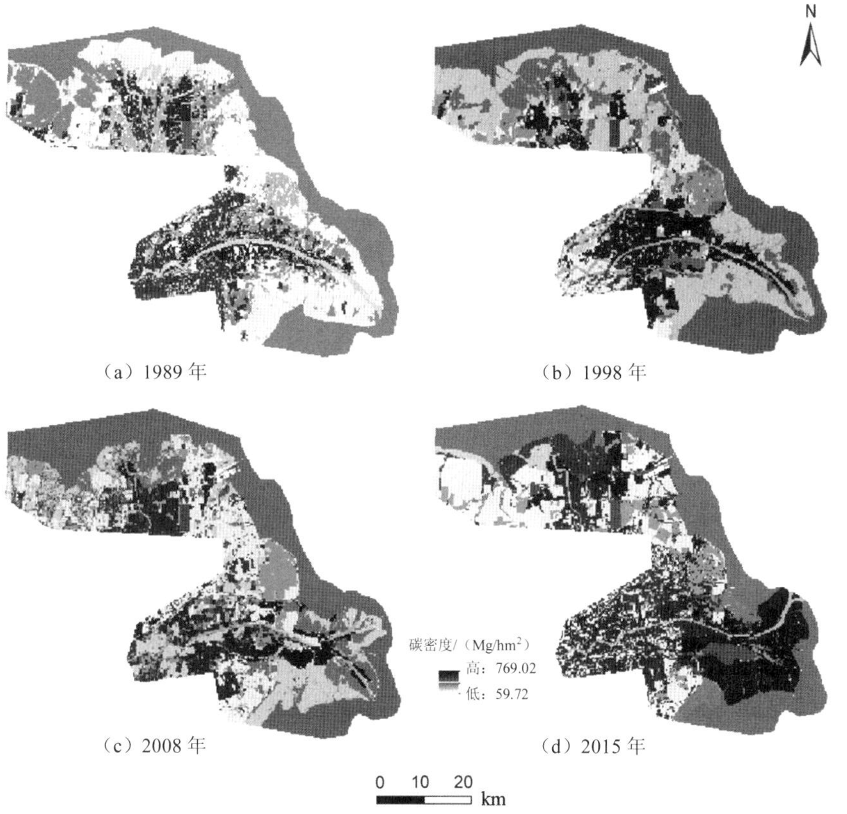

图 6-3 不同时期的碳密度分布

769.02 Mg/hm^2，所属地类均为经济林地，位于研究区域北部。1989—1998 年的次高值为 318 Mg/hm^2，所属地类均为芦苇；2008—2015 年的次高值为 523 Mg/hm^2，所属地类均为互花米草。碳密度较高值分布比较集中，主要位于黄河沿岸植被覆盖区域以及黄河入海口。1989 年的碳密度最低值为 90 Mg/hm^2，所属地类为防潮堤，碳密度普遍较低；1998—2015 年的碳密度最低值为 60 Mg/hm^2，所属地类为港口。东营港建于 1997 年，因而自 1989 年后，碳密度最低值对应地类就从防潮堤转变为港口。

进一步评估了黄河三角洲湿地的平均碳密度和总碳储量（如表 6-7 所示）。由表 6-7 可见，各时期所有地类的平均碳密度保持相对稳定，2015 年有所增加，总碳储量基本保持稳定，2015 年总碳储量最大，这缘于植被等碳密度较高的地类的覆被率提升。

表 6-7　不同时期平均碳密度及总碳储量

年份	平均碳密度/（Mg/hm^2）	总碳储量/10^6 Mg
1989	181.94	6.80
1998	180.36	6.75
2008	181.85	6.81
2015	209.63	7.84

1989—2015 年的湿地栖息地质量分布如图 6-4 所示。由图 6-4 可见，各时期栖息地质量得分最低为 0，所属地类为非栖息地类型；最高为 1，出现在近海水域和植被覆盖区域。除了非栖息地类型，栖息地质量得分基本上处于 0.91～1.00，这表明适宜的栖息地之间的得分差别很小。1989 年研究区的栖息地质量得分平均值为 0.77，1998 年得分平均值为 0.79，2008 年得分平均值为 0.64，2015 年得分平均值为 0.55，各时期栖息地质量得分平均值先是保持稳定，然后又降低。

黄河三角洲湿地物质生产服务价值的时空分布如图 6-5 所示。由图 6-5 可见，在单位面积的最大物质生产服务价值方面，1989 年最高值为 0.40 万元/hm^2，对应农田；1998 年最大物质生产服务价值为 2.13 万元/hm^2，对应淡水养殖塘；2008 年最大物质生产服务价值为 2.70 万元/hm^2，对应海水养殖塘；2015 年最大物质生产服务价值为 6.64 万元/hm^2，对应经济林。大部分具有较高物质生产服务价值的地类都距渤海海岸线较远，沿着黄河干流区域分布，对应当地淡水恢复工程的实施区域；同时，还分布在黄河三角洲的中部和北部地区，对应经济林。在整个研究期间，沿海岸线的区域物质生产服务价值一直较低。

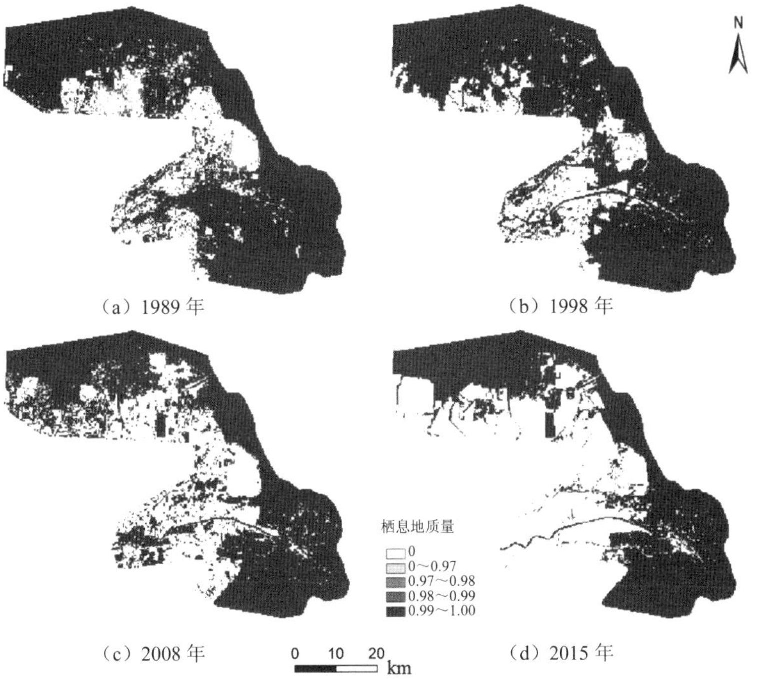

图6-4 不同时期的栖息地质量分布

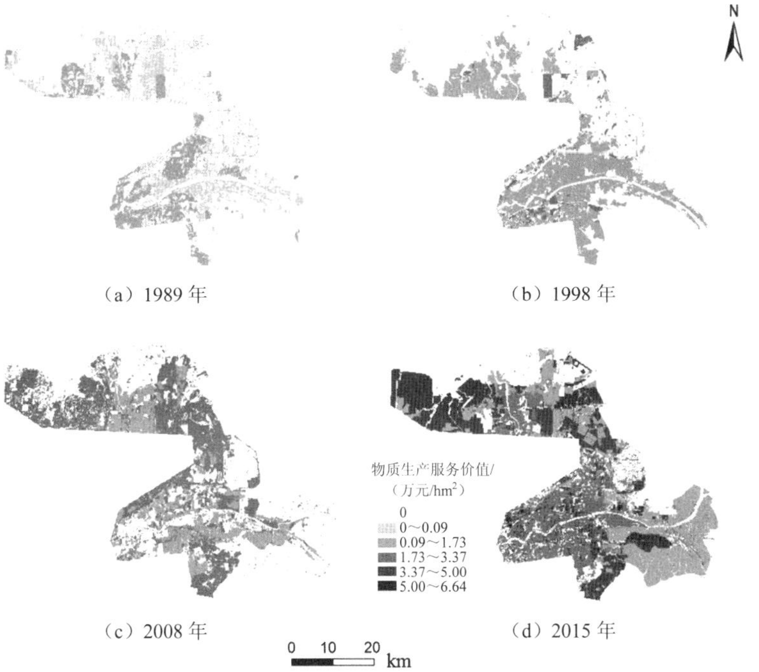

图6-5 不同时期的物质生产服务价值分布

单位面积的平均物质生产服务价值随着时间变化呈现倍增趋势；其中，1989 年黄河三角洲的物质生产服务价值平均为 0.04 万元/hm^2，1998 年为 0.16 万元/hm^2，2008 年增加到 0.72 万元/hm^2，2015 年则增加到 1.30 万元/hm^2。这是由于具有物质生产服务功能的地类的面积普遍增加，特别是在 2015 年，芦苇、农田和盐田面积倍增。

6.3.2 不同时期碳密度和栖息地质量时空演变

黄河三角洲湿地碳密度在不同时期的动态演变如图 6-6 所示。近海水域的碳储量基本不变，因而碳密度变化值为 0，颜色较近海水域更深的区域对应碳密度增加，颜色较浅区域对应碳密度减少。1989—1998 年、1998—2008 年，碳密度增加或减少的区域均比较分散；对比土地利用的各时期变化，碳密度变化主要是由于植被覆被的变化引起的。2008—2015 年，随着黄河三角洲国家自然保护区保护力度加大，逐步恢复了大面积植被（如芦苇等），黄河三角洲地区碳密度大幅度增加，且分布较为集中；同时，保护区以外大力发展围垦养殖和盐田，对应区域碳密度大幅下降，居民区碳密度也进一步提升，且在南部靠近内陆地区，碳密度增加和减少的区域相互交织、零星分布。

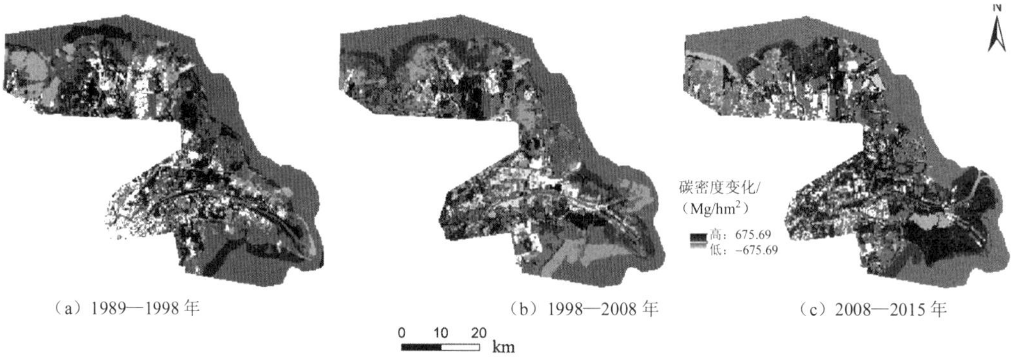

图 6-6 不同时期研究区碳密度变化

进一步分析了不同时期碳密度的变化幅度（如图 6-7 所示）。由图 6-7 可见，1989—1998 年和 1998—2008 年的碳密度变化值分布较集中，而 2008—2015 年的碳密度变化值分布较分散，统计结果均不存在异常值。各时期碳密度变化值的最大值均为 676 Mg/hm^2，平均值分别为−1.44 Mg/hm^2、1.47 Mg/hm^2、27.56 Mg/hm^2。1998—2008 年碳密度变化值的最小值为 612.44 Mg/hm^2，绝对值较小，极差也相对较小，表明研究区各点的碳密度值分布比较接近，即碳密度值较接近的地类间的相互转换比较频繁。2008—2015 年，则是碳密度值相差较大的地类之间的相互转换比较频繁。

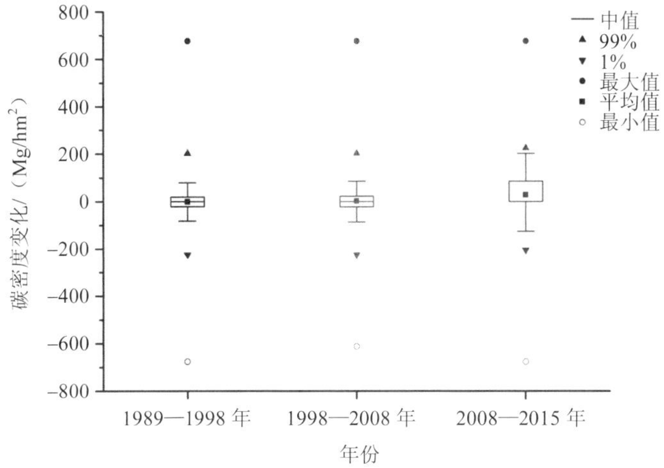

图 6-7　不同时期碳密度变化箱式图

黄河三角洲湿地栖息地质量在不同时期的退化情况及空间分布如图 6-8 所示。由图 6-8 可知，1989—1998 年栖息地质量明显退化区域集中在北部养殖塘和盐田、南部油田和农田扩张后的周边区域；1998 年，由于港口建设，对应区域也出现了退化。1998—2008 年，栖息地质量明显退化区域集中在北部的港口、防潮堤和南部的油田、盐田扩张后的周边区域。2008—2015 年，栖息地质量明显退化区域在研究区中北部沿海岸线成条带状分布，沿海围填海开发活动是主要驱动力，南部黄河分叉处也出现了块状退化，这是由于 2011 年前后该区域开发了新滩油田，在黄河沿岸滩涂上进行采矿，导致栖息地质量退化。

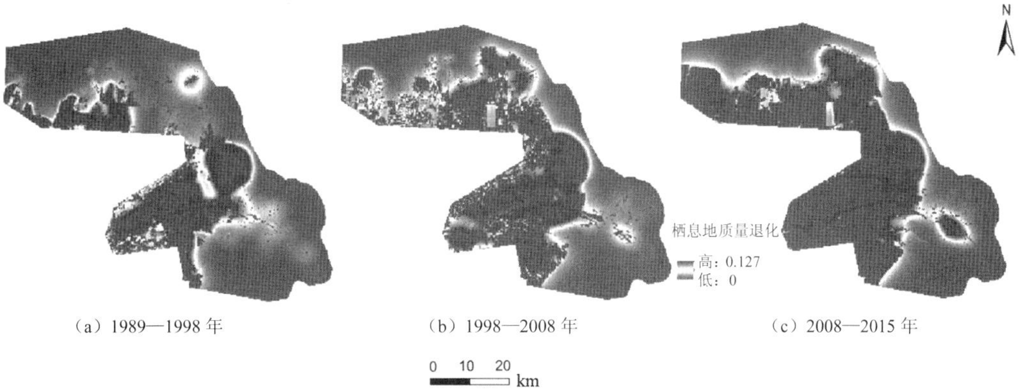

图 6-8　不同时期研究区栖息地质量退化状况

进一步分析了不同时期湿地栖息地质量退化情况（如图 6-9 所示）。由图 6-9 可见，栖息地质量退化在 1989—1998 年和 2008—2015 年分布较为集中，而 1998—2008 年则较为分散，统计结果均不存在异常值。各时期栖息地质量退化的最小值均为 0，最大值分别为 0.127、0.100、0.107，说明 1989—1998 年栖息地质量得分分布较为分散，即栖息地质量相差较大的地类之间的转换较多；1998—2015 年栖息地质量得分分布较为集中，即栖息地质量在比较接近的地类之间的转换较多。

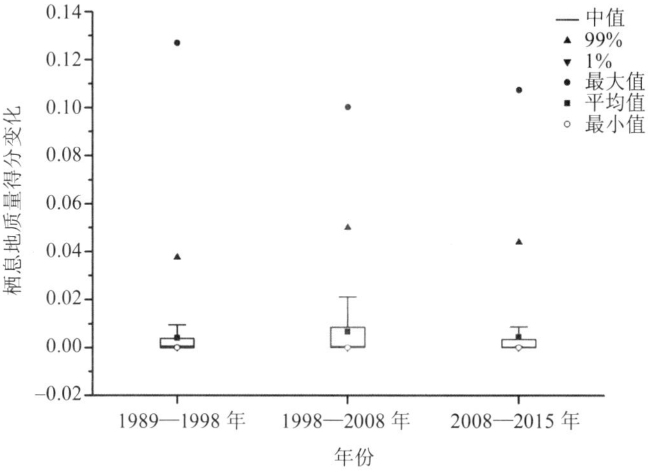

图 6-9 不同时期栖息地质量得分的变化箱式图

6.3.3 不同地类生态系统服务分布模式

土地利用类型的变化会影响生态过程和生态系统状态；在不同土地利用类型上，以不同方式存在着各种生态系统服务，而同一种服务在不同地类上的发展情况也存在差异。在 ArcGIS 中，运用栅格转点工具，将碳储量、栖息地质量及物质生产服务价值的评价结果的栅格图层（tiff 或 raster 格式）转为点图层，图层中点的个数均为 37 000 个。运用 overlay 工具中的 spatial join，将 3 个点图层合并为同一图层，提取属性表，得到每个点对应的生态系统服务数据。首先，提取各种土地利用类型上的 3 种生态系统服务值，得到 17 种地类上的碳储、栖息地质量、物质生产 3 种生态系统服务值，对同一地类的同种生态系统服务求平均值。3 种生态系统服务值的单位不同，量纲不一致，为便于分析及做图，将其进行归一化，以观察不同服务之间的关系。以土地利用与土地覆被类型为类别，将整个研究期间的不同土地利用类型上的 3 种生态系统服务值分别由高到低排列，划分出不同的等级，从最低值至最高值平均划分为 15 级（如图 6-10 所示）。

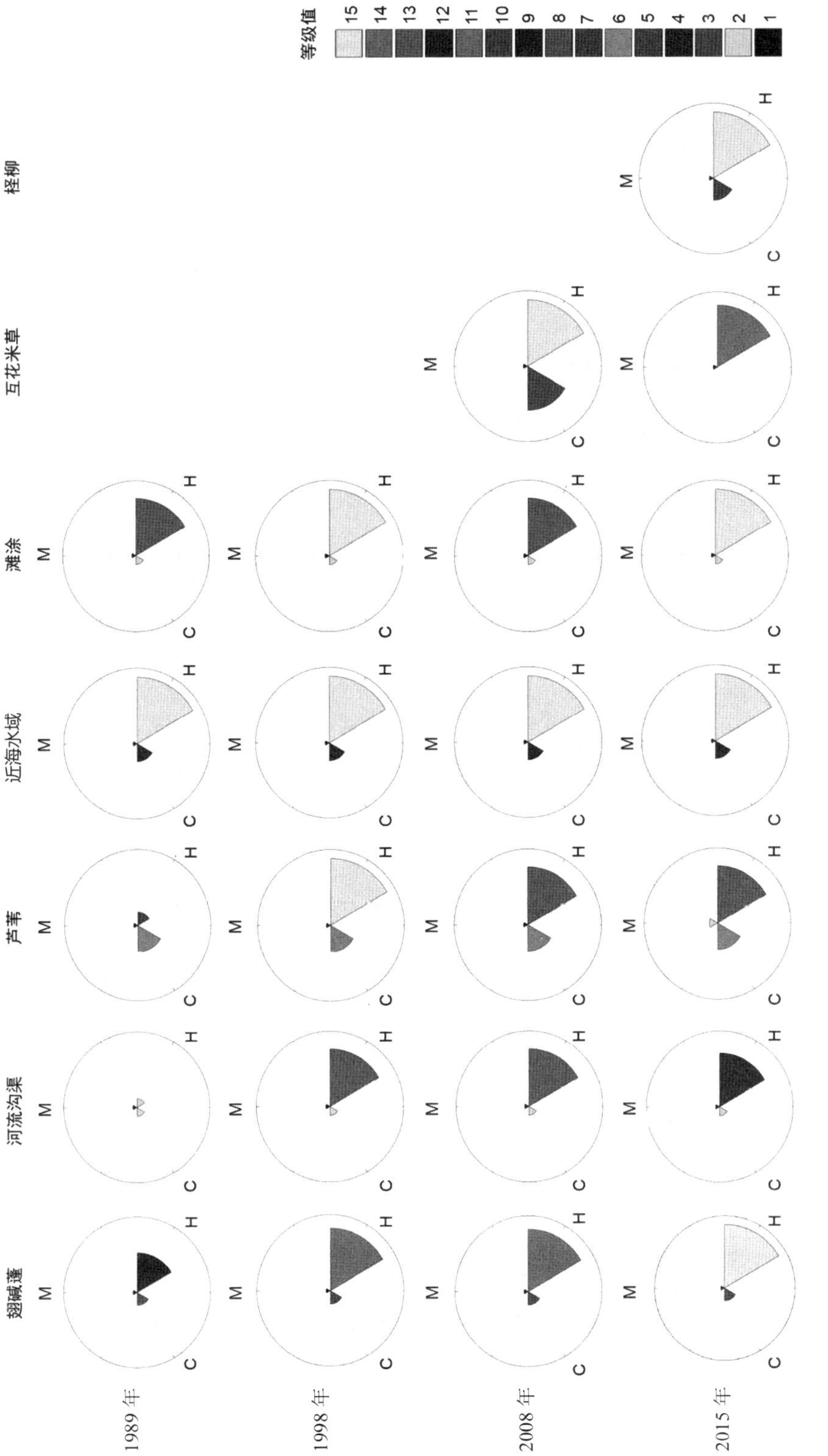
等级值
15
14
13
12
11
10
9
8
7
6
5
4
3
2
1
翅碱蓬
河流沟渠
芦苇
近海水域
滩涂
互花米草
柽柳
1989年
1998年
2008年
2015年
M
H
C

(a) 自然地类

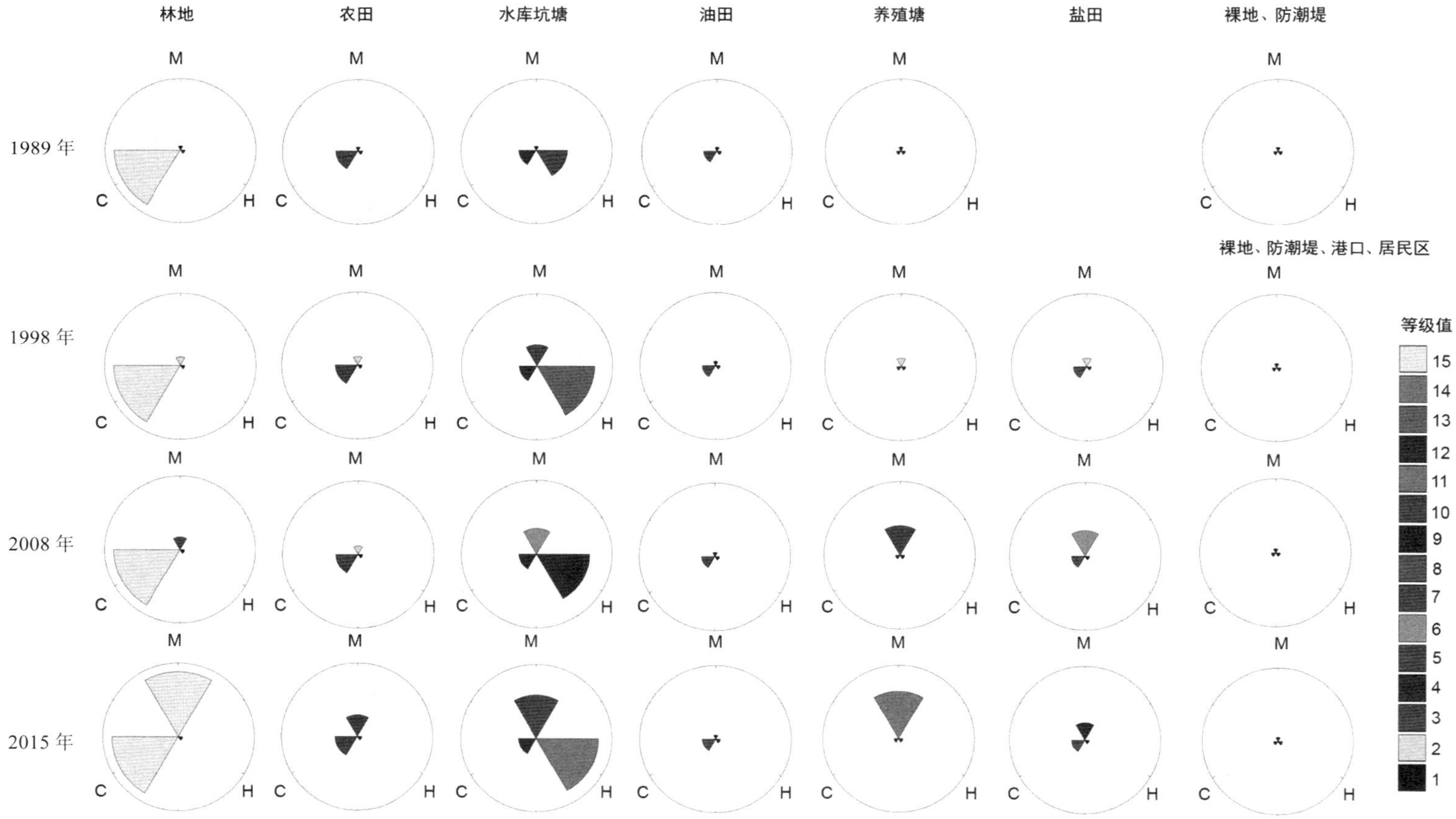

（b）人类活动主导地类

图 6-10　不同时期各地类生态系统服务玫瑰图

（花瓣长度代表等级值，每个玫瑰图代表各地类生态系统服务，以簇形式表示，M 为物质生产服务，H 为栖息地质量，C 为碳储量）

在分级过程中，栖息地质量得分除了 0 以外，其他值均集中在 0.99～1.00；为便于分析，0 被划分为等级 1，其他得分值平均划分为 14 级。在图 6-10 中，土地利用与土地覆被类型被分为两组，图 6-10（a）是自然地类，图 6-10（b）是人类活动主导地类。在一些地类上，如图 6-10（a）中的互花米草、柽柳，图 6-10（b）中的盐田、裸地、防潮堤、港口和居民区，所有生态系统服务数值均为 0，代表所处时期该地类上不存在这 3 种生态系统服务。

由图 6-10 可见，3 种生态系统服务的分布模式具有明显的差异。在自然地类中，翅碱蓬对应的栖息地质量不断提升，在 2015 年达到最高，且 3 种生态系统服务等级值之间的差异也越来越大；芦苇的栖息地质量先上升、后下降，滩涂的栖息地质量则经历了上升、下降又上升的变化过程，近海水域栖息地质量则一直维持在最高等级，出现栖息地质量最高等级值的地类还有芦苇、滩涂、互花米草和柽柳；除了互花米草和柽柳，各时期同一地类上的物质生产服务和碳储服务等级值保持不变。

在人类活动主导地类中，各时期碳密度等级值没有变化；林地、农田、水库坑塘、养殖塘的物质生产服务等级值不断提高，油田、裸地、防潮堤、港口、居民区的物质生产服务等级值保持不变，而盐田的物质生产服务等级值则先上升、后下降；除水库坑塘外，在人类活动干扰下，其他地类各时期的栖息地质量等级值均非常低，水库坑塘的栖息地质量也经历了上升、下降再上升的过程。

6.4 景观变化下各类生态系统服务间权衡分析

6.4.1 生态系统服务间的权衡强度定量化方法

生态系统服务之间的关系一般表现为权衡关系和协同关系。当生态系统服务 A 的提高或增加引起生态系统服务 B 的减弱或降低时，生态系统服务 A、生态系统服务 B 之间即为权衡关系；而当生态系统服务 A 的提高或增加使得生态系统服务 B 产生一定的提高或者增加时，生态系统服务 A、生态系统服务 B 之间即为协同关系。权衡关系一般发生在供给服务之间、供给服务与调节服务以及支持服务之间（Chisholm，2010；Martín-López et al.，2012），例如森林生态系统的原木生产和固碳服务之间表现为明显的权衡关系。协同关系在四大类生态系统服务之间都存在，比较常见的则是发生在调节服务、支持服务和文化服务之间的协同，如保护湿地、避免开发不但会改善其调节服务，且可以增强旅游等文化服务功能。在人类对资源开发和管理的过程中，不可避免会遇到权衡问题，这些权衡既包括不同生态系统服务之间的权衡，也包括人类社会的经济利益与自然界的生态系统服务之间的权衡。目前，权衡协同分析方法主要有统计学方法（相关性分析、回归分析、聚类分析、冗余分析等）、多目标决策分析法、生态系统服务制图法（Lautenbach et al.，2010）、情景分析法（Butler et al.，2013）和模型模拟法（Haines-Young et al.，2011）。随着权衡关系与协同关系研究的深入，生态系统服务之间的权衡关系研究逐步走向定量化。生产可能性边界（Production possibility frontier curves，PPFs）为权衡关系的定量化提供了一种新的思路。PPFs 是一个经济学概念，用来表示经济社会在既定资源和技术条件下所能生产的各种商品最大数量的组合，基于此方法可以定量地描述不同组合之间的权衡强度（King et al.，2015）。

本研究基于生产可能性边界，构建了权衡强度定量化方法框架。生产可能性边界表示给定资源和技术所能生产的各种商品最大数量的组合。如果是两种产品，则生产可能性边界表现为平面上的一条曲线；如果是 3 种产品，则表示为三维空间中的一个曲面；如果是更多的产品，形成的生产可能性边界只能用数学表示在欧氏空间中。在经济学上通常假设生产可能性边界是向外凸的曲线，即存在递增的机会成本。因此，两种不同的生态系统服务的组合也可以构成一条生产可能性边界，又可称为权衡效率曲线，两种服务间的权衡存在递增的机会成本，因而也表现为向外凸的曲线，如图 6-11 所示。该边界内部点（如点 *D*）表示能够达到的组合，但是生产效率不充分，边界外（如点 *E*）则是当前条件下无法达到的，在边界上的点（如点 *A*、点 *B*、点 *C*）是能达到的产量中最优的和最有效率的。

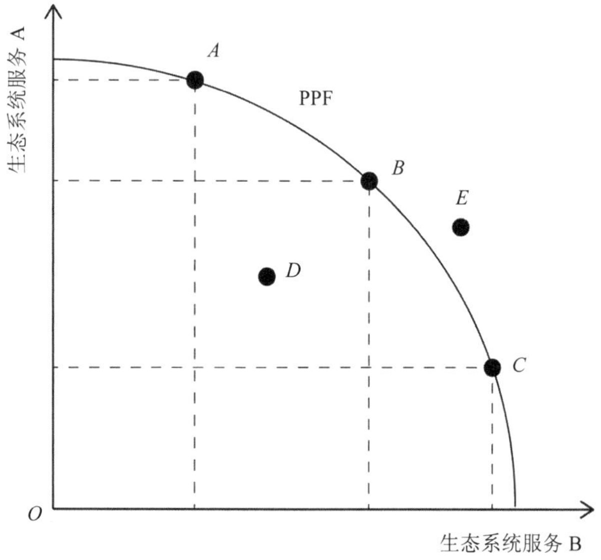

图 6-11　权衡效率曲线示意

构建权衡强度定量化方法框架，首先需对两种生态系统服务进行相关性分析，确定其是否为权衡关系。其次，对于存在权衡关系的两种生态系统服务，需要确定二者之间的生产可能性边界的形状。操作方法为在 GIS 平台中将栅格图层转化为点图层，然后将两种服务的点图层进行叠加，得到一个合成图层，这个图层中每个点都具有对应的两种服务的属性值。提取出该图层的属性表，对两种服务值进行归一化并求和，然后进行升序排列。最后，基于排序结果识别两种生态系统服务的组合中能够获得最大服务值的所有组合，描绘生产可能性边界曲线。

基于此曲线构建权衡强度定量化指数。假定权衡移动的最终方向是达到两种服务的最优组合值，那么这种最优状态就可以被认为是平衡状态，而且在给定条件下只存在一种平衡状态，即只能获得一条生产可能性曲线。基于此假设，用两种生态系统服务均值对应的点到生产可能性边界曲线的最短距离来代表权衡强度指数的值。P 代表两种生态系统服务均值对应的点，坐标为（x_0，y_0）；如果生产可能性边界曲线的表达式为 $y=f(x)$，那么该曲线上任意一点的坐标为（x，$f(x)$）。因此。P、Q 之间的距离为：

$$D_{PQ}=|P(x_0,\ y_0)-Q(x,\ f(x))|=\sqrt{(x_0-x)^2+(y_0-y)^2} \tag{6-6}$$

则权衡强度的计算公式为：

$$D_{PQ\min}=\min\{|P(x_0,\ y_0)-Q(x,\ f(x))|\}=\min\left\{\sqrt{(x_0-x)^2+(y_0-y)^2}\right\} \tag{6-7}$$

$D_{PQ\min}$ 的值越大，平衡过程引起的权衡强度就越大；$D_{PQ\min}$ 的值越小，权衡强度就越小。类似地，如果面对同时考虑 3 种生态系统服务的情况，可以用 3 种生态系统服务均值对应的点与最优状态对应的三维曲面的最短距离来计算权衡强度指数。

6.4.2 黄河三角洲生态系统服务的相关性

将 3 种生态系统服务视为 3 个变量，对变量进行非参数检验，均不服从正态分布，因而采用 Spearman 相关性分析，分析结果如图 6-12 所示。分别用字母 M、H、C 代表物质生产服务、栖息地质量和碳储量，数字“89”“98”“08”“15”则代表对应的年份，如 M89 代表 1989 年的物质生产服务。生态系统服务之间相关性的正负、大小由圆圈的颜色及大小来表示。蓝色代表正相关，红色代表负相关（见右侧图例色带），圆圈面积越大，颜色就越深，对应的生态系统服务之间的相关性就越大（见右侧图例标注）。分析结果表明，研究期间生态系统服务之间存在显著相关性（$P<0.01$；双侧检验）；1989—1998 年，物质生产服务和碳储量之间相关性系数 $R^2>0.36$；1989—2015 年，物质生产服务和栖息地质量之间的相关性系数 $|R|>0.48$（呈负相关），栖息地质量和碳储量之间的相关性系数 $R>0.1$。

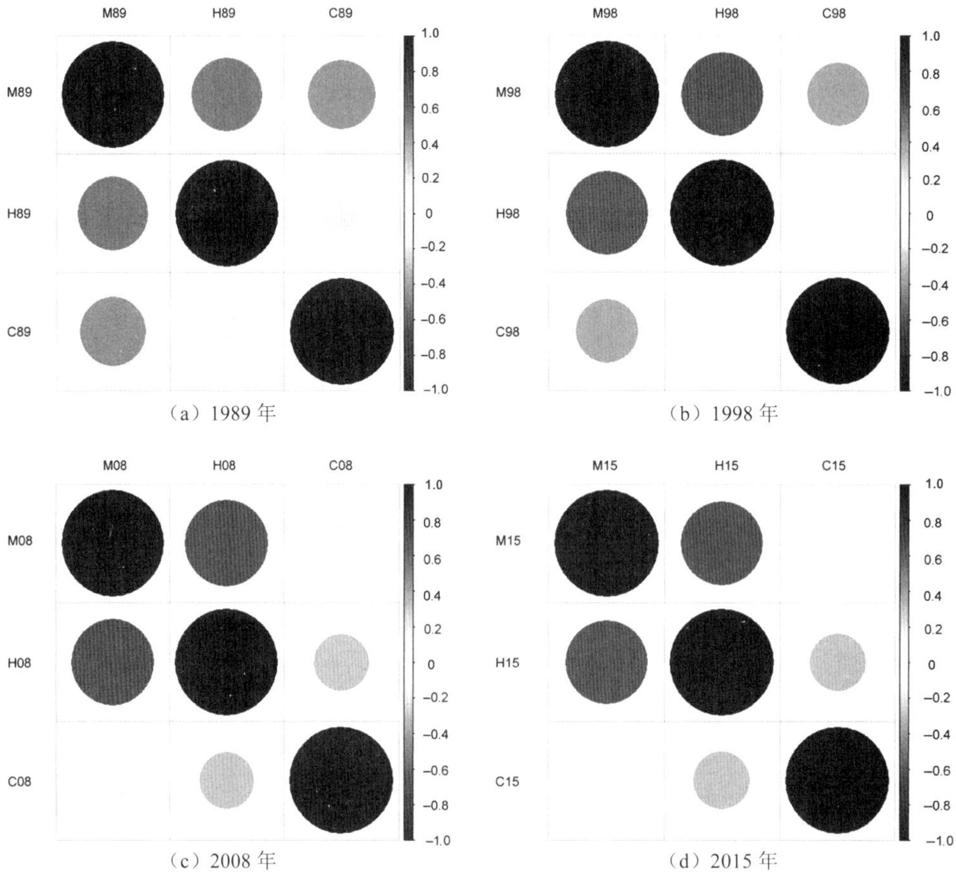

图 6-12　1989—2015 年研究区 3 种生态系统服务的相关性

通过对比不同时期的结果，发现 4 个年份中，物质生产服务和栖息地质量均为负相关，即这两种服务之间存在权衡关系；碳储量和栖息地质量则一直保持正相关，即这两种服务之间存在协同关系；碳储量和物质生产服务在 1989 年、1998 年为正相关，在 2008 年、2015 年则转为负相关，即这两种生态系统服务之间由协同关系转变为权衡关系，且相关系数的绝对值越来越小，即相关性越来越小。

6.4.3　多重生态系统服务间的权衡强度变化

上文的结果已经表明，1989—2015 年，物质生产服务和栖息地质量之间存在权衡关系，2008—2015 年物质生产服务和碳储量服务之间也存在权衡关系。物质生产服务与栖息地质量之间，以及物质生产服务与碳储量服务之间的权衡效率曲线如图 6-13 所示。

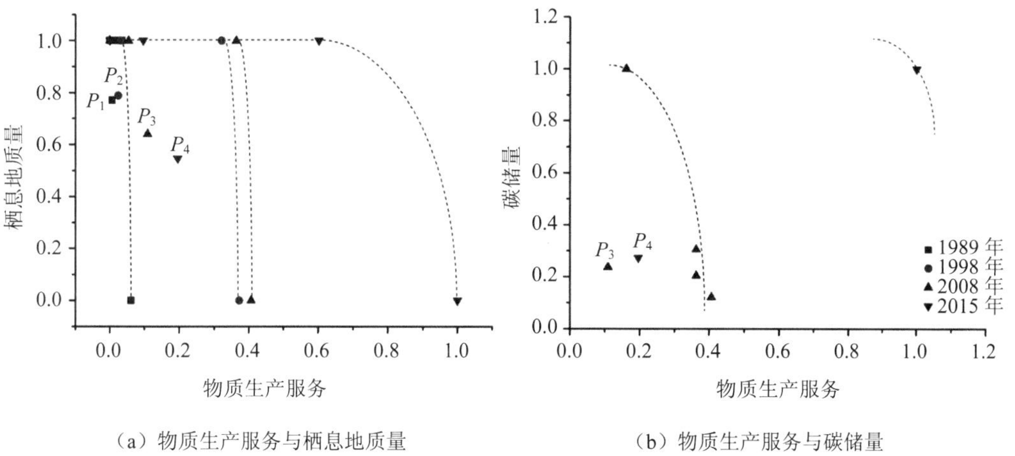

图 6-13　不同时期多重生态系统服务间的权衡曲线

图 6-13 中，P 点代表两种生态系统服务均值对应的点，P_1～P_4 则分别对应 1989 年、1998 年、2008 年、2015 年的均值点。归一化的生态系统服务值组合形成了外凸形状的权衡效率曲线。图 6-13（a）表明物质生产服务和栖息地质量之间的生产可能性边界曲线可分为 3 个部分，靠上和靠下的部分是一条直线，因为每种生态系统服务归一化后的值最大为 1，当权衡关系相对较小时，曲线变化很缓慢；然而，曲线中间的部分是外凸的，表明两种生态系统服务之间存在权衡关系。如果将栖息地质量视为物质生产服务的机会成本，并随着物质生产服务的增加而减少，那么在曲线上的不同阶段，随着物质生产服务的增加，机会成本也产生了巨大的差异。最初，机会成本很小，然后逐渐增加，但是在某个点，栖息地质量开始急速地衰退。在 1989—2015 年，生态系统服务总量持续增加（从 P_1 移动到 P_4），因此，生产可能性边界曲线向外扩张。图 6-13（a）中 1989 年的生产可能性边界曲线表明，最接近 P_1 的点在外凸曲线的靠上部分，而 1998 年、2008 年、2015 年的生产可能性边界曲线表明，最接近 P_2、P_3、P_4 的点则都在靠上部分的直线上。图 6-13（b）中的物质生产服务和碳储的生产可能性边界曲线表现出类似模式，但是在细节方面有所不同；在 2008—2015 年，曲线也为外凸，随着生态系统服务总量的增加，生产可能性边界曲线也向外扩张。

在本研究中，各时期的生态系统服务平均值组合对应的点均在生产可能性边界曲线内部，表明当前的生态系统服务配置是低效率的和可改善的。有多种路径可以从当前状态达到最优状态，但是只有一条路径的机会成本最低，对应图 6-13 中，就是点到生产可能性边界曲线的最短距离。对生态系统服务而言，自然因素或者人类活动通常会加剧生态系统服务之间的冲突，导致权衡关系而不是协同关系。当生态系统服务之间存在协同关系时，生态系统服务的总值相对于没有协同关系时会增加，这也可能导致生产可能性边界曲线向外移动。

黄河三角洲湿地不同生态系统服务间权衡强度指数及其变化如表 6-8 所示。

表 6-8 不同时期多重生态系统服务间的权衡强度指数

权衡关系	权衡强度指数			
	1989 年	1998 年	2008 年	2015 年
物质生产服务与栖息地质量	3	10.3	17.3	21.8
物质生产服务与碳储量	—	—	17.9	60.3

注：1989—1998 年物质生产服务与碳储量为协同关系。

从表 6-8 可见，无论是物质生产服务与栖息地质量之间的权衡强度，还是物质生产服务与碳储量之间的权衡强度都大幅度地增加，2008—2015 年物质生产服务与碳储量之间的权衡强度增加了近 2.5 倍。

第 7 章　流域水生态健康综合评价

景观变化导致流域水文水质、水生生物受到影响，并进一步影响生态服务功能，因此需要对其影响进行综合评判。从流域尺度进行水生态健康评价，有助于系统分析水生态健康水平下降的原因与驱动机制。本研究提出了流域水生态健康综合评价的框架，并以辽河流域与十五里河流域为例，构建了评价指标体系，提出了评价方法与标准，开展了流域尺度的水生态健康综合评价，为流域生态综合管理提供了依据。

7.1　评价框架与方法

7.1.1　基本框架

水生态健康是衡量水生态系统结构与功能状态的标准，也是水生态保护和修复的目标。我国大部分水生态系统都不同程度地受到了人类活动的压力或影响。对我国河流健康的界定，应借鉴澳大利亚“健康工作河流”的理念，要求河流为人类提供发电、供水等功能的同时，又保持自身结构与功能的相对稳定。

水生态系统是流域复杂系统的重要组成部分，对其健康状态的评价不能仅考虑水生态系统本身或其内部的某一要素，而要从流域整体入手，分析水生态系统在其周围人类活动作用下的健康状态，同时还要考虑生物赖以生存的栖息地，即通过多个尺度的融合来实现对流域水生态健康状态的全面评价。图 7-1 显示了流域、河流廊道和栖息地 3 个空间尺度的关系。三者可以分别在不同空间层次上反映河流的健康状态，且在反映的过程中密不可分。河流位于流域内，时刻承受着流域范围内社会经济活动的干扰作用，流域是一个压力源，也是河流治理的重要对象，流域尺度主要反映压力-状态-响应（Pressure-State-Response，PSR）框架中的压力和响应。通过对流域尺度人为干扰的表征，确定与河流生态系统相关的流域社会经济活动状况，可以从侧面反映河流的健康状况，实现流域尺度的河流健康评价，也有利于分析、识别导致河流健康退化的主要原因，以指导规划管理等实践活动。河流廊道是指河流本身及其周边有着密切联系的生态要素，包含水体、滩地、堤岸高地等，其健康状况直接反映流域水生态系统的状态。栖息地包括河流内的浅滩、深潭以及与河流邻近的湖泊、湿地等，其健康状态是河流健康状态最直接的反映之一。栖息地是生物赖以生存的地方，其状态健康与否与生物状况密切相关；从栖息地尺度反映河流的健康状态即间接地从生物角度表征河流的健康状态，比仅用生物个体状态表征更加全面。

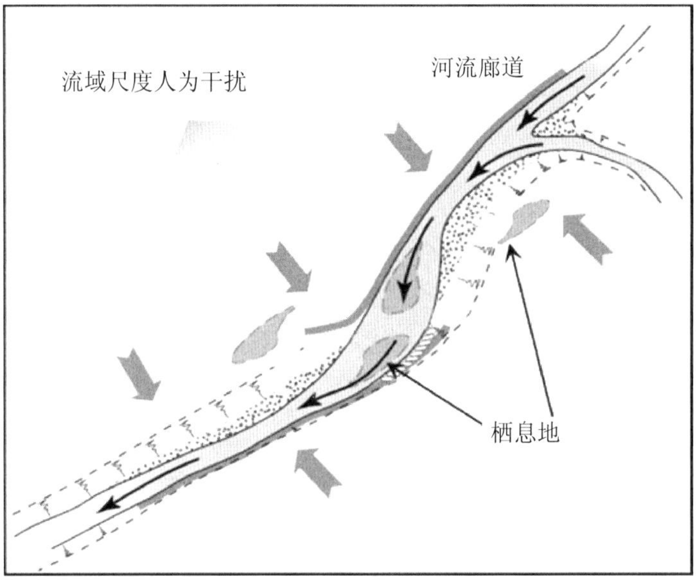

图 7-1　流域、河流廊道和栖息地空间关系示意

同时，流域水生态系统健康状况是人类施加压力、河流自身状态、管理对策响应综合作用的结果，用 PSR 框架描述比较适宜。其中，压力表征人类活动对水生态系统施加的胁迫，状态体现人类活动干扰下河流内部组织、性质、机能发生的变化，响应反映人类通过环境策略、经济策略和管理策略等对河流变化做出的应对，以停止、减轻、预防河流发生的不利于人类生存与发展的变化。压力、状态、响应 3 个环节相互制约、相互影响，能够有效地反映流域水生态系统健康水平。流域水生态系统的压力、状态、响应关系如图 7-2 所示。

基于上述分析，流域水生态健康状况依赖于流域人为干扰及与河流相联系的栖息地的状态。通过流域、河流廊道与栖息地 3 个尺度来表征河流是充分考虑了河流的整体性特征的。同时，各尺度均体现 PSR 框架中的压力、状态或响应的内容，体现了 PSR 框架的逻辑内涵；流域水生态系统的健康状态也可以用 PSR 框架来表征，是压力、状态、响应综合作用的结果。

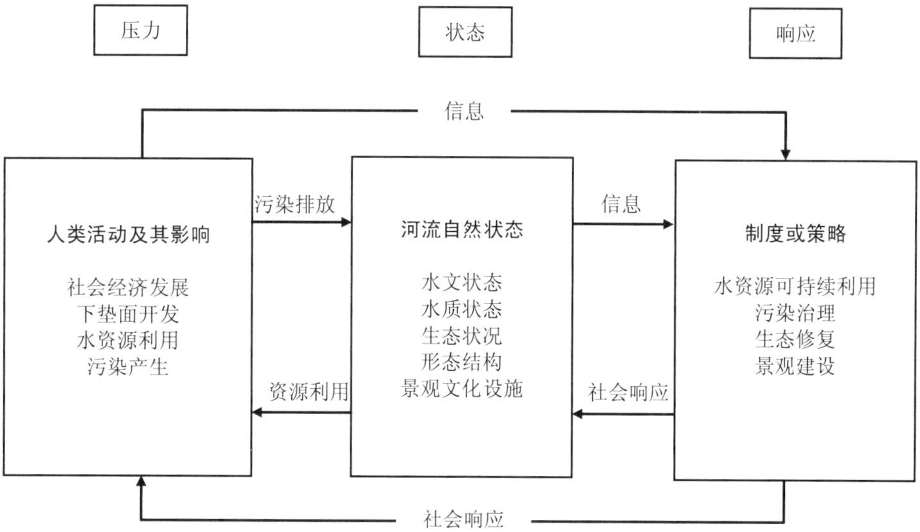

图 7-2 流域水生态系统的压力、状态、响应关系

7.1.2 评价步骤

（1）资料收集与实地调查

全面系统地收集、整理流域相关基础资料，实地调查以获取流域内污染排放、水文水质、生态调查、流域景观特征等数据，识别存在的主要问题，初步判定河流健康状况的指示因子。

（2）评价对象确定

依据流域自然地理与水资源水文特征，划分评价区或评价对象，可以按水资源分区或者上游、中游、下游区域划分。

（3）评价指标体系构建

进行广泛的文献调研，归纳流域尺度上河流健康评价的方法与指标，结合流域自身特点和指标体系构建的相关要求，筛选出对河流健康状况影响较大的指标，构建评价指标体系。

（4）设定评价等级标准

依据“健康工作河流”理念，参考国家相关标准，并通过相关调研和专家协商，进行健康等级划分，一般分为“很健康、健康、亚健康、不健康、病态”5 个评价等级；结合流域实际，设定各等级评价标准。

（5）指标权重的计算

采用适当的方法确定指标权重，当前主客观相结合方法应用较多，如熵权法、层次分析方法等。

（6）开展健康评价

采用集对分析方法，对多个指标进行集成；通过计算各评价区的评价对象、各评价层与最优健康状态的贴近程度，对健康状况进行评价，确定各评价对象的健康等级。

7.1.3 评价方法

流域水生态健康评价属于多指标评价问题，因此可通过集对分析实现多指标集成、开展评价。集对分析是一种较新的不确定性理论，其核心思想是将确定性与不确定性视为一个系统，把具有某种联系的 2 个集合看成 1 个集对；在某一具体问题背景下，按照集对的某一特性，建立 2 个集合的同一、差异、对立的联系度表达式，并据此展开分析；近年来被广泛应用于多指标评价（苏美蓉等，2006）。

评价中，设多指标评价问题$Q=\{S,M,H\}$，其中$S=\{s_k\}(k=1,2,\cdots,n)$为评价区域集，$s_k$为第$k$个评价区域；$M=\{m_r\}$为指标集$(r=1,2,\cdots,n)$，通常$M$有不同类型指标，记$M_1$为正向型指标，$M_2$为负向型指标，$m_r$为第$r$个指标；则基于集对分析的关于问题$Q$的决策矩阵$\boldsymbol{H}=(h_{kr})_{l\times n}$，$h_{kr}$为评价区域$s_k$关于指标$m_r$的属性值。

由各评价指标中最优评价指标构成的最优评价集为$U=\{u_1,u_2,\cdots,u_n\}$，各评价指标中最劣评价指标构成的最劣评价集为$V=\{v_1,v_2,\cdots,v_n\}$。其中，u_r、v_r分别为指标m_r的最优值和最劣值。划分很健康、健康、亚健康、不健康、病态 5 个等级，并将 5 个级别的 4 个分级临界值｛Ⅰ，Ⅱ，Ⅲ，Ⅳ｝作为情景评价区域引入到集对分析中，与评价对象一同进行计算，并将其作为健康分级的临界点。最优评价集U和最劣评价集V分别通过各指标值的阈值设定（对正向型指标的上限和下限、负向型指标的下限和上限、部分指标阈值，根据研究区实际情况确定）。

对于$m\in M_1$，比较区间为$[v_r,u_r]$，则在论域$X_r=\{h_{kr},u_r,v_r\}(k=1,2,\cdots,l)$上定义集对$\{h_{kr},u_r\}$的同一隶属度$a_{kr}$和对立隶属度$c_{kr}$：

$$a_{kr}=\frac{h_{kr}}{u_r+v_r} \tag{7-1}$$

$$c_{kr}=\frac{h_{kr}^{-1}}{u_r^{-1}+v_r^{-1}}=\frac{u_r v_r}{(u_r+v_r)h_{kr}} \tag{7-2}$$

式中：a_{kr}和c_{kr}——h_{kr}与u_r和h_{kr}与v_r的接近程度。

同理，对于$m_r\in M_2$，在比较区间$[v_r,u_r]$得到集对同一隶属度a_{kr}和对立隶属度c_{kr}：

$$a_{kr}=\frac{h_{kr}^{-1}}{u_r^{-1}+v_r^{-1}}=\frac{u_r v_r}{\left(u_r+v_r\right)h_{kr}} \tag{7-3}$$

$$c_{kr}=\frac{h_{kr}}{u_r+v_r} \tag{7-4}$$

在s_k的比较空间$[U,V]$中，结合各指标权重，计算平均同一隶属度a_k和对立隶属度c_k：

$$a_k=\sum_{i=1}^{n}w_i a_{kr} \tag{7-5}$$

$$c_k=\sum_{i=1}^{n}w_i c_{kr} \tag{7-6}$$

由于a_k和c_k是相对确定的，分别表示对s_k接近最优评价系统U的肯定程度和否定程度，那么在相对确定条件下可定义s_k与U的相对贴近度为：

$$r_k=\frac{a_k}{a_k+c_k} \tag{7-7}$$

r_k的大小决定了受评对象在某评价问题下的排序，r_k值越大表示状况越佳。通过比较各评价对象与S_I、S_{II}、S_{III}和S_{IV}的r_k值，可确定各评价对象健康等级，具体如下：

若$r_k > r_I$，评价对象s_k处于很健康状态；

若$r_{II} < r_k < r_I$，评价对象s_k处于健康状态；

若$r_{III} < r_k < r_{II}$，评价对象s_k处于亚健康状态；

若$r_{IV} < r_k < r_{III}$，评价对象s_k处于不健康状态；

若$r_k < r_{IV}$，评价对象s_k处于病态。

7.2 辽河流域水生态健康评价

7.2.1 流域概况

辽河流域地处我国东北地区，南濒渤海与黄海，西南与内蒙古内陆河和河北海河、滦河流域相邻，北与松花江流域毗连，地理位置在东经117°00′～125°30′、北纬40°30′～45°10′之间。辽河流域的主要河流包括东辽河、西辽河、辽河干流和浑太河，地跨辽宁省、吉林省、内蒙古自治区、河北省，流域面积为22.1万km^2。依据《辽河流域水资源综合规划》，辽河流域属于辽河区的一级亚区，共分4个二级区（分别是西辽河、东辽河、辽河干流和浑太河）、8个三级区，具体分区如表7-1所示。

表 7-1 辽河流域水资源分区

一级亚区	二级区		三级区			三级区覆盖城市
	名称	计算面积/km^2	名称	计算面积/km^2	平原区面积/km^2	
辽河流域	西辽河区	135 193	西拉木伦河及老哈河	61 248	7 126	河北省承德市，内蒙古自治区赤峰市、通辽市、锡林郭勒盟，辽宁省朝阳市
			乌力吉木仁河	37 025	12 316	内蒙古自治区赤峰市、通辽市、兴安盟、锡林郭勒盟，吉林省白城市
			西辽河下游（苏家堡以下）	36 920	33 138	内蒙古自治区赤峰市、通辽市，吉林省松原市、四平市
	东辽河区	10 364	东辽河	10 364	5 964	内蒙古自治区通辽市，辽宁省铁岭市，吉林省四平市、辽源市
	辽河干流区	48 213	柳河口以上	34 921	18 785	内蒙古自治区通辽市，辽宁省沈阳市、抚顺市、阜新市、铁岭市，吉林省四平市
			柳河口以下	13 292	8 633	辽宁省沈阳市、鞍山市、锦州市、阜新市、盘锦市
	浑太河区	27 327	浑河	11 481	3 484	辽宁省沈阳市、鞍山市、抚顺市、辽阳市、铁岭市
			太子河及大辽河干流	15 846	4 976	辽宁省沈阳市、鞍山市、抚顺市、本溪市、丹东市、营口市、辽阳市、盘锦市

7.2.2 评价指标体系

7.2.2.1 流域尺度指标

流域尺度指标包括两类：一类是表征流域开发、用水水平和污染负荷的指标，包括单位 GDP 水耗、人均用水量及单位面积 COD 污染负荷；二是表征地表覆被状况的指标，包括建设用地面积占比、水土流失率和归一化植被指数。

①单位 GDP 水耗（m^3/万元）：指万元地区生产总值用水量，反映了流域社会经济系统的水资源利用效率，其数值越大，表明水资源利用效率越低，水生态系统所承受的压力越大。

②人均用水量（m^3/人）：流域范围内的用水总量与人口总数的比值。

③建设用地面积占比（%）：指城乡、工矿、居民用地面积占流域面积的百分比，反

映流域内不透水硬质地面对水生态系统造成的不利影响。

④单位面积COD污染负荷（t/km^2）：COD入河量与流域面积的比值，反映人类活动中污染排放对河流的影响；其中，COD统计来源包括点源和非点源。

⑤水土流失率（%）：水土流失面积占流域面积的百分比，反映了不合理的土地利用方式及自然禀赋对河流的影响。

⑥归一化植被指数（NDVI）：等于近红外波段与红外波段数值之差和这两个数值之和的比值，计算公式为：

$$\mathrm{NDVI}=\frac{\mathrm{NIR}-R}{\mathrm{NIR}+R} \tag{7-8}$$

式中：NIR——近红外波段反射率；

R——红外波段反射率，具体可通过遥感图像经ENVI计算得到。理论上NDVI的范围是[−1，1]，但实际上R值几乎不可能大于NIR。NDVI是植被生长状态及植被覆盖度的指示因子；在有植被覆盖的条件下，其数值越大，表明植被覆盖度越高。

7.2.2.2 河流廊道尺度指标

河流廊道包括河道及河岸带。在这一尺度上，分别选取了水质、水量、水生生物及连通性等方面的指标。

①水功能区水质达标率（%）：水功能区内水质达到功能区相应标准的河流长度占评价河流长度的百分比。

②地表水资源开发利用率（%）：当地地表水供水量占地表水资源量的百分比，用于反映流域地表水资源的开发利用程度，从水量角度体现河流的社会服务功能。

③河流生态需水保证率（%）：指实际生态用水占目标生态需水的百分比；目标生态需水是通过生态需水配置、保障河流生态良性运行状态下的生态需水。这一指标从水量上表征河流生态系统的服务潜力。

④底栖动物Shannon-Wiener多样性指数：选择个体较大、寿命较长、活动范围较小的大型底栖无脊椎动物作为监测对象，通过对样品进行分类鉴定，对每种生物分别计数，再通过式（7-9）计算Shannon-Wiener多样性指数以表征河流内的生物状况：

$$H=-\sum_{i=1}^{S}\left(\frac{n_i}{N}\right)\log_2\left(\frac{n_i}{N}\right) \tag{7-9}$$

式中：H——多样性指数；

n_i——样品中第i种生物的个体数；

N——样品中各种生物的总个数。

⑤纵向连通性指数（个/100 km）：用于表征河流纵向上的连通程度，其大小用于反映人类对河流纵向连通的干扰状况，可用每 100 km 河流所拥有的拦河堤坝数表示；其数值越大，表明河流的纵向连通性越差。

7.2.2.3 栖息地尺度指标

将流域范围内的湖泊及重要湿地作为栖息地，表征指标主要包括栖息地水质水量状况，与相邻河流和内部连通程度，以及其在流域范围内受人为干扰的情况。

①栖息地生态需水保证率（%）：指栖息地实际生态用水占目标生态需水的百分比；目标生态需水是通过生态需水配置、保障河流生态良性运行状态下的生态需水。该指标表征了栖息地的水量状况。

②富营养化的栖息地占比（%）：处于富营养化水平的栖息地数量占评价栖息地总数的百分比，用于表征栖息地的水质状况。

③栖息地面积退化率（%）：退化栖息地面积占原有面积的百分比，用于表征栖息地所受干扰的强度。

④栖息地破碎化指数（FN）：用于描述流域人为干扰下栖息地的破碎化程度，计算公式为：

$$\mathrm{FN}=\frac{N_f-1}{N_c} \tag{7-10}$$

式中：N_f——流域内的栖息地总数；

N_c——流域内栖息地的总面积与最小栖息地面积的比值。

⑤栖息地聚集指数（PCI）：用于反映流域内栖息地与河流以及内部在空间上的连接程度，计算公式为：

$$\mathrm{PCI}=\left(1-\frac{\sum_{i=1}^{m}\sum_{j=1}^{n}p_{ij}}{\sum_{i=1}^{m}\sum_{j=1}^{n}p_{ij}\sqrt{a_{ij}}}\right)\times\left(1-\frac{1}{\sqrt{A}}\right)^{-1}\times 100 \tag{7-11}$$

式中；p_{ij}——栖息地周长；

a_{ij}——栖息地面积；

A——栖息地总面积。聚集指数可由遥感解译数据通过 Fragstats 软件计算，其范围在[0，100)；当 PCI 越接近 0，表明栖息地在空间上越分散，连接程度越低。

7.2.3 评价标准

考虑辽河流域生态现状，确定各健康等级状态的要求（如表7-2所示）及标准值（如表7-3所示）。

表7-2 各健康评价等级状态定性描述

评价分级	状态描述
病态	人类不合理干扰的强度严重超出流域水生态系统可接受的极限，用水效率极低，未经处理的污染物大量排放，植被破坏严重；水体浑浊恶臭，河道人工化严重且基本干涸，连通受阻，完全丧失应有的服务功能；栖息地完全退化，大多数生物已无法生存
不健康	生产生活取水频繁且用水效率低，污染物仅有少部分经处理后排放，仅有少量植被覆盖，不合理的人类干扰强度较大；河流水体经常出现浑浊现象，河道常年处于断流状态，大部分水体被人工化，连通性较差；大部分栖息地发生退化，敏感物种和部分常见物种已消失，生物多样性较低
亚健康	流域内存在一定强度不合理的人类干扰，且干扰强度有进一步增加的趋势；水体仅在枯水期出现浑浊现象，汛枯两期水量差别较大，在部分年份出现断流现象，少数支流河道被人工化，连通不畅；少数栖息地面积萎缩，敏感物种无法生存，生物多样性仅能维持在一定水平
健康	人类活动强度较小，取用水和排污方式合理，植被覆盖密集；水体清洁，水量全年基本稳定，可满足各种用水需求，仅少量河道出现轻微人工化，整体连通性较高；栖息地可维持较高的生物多样性，除少数敏感物种需人工保护外，其余物种均可在自然条件下生存
很健康	不合理的人为干扰得到有效控制，实现了人类与河流的良性互动；水体洁净，水量充足，河道形态蜿蜒接近自然，可以最大限度地发挥各项服务功能；栖息地在河道内及其附近广泛分布，人类、生物与自然和谐共生

表7-3 各健康评价等级标准值

尺度	序号	指标	病态	不健康	亚健康	健康	很健康	制定依据及方法
流域尺度	1	单位GDP水耗/（m^3/万元）	＞220	190～220	160～190	80～160	＜80	参考《2005年中国水资源公报》和国家生态省（县）建设标准，确定健康状态的标准值，其他等级标准值递推得到
	2	人均用水量/（m^3/人）	＞500	400～500	300～400	200～300	＜200	参考《2004年中国水资源公报》，以北京、河北等人均用水量较低的北方省份现状值为基准，结合《辽河流域水资源综合规划》中人均需水量预测值及各分区现状值，确定健康状态标准值，其他等级标准值递推得到
	3	建设用地面积占比/%	＞15	10～15	5～10	1～5	＜1	结合相关研究及各分区现状值确定
	4	单位面积COD污染负荷/（t/km^2）	＞8.9	4.6～8.9	2.5～4.6	1.1～2.5	＜1.1	依据《辽河流域水资源综合规划》中水功能区COD入河控制量及各分区现状值，确定健康状态标准值，其他等级标准值递推得到

尺度	序号	指标	病态	不健康	亚健康	健康	很健康	制定依据及方法
流域尺度	5	水土流失率/%	＞60	40～60	20～40	10～20	＜10	以辽河流域水土流失相对轻微的河流上游地区的水土流失率为基准，参考各分区现状值，确定健康状态标准值，其他等级标准值递推得到
	6	归一化植被指数（NDVI）	＜0.1	0.1～0.3	0.3～0.5	0.5～0.7	＞0.7	以植被覆盖状况较好的河流上游地区的NDVI值为基准，参考各分区NDVI现状值，确定健康状态标准值，其他等级标准值递推得到
河流廊道尺度	1	水功能区水质达标率/%	＜40	40～70	70～95	95～100	100	根据国家环保总局生态省建设标准中对水功能区水质达标率的要求，确定很健康状态标准值，其他等级标准值递推得到
	2	地表水资源开发利用率/%	＞55	45～55	35～45	20～35	＜20	参考辽河干流区地表水资源开发利用率的现状值，并依据国外权威机构公认的标准，确定健康状态标准值，其他等级标准值递推得到
	3	河流生态需水保证率/%	＜40	40～55	55～90	90～100	100	参考辽河流域水生态保护和修复规划的最小生态需水量和适宜生态需水量计算成果，结合现状值，确定亚健康状态标准值，其他等级标准值递推得到
	4	底栖动物Shannon-Wiener多样性指数	＜1.5	1.5～2.5	2.5～3.5	3.5～4.5	＞4.5	参考相关研究中底栖动物多样性指数评价分级标准，并做适当调整
	5	纵向连通性指数/（个/100 km）	＞1.2	0.9～1.2	0.6～0.9	0.3～0.6	＜0.3	参考辽河流域历史数据，确定健康状态标准值，其他等级标准值递推得到
栖息地尺度	1	栖息地生态需水保证率/%	＜40	40～60	60～90	90～100	100	参考最小生态需水量和适宜生态需水量计算成果，结合现状值，确定亚健康状态标准值，其他等级标准值递推得到
	2	富营养化的栖息地占比/%	＞40	30～40	20～30	10～20	＜10	以水体富营养化相对较轻的河流上游地区的水质背景为基准，参考各分区现状值，确定健康状态标准值，其他等级标准值递推得到
	3	栖息地面积退化率/%	＞65	35～65	15～35	5～15	＜5	以栖息地面积退化轻微的河流上游地区的栖息地面积退化率为基准，参考各分区现状值，确定健康状态标准值，其他等级标准值递推得到
	4	栖息地破碎化指数（FN）	＞0.7	0.5～0.7	0.3～0.5	0.1～0.3	＜0.1	以受扰轻微的河流上游栖息地的破碎化指数为基准，综合专家判断成果确定
	5	栖息地聚集指数（PCI）	＜45	45～60	60～75	75～90	＞90	以受扰轻微的河流上游栖息地的聚集指数为基准，综合专家判断成果确定

7.2.4 评价结果

运用基于集对分析的健康评价模型，将 5 个健康级别的 4 个分级临界值$\{I,II,III,IV\}$作为情景S_I、S_{II}、S_{III}和S_{IV}引入集对分析中，与评价区一同进行计算；通过比较各评价对象与情景评价区的r_k值，确定各评价对象的健康状态等级。各评价区河流健康状况与最优健康状态的同一隶属度a_{kr}、对立隶属度c_{kr}及贴近度r_k如表 7-4 所示，各评价区河流所处健康状态级别如图 7-3 所示。

表 7-4 辽河流域水生态健康评价结果

评价区	a_{kr}	c_{kr}	r_k
西辽河	0.124	0.341	0.267
东辽河	0.163	0.426	0.276
辽河干流	0.255	0.383	0.400
浑太河	0.261	0.474	0.354
S_I	0.302	0.083	0.783
S_{II}	0.268	0.283	0.486
S_{III}	0.274	0.348	0.440
S_{IV}	0.247	0.535	0.316

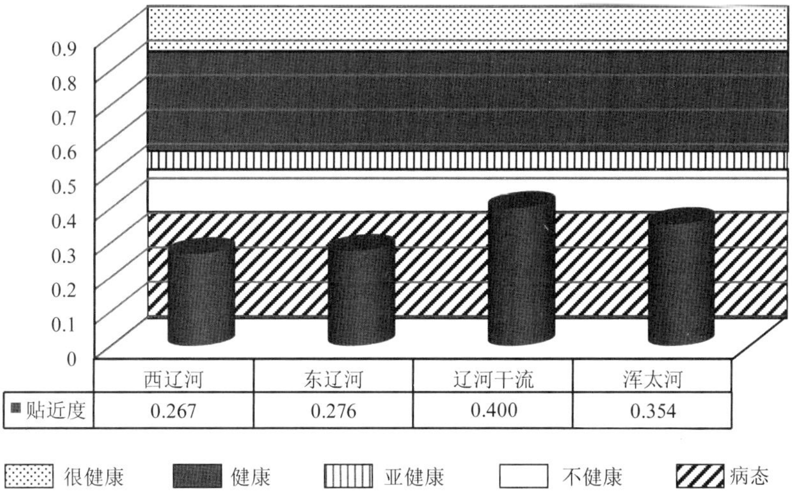

图 7-3 辽河流域水生态健康状态分级对比

从表 7-4 和图 7-3 可看出，辽河干流区、浑太河区处于不健康状态，西辽河区、东辽河区处于病态，表明整个辽河流域水生态健康均已受到较为严重的损害。

进一步运用上述模型，对流域、河流廊道和栖息地尺度的指标进行集成，得到各尺度下的水生态健康状态等级（如表 7-5、图 7-4～图 7-6 所示）。

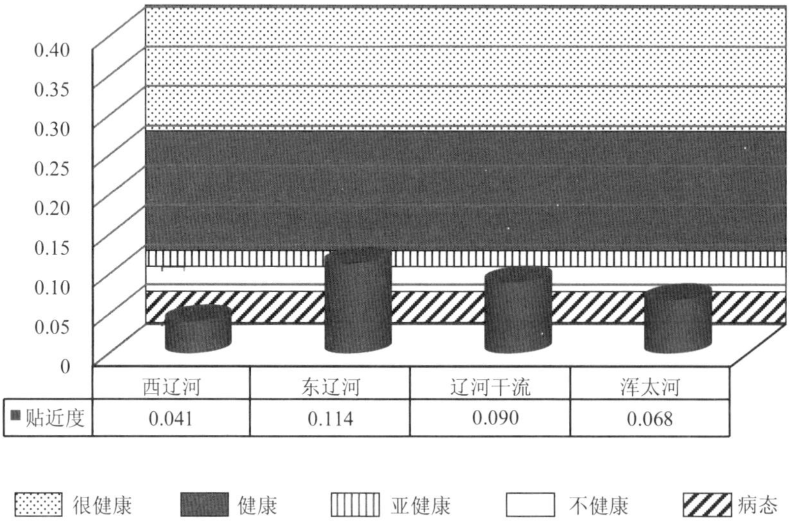

图 7-4　流域尺度健康状态分级对比

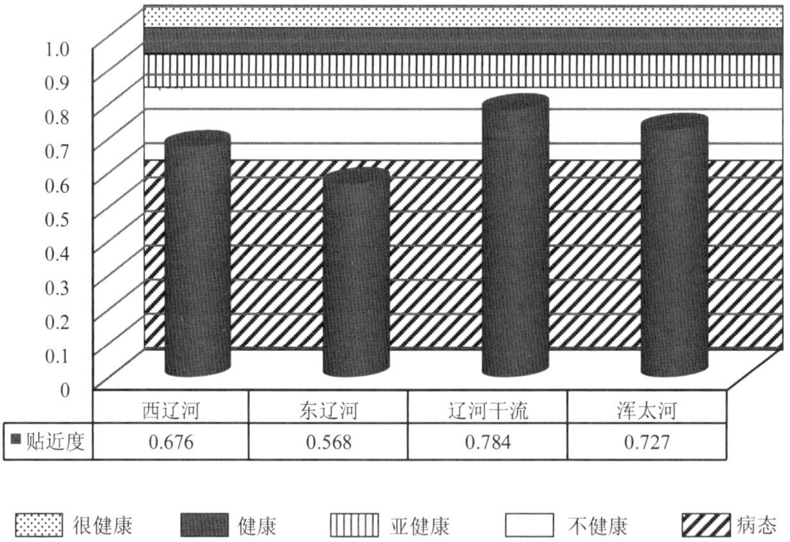

图 7-5　河流廊道尺度健康状态分级对比

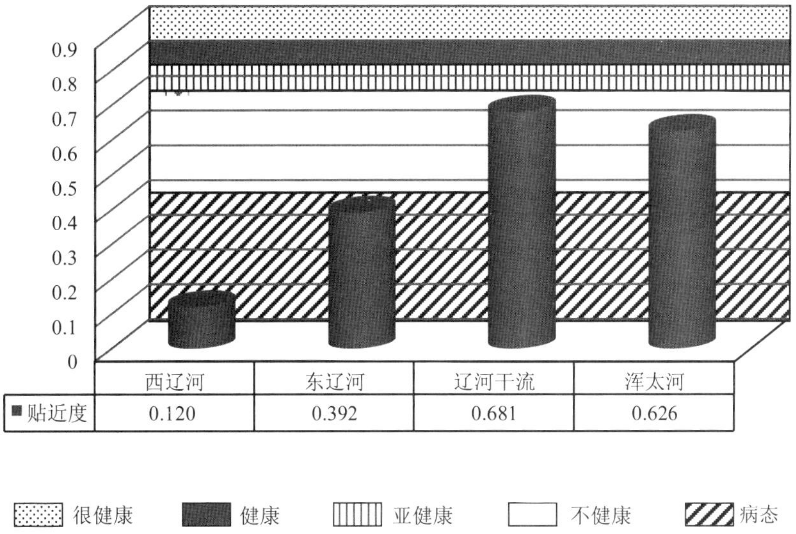

图 7-6 栖息地尺度健康状态分级对比

表 7-5 3 个尺度的健康等级矩阵

评价分区	流域尺度	河流廊道尺度	栖息地尺度	总体健康状态
西辽河	病态	不健康	病态	病态
东辽河	健康	病态	病态	病态
辽河干流	亚健康	不健康	不健康	不健康
浑太河	不健康	不健康	不健康	不健康

从结合评价结果可知，西辽河区和东辽河区虽均处于病态，但由于各区内自然干扰和人为干扰存在差异，导致健康退化的原因亦有所不同。对于西辽河区，导致区内水生态系统处于病态的原因主要集中在流域尺度和栖息地尺度。西辽河区自然植被覆盖率较低，加之不合理的土地利用，水土流失十分严重，自然湿地大面积退化；此外，人类对水资源的不合理开发利用、水利工程建设密集造成区内河流几乎长年断流，纵向连通性受阻，水生生物状况相对较差，造成河流健康状况严重受损。对于东辽河区，导致区内河流健康退化的原因主要集中在栖息地尺度和河流廊道尺度上。东辽河区位于低丘陵和平原区，气候较为湿润，流域内植被状况相对较好，水土流失率较低。但由于区内湿地面积较小，在人为干扰作用下，湿地几乎完全退化，且破碎化较为严重。此外，库坝建设导致水资源过度开发与利用、污水不合理排放等，造成水质超标，生态需水量不能保证，区内水生态系统处于病态。

与东辽河区、西辽河区相比，辽河干流区和浑太河区水生态健康状况虽较好，但仍处于不健康状态。浑太河区内河流整体水质状况相对较好，生态用水较为充足，但由于区内高强度的城乡建设、交通建设，水资源不合理开发利用，以及浑河下游地区沼泽湿地大面积退化，造成健康状态发生严重退化。辽河干流区河流健康状况相对较好，这主要是由于该区自然气候条件较为优越，东部植被覆盖较好、雨量充沛、径流量丰富，但密集的水利工程建设，柳河流域、绕阳河流域较为严重的水土流失、污染物的大量排放和天然湿地的严重退化等共同导致区内河流处于不健康状态。

综上，辽河流域水生态健康状态均较差；对比来看，东南部（辽河干流和浑太河）健康状况优于西北部（西辽河、东辽河）。西辽河、东辽河健康受损较为严重，应给予重视。

7.3 十五里河流域水生态健康评价

7.3.1 流域概况

十五里河位于合肥市西南郊，发源于大蜀山东南麓，从西北流向东南，流经高新区、政务区、包河区，在义城镇汇入巢湖，是合肥市区西南部的主要河流之一。河道弯曲，源短流急，洪枯水位变化大。其上游建有人工湖泊——天鹅湖，天鹅湖下方采用溢流坝蓄水。十五里河流域面积为 111.25 km^2，干流河长 22.64 km，河宽 2～33 m，河道平均坡降为 0.72‰，不能通航。河流上游、中游、下游划分如下：上游自祁门路至 312 国道，约 4.05 km；中游自 312 国道至包河大道，约 9.63 km；下游自包河大道至入湖口，约 8.96 km。十五里河上游为城市河道，即城区段；中游和下游为城郊河道，即城郊段。十五里河流域开发强度大，支流及入河沟渠水体污染突出，污水管道错接、混接现象严重，农村污水未处理、直接排放，上游旱季断流，河流生态环境恶化。

7.3.2 评价指标体系

7.3.2.1 构建原则

河流生态系统具有复杂性、动态性、阈值性等特征。评价河流健康状况时，评价指标选取和指标体系构建尤为重要。构建的评价体系不仅需要全面、客观地反映河流的自然特征及服务功能，还需遵循以下基本原则。

（1）目标性原则

评价指标的选取应基于确定的评价目标。河流健康评价的意义在于支持河流的可持续利用与水环境修复。选取的评价指标应能体现河流复杂性、动态性等特征，评价指标应体现有效保护和恢复河流生态系统、保障河流的可持续利用、寻求开发与保护的平衡的内涵。

（2）多尺度融合原则

河流作为流域的组成单元，时刻承受着流域范围内社会经济活动的干扰作用。评价河流健康状态不能仅考虑河流生态系统本身或其内部的某一要素，而要从流域整体入手，分析其在周围人类活动作用下的健康状态，同时还要结合河流内关键节点的健康状况，从微观层面反映影响河流健康的内部因素，即通过多尺度融合的方法来全面评价河流的健康水平。

（3）代表性原则

河流生态系统与外界环境存在频繁的物质、能量交换，影响河流健康的因素复杂多样，详尽罗列影响河流健康的因子不具有现实意义，选择的健康评价指标需对河流健康状况产生显著影响且具有代表性，能综合反映河流生态系统的基本特征、河流受到的人为干扰及河流健康管理措施。

（4）可行性原则

所选指标应含义明确，便于理解与操作；指标计算过程应简洁清晰，相关数据易于收集、获取，从而使评价标准和评价方法能恰当应用，并尽可能在更大范围内得到推广。

（5）灵敏性原则

灵敏性是指所选指标对河流生态系统健康微小变化的反应快速敏锐。通过评价指标数值的变化，能有效表征河流生态系统健康状态的改变。这对于有效判别河流健康状态、增加评价结果可信度具有重要意义。

7.3.2.2 压力指标

压力指标主要从流域下垫面开发强度、资源利用情况、污染物排放情况三方面设置。该类指标均属于流域尺度指标，主要描述人类活动对河流健康造成的扰动和胁迫，其产生与人类经济发展模式有紧密关系，能够反映某一特定时期的资源利用强度及污染物排放造成的环境压力（麦少芝等，2005）。

（1）硬化地面面积率

硬化地面主要是指用不透水材质铺设的城市广场、商业街、人行道、社区活动区等地面。在城市建设过程中，大量硬化地面的铺设给流域范围内防洪、雨水资源利用带来了诸多阻碍，也对河流和湖泊水质、地下水补给产生了不良影响。

城市土地利用情况的改变使得大量硬化地面取代原本具有渗透雨水功能的土壤及能

够截留降水的植被。在相同的降雨量条件下，由于城市流域内的植被覆盖面积降低、硬化地面面积持续增大，以及洼地、坑塘消失，城市范围内降雨被植被截留、渗透进入土壤、坑塘蓄滞的雨水量均减少，导致流域范围内的地表径流增加，城市防洪压力趋紧（伍雯璨，2011）。

硬化地面的大范围铺设在一定程度上阻碍了雨水对地下水的补给，影响了城市河流与地下水间的自然循环，可能造成城市地下水位偏低，间接影响植被生长，甚至加重城市干旱。流失的降雨也造成雨水资源的浪费，不利于雨水资源的再生和循环利用。

当城市范围内出现暴雨时，相对于土壤或透水地面，硬化地面更容易造成非点源污染。雨水裹挟城市地面污染物，如汽车排放的油污、轮胎磨损物、工业废物、生活垃圾中含有的污染物等，通过雨水管网排入城市河流。这部分雨水未经净化处理，其中包含的污染物加剧了城市河流水质的恶化（向东，2003）。

流域内硬化地面面积率表征了城市河流健康受到的流域范围内人类开发活动的影响，应被纳入河流健康评价体系。其计算公式如下：

$$\text{硬化地面面积率} = \frac{\text{流域内硬化地面面积}}{\text{流域总面积}} \times 100\% \tag{7-12}$$

（2）万元 GDP 用水量

万元 GDP 用水量是指某地区、行业、企业或单位在一定时段内每取得 1 万元增加值（万元）（GDP）取用的水资源量（m^3）。其中，GDP 的统计包括第一产业、第二产业、第三产业全年生产总值，数据来自统计年鉴。用水量包括农田灌溉用水、林牧渔畜用水、工业用水、城镇公共用水（建筑业用水、服务业用水）、居民生活用水（城镇居民用水、农村居民用水）。其计算公式如下：

$$\text{万元GDP用水量} = \frac{\text{地区年用水总量}}{\text{GDP}} \tag{7-13}$$

（3）COD 排放强度

COD 排放强度指某流域或区域的单位面积（km^2）上工业废水和生活污水中 COD 的排放量（t/a），反映污染负荷对流域生态系统可能产生的影响。计算公式如下：

$$\text{COD排放强度} = \frac{\text{流域内COD年排放总量}}{\text{流域总面积}} \tag{7-14}$$

（4）NH_3-N 排放强度

NH_3-N 排放强度指某流域或区域的单位面积（km^2）上工业废水和生活污水中 NH_3-N 的排放量（t/a），是表征污水排放对流域生态系统影响的指标。计算公式如下：

$$\text{NH}_3\text{-N排放强度}=\frac{\text{流域内NH}_3\text{-N年排放总量}}{\text{流域总面积}} \tag{7-15}$$

（5）农药施用强度

指流域范围内单位面积（km^2）上的农药施用量（t/a）。农药过度使用带来的面源污染是水环境质量的巨大威胁，农药施用强度指标能反映流域农业生产活动对河流、湖泊的环境压力。计算公式如下：

$$\text{农药施用强度}=\frac{\text{农药年施用量}}{\text{流域总面积}} \tag{7-16}$$

（6）化肥施用强度

指流域范围内单位面积（km^2）上的化肥施用量（t/a）。化肥过度使用可能引起河流水质恶化，影响水生生物。利用化肥施用强度衡量农业面源污染对流域水质的威胁。计算公式如下：

$$\text{化肥施用强度}=\frac{\text{化肥年施用量}}{\text{流域总面积}} \tag{7-17}$$

7.3.2.3 状态指标

主要从河流水文、水质、生物多样性、生境复杂度、连通性、河流景观方面设置状态指标。该类指标体现了人类活动干扰下河流内部组织、性质、机能发生的变化，反映了自然环境要素发生的变化及河流管理的目标。该类指标既包含流域水面面积率等流域尺度指标，也包含生态需水满足率、河流静态连通性指数、河流动态连通性指数、河流景观指数等河流廊道尺度指标，以及水质综合污染指数、栖息地复杂度等栖息地尺度指标。

（1）生态需水满足率

十五里河属于典型的城市河流。其生态功能与自然状态河流差别较大，主要包括防洪排涝、景观维持、文化娱乐、经济开发等功能。为衡量十五里河水量供给对维持正常生态功能的作用，引入生态需水满足率。生态需水满足率表示现状条件下水量补给与河道生态需水的比率。

1）河道生态需水量

本研究针对十五里河枯水季水量不足、河流景观缺乏的问题，主要考虑从维持蒸发渗漏需水量、维持河流景观需水量两方面进行生态需水量计算。经初步计算，维持蒸发渗漏需水量小于维持河流景观需水量，因此以维持河流景观需水量作为十五里河的生态需水量。

对于给定的城市河段，为保证河流景观功能的发挥，河道内水体既应保持一定的流速，也应具有适当的水深。从生境保护的角度，河流水深与河流水文连通性密切相关，水深太浅，河流水文连通性不强，河流水量交换受阻，河流生态系统基本功能将受到影响。从景观维持的角度，由于河道纵断面坡度变化较大，河流在枯水季节易发生断流，使得河床底质裸露，影响河道整体景观效果。

根据十五里河的实际情况，结合十五里河综合治理工程的相关设计要求，综合考虑十五里河河道现有及规划建设的拦蓄水建筑物，从维持河流景观需水的角度，将各段河道水深最浅处设置为不低于 0.2 m。为计算简便，河道最浅水深取过堰水流由急流过渡到缓流后产生明渠均匀流时的水深，此时水深沿程不变，称为正常水深，以 h_0 表示。正常水深与流量和渠边断面的形状、尺寸、壁面粗糙及渠边底坡等因素有关。

根据明渠均匀流基本公式：

$$Q = Av = CA\sqrt{Ri} = f\left(m, b, h_0, n, i\right) \tag{7-18}$$

式中：Q——流量，m^3/s；

A——过水断面面积，m^2；

v——流速，m/s；

C——谢才系数，$m^{\frac{1}{2}}/s$；

R——水力半径，m；

i——渠道比降；

n——糙率；

m——边坡系数；

b——河道底宽，m；

h_0——正常水深，m。

根据曼宁公式计算谢才系数：

$$C = \frac{1}{n}R^{\frac{1}{6}} \tag{7-19}$$

2）河道现状补水量

对十五里河入河水量构成的调查发现，十五里河属雨源性河流，常年无自然径流补给，主要补充水源是天鹅湖不定期的下泄流量、流经区间的降水汇流、4 条小支流汇入量以及河道接纳的工业废水、生活污水。其中，天鹅湖下泄情况不定，因此将其下泄流量设为 0；支流汇入量来源为降水汇流，不做重复计算。因此，河道现状补给量主要由流域的降水汇流与河道接纳的沿河工业废水、生活污水两部分组成。

以十五里河流域月均降水量数据为基础，根据式（7-20）计算流域 2013 年各月份降水汇流。

$$W = 1\,000\alpha hA \tag{7-20}$$

式中：W——平均径流总量，m^3；

α——径流系数，参考安徽省水资源评价相关资料，考虑十五里河流域下垫面状况及初期雨水截留规模，非汛期取为 0.20，汛期取为 0.36，由流域降水资料可知，十五里河汛期为 5—9 月；

h——降水量，mm；

A——流域面积，km^2。

根据式（7-21）计算现状条件下各河段每月生态需水满足率。

$$生态需水满足率 = \frac{各河段现状补水量}{各河段生态需水量} \tag{7-21}$$

（2）水质综合污染指数

水质指标作为河流水环境质量的直接表征，其数值直接反映人为活动干扰下河流本身的性质、机能所发生的变化。综合考虑河流 COD、NH_3-N、TP 三项指标的达标状况，水质综合污染指数计算公式如下：

$$P_{ij} = \frac{c_{ij}}{c_{0j}}$$

$$P = \frac{1}{m} \cdot \frac{1}{n} \sum_{i=1}^{m} \sum_{j=1}^{n} P_{ij} \tag{7-22}$$

式中：水质综合污染指数的评价标准选用《地表水环境质量标准》（GB 3838—2002）的Ⅴ类值；

c_{ij}——第 i 个河流断面第 j 项水质指标的实测月平均浓度；

c_{0j}——第 j 项水质指标的评价标准；

P_{ij}——第 i 个河流断面第 j 项水质指标的相对污染指数；

m——河流断面的数目；

n——水质指标的个数；

P——水质综合污染指数。

（3）底泥污染指数

经多种途径进入水体中的污染物，经一系列过程后，会逐渐在底泥中累积（贾振邦等，2000）。底泥能作为水体污染指示剂，较好地反映水体受污染状况（陈静生，1987）。底泥污染指数计算公式如下：

$$D_{ij}=\frac{s_{ij}}{s_{oj}}$$

$$D=\frac{1}{p}\cdot\frac{1}{q}\sum_{i=1}^{p}\sum_{j=1}^{q}D_{ij} \tag{7-23}$$

式中：s_{ij}——第 i 个监测断面第 j 项底泥污染指标的实测月平均浓度；

s_{oj}——第 j 项底泥污染指标的评价标准，以二级断面标准浓度为底泥污染指标的评价标准；

D_{ij}——第 i 个监测断面第 j 项底泥的相对污染指数；

p——底泥监测断面的数目；

q——底泥监测指标的数目；

D——河流底泥污染指数。

（4）浮游植物多样性指数

浮游植物是水域生态系统中主要的初级生产者，是水体中浮游动物、鱼类等的直接或间接饵料基础（Salmaso，2010；李钦钦等，2010）。因此，浮游植物的种类组成、多样性等群落结构特征是评价河流水环境质量的重要指标。计算公式如下：

$$H=-\sum_{i=1}^{S}\left(\frac{n_i}{N}\right)\ln\left(\frac{n_i}{N}\right) \tag{7-24}$$

式中：S——群落中物种数目；

N——采集样品中所有种类的总个体数；

n_i——第 i 种物种的个体数。

（5）栖息地复杂度

栖息地复杂度是指栖息地构成类型的复杂程度，其构成越复杂，意味着为生物提供最适宜生存环境的可能性越大，同时也有利于降低物种对生存空间的竞争激烈程度（郑丙辉等，2007）。对河流栖息地构成复杂度的描述从侧面反映了其在多大程度上能为生物提供适宜生存空间。

对栖息地复杂度划分不同等级，具体如表 7-6 所示，以 100 m 沿河样带内小栖境数目、类型作为栖息地复杂度划分的依据。

表 7-6 栖息地复杂度划分依据

健康状态	栖息地描述	栖息地复杂度
健康	有水生植被、枯枝落叶、倒木、倒凹堤岸和巨石等 4 种以上小栖境	$x>4$
亚健康	有 3 种或 4 种小栖境	$2<x\leqslant 4$
不健康	有 1 种或 2 种小栖境	$1\leqslant x\leqslant 2$
病态	无明显小栖境	$0\leqslant x<1$

（6）河岸带植被指数

河岸带是介于河流水体与陆地之间，从交界处沿河岸向两侧延伸，直到受河水影响消失的地域（Gregory et al.，1991）。夏继红等（2006）认为河岸带是一个完整的生态系统，不仅包括动物、植物，还包括微生物。其中，河岸带植被在维持河岸带生态系统稳定性方面发挥重要作用。为表征河岸带生态环境质量，引入河岸带植被指数。该指数综合考虑河岸带宽度、植被覆盖及植被层次三方面信息，指数计算满足式（7-25）：

$$\text{河岸带植被指数}=\frac{\text{河岸带宽度}}{\text{河宽}\times\text{乔灌木覆盖度}\times\text{植被层次}} \tag{7-25}$$

式中：乔灌木覆盖度——乔灌木在河岸带的垂直投影面积占河岸带总面积的比例；

植被层次——垂直方向的植被层次数目（正整数）。

（7）河流静态连通性指数

静态连通性又称结构连通性，是目前多数水文连通性研究的关注点，主要指景观的空间形式及景观要素的物理连接度（Smith et al.，2010）。一般认为，静态连通性与河流的形态结构有关，水系结构要素的组成和配置对其产生重要影响（Phillips et al.，2011）。本研究用景观生态学廊道和网络分析方法衡量河流的静态连通性（马爽爽，2013）。

引入 γ 指数来表征河流静态连通性，γ 指数是河网内河链实际数目与河链可能存在的最大数目之比。

$$\gamma=\frac{m}{3(n-2)} \tag{7-26}$$

式中：m——河网内的河链数；

n——河网节点数。一般把河流交汇点称为节点，把相邻 2 个节点之间的河道称为河链（孟祥永，2014）。γ 指数取值范围为 0～1，0 表示每段河链均互不相连，1 表示各段河链之间均相互连通。γ 指数多在 1/3～1 之间取值，接近 1/3 时，河网呈现树状。γ 指数数值越大，表明河网连接度越好。

（8）河流动态连通性指数

动态连通性又称功能连通性，是指用过程描述的区域相互连接的动态属性，水文学和水力学上的连通性评价采用的便是动态连通性的内涵（Turnbull et al.，2008）。本研究中用水位差分析河流的功能连通性。计算公式如下：

$$C_h = \frac{1}{\Delta Z + 1} \tag{7-27}$$

式中：C_h——相邻水文站点之间的连通性指数，取值范围为 $0 < C_h \leqslant 1$；

ΔZ——相邻水文站点之间的水位差，m。相邻站点间的水位差越小，其连通性指数越接近于 1，表明水文连通性越好。反之，连通性指数越接近于 0，表明水文连通性越差。

（9）流域水面面积率

河流、湖泊、坑塘水面作为流域范围内水文循环较强烈的区域，其面积占流域总面积的比例能直观反映流域水循环活动的强弱。本研究用流域水面面积率衡量流域整体水循环程度的强弱。

$$\text{流域水面面积率} = \frac{\text{流域内年平均水位下水面面积}}{\text{流域面积}} \times 100\% \tag{7-28}$$

（10）河流景观指数

河流景观作为城市景观的重要组成部分，不仅发挥着生态多样性保护功能，也为市民提供游憩、观赏、文化、教育等功能。因此，河流景观指数应涵盖河流观赏性质、游憩保障、感官体验、文化教育等方面。其细分指标包括植物色彩与季相、岸线景观、水相感官体验、亲水可及性、文化教育设施状况（如表 7-7 所示）。河流景观指数为各分项指标数值之和。

表 7-7　河流景观指数内涵及分级标准

细分指标	评判标准
植物色彩与季相	3 分：植物色彩变化多样，空间分布均衡，季相特征明显，具有观花、观果、观叶三种或以上观赏类型。 2 分：植物色彩有一定变化，空间分布略显杂乱，季相特征一般，有两种观赏类型。 1 分：植物色彩变化单一，空间分布无序，季相特征不明显，观赏类型为一种
岸线景观	3 分：岸线曲折变化，自然程度高，水体与河岸景观一体性强。 2 分：岸线缺乏变化，自然程度一般，水体与河岸景观有一定交融。 1 分：岸线单一无变化，自然程度低，水体与河岸景观连接生硬
水相感官体验	3 分：水体流动性较好、水面清洁无异味，令观赏者心情愉悦。 2 分：水体流动性一般，水体微有杂物，水面略有异味。 1 分：水体流动性较差，水体杂物较多，水面异味较大
亲水可及性	3 分：通过亲水设施或河岸缓坡能直接接触到水。 2 分：无亲水设施或河岸缓坡过陡，不能直接接触水体，但可以近距离观赏水体。 1 分：无亲水设施，只能在远处观赏水体
文化教育设施状况	3 分：沿河分布数量较多的文教主题设施。 2 分：沿河分布一定量的文教主题设施。 1 分：沿河文教主题设施数量较少或无

7.3.2.4 响应指标

主要从雨水收集利用、污水处理、生态补水、绿地建设、护岸及亲水景观建设的角度设置响应指标。该类指标反映人类环境策略、经济策略和管理策略对减轻、预防河流发生不利变化的影响。既包括初降雨水收集处理率、污水收集处理率、绿地系统建设率等流域尺度指标，也包括日均生态补水强度、亲水景观建设强度等河流廊道尺度指标。

（1）初降雨水收集处理率

雨水是水资源的有效补给形式，对其的利用长久以来被人们所忽略。合理收集利用雨水资源，不仅有利于缓解城市排水系统的压力，减少暴雨时发生道路积水的概率，还能够减少雨水汇流携带的污染物造成的非点源污染，促进雨水向地下水的供给。

本研究中设置初降雨水收集处理率，表征流域范围内雨水调蓄池对雨水的收集处理能力，计算公式如下：

$$r = \frac{\sum_{i=1}^{3} S_i r_i}{S} \tag{7-29}$$

式中：r ——流域内初降雨水收集处理率；

S_i ——第 i 个雨水调蓄池服务面积；

r_i ——第 i 个雨水调蓄池雨水收集处理率；

S ——流域面积。

（2）污水收集处理率

城镇工业废水及居民生活污水一般通过市政污水管网被收集，统一被输送至城镇污水处理厂；农村生产生活污水处理方式较粗放，大部分污水就地排放，不汇入城镇污水管网，少部分地区采用村组收集处理和就地收集处理方式。

流域范围内的污水收集处理率能在一定程度上反映人类通过技术、管理手段应对河流水质下降的策略与效果。本研究用污水收集处理率表示经污水处理厂处理后达标排放的污水量占流域污水产生总量的比例。

（3）雨污分流比

城市排水体制主要包括合流制与分流制两种。分流制排水体制中，用两个或两个以上排水管渠系统收集和输送雨水、生活污水、工业废水，又分为完全分流制和截留式分流制。合流制排水系统用一个管渠系统输送生活污水、工业废水、雨水至污水处理厂或排入水体（李海滨，2013）。

雨污分流是较为理想的一种排水体制，雨水、污水分管而治，不仅可降低污水处理厂负荷，也可节约处理成本，减少污水对河流和地下水的污染（李海滨，2013）。雨污分流比可以反映城市排水体制中雨水、污水分离处理的程度，反映城市排水管道雨水收集利用的效率及污水管理控制力度。本研究中将雨污分流比定义为流域范围内实施雨污分流的管道数目与排水管道总数的比值。

（4）日均生态补水强度

十五里河存在枯水季水量不足和河道水质恶化等突出问题，河流生态需水不足是其中一个重要原因。为从根本上修复和改善十五里河生态环境，有必要开展生态补水工作。生态补水强度以日均生态补水量表示。

（5）绿地系统建设率

我国城市绿地系统多指园林绿地系统，一般由公园、花园、道路交通绿地、单位附属绿地、居民区绿地、经济林、防护林、生态林及城郊风景名胜区等构成（范群杰，2006）。城市绿地作为城市自然生态系统的重要组分，发挥着重要的生态屏障、经济效益、社会服务等功能。本研究引入绿地系统建设率，衡量流域范围内绿地建设对流域整体水文循环、雨水径流调蓄和污染控制的影响。

绿地系统建设率根据遥感解译结果计算，其计算公式为：

$$\text{绿地系统建设率}=\frac{\text{流域内园林绿地系统面积}}{\text{流域面积}}\times 100\% \tag{7-30}$$

（6）生态护岸年均建设率

河道护岸连接水域、陆域，不仅保护堤防与岸线安全，也影响河势变化，丰富河道两岸自然景观。根据护岸材质，一般将护岸分为两类：硬质材料护岸与生态护岸。硬质材料护岸采用混凝土施工、衬砌河床，而忽略了河流自然环境，已受到普遍否定（王新军等，2006）。生态护岸采用水体与土体、水体与生物相互涵养的方式建造堤岸，充分考虑河岸的透水性，同时护岸植被也能起到净化水质、提高生物多样性、涵养水分等多方面作用（梁开明等，2014）。

通过生态护岸年均建设率指标反映流域河道生态化程度。计算公式为：

$$\text{生态护岸年均建设率}=\frac{\text{生态护岸年均建设长度}}{\text{河流长度}}\times 100\% \tag{7-31}$$

（7）亲水景观建设强度

河道亲水景观不仅能协调河流与城市、陆地与人之间的关系，也能结合河道防洪设施，提供安全、便捷的亲水场所及设施。亲水景观一般包括亲水护岸、亲水广场、亲水平台、亲水游步道及一些附属设施，如护栏、休憩设施、铺装设施等。十五里河的亲水景观主要包括亲水游步道、护栏、照明装置、铺装设施。计算公式为：

$$亲水景观建设强度=\frac{亲水步道、护栏、照明装置、铺装设施年均建设长度}{河流长度}\times 100\% \tag{7-32}$$

7.3.3 评价指标计算

7.3.3.1 压力指标

（1）硬化地面面积率

选择2015年9月Landsat-7提供的TM数据作为遥感数据源，经过系统辐射校正和地面控制点几何校正后，结合实地调查结果，进行土地利用类型解译，得到流域土地利用情况（如图7-7所示）。

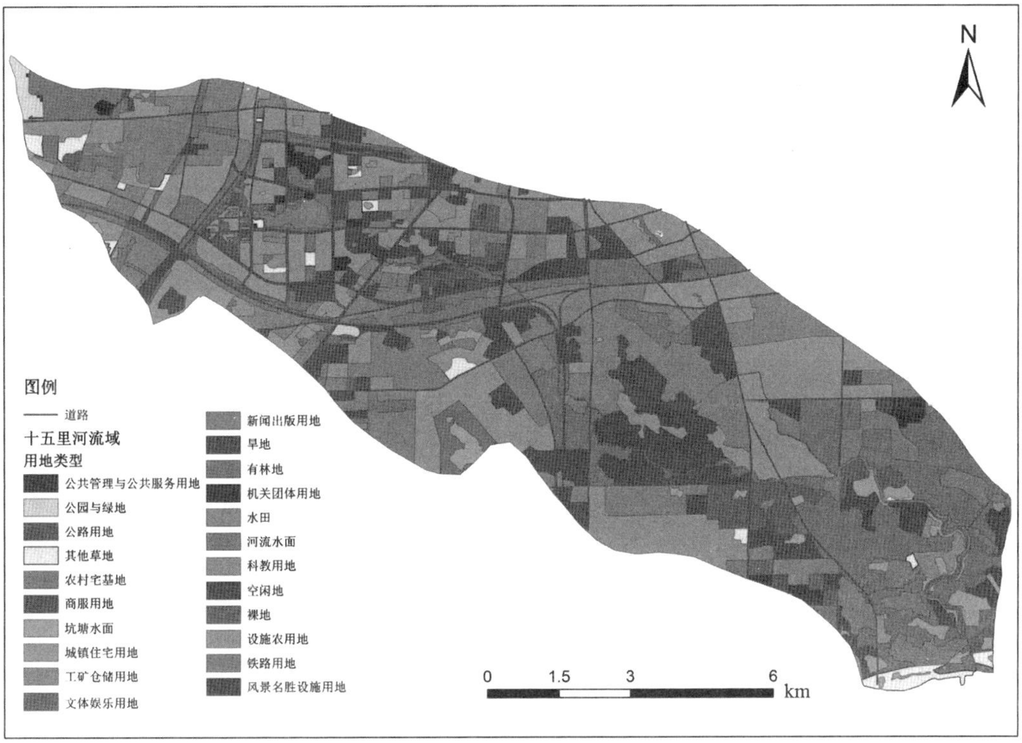

图7-7　十五里河流域土地利用

在目视解译过程中，利用GIS属性表编辑功能，计算各斑块的面积及对应的硬化地面面积率，汇总得到十五里河流域硬化地面面积和透水地面面积（如表7-8所示），计算得到十五里河流域硬化地面面积率为49.25%。

表 7-8 十五里河流域土地利用情况汇总 单位：km^2

编号	用地类型	面积	硬化地面面积	透水地面面积
11	水田	0.47	0	0.47
13	旱地	13.61	0	13.61
31	有林地	21.16	0.91	20.25
43	其他草地	1.81	0	1.81
5	商服用地	1.55	1.34	0.21
6	工矿仓储用地	24.45	21.37	3.08
71	城镇住宅用地	27.53	22.37	5.16
72	农村宅基地	3.19	2.33	0.86
81	机关团体用地	0.45	0.32	0.13
82	公共管理与公共服务用地	0.72	0.61	0.11
83	科教用地	1.33	1.08	0.25
85	文体娱乐用地	0.54	0.43	0.11
87	公园与绿地	1.61	0	1.61
88	风景名胜设施用地	0.02	0.02	0
101	铁路用地	1.53	1.19	0.34
102	公路用地	2.78	2.78	0
111	河流水面	1.65	0	1.65
114	坑塘水面	2.69	0	2.69
121	空闲地	0.21	0	0.21
122	设施农用地	0.04	0.04	0
127	裸地	3.91	0	3.92
合计		111.25	54.79	56.46

（2）万元 GDP 用水量

结合数据可得性，以 2012 年合肥市区平均值作为现状条件下十五里河流域结果，则万元 GDP 用水量为 25.16 t/万元。

（3）COD 排放强度和 NH_3-N 排放强度

利用十五里河流域污染源调查数据，整理流域内工业、服务业、居民生活等各类源的 COD 排放量、NH_3-N 排放量，计算排放强度，结果如表 7-9 所示。

表 7-9 十五里河流域 COD 排放强度、NH_3-N 排放强度

污染源类型	污染源种类	污染负荷排放量/（t/a）	
		COD	NH_3-N
点源	城镇生活	942.4	255.2
	工业企业	1 351.5	34.1
	污水处理厂	774.9	60.7
	小计	3 068.8	350.0
面源	农村生活	445.5	28.5
	规模化养殖	110.6	1.1
	农业面源	71.9	7.3
	城镇地表径流	3 614.5	77.0
	水产养殖	11.9	0.6
	小计	4 254.6	114.5
合计		7 323.4	464.5
排放强度/［t/（a·km^2）］		65.82	4.17

（4）农药施用强度

十五里河流域涉及的农业区有包河区大圩镇、骆岗街道。依据现场农药、化肥施用情况调查结果，计算十五里河流域农药施用强度（如表 7-10 所示）为 0.17 t/（a·km^2）。

表 7-10 十五里河流域农药施用强度

乡镇	村	单位面积农药（草甘膦）施用量/［kg/（亩①·a）］	施用面积/亩	农药施用量/（t/a）
大圩镇	圩西村	1.1	325	0.36
	晓南村	1.1	654	0.72
	晓星村	1.1	1 073.9	1.18
	新河村	1.1	794	0.87
	许贵村	1.1	5 247	5.77
	学塘村	1.1	2 563	2.82

乡镇	村	单位面积农药（草甘膦）施用量/［kg/（亩[①]·a）］	施用面积/亩	农药施用量/（t/a）
骆岗街道	高王村	1	2 839	2.84
	官塘村	1	729	0.73
	陆大村	1	1 111.1	1.11
	陆集村	0.8	932.1	0.75
	骆岗村	1	1 548	1.55
合计		—	17 816.1	18.70

注：①1 亩≈666.7 m^2。

（5）化肥施用强度

通过现场调查，计算十五里河流域化肥施用强度（如表 7-11 所示）。

表 7-11　十五里河流域化肥施用强度

单位面积化肥施用量/［kg/（亩·a）］			施用面积/亩	化肥施用量/（t/a）	化肥施用强度/［t/（a·km^2）］
复合肥	磷肥	碳铵			
60	120	50	780	195	1.75

7.3.3.2　状态指标

（1）生态需水满足率

1）河道生态需水量

参照《十五里河生态需水计算及生态补水方案设置》（北京师范大学，2016）提出的方法，计算出满足各拦水堰景观需求的生态需水量（如表 7-12 所示）。其中，拦水堰 1～6 均处于十五里河上游，拦水堰 7 位于中游，拦水堰 8 位于下游。由表 7-12 可见，在维持正常水深不低于 0.2 m 且水面衔接情况下，十五里河上游生态需水量为 12.04 万 t/d，中游生态需水量为 8.22 万 t/d，下游生态需水量为 14.94 万 t/d。

表 7-12　十五里河各河段生态需水量　　单位：万 t/d

河段	生态需水量	河段	生态需水量
拦水堰 1 以上	5.66	拦水堰 6 以上	4.11
拦水堰 2 以上	12.04	拦水堰 7 以上	8.22
拦水堰 3 以上	8.62	拦水堰 8 以上	9.85
拦水堰 4 以上	11.45	湿地以上	11.12
拦水堰 5 以上	9.48	河口以上	14.94

2）河道现状补水量

以距离较近的巢湖塘西河雨量站为代表站，统计出2013年各月降雨数据（如表7-13所示）。

表7-13　十五里河流域2013年各月降雨量　单位：mm

月份	总量/mm	降雨日数/d	最大日量/mm	月份	总量/mm	降雨日数/d	最大日量/mm
1月	36.5	6	25.2	7月	257.5	7	105
2月	55.4	12	30.8	8月	39.5	5	23
3月	39.5	4	19.1	9月	115.5	8	27.5
4月	19	4	11.5	10月	13	4	7.5
5月	156	13	35	11月	20	5	11.6
6月	157.5	12	119	12月	2.4	3	1.1

进一步计算统计出十五里河流域上游、中游、下游2013年各月降雨汇流量（如表7-14所示）。

表7-14　十五里河上游、中游、下游各月降雨汇流量

月份	总量/mm	流域总降雨汇流/（万t/月）	上游降雨汇流/（万t/月）	中游降雨汇流/（万t/月）	下游降雨汇流/（万t/月）
1月	36.5	81.21	17.31	28.23	35.67
2月	55.4	123.27	26.28	42.84	54.15
3月	39.5	87.89	18.73	30.55	38.61
4月	19	42.28	9.01	14.69	18.57
5月	156	624.78	133.18	217.16	274.45
6月	157.5	630.79	134.46	219.24	277.08
7月	257.5	1 031.29	219.83	358.45	453.01
8月	39.5	158.2	33.72	54.98	69.49
9月	115.5	462.58	98.6	160.78	203.19
10月	13	28.93	6.17	10.05	12.71
11月	20	44.5	9.49	15.47	19.55
12月	2.4	5.34	1.14	1.86	2.35

流域沿河工业废水、生活污水包括污水处理厂排水和少部分排污口排水。根据沿河排污口分布及排放水量现场调查，得到上游、中游、下游排污口入河污水量：上游为2.8万m^3/d，中游为0.74万m^3/d，下游为1.08万m^3/d，污水处理厂为10万m^3/d。

综合十五里河流域降雨汇流量与沿河污水排放量，可得河道现状补给量（如表7-15所示），计算出十五里河各河段逐月生态需水满足率（如表7-16所示）。

表 7-15　十五里河上游、中游、下游现状补给量

月份	上游补给量/（万 t/月）	中游补给量/（万 t/月）	下游补给量/（万 t/月）	月份	上游补给量/（万 t/月）	中游补给量/（万 t/月）	下游补给量/（万 t/月）
1 月	17.32	28.23	335.67	7 月	219.84	358.45	753.01
2 月	26.28	42.85	354.15	8 月	33.73	54.99	369.49
3 月	18.74	30.55	338.61	9 月	98.61	160.78	503.19
4 月	9.02	14.7	318.57	10 月	6.17	10.06	312.71
5 月	133.19	217.2	574.45	11 月	9.49	15.47	319.55
6 月	134.47	219.2	577.08	12 月	1.15	1.86	302.35

表 7-16　十五里河上游、中游、下游各月生态需水满足率

月份	上游生态需水满足率	中游生态需水满足率	下游生态需水满足率	月份	上游生态需水满足率	中游生态需水满足率	下游生态需水满足率
1 月	0.05	0.11	0.75	8 月	0.09	0.22	0.82
2 月	0.07	0.17	0.79	9 月	0.27	0.65	1.12
3 月	0.05	0.12	0.76	10 月	0.02	0.04	0.7
4 月	0.03	0.06	0.71	11 月	0.03	0.06	0.71
5 月	0.37	0.88	1.28	12 月	0	0.01	0.68
6 月	0.37	0.89	1.29	年平均生态需水满足率	0.16	0.39	0.94
7 月	0.61	1.45	1.68	河流整体生态需水满足率	0.5		

（2）水质综合污染指数

受数据限制，选取十五里河上游金寨路桥断面和绕城高速断面、中游京台高速断面、下游希望桥断面 2013 年 7 月至 2014 年 6 月的 COD、NH_3-N、TP 监测数据，评价十五里河上游、中游、下游水质综合污染指数，结果如表 7-17 所示。

表 7-17　十五里河各断面水质综合污染指数

时段		断面			
		金寨路桥	绕城高速	京台高速	希望桥
2013 年	7 月	2.17	7.92	7.21	5.11
	8 月	2.00	5.27	3.74	2.14
	9 月	2.08	2.72	2.50	2.43
	10 月	2.74	5.08	2.26	3.96
	11 月	6.73	6.99	7.34	5.63
	12 月	6.77	10.07	5.62	4.43

时段		断面			
		金寨路桥	绕城高速	京台高速	希望桥
2014 年	1 月	6.82	6.33	3.32	6.15
	2 月	4.18	5.53	3.26	2.73
	3 月	3.57	3.59	2.12	2.16
	4 月	2.42	2.86	0.96	2.71
	5 月	2.47	3.38	1.05	2.93
	6 月	3.38	3.63	0.88	1.77

对各月上游、中游、下游水质综合污染指数取算术平均值，得到各河段及河流整体水质综合污染指数（如表 7-18 所示）。

表 7-18　十五里河各河段水质综合污染指数

河段	水质综合污染指数	河段	水质综合污染指数
上游	4.53	下游	3.51
中游	3.35	河流整体	3.98

（3）底泥污染指数

利用底泥中铜、锌、镉、铬、锰等 8 项重金属指标及有机物、总磷、总氮等的监测数据，计算出上游（1#～7#点位平均）、中游（8#～10#点位平均）、下游（11#～12#点位平均）的底泥污染指数（如表 7-19 所示）。

表 7-19　十五里河各河段底泥污染指数

点位	底泥污染指数	所处河段	各河段底泥污染指数
1#	0.64	上游	0.76
2#	0.83		
3#	0.79		
4#	0.84		
5#	0.76		
6#	0.74		
7#	0.73		
8#	0.85	中游	0.84
9#	0.82		
10#	0.86		
11#	0.84	下游	0.85
12#	0.86		
河流整体			0.80

（4）浮游植物多样性指数

2015 年 5 月，分别在十五里河上游、中游、下游布设了 3 个、2 个、3 个采样点，采集了浮游植物、浮游动物和底栖动物定量样品，进行了生态调查。根据生态调查结果，计算出浮游植物多样性指数（如表 7-20 所示）。

表 7-20　十五里河各河段浮游植物多样性指数

样点	浮游植物多样性指数	所处河段	各河段浮游植物多样性指数
St1	0.69	上游	1.12
St2	1.21		
St3	1.46		
St4	2.07	中游	2.18
St5	2.29		
St6	1.66	下游	1.05
St7	0.62		
St8	0.88		
河流			1.36

（5）栖息地复杂度

选取沿河 12 个样带，其中上游、中游、下游各 4 个，每个样带长度为 100 m。采用目视判定、照片记录等手段进行现场调查，调查结果如表 7-21 所示。

表 7-21　十五里河各河段栖息地复杂度

样带编号	栖息地描述	栖息地复杂度	所处河段	各河段栖息地复杂度	河流整体栖息地复杂度
1	有水生植被	1	上游	0.75	1.25
2	无明显栖息地类型	0			
3	有水生植被、枯枝落叶微生境	2			
4	无明显栖息地类型	0			
5	有石块微生境	1	中游	1.25	1.25
6	有水生植被、倒凹堤岸微生境	2			
7	有水生植被	1			
8	有倒木生境	1			

样带编号	栖息地描述	栖息地复杂度	所处河段	各河段栖息地复杂度	河流整体栖息地复杂度
9	有水生植被	1	下游	1.75	1.25
10	有水生植被、倒凹堤岸	2			
11	有石块、倒木微生境	2			
12	有水生植被、枯枝落叶微生境	2			

（6）河岸带植被指数

在十五里河沿河上游、中游、下游分别设置了4个样带，每个样带长度为200 m。通过目视判定、照片记录等手段，现场调查了各样带内河岸带宽度与河宽的比例、乔灌木覆盖度及植被层次，分别计算出各样带所在河段河岸带植被指数（如表7-22所示）。

表7-22 十五里河各河段河岸带植被指数

样带编号	河岸带宽度/河宽	乔灌木覆盖度（河流两岸平均值）/%	植被层次	河岸带植被指数	所处河段	各河段河岸带植被指数	河流整体河岸带植被指数
1	2.2	17.5	3	1.16	上游	0.73	0.97
2	1.5	20	2.5	0.75			
3	0.8	40	2	0.64			
4	1.3	11	2.5	0.36			
5	2.2	12.5	2	0.69	中游	0.58	
6	2.1	12	2	0.53			
7	4.0	9	2	0.72			
8	2.1	9	2	0.38			
9	2.3	10.5	2	0.48	下游	1.60	
10	2.2	17.5	4	1.54			
11	1.6	30	2.5	1.20			
12	1.4	65	3.5	3.19			

（7）河流静态连通性指数

由十五里河流域水系图（如图7-8所示），十五里河河链数为4，节点数为5（分别为幸福渠、王年沟、许小河、圩西河、上游匡河与干流河道交汇处），得到河流的γ指数为0.44。

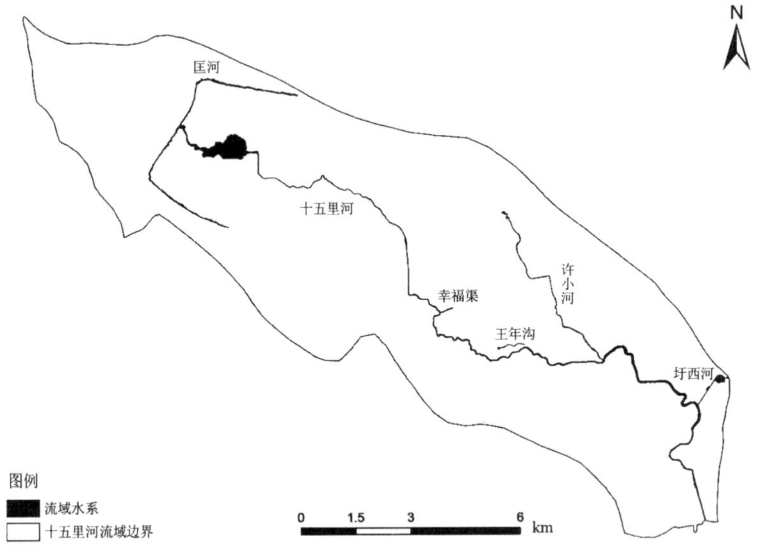

图 7-8　十五里河流域水系图

（8）河流动态连通性指数

根据十五里河上游、中游、下游的金寨路桥、美丹桥、前杨桥 3 个水文站点（如图 7-9 所示）2015 年 6—12 月逐日水位数据，分别计算出上—中游河流动态连通性指数与中—下游河流动态连通性指数，分别如图 7-10、图 7-11 所示。

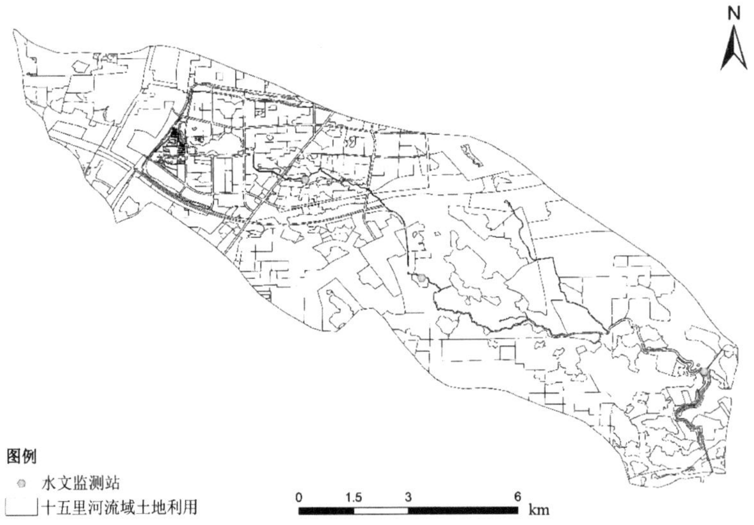

图 7-9　十五里河水文站点位置分布

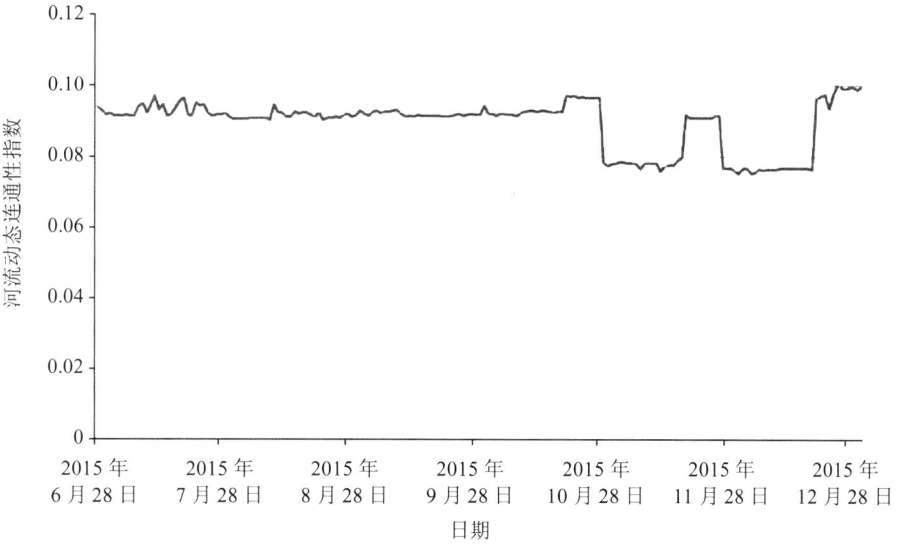

图 7-10 十五里河上—中游河流动态连通性指数

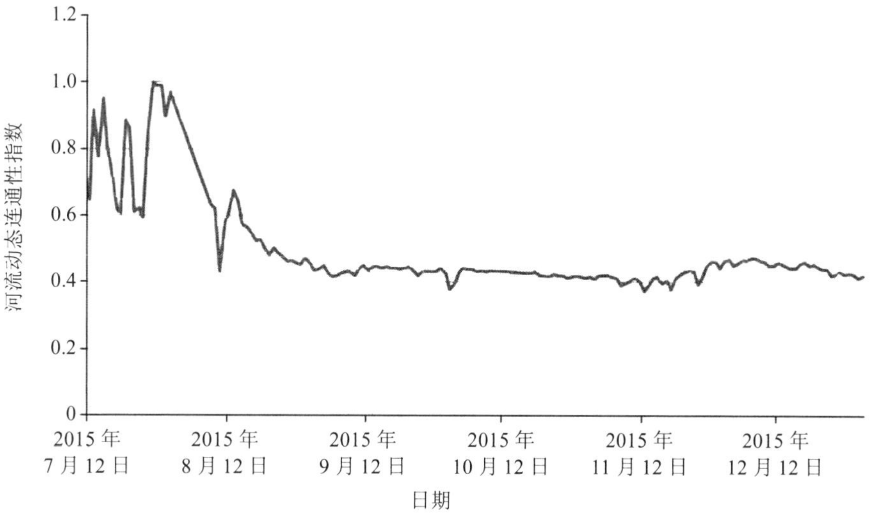

图 7-11 十五里河中—下游河流动态连通性指数

由计算结果可知，上—中游河流动态连通性指数较低，大多分布在 0.08～0.1 范围内，2015 年 6 月 28 日—12 月 28 日的平均值为 0.09；中—下游河流动态连通性指数较高，除个别小于 0.4 外，大部分在 0.5 左右，2015 年 7 月 12 日—12 月 12 日的平均值为 0.49；尤其是 2015 年 7 月中旬至 8 月初，河流动态连通性指数趋近于 1.0，这可能与十五里河流域夏季降雨较丰沛有关。

（9）流域水面面积率

利用遥感图像，解译出十五里河流域水面分布，计算出流域水面面积率，其数值为3.90%。

（10）河流景观指数

在十五里河沿河设置了12个样带，位置分布与河岸带植被指数调查样带重合，调查方式为目视判定、照片记录等手段。根据现场调查结果，计算出各样带内河流景观指数与上游、中游、下游河流景观指数（如表7-23所示）。

表7-23　十五里河各河段河流景观指数

样带编号	植物色彩与季相	岸线景观	水相感官体验	亲水可及性	文化教育设施状况	河流景观指数	
						各样带	各河段
1	3	1	1	2	1	8	9（上游）
2	2	2	2	2	1	9	
3	2	1	2	2	1	8	
4	3	1	3	3	1	11	
5	3	1	2	3	1	10	11.25（中游）
6	3	2	3	3	1	12	
7	2	3	3	3	1	12	
8	3	2	3	2	1	11	
9	3	1	2	3	1	10	11.50（下游）
10	3	2	3	3	1	12	
11	3	3	3	3	1	13	
12	3	1	3	3	1	11	

7.3.3.3 响应指标

（1）初降雨水收集处理率

依据十五里河及许小河生态修复工程可行性研究报告，十五里河流域将新建3座雨水调蓄池。具体为：金寨路调蓄池容积为20 000 m^3，服务面积为650 hm^2，雨水收集处理率为70%；绕城高速初期雨水调蓄池容积为40 000 m^3，服务面积为1 000 hm^2，雨水收集处理率为70%；京台高速初期雨水调蓄池容积为70 000 m^3，服务面积为2 590 hm^2，雨水收集处理率为60%。

根据3个雨水调蓄池服务面积及雨水收集处理率，计算得出流域内初降雨水收集处理率为24.35%。

（2）污水收集处理率

十五里河流域现有1座污水处理厂（十五里河污水处理厂），处理规模为10.0万t/d。

依照流域污水排放量调查结果（如表 7-24 所示），流域污水总量约为 14.67 万 m^3/d，则污水收集处理率为 68.17%。

表 7-24　十五里河流域污水排放量调查结果

序号	类别	经开区	高新区	蜀山区、政务区	包河区、滨湖区	小计
1	流域面积/km^2	5.23	8.03	19.43	78.56	111.25
2	小区污水总量/（m^3/d）	3 509	9 852	43 154	58 541	115 056
3	工业企业污水总量/（m^3/d）	4 355	339	83	3 251	8 028
4	餐饮服务业污水总量/（m^3/d）	1 064	1 108	245	6 391	8 808
5	行政办公区及学校污水总量/（m^3/d）	246	854	503	1 849	3 452
6	医疗服务业污水总量/（m^3/d）	31	1	8	1 618	1 658
7	露天大排档污水总量/（m^3/d）	14.13	135	220.05	75.63	444.81
8	清洗类服务业污水总量/（m^3/d）	82.21	14	37.1	326.23	459.54
9	菜市场污水总量/（m^3/d）	99	29	29	315	472
11	在建工地污水总量/（m^3/d）	99	161	1 187	1 281	2 728
12	农村生活污水总量/（m^3/d）	—	—	—	5 602.86	5 602.86
13	规模化养殖污水总量/（m^3/d）	—	—	—	18.29	18.29
流域污水总量/（m^3/d）						146 727.50

（3）雨污分流比

根据十五里河流域点源污染现场调查结果，流域内雨污分流比为 56.17%。

（4）日均生态补水强度

2016 年，十五里河生态补水量为 0。未来，拟通过如下方案实现流域生态补水：①天鹅湖坝下引水补给十五里河，管道输水能力为 5 万 m^3/d，引水量为 5 万 m^3/d；②管道引胡大郢污水处理厂的处理后污水至天鹅湖坝下，补给十五里河，管道输水能力为 8 万 m^3/d，引水量为 7.04 万 m^3/d；污水处理厂剩余水就近排入十五里河；③管道引十五里河污水处理厂的处理后污水补给许小河，管道输水能力为 5 万 m^3/d，引水量为 5 万 m^3/d；污水处理厂剩余水就近排入十五里河；④雨水调蓄池较为分散，为避免过多的管道铺设，处理后就近排入十五里河；⑤上游季节性河流水量充裕时，直接下泄补给十五里河，同时相应减少胡大郢污水处理厂的净化水引水量，以节约运营成本。

该补水方案共引水 12.04 万 m^3/d 至河道上游。按该水量补给十五里河，将保证整条河流最浅处水深至少为 0.2 m，河流呈现较好的水文连通性，使得上游、中游、下游均能满足生态需水要求。

（5）绿地系统建设率

根据遥感解译结果，十五里河流域绿地系统建设率为 30.18%。

（6）生态护岸年均建设率

依据现场调查结果，十五里河上游、中游、下游生态护岸年均建设率分别为41.2%、36.11%、6.68%，整体生态护岸年均建设率为23.61%。

（7）亲水景观建设强度

依据现场调查，上游、中游、下游亲水景观建设强度分别为34.32%、36.11%、6.68%，整体亲水景观建设强度为22.93%。

7.3.4 评价权重与标准

7.3.4.1 权重确定

依据专家对河流健康评价指标相对重要性的评判结果，得到判断矩阵，进行一致性检验，得到各指标权重（如表7-25所示）。

表7-25 十五里河健康评价指标体系各指标权重

准则层	指标	指标计算结果	指标权重
压力	硬化地面面积率（E1）/%	49.25	0.02
	万元GDP用水量（E2）/（t/万元）	25.16	0.02
	COD排放强度（E3）/［t/（a·km^2）］	65.82	0.06
	NH_3-N排放强度（E4）/［t/（a·km^2）］	4.17	0.06
	农药施用强度（E5）/［t/（a·km^2）］	0.17	0.03
	化肥施用强度（E6）/［t/（a·km^2）］	1.75	0.03
状态	生态需水满足率（E7）	0.50	0.07
	水质综合污染指数（E8）	3.98	0.06
	底泥污染指数（E9）	0.80	0.04
	浮游植物多样性指数（E10）	1.36	0.04
	栖息地复杂度（E11）	1.25	0.04
	河岸带植被指数（E12）	0.97	0.03
	河流静态连通性指数（E13）	0.44	0.07
	河流动态连通性指数（E14）量纲一	0.29	0.07
	流域水面面积率（E15）/%	3.90	0.04
	河流景观指数（E16）	10.58	0.02
响应	初降雨水收集处理率（E17）/%	24.35	0.03
	污水收集处理率（E18）/%	68.17	0.06
	雨污分流比（E19）/%	56.17	0.06
	日均生态补水强度（E20）/（万m^3/d）	0	0.07
	绿地系统建设率（E21）/%	30.18	0.03
	生态护岸年均建设率（E22）/%	23.61	0.03
	亲水景观建设强度（E23）/%	22.93	0.02

7.3.4.2 评价标准确立

根据十五里河流域生态环境现状及功能定位，结合“健康工作河流”的评价理念，确定本次评价中的河流健康各等级要求（如表 7-26 所示）及评价标准（如表 7-27 所示）。

表 7-26 河流健康各等级状态定性描述

评价分级	状态描述
健康	结构合理、功能健全，物质、能量输入输出平衡、稳定，对外界干扰的长期效应具有抵抗力和恢复力
亚健康	结构比较合理、功能基本健全，物质、能量输入输出基本平衡、稳定，对外界干扰的长期效应具有一定的抵抗力和恢复力
不健康	结构不合理、功能不健全，物质、能量输入输出不平衡、不稳定，不具备对外界干扰长期效应的抵抗力和恢复力
病态	结构极不合理、功能极不健全，物质、能量输入输出平衡紊乱，完全丧失对外界干扰长期效应的抵抗力和恢复力

表 7-27 各指标的评价标准

指标	健康（Ⅰ级）	亚健康（Ⅱ级）	不健康（Ⅲ级）	病态（Ⅳ级）	健康等级设定依据
硬化地面面积率（E1）/%	$0 \leqslant x < 30$	$30 \leqslant x < 60$	$60 \leqslant x < 80$	$80 \leqslant x < 100$	—
万元 GDP 用水量（E2）/（t/万元）	$x < 100$	$100 \leqslant x < 150$	$150 \leqslant x < 300$	$x \geqslant 300$	《生态县、生态市、生态省建设指标（试行）》
COD 排放强度（E3）/［t/（a·km^2）］	$x < 10$	$10 \leqslant x < 14$	$14 \leqslant x < 19$	$x \geqslant 19$	结合流域内污水排放量及十五里河水功能区划类别设定
NH_3-N 排放强度（E4）/［t/（a·km^2）］	$x < 0.5$	$0.5 \leqslant x < 0.7$	$0.7 \leqslant x < 1.0$	$x \geqslant 1.0$	结合流域内污水排放量及十五里河水功能区划类别设定
农药施用强度（E5）/［t/（a·km^2）］	$x < 0.2$	$0.2 \leqslant x < 0.4$	$0.4 \leqslant x < 0.6$	$x \geqslant 0.6$	—
化肥施用强度（E6）/［t/（a·km^2）］	$x < 10$	$10 \leqslant x < 20$	$20 \leqslant x < 30$	$x \geqslant 30$	—
生态需水满足率（E7）	$0.85 \leqslant x < 1.00$	$0.70 \leqslant x < 0.85$	$0.50 \leqslant x < 0.70$	$x < 0.50$	—
水质综合污染指数（E8）	$0 \leqslant x < 0.3$	$0.3 \leqslant x < 0.5$	$0.5 \leqslant x < 1.0$	$x \geqslant 1.0$	参考赵彦伟等（2005b）
底泥污染指数（E9）	$0 \leqslant x < 0.3$	$0.3 \leqslant x < 0.5$	$0.5 \leqslant x < 1.0$	$x \geqslant 1.0$	参考赵彦伟等（2005b）

指标	健康（Ⅰ级）	亚健康（Ⅱ级）	不健康（Ⅲ级）	病态（Ⅳ级）	健康等级设定依据
浮游植物多样性指数（E10）	$x \geq 2.5$	$1.5 \leq x < 2.5$	$0.6 \leq x < 1.5$	$x < 0.6$	参考邓文丽等（2013）
栖息地复杂度（E11）	$x > 4$	$2 < x \leq 4$	$1 \leq x \leq 2$	$0 \leq x < 1$	参考郑丙辉等（2007）
河岸带植被指数（E12）	$x \geq 3$	$2 \leq x < 3$	$1 \leq x < 2$	$0 \leq x < 1$	参考赵警卫（2013）
河流静态连通性指数（E13）	$0.75 \leq x < 1.00$	$0.50 \leq x < 0.75$	$0.25 \leq x < 0.50$	$x < 0.25$	参考孟祥永等（2014）
河流动态连通性指数（E14）量纲一	$0.75 \leq x < 1.00$	$0.50 \leq x < 0.75$	$0.25 \leq x < 0.50$	$x < 0.25$	参考马爽爽（2013）
流域水面面积率（E15）/%	$x \geq 10.0$	$5.0 \leq x < 10$	$2.5 \leq x < 5.0$	$0 \leq x < 2.5$	《城市水系规划导则》
河流景观指数（E16）	$13 \leq x \leq 15$	$10 \leq x < 13$	$8 \leq x < 10$	$5 \leq x < 8$	—
初降雨水收集处理率（E17）/%	$x \geq 60$	$40 \leq x < 60$	$20 \leq x < 40$	$0 \leq x < 20$	—
污水收集处理率（E18）/%	$x \geq 95$	$85 \leq x < 95$	$60 \leq x < 85$	$0 \leq x < 60$	《生态县、生态市、生态省建设指标（修订稿）》
雨污分流比（E19）/%	$x \geq 90$	$80 \leq x < 90$	$60 \leq x < 80$	$0 \leq x < 60$	—
日均生态补水强度（E20）/（万 m^3/d）	$x \geq 17$	$12 \leq x < 17$	$7 \leq x < 12$	$x < 7$	依据生态需水测算设定
绿地系统建设率（E21）/%	$x \geq 35$	$25 \leq x < 35$	$15 \leq x < 25$	$0 \leq x < 15$	《国家环境保护模范城市考核指标及其实施细则（第六阶段）》
生态护岸年均建设率（E22）/%	$x \geq 10$	$7.5 \leq x < 10$	$5 \leq x < 7.5$	$0 \leq x < 5$	—
亲水景观建设强度（E23）/%	$x \geq 15$	$10 \leq x < 15$	$5 \leq x < 10$	$0 \leq x < 5$	—

注：对于万元 GDP 用水量，选取《生态县、生态市、生态省建设指标（试行）》中设定的相关标准执行。

7.3.5 评价结果

7.3.5.1 河流整体评价结果

根据前述数据，计算出集合的贴近度为−0.52。根据均分原则，河流健康的 4 个等级（病态、不健康、亚健康、健康）对应的贴近度分别位于区间（−1，−0.5]、（−0.5，0]、（0，0.5]、（0.5，1]。可见，十五里河流域现状整体上处于病态。

7.3.5.2 不同河段评价结果

采用上述方法，计算出十五里河上游、中游、下游评价指标与标准的贴近度分别为−0.56、−0.46、−0.41；则十五里河上游、中游、下游分别处于病态、不健康状态、不健康状态（如图 7-12 所示）。

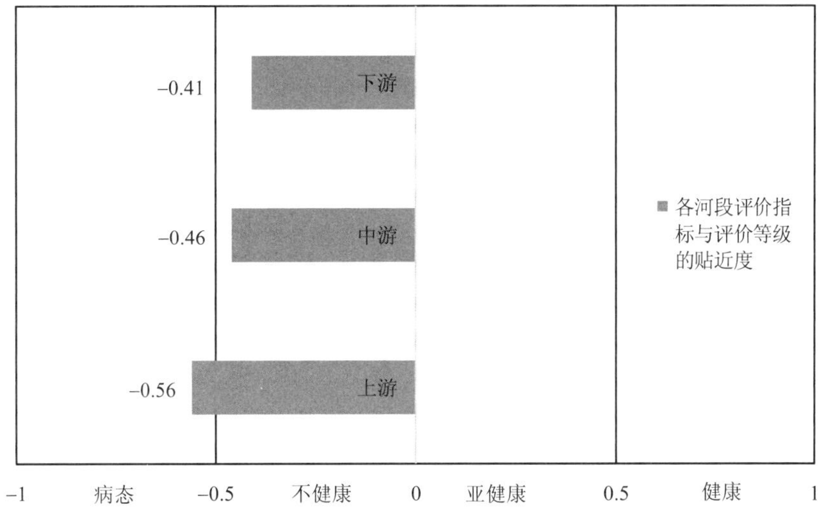

图 7-12　十五里河上游、中游、下游健康等级

总体来看，十五里河上游、中游、下游健康状态略有区别，上游健康状态最差，中游、下游健康状态差别不大，下游略优于中游。从各评价指标看，中游、下游生态需水满足率、水质综合污染指数、栖息地复杂度、河流景观指数及河流动态连通性指标明显优于上游；上游、中游、下游底泥污染指数、浮游植物多样性指数数值相差不大。这些表明河流上游受到的人为干扰比较严重，生态水量不足、水体污染严重、河流自然生境破坏剧烈、结构连通性受损等问题较中游、下游更为突出。

7.3.5.3　不同层次评价结果

分别计算出十五里河压力指标、状态指标、响应指标与评价等级的贴近度，结果如表 7-28 与图 7-13 所示。

表 7-28　现状压力指标、状态指标、响应指标与评价等级的贴近度

准则层	贴近度	评价等级
压力	-0.13	不健康（III级）
状态	-0.63	病态（IV级）
响应	-0.48	不健康（III级）

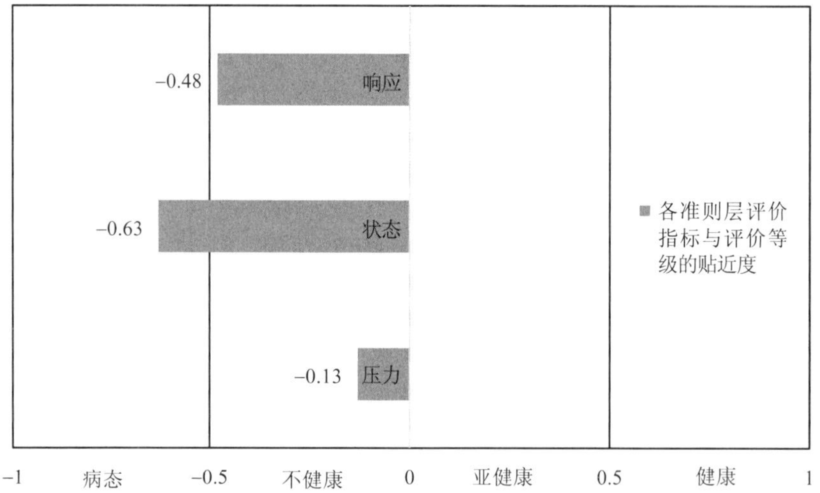

图 7-13　十五里河各准则层指标与评价等级的贴近度

由表 7-28 与图 7-13 可见，压力层指标处于不健康状态，状态层指标处于病态，响应层指标处于不健康状态、濒临病态。为更加准确地识别压力、状态、响应三个方面指标的健康状况，分别对比三层次各指标数值与健康标准的差异（如图 7-14～图 7-16 所示）。

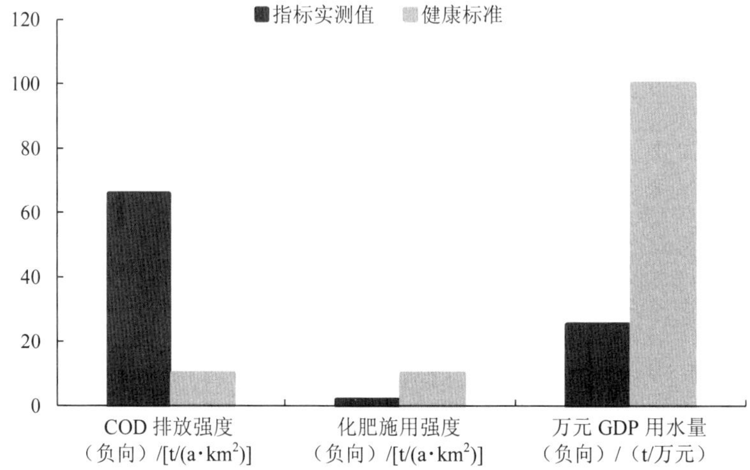

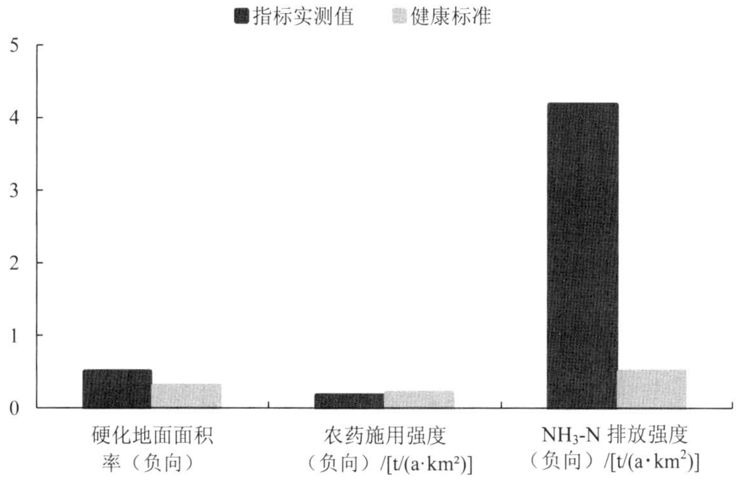

图 7-14　现状压力指标与健康标准对比

由图 7-14 可见，在压力指标方面，十五里河流域硬化地面面积率为 49.25%，流域下垫面开发强度高；流域万元 GDP 用水量为 25.16 m^3/万元，水资源利用程度较适宜；污染物排放水平超负荷，其中 COD 排放强度、NH_3-N 排放强度较高，均处于病态，农药施用强度、化肥施用强度较适宜。压力层指标总体上位于不健康水平，主要与流域范围内排放污染物负荷过重有关。需要注意的是，城镇地表径流携带的非点源污染对 COD 排放强度、NH_3-N 排放强度的贡献较大，应加以重视。

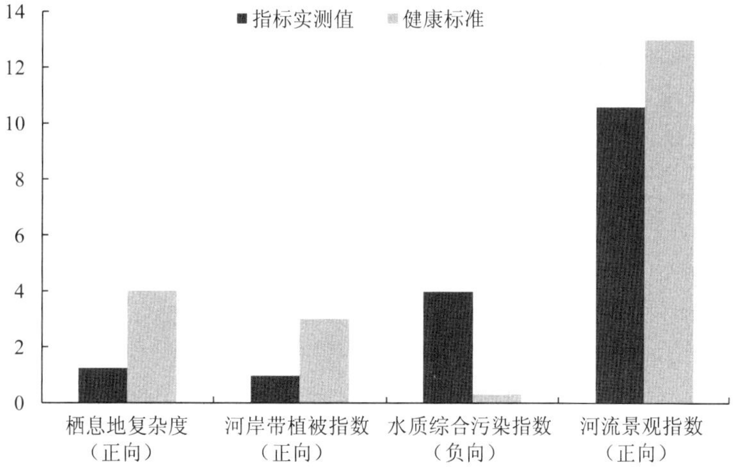

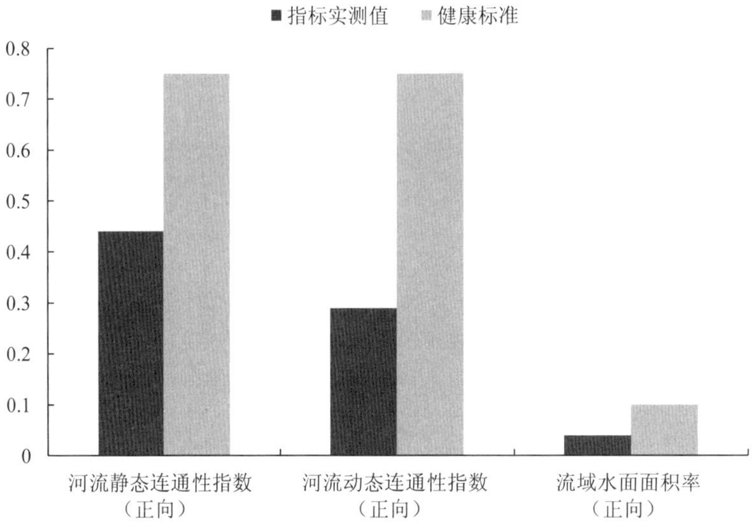

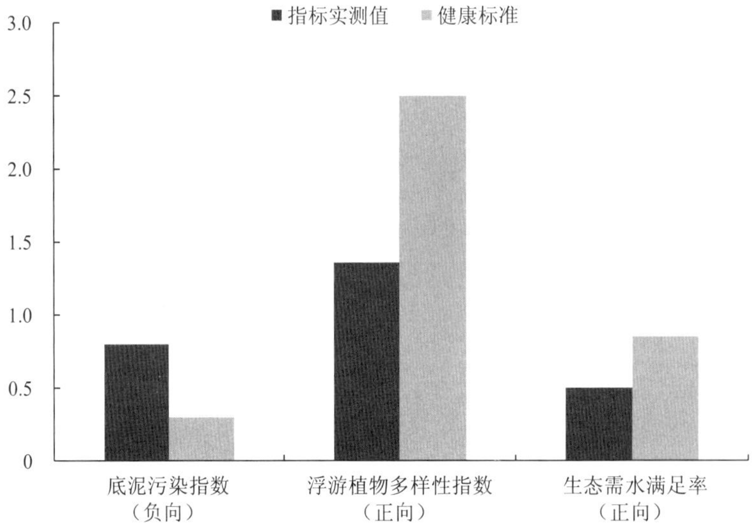

图 7-15 现状状态指标与健康标准对比

由图 7-15 可见，在状态指标方面，生态水量缺乏，十五里河现状生态需水满足率为 50.0%，河流水文指标远低于健康水平；在河流水质方面，水质综合污染指数及底泥污染指数均较高，水质综合污染指数远高于健康标准，处于病态；在河流生态方面，栖息地复杂度、河岸带植被指数低于亚健康标准，浮游植物多样性也较低；在河流形态结构方面，水系结构连通不畅，河流静态连通性指数、河流动态连通性指数均处于不健康状态，且流域水面面积率较低，处于不健康水平；在河流景观文化设施方面，景观建设质量尚可，河流景观指数稍低于健康水平。总体上看，河流水文、水质、水生态状况不容乐观，水系结构连通程度及景观文化设施建设质量有待提高。

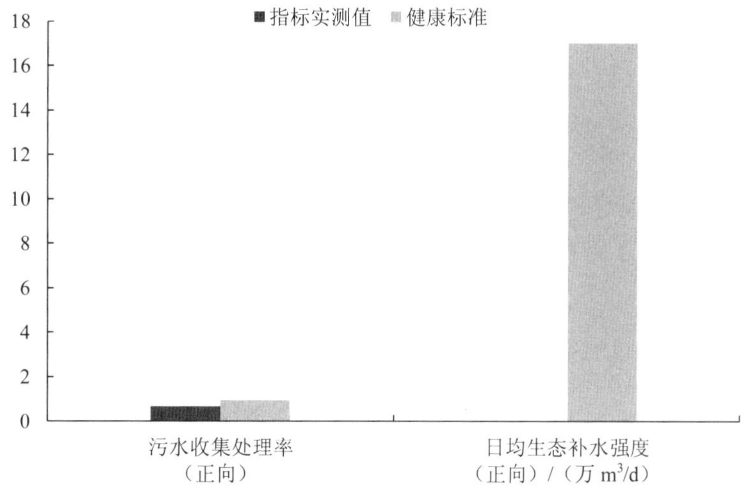

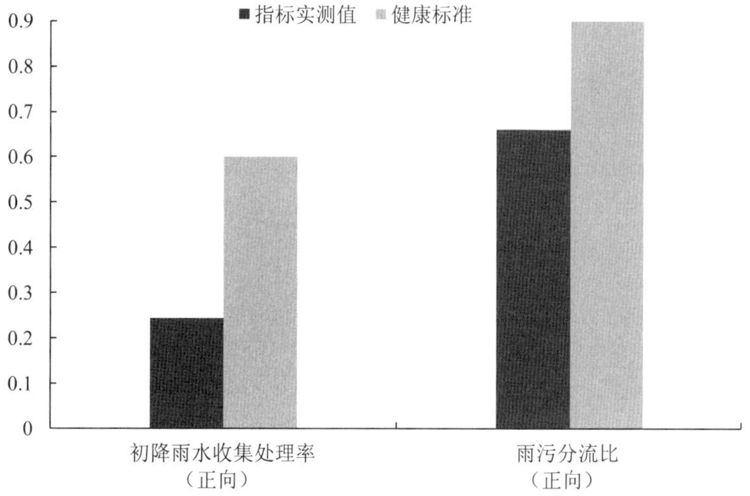

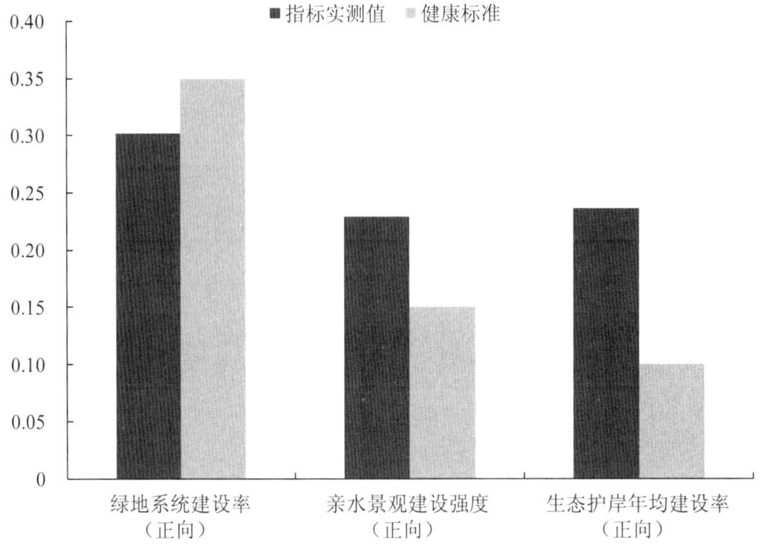

图 7-16 现状响应指标与健康标准对比

由图 7-16 可见，在响应指标方面，初降雨水收集处理率远低于健康水平，雨水资源可持续利用程度低；污水收集处理不力，污水收集处理率仅达到 68.17%，雨污管道分流比过低，处于病态水平；在生态恢复方面，绿地系统建设率、生态护岸年均建设率指标尚可，但日均生态补水强度极低，生态恢复措施效果不佳；在景观建设强度方面，亲水景观建设强度较好，但是亲水景观种类单一，文化设施较为缺乏，景观建设整体水平一般。总体上看，雨水资源利用、污水收集处理不力，生态补水措施差，绿地系统建设、护岸及亲水景观建设尚可。

第 8 章 河流廊道生态健康评价

河流廊道是流域各类干扰的受体，也是流域生态修复的关键区域。本研究选取白洋淀流域河流、甬江水系、太子河为典型案例区，筛选了评价指标，提出了评价方法，明确了评价标准，进行了河流廊道生态健康与退化状况评价，明确了河流健康的限制因子，为河流廊道管理提供了依据。

8.1 白洋淀流域河流生态健康评价

采用底栖动物完整性指数法（B-IBI 法），对白洋淀流域河流开展了健康评价。根据以往评价对参照点与受损点的界定，结合白洋淀流域河流的实际情况，确定本次评价的参照点与受损点；采用 2012 年采样数据，通过分布范围分析、判别能力分析和相关分析，对候选指标进行筛选，确定评价指标；计算 B-IBI 分值，结合评价标准，确定健康等级。对于流域内断流河道，因难以采集到底栖动物样品，健康等级直接界定为病态。

8.1.1 白洋淀流域河流概况

白洋淀流域位于河北省中部，太行山东麓，流域面积为 3.12 万 km^2；其中，保定市境内流域面积为 2.21 万 km^2，占总流域面积的 70.8%。白洋淀流域承接大清河水系来水，水系分南支、北支和中支，呈扇形分布在全流域，向东汇入白洋淀。大清河北支上游是拒马河，支流有琉璃河、胡良河、小清河、中易水、北易水、兰沟河等；南支沙河发源于山西省繁峙县东白坡头，在河北省阜平县不老台村进入保定境内，有北流河、鹞子河、板峪河等支流汇入，到王快流出水库后有磁河、郜河等河流汇入，北郭村以下称为潴龙河，流入白洋淀；中支是指皆以白洋淀为归宿的河流，包括唐河、漕河、萍河、瀑河、府河、清水河、孝义河等。

白洋淀流域多年平均径流量为 22.3 亿 m^3，平均径流深为 71.5 mm。各河径流主要由降水及降水入渗补给形成，径流的年际、年内变化基本与降水一致，变化幅度较大。在历史上，除拒马河、唐河、沙河为常年性河流外，其余均为季节性河流。目前，汇入白洋淀的河流中，仅府河与孝义河常年有水。

8.1.2 参照点与受损点的界定

参考 Barbour 等（1996）、王备新等（2005）及张远等（2007）对无干扰样点、干扰极小样点和干扰样点的界定，结合白洋淀流域河流的实际情况，选取紫荆关、安各庄、西大洋和沙窝 4 个样点作为参照点，其他样点作为受损点，进行评价。

8.1.3 评价指标筛选

参考赵彦伟（2004）、赵彦伟等（2005b）、Barbour 等（1996）的研究，选择 5 类 23 个指标作为构建 B-IBI 的候选评价指标（如表 8-1 所示）。

表 8-1 候选指标及计算方法

序号	类型	指标	计算方法	对干扰的反应
M1	反映生物丰富度	总分类单元数	通过鉴定得出的底栖动物的分类单元数	减小
M2		EPT 分类单元数	蜉蝣目（E）、襀翅目（P）和毛翅目（T）三目的分类单元数	减小
M3		摇蚊分类单元数	摇蚊幼虫的种类数	减小
M4		软体动物分类单元数	软体动物的种类数	减小
M5		双翅目分类单元数	双翅目的种类数	减小
M6		Shannon-Wiener 多样性指数	$H=-\sum_{i=1}^{S}\left(\frac{n_i}{N}\right)\ln\left(\frac{n_i}{N}\right)$ 式中：H ——多样性指数； n_i ——第 i 种的个体数； N ——所有种类的个体数	减小
M7	反映生物组成	优势分类单元个体占比	个体数量最多的一个分类单元的个体数占总个体数的百分比	增大
M8		摇蚊个体占比	摇蚊幼虫个体数占总个体数的百分比	增大
M9		双翅目个体占比	双翅目个体数占总个体数的百分比	增大
M10		寡毛类个体占比	寡毛类个体数占总个体数的百分比	增大
M11		软体动物个体占比	软体动物个体数占总个体数的百分比	减小

序号	类型	指标	计算方法	对干扰的反应
M12	反映生物耐污能力	敏感类群分类单元数	耐污值小于 4 的分类单元数	减小
M13		耐污类群分类单元数	耐污值大于 6 的分类单元数	增大
M14		HBI	$\mathrm{HBI}=\sum_{i=1}^{s} t_i \times \frac{n_i}{N}$ 式中：HBI——Hilsenhoff 生物指数； n_i——第 i 种的个体数； N——所有种类的个体数； t_i——第 i 种的耐污值	增大
M15		敏感类群分类单元占比	敏感类群分类单元数占总分类单元数的百分比	减小
M16		耐污类群分类单元占比	耐污类群分类单元数占总分类单元数的百分比	增大
M17		敏感类群个体占比	敏感类群个体数占总个体数的百分比	减小
M18		耐污类群个体占比	耐污类群个体数占总个体数的百分比	增大
M19	反映营养级组成	捕食者个体占比	直接吞食或刺食猎物的一类生物的个体数占总个体数的百分比	可变
M20		直接收集者个体占比	收集沉积于底质及沉水植物上物质的一类生物的个体数占总个体数的百分比	减小
M21		过滤收集者个体占比	滤食悬浮于水体中食物颗粒的一类生物的个体数占总个体数的百分比	减小
M22		刮食者个体占比	刮食附着生物的一类生物个体数占总个体数的百分比	减小
M23	反映生境质量	黏附者个体占比	黏附者个体数占总个体数的百分比	减小

根据各样点底栖动物鉴别计数结果，计算出各指标值，对于数据稀少的指标，不适宜做分析，直接删除。对余下指标，分别通过分布范围分析、判别能力分析及相关分析进行筛选。

8.1.3.1 分布范围分析

由指标在各参照点的分布范围（如表 8-2 所示）可知，直接收集者个体占比的 75%分位数为 94.21%，且随着污染的加重，其可变动范围变窄；对余下的指标，将进行下一步分析。

表 8-2　指标值在各参照点的分布范围

指标	平均值	标准差	最小值	最大值	25%分位数	中位数	75%分位数
总分类单元数/个	4.500	1.581	2.000	7.000	3.000	3.000	5.000
EPT 分类单元数/个	1.000	1.000	0.000	2.000	0.500	1.000	1.500
摇蚊分类单元数/个	0.667	0.707	0.000	2.000	0.000	1.000	1.000
双翅目分类单元数/个	1.222	0.972	0.000	3.000	0.500	1.000	2.000
Shannon-Wiener 多样性指数	1.238	0.588	0.620	2.220	0.695	1.120	1.835
优势分类单元个体占比/%	66.619	18.913	41.670	90.740	45.135	71.430	83.750
摇蚊个体占比/%	26.340	28.287	0.000	71.430	17.858	35.715	53.573
双翅目个体占比/%	29.910	34.064	0.000	85.710	21.428	42.855	64.283
寡毛类个体占比/%	24.449	30.405	0.000	96.300	4.250	14.290	34.225
耐污类群分类单元数/个	2.667	1.658	1.000	5.000	1.000	2.000	4.500
HBI	6.520	1.781	4.130	8.840	4.805	7.180	8.140
耐污类群分类单元占比/%	62.381	21.480	33.330	100.000	41.665	66.670	75.715
耐污类群个体占比/%	47.226	36.853	6.250	100.000	13.705	37.040	86.605
直接收集者个体占比/%	73.156	23.711	37.040	100.000	51.190	85.710	94.210
黏附者个体占比/%	17.880	22.967	0.000	62.960	2.085	5.560	38.905

8.1.3.2　判别能力分析

采用箱线图法分析上述初步筛选后的各指标值在参照点和受损点之间的分布情况。根据 Barbour 等（1996）建立的分析方法，比较参照点和受损点 25%～75%分位数范围的重叠情况，以此判断指标在参照点和受损点间的区分能力。箱体比较会出现以下 5 种情况：没有重叠，设分值为 3；部分重叠，但各自中位数值都在对方箱体范围之外，分值为 2；只有 1 个中位数值在对方箱体范围之内，分值为 1；各自中位数值都在对方箱体范围之内，分值为 0。仅当指标的分值为 2 或 3 时，说明指标在参照点和受损点之间有较好的区分能力，可用作进一步分析。

分析结果表明，Shannon-Wiener 多样性指数、优势分类单元个体占比、HBI 和耐污类群个体占比 4 个指标的分值大于或等于 2（如图 8-1 所示），因此可以保留以作进一步分析；其他指标对参照点和受损点的区分能力较低，因此可以删除。

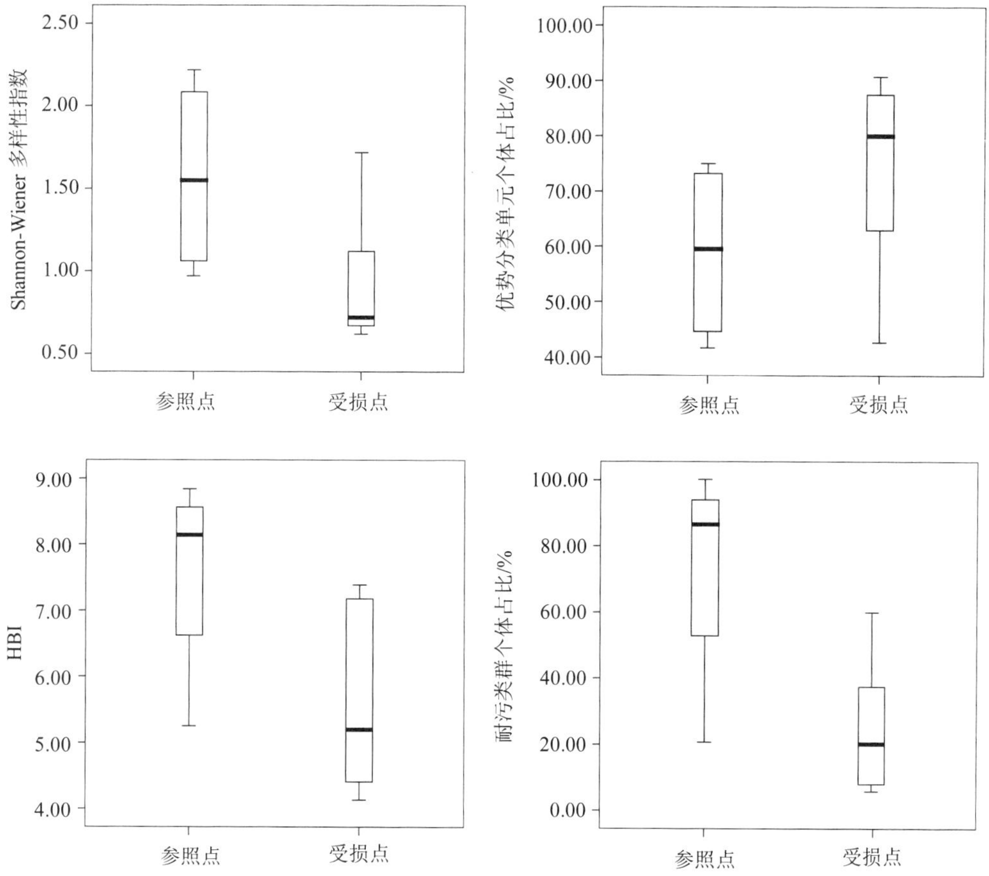

图 8-1 部分指标判别能力分析结果

8.1.3.3 相关分析

对余下 4 个指标分别进行正态分布检验并计算相关系数，检验各指标反映信息的独立性。结果表明，4 个指标都符合正态分布（如图 8-2 所示）。计算各指标间的 Pearson 相关系数（如表 8-3 所示）；结果表明，各指标间均存在显著的相关性，其中优势分类单元个体占比与 Shannon-Wiener 多样性指数、耐污类群个体占比与 HBI 的相关系数均大于 0.9。根据要求，在指标间相关系数大于 0.9 且为线性相关时，认为指标存在重复信息，因此保留 4 个指标中的 2 个。

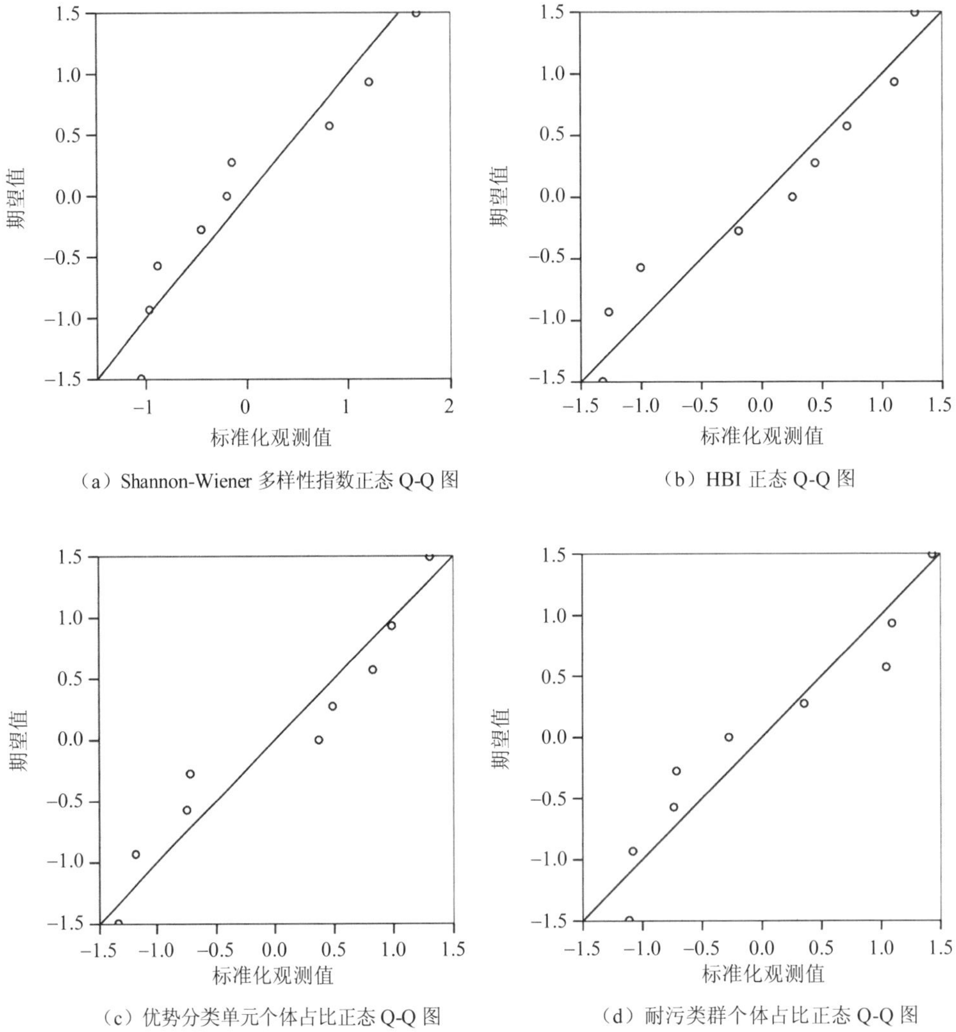

图 8-2 指标正态分布检验结果

表 8-3 指标间的 Pearson 相关系数矩阵

指标	Shannon-Wiener 多样性指数	优势分类单元个体占比	HBI	耐污类群个体占比
Shannon-Wiener 多样性指数	1.00	-0.96^{**}	0.85^{**}	0.87^{**}
优势分类单元个体占比		1.00	-0.85^{**}	-0.81^{**}
HBI			1.00	0.95^{**}
耐污类群个体占比				1.00

注：**表示 P<0.01。

通过以上指标筛选，最终确定可用于构建 B-IBI 的指标为优势分类单元个体占比和耐污类群个体占比。

8.1.4 B-IBI 分值计算及评价标准

根据王备新等（2005）对 3 分法、4 分法和比值法的对比分析结果，本次评价选择比值法进行 B-IBI 分值计算，具体为：对于数值随干扰增强而降低的指标，以 95%分位数为最佳期望值，各样点的指标分值等于样点指数值除以 95%分位数的指数值；对于数值随干扰增强而升高的指标，以 5%分位数为最佳期望值，计算公式为式（8-1）：

$$\mathrm{Bi}_{m,n}=\frac{X_{\max}-X_m}{X_{\max}-X_{0.05}} \tag{8-1}$$

式中：$\mathrm{Bi}_{m,n}$——第 m 个样点指标的计算分值；

$X_{\max}$——m 个样点中的最大指标值；

X_m——第 m 个样点的指标值；

$X_{0.05}$——m 个样点中指标值的 5%分位数。将各指标的分值进行加和，即得到 B-IBI，两个指标的分值计算公式如表 8-4 所示。

表 8-4　指标分值计算公式

指标	分值计算公式
优势分类单元个体占比（B）	$\frac{90.74\quad X_m}{90.74-41.67}$
耐污类群个体占比（C）	$\frac{100-X_m}{100-6.25}$

参考张远等（2007）应用 B-IBI 对河流健康评价标准的设定，结合实际情况，以参照点 B-IBI 值分布的 25%分位数作为健康等级划分的临界点，即如果样点的 B-IBI 值大于 25%分位数值，表示该样点处于健康状态；对小于 25%分位数的分布范围进行三等分，从而确定健康、亚健康、不健康和病态 4 个等级的划分标准。

8.1.5 评价结果

根据上述分值计算方法和评价标准，对各样点的健康状况分别进行评价，评价结果如表 8-5 所示，各河流健康状态空间分布如图 8-3 所示。

由表 8-5 和图 8-3 可知，白洋淀流域位于山区的各源头河流（沙窝、阜平、倒马关、安各庄和西大洋河段）受人为干扰较少，健康状态相对较好，均处于健康状态；涞源河段虽位于源头区，但受涞源县城人为活动影响较为严重，处于不健康状态；紫荆关河段受水电站密集建设影响，健康略受损害；王快河段位于阜平河段下游，受到居民生活排污的影响，处于亚健康状态；安州河段接近白洋淀入口，受上游水库截流和城市排污的影响，水体污染较为严重，处于不健康状态。

总体来看，位于上游山区的源头河流受人为干扰较少，健康状态相对较好；中下游河段在人为干扰作用下，其健康受到了不同程度的损害。

表 8-5　各样点评价结果

样点	样点类型	B-IBI	健康状况
紫荆关	参照点	0.546	亚健康
安各庄	参照点	0.879	健康
西大洋	参照点	1.133	健康
沙窝	参照点	1.165	健康
倒马关	受损点	1.072	健康
涞源	受损点	0.238	不健康
阜平	受损点	0.988	健康
王快	受损点	0.436	亚健康
安州	受损点	0.204	病态
其他	—	—	病态

注：“其他”指断流河道。

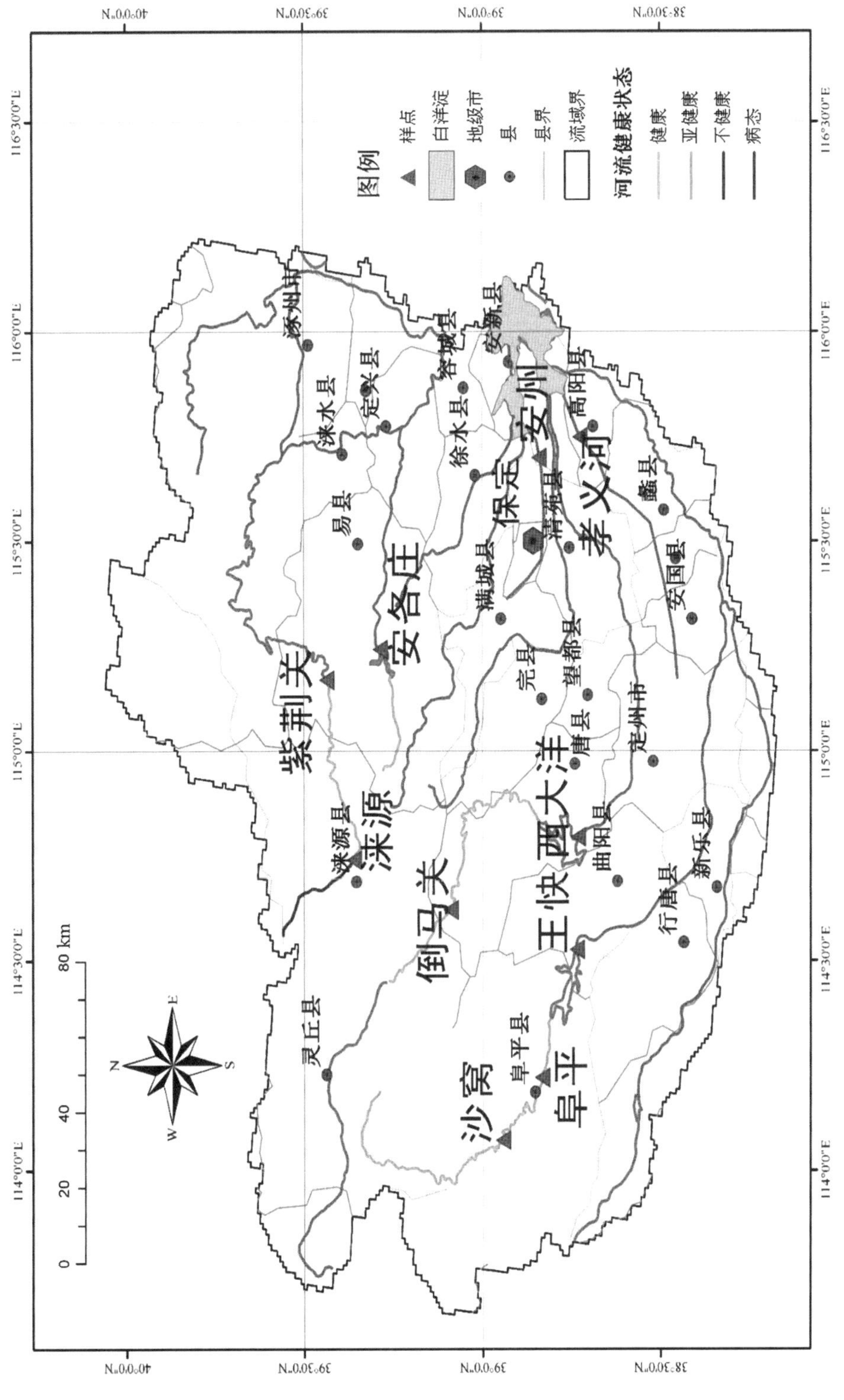

图 8-3 白洋淀流域河流健康状态空间分布

8.2 甬江水系生态健康评价

8.2.1 甬江水系概况

甬江水系位于浙江省宁波市，由姚江、奉化江及甬江干流组成。姚江与奉化江在三江口汇流后，称为甬江，整个水系流域面积为 6 514 km^2，年平均径流量为 35 亿 m^3。姚江全长 105 km，流域面积为 2 940 km^2（其中向杭州湾排水面积为 1 056 km^2），多年平均径流量为 10.96 亿 m^3。奉化江干流长 98 km，流域面积为 2 590 km^2，集雨面积为 1 965 km^2，多年平均径流总量为 12.99 亿 m^3，有剡江、县江、东江和鄞江四大支流（如表 8-6 所示）。甬江干流自三江口至镇海入海口，全长 26 km。

表 8-6　奉化江四大支流概况

支流	长度/km	集水面积/km^2	上游所建主要水库	
			名称	集水面积/km^2
剡江	70	454	亭下水库	176
县江	77	229	横山水库	151
东江	44	119	—	—
鄞江	68	382	皎口水库	259

8.2.2 评价方法

8.2.2.1 评价步骤

河流生态系统的健康是一个动态的相对概念，因此采用模糊综合评判具有明显的优势。为克服指标权重确定的主观性与大量指标同时赋权的混乱与失误，提高评价的简便性和准确性，通过层次分析法（analytic hierarchy process，AHP）确定权重，建立模糊层次综合评判模型。

（1）建立评价因素（指标）集

$$I=\{u_1,u_2,\cdots,u_n\} \tag{8-2}$$

式中：I——水文水量、水质、河岸带、水生生物与物理结构等五大类要素各评价指标的集合；

n——各指标数目。

（2）建立（决策）评语集

$$\boldsymbol{H}=\begin{bmatrix} h_{11} & h_{12} & \cdots & h_{15} \\ h_{21} & h_{22} & \cdots & h_{25} \\ \vdots & \vdots & & \vdots \\ h_{n1} & h_{n2} & \cdots & h_{n5} \end{bmatrix} \tag{8-3}$$

评语集分别代表 n 个具体评价指标的“病态、不健康、亚健康、健康、很健康”5 种状态的标准。

（3）权重确定

用层次分析法确定各要素与类别权重，以及各具体指标的层次总排序权重集。

$$W=\{w_1, w_2, \cdots, w_n\} \tag{8-4}$$

（4）建立单因素评判矩阵 $\boldsymbol{R}$

根据各指标特征，拟定各指标的隶属函数，由隶属函数及权重计算出五大类评价因素的评判矩阵 $\boldsymbol{R}$。

$$\boldsymbol{R}=\begin{bmatrix} R_1 \\ R_2 \\ \vdots \\ R_n \end{bmatrix}=\begin{bmatrix} r_{11} & r_{12} & \cdots & r_{15} \\ r_{21} & r_{22} & \cdots & r_{25} \\ \vdots & \vdots & & \vdots \\ r_{n1} & r_{n2} & \cdots & r_{n5} \end{bmatrix} \tag{8-5}$$

（5）进行模糊层次综合评判

采用模糊加权线性变换完成模糊合成，即：

$$\boldsymbol{B}=\boldsymbol{W}\times\boldsymbol{R}=[\boldsymbol{B}_1, \boldsymbol{B}_2, \boldsymbol{B}_3, \boldsymbol{B}_4, \boldsymbol{B}_5] \tag{8-6}$$

得出河流对 5 个健康级别的隶属度矩阵，并对结果进行归一化处理，从而评判各河流生态系统健康状态。采用类似方法，也可求出河流的水质、水量等五要素对健康级别的隶属度矩阵。

8.2.2.2 指标权重计算

采用层次分析法确定权重。计算步骤如下：

（1）建立层次结构模型

将河流生态系统健康作为层次分析的总目标层，将水文水量、水质、水生生物、河岸带、物理结构作为一级子目标；水文水量、流体质量、底质质量、景观建设等作为二级子目标层；下一层为经筛选确定的各项具体指标。层次分析的层次结构模型如图 8-4 所示。

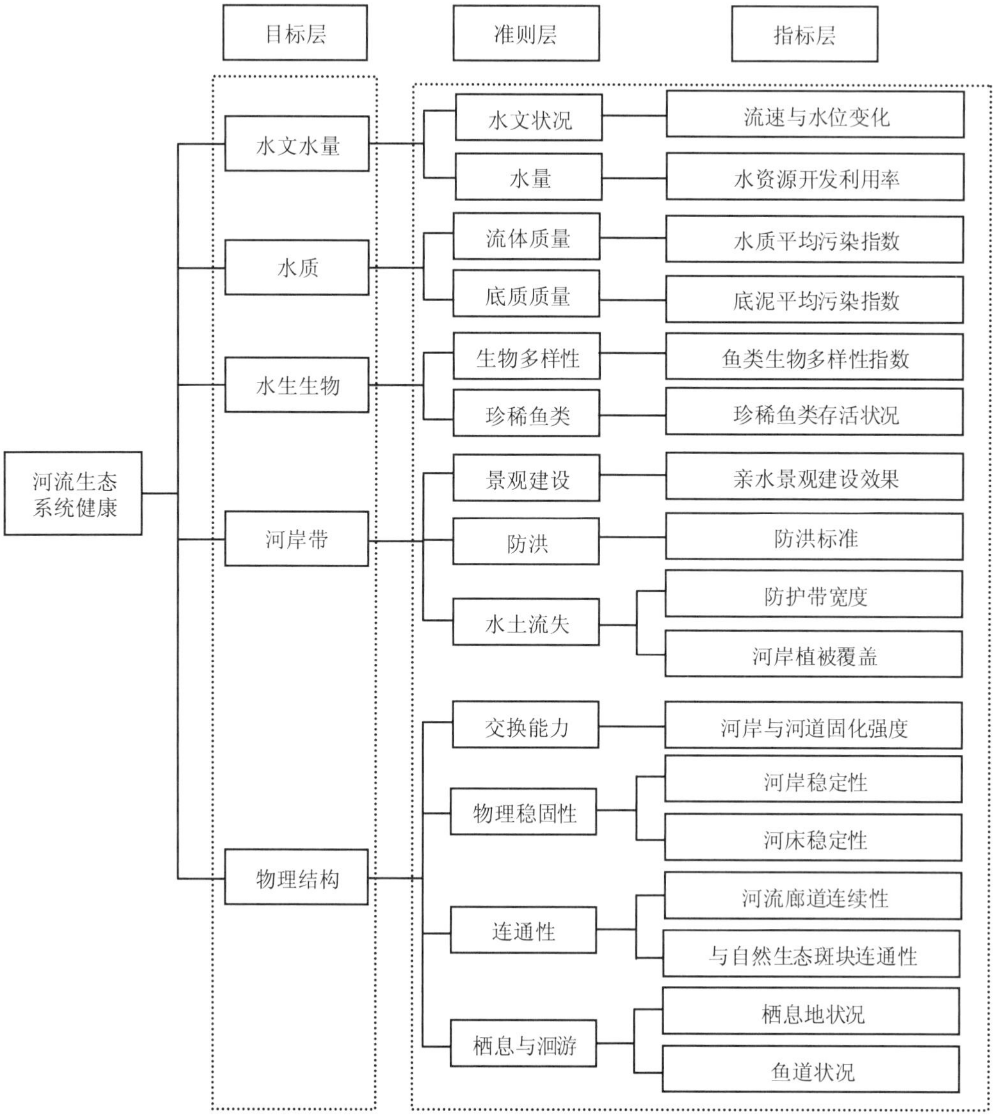

图 8-4　层次分析的层次结构模型

（2）构造判断矩阵

层次结构模型确定了上下层（A 层与 B 层）元素间的隶属关系，从而可依据同一层次的各项指标或因子的相对重要性，针对上一层的准则构造判断矩阵，重要性判断结果的量化通常采用标度 1～9 进行（如表 8-7 所示）。根据标度表，采用专家评分法可得到判断矩阵。

表 8-7 判断矩阵标度及其含义

标度	含义
1	表示两个因素相比，具有同样重要性
3	表示两个因素相比，一个因素比另一个因素稍微重要
5	表示两个因素相比，一个因素比另一个因素明显重要
7	表示两个因素相比，一个因素比另一个因素强烈重要
9	表示两个因素相比，一个因素比另一个因素极端重要
2、4、6、8	上述两相邻判断的中值
倒数	因素 i 与因素 j 比较判断 b_{ij}，则因素 j 与因素 i 比较判断 $b_{ij}=1/b_{ji}$

（3）重要性排序

求判断矩阵的最大特征根所对应的特征向量 $\boldsymbol{w}$ 。

$$\boldsymbol{w}=\left[w_1,w_2,w_3,w_4,w_5\right]^{\mathrm{T}} \tag{8-7}$$

即为所求的各具体指标的权重。其中：

$$W_i=\sqrt[n]{\prod_{j=1}^{n}a_{ij}}\Bigg/\sum_{i=1}^{n}\sqrt[n]{\prod_{j=1}^{n}a_{ij}} \tag{8-8}$$

（4）一致性检验

计算判断矩阵的最大特征根 $\lambda_{\max}$ 。

$$\lambda_{\max}=\frac{1}{n}\sum_{i=1}^{n}\frac{(\mathrm{AW})_i}{W_i} \tag{8-9}$$

式中：$(\mathrm{AW})_i$——向量 **AW** 的第 i 个元素。则判断矩阵的一致性检验指标如下：

$$\mathrm{CR}={}^{\mathrm{CI}}\!/_{\mathrm{RI}} \tag{8-10}$$

式中：

$$\mathrm{CI}=\frac{1}{n-1}\left(\lambda_{\max}-n\right) \tag{8-11}$$

RI 为判断矩阵的随机一致性指标，取值如表 8-8 所示。

表 8-8 判断矩阵的随机一致性指标

阶数（n）	RI	阶数（n）	RI	阶数（n）	RI	阶数（n）	RI
1 或 2	0	4	0.90	6	1.24	8	1.41
3	0.58	5	1.12	7	1.32	9	1.45

当 CR 小于或等于 0.1 时，矩阵具有满意一致性，说明确定的各指标的权重是合理的，否则需对矩阵进行调整，直至具有满意的一致性为止。

8.2.2.3 指标隶属度计算

（1）指标归类

根据各类指标对河流生态系统健康程度的响应关系，对指标集进行归类，以便确定不同类型指标的单因素模糊集。

第一类指标：河流生态系统健康程度与指标值呈正相关［如图 8-5（a）所示］，指标值越大，健康程度越高，如防洪标准与防护带宽度等指标。

第二类指标：河流生态系统健康程度与指标值呈负相关［如图 8-5（b）所示］，指标值越大，健康程度越低，如水资源开发利用率与水质平均污染指数等指标。

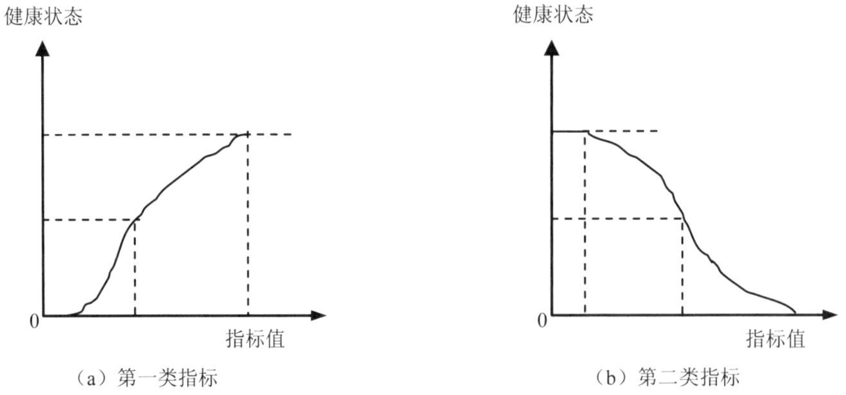

图 8-5　指标与河流生态系统健康程度关系示意

（2）隶属度计算

两类指标的隶属函数计算方法（以第 i 项指标 x_i 为例，S_{ij} 为第 i 项指标的第 j 级健康标准）如下：

1）第一类指标

这类指标包括防护带宽度与其他指标。

当第 i 项指标 x_i 的值小于其对应的第 1 级标准值（“病态”）时，其对“病态”的隶属度为 1，而对其他健康级别的隶属度为 0，即：

$$r_{i1}=1,\quad r_{i2}=r_{i3}=r_{i4}=r_{i5}=0 \tag{8-12}$$

当第 i 项指标 x_i 的值介于其对应的第 j 级和第 $j+1$ 级标准值 $S_{i,j}$ 、$S_{i,j+1}$ 之间时，其对

第 j 级、第 $j+1$ 级健康级别的隶属度分别为：

$$r_{ij}=\frac{S_{i,j+1}-x_i}{S_{i,j+1}-S_{i,j}}，\quad r_{i,j+1}=\frac{x_i-S_{i,j}}{S_{i,j+1}-S_{i,j}} \tag{8-13}$$

而对其他健康级别的隶属度均为 0。

当第 i 项指标 x_i 的值大于其对应的第 5 级标准值（“很健康”）时，其对“很健康”的隶属度为 1，而对其他健康级别的隶属度为 0，即：

$$r_{i1}=r_{i2}=r_{i3}=r_{i4}=0，\quad r_{i5}=1 \tag{8-14}$$

2）第二类指标

包括水资源开发利用率、水质平均污染指数、底泥平均污染指数 3 项指标。

当第 i 项指标 x_i 的值大于其对应的第 1 级标准值（“病态”）时，其对“病态”的隶属度为 1，而对其他健康级别的隶属度为 0，即：

$$r_{i1}=1，\quad r_{i2}=r_{i3}=r_{i4}=r_{i5}=0 \tag{8-15}$$

当第 i 项指标 x_i 的值介于其对应的第 j 级和第 $j+1$ 级标准值 $S_{i,j}$ 、$S_{i,j+1}$ 之间时，其对第 j 级、第 $j+1$ 级健康级别的隶属度分别为：

$$r_{i,j}=\frac{x_i-S_{i,j+1}}{S_{i,j}-S_{i,j+1}}，\quad r_{i,j+1}=\frac{S_{i,j}-x_i}{S_{i,j}-S_{i,j+1}} \tag{8-16}$$

当第 i 项指标 x_i 的值小于其对应的第 5 级标准值（“很健康”）时，其对“很健康”的隶属度为 1，而对其他健康级别的隶属度为 0，即：

$$r_{i1}=r_{i2}=r_{i3}=r_{i4}=0，\quad r_{i5}=1 \tag{8-17}$$

8.2.3 评价标准

结合甬江水系实际，评价标准可以采用以下方法确定：①历史资料法；②实地考察；③多区域河流对比分析（或称参照对比法）；④借鉴国家标准与相关研究成果；⑤公众参与；⑥专家评判。这些方法各有优缺点，适用于不同类型的指标对象。如定性指标可用专家评判与公众参与确定，有关水质与底质的指标可参考国家相关标准，水量及生物多样性等指标可参考国际上公认的研究成果。

借鉴相关划分成果，评价标准分为“病态、不健康、亚健康、健康、很健康”5 个级别；对难以准确定量表达的定性指标，以分值阈“＜1、1～2、2～3、3～4、＞4”代表 5 个级别的标准；各具体指标评分参考状态描述、实地调查与遥感解译结果，由在公众参与基础上的专家评判完成。对定量指标的标准，则借鉴有关历史资料或参照点位状况，以及相关研究成果与国家、国际适用标准，或通过多区域对比分析确定。各定量指标健康状态评价标准及定性指标健康状态描述分别如表 8-9 与表 8-10 所示。

表 8-9 定量指标健康状态评价标准

项目		状态				
		病态	不健康	亚健康	健康	很健康
水资源开发利用率/%		＞40	30～40	20～30	10～20	＜10
防洪标准		5 年一遇	5～30 年一遇	30～50 年一遇	50～100 年一遇	100 年一遇以上
鱼类生物多样性指数		22 以下	22～34	34～48	48～52	52～60
防护带宽度/m	支流	＜8	8～15	15～25	25～40	＞40
	干流	＜18	18～35	35～50	50～70	＞70
底泥平均污染指数		＞1.0	0.5～1.0	0.3～0.5	0.1～0.3	＜0.1
水质平均污染指数		＞1.0	0.5～1.0	0.3～0.5	0.1～0.3	＜0.1
其他指标（以分值表示）		＜1	1～2	2～3	3～4	＞4

表 8-10 定性指标健康状态描述

指标	状态				
	病态（＜1）	不健康（1～2）	亚健康（2～3）	健康（3～4）	很健康（＞4）
水位与流速变化	极大	较大	一般	较小	很小
珍稀鱼类存活状况	基本灭绝	很小部分存在	个别种类受胁	基本不受影响	几乎不受影响
栖息地状况	很差	差	一般	较好	很好
鱼道状况	几乎无	状况不好	有，状况一般	状况较好	能够顺利洄游
河岸稳定性	常有崩岸	侵蚀严重	有一些侵蚀	侵蚀轻微	几乎无侵蚀
河床稳定性	极差	不好	一般	较好	很好
河岸植被覆盖	极差	不好	一般	较好	很好
亲水景观建设效果	几乎无	效果不太好	一般	较好	很好
河岸与河道固化强度	完全固化	大部分固化	少部分固化	固化很少	基本无固化
河流廊道连续性	极差	不好	一般	较好	很好
与自然生态斑块连通性	连通极少	连通较少	部分无连通	大部分有连通	有完善的连通

8.2.4 评价结果

基于前述评价方法，采用式（8-12）～式（8-17）计算出各指标的隶属度矩阵，依据相关监测数据、实地调查、专家打分结果，计算出权重（如表 8-11 所示），得出健康评价结果（如表 8-12、图 8-6 所示）。

表 8-11 各层次因子权重值结果

评价要素	权重	类别	权重	指标	权重	指标权重
水文水量	0.167	水文状况	0.250	流速与水位变化	1	0.041 7
		水量	0.750	水资源开发利用率	1	0.125 2
水质	0.333	流体质量	0.600	水质平均污染指数	1	0.199 7
		底质质量	0.400	底泥平均污染指数	1	0.133 2
水生生物	0.167	生物多样性	0.500	鱼类生物多样性指数	1	0.083 4
		珍稀鱼类	0.500	珍稀鱼类存活状况	1	0.083 5
河岸带	0.167	水土流失	0.200	防护带宽度	0.5	0.016 7
				河岸植被覆盖	0.5	0.016 7
		景观建设	0.200	亲水景观建设效果	1	0.033 4
		防洪	0.600	防洪标准	1	0.100 2
物理结构	0.167	交换能力	0.286	河岸与河道固化强度	1	0.047 8
		物理稳固性	0.286	河床稳定性	0.5	0.023 9
				河岸稳定性	0.5	0.023 9
		连通性	0.143	与自然生态斑块连通性	0.4	0.009 6
				河流廊道连续性	0.6	0.014 3
		栖息与洄游	0.286	栖息地状况	0.4	0.019 1
				鱼道状况	0.6	0.028 7

表 8-12 各河流生态系统健康评价结果（隶属度）

水系		病态	不健康	亚健康	健康	很健康	状态描述
甬江水系	剡江	0.00	0.07	0.20	0.37	0.35	健康
	县江	0.00	0.19	0.19	0.34	0.28	健康
	东江	0.00	0.16	0.17	0.43	0.24	健康
	鄞江	0.00	0.19	0.25	0.51	0.05	健康
	奉化江	0.13	0.04	0.44	0.37	0.03	亚健康
	姚江	0.04	0.15	0.57	0.23	0.00	亚健康
	甬江干流	0.00	0.11	0.46	0.43	0.00	亚健康

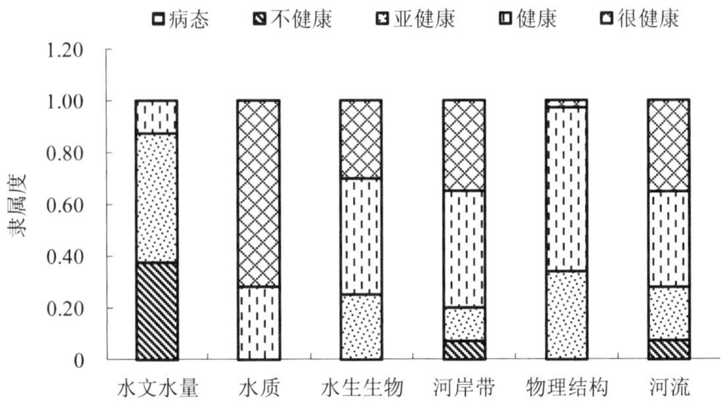

（a）剡江健康评价结果

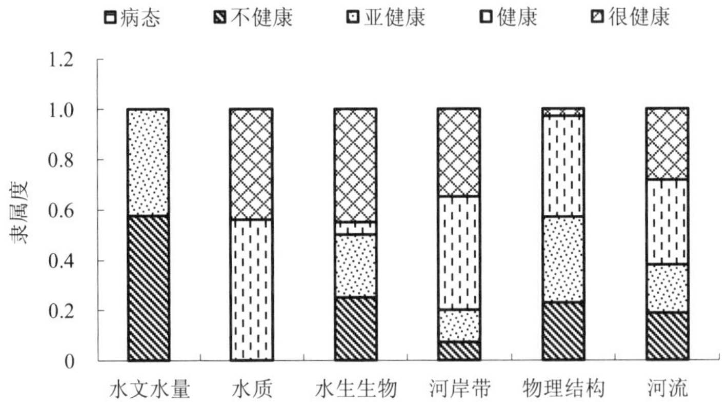

（b）县江健康评价结果

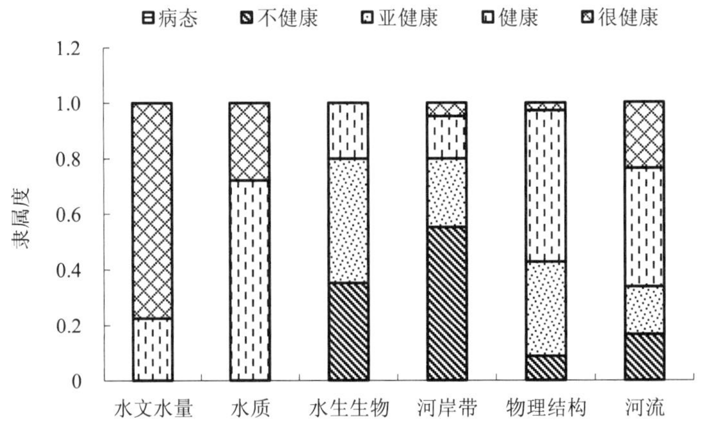

（c）东江健康评价结果

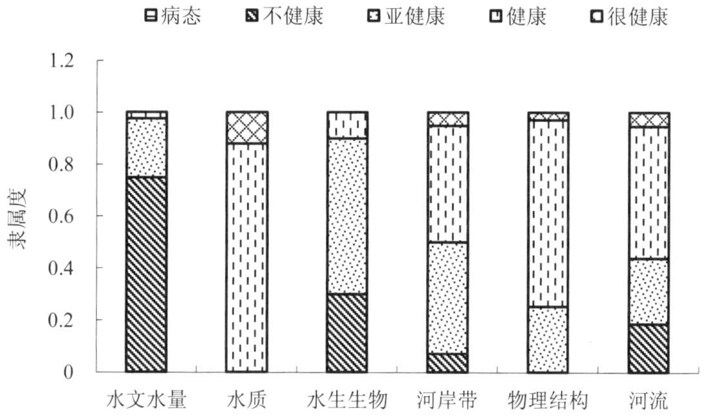

（d）鄞江健康评价结果

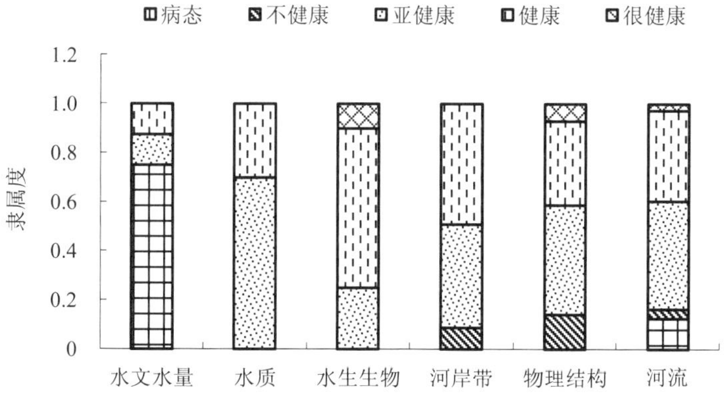

（e）奉化江健康评价结果

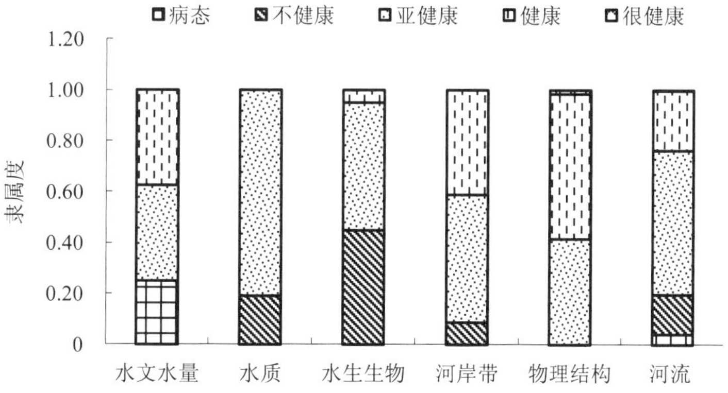

（f）姚江健康评价结果

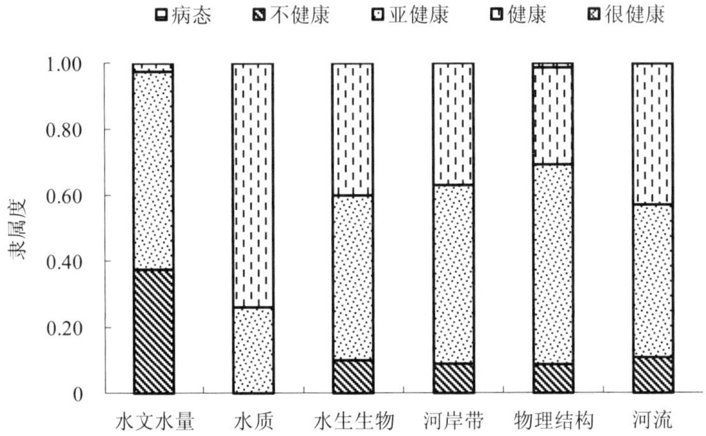

（g）甬江干流健康评价结果

图 8-6　甬江水系生态健康评价结果

甬江水系诸河流中，剡江水文水量处于“亚健康”状态，其他四类要素均处于“健康”或“很健康”状态，整体健康水平较高。县江与鄞江的水资源开发利用程度较高，水文水量变化较大，对“不健康”的隶属度高，整体处于“不健康”状态；东江防洪保证程度较低，导致河岸带要素对“不健康”的隶属度较高。较大河流中，奉化江干流水资源开发利用率过高，达 45%，处于“病态”，需采取措施进行控制，其他要素处于“健康”或“亚健康”状态；姚江与甬江干流各类要素均处于“健康”或“亚健康”状态，无“很健康”与“不健康”要素。但姚江防潮大闸的兴建使河流水动力特征变化较大，因此姚江整体上对“病态”的隶属级别也较高。

8.3　太子河生态退化状况评价

8.3.1　评价指标体系构建

河流生态系统退化评价指标体系采用目标层、因素层、准则层和指标层四级体系。因素层包括地貌生境特征、水文水资源特征、水质特征和水生态特征等 4 个方面，准则层包括河岸带状况、河流连通阻碍状况等 11 类，指标层包括 11 个指标（如表 8-13 所示）。

表 8-13　河流生态系统退化评价指标体系

目标层	因素层	准则层	指标层
河流生态系统退化评价	地貌生境特征	河岸带状况	植被覆盖率及人工干扰程度
		河流连通阻碍状况	纵向连通性指数
		河道生境破碎程度	破碎度指数
		河道形态特性	河流萎缩度指数
	水文水资源特征	水文特性	流量过程变异程度
		水资源开发利用状况	水资源开发利用率
	水质特征	DO 状况	DO 月均浓度
		水质综合污染状况	水质综合污染指数
	水生态特征	固着藻类丰富度	Margalef 丰富度指数
		底栖动物多样性	Shannon-Wiener 多样性指数
		鱼类完整性	F-IBI

8.3.1.1　地貌生境类指标

（1）河岸带状况

河岸带通过过滤和截留沉积物、水分以及营养物质等来协调河流横向、纵向的物质流和能量流，对降低河岸边土壤侵蚀、稳定渠道、改善水质及保护生物栖息地等均具有重要作用（Moir et al.，2004）。选取以下指标表征河岸带状况。

植被覆盖率（RVS）：以河岸 50 m 缓冲区内的植被覆盖度来赋分值。

$$\mathrm{RVS}=\frac{\mathrm{Cr}}{A} \tag{8-18}$$

式中：Cr——河岸带内植被覆盖面积；

A——统计河岸带总面积。

人工干扰程度（RD）：通过河岸两侧 100 m 缓冲区内的人工设施面积来赋分值。

$$\mathrm{RD}=\frac{\mathrm{Ca}}{A} \tag{8-19}$$

式中：Ca——河岸带内人工设施面积；

A——统计河岸带总面积。

（2）河流连通阻碍状况

河流纵向连通性指河流空间结构、水文过程、物质循环过程以及生物学过程等的连续，不适当的开发利用活动可能改变河流的纵向连续性，其中闸坝的影响最为显著。闸坝不仅拦截河流水流，也会改变河流水文以及栖息地的连续性，引起河流生态过程等的改变。在闸坝问题突出的河段，选择纵向连通性指数表征河流连通阻碍状况。

$$G = \frac{N}{L} \tag{8-20}$$

式中：G——纵向连通性指数；

N——河流挡水建筑物的数量、类型；

L——河流长度。

（3）河道生境破碎程度

生境丧失是生物多样性保护的主要威胁之一，生境破坏使当前大多数濒临灭绝的动物都受到威胁。一般而言，生境破碎化是生境破坏的一部分，对生物多样性有着很大的负效应。采用破碎度指数来表征河道生境破碎程度：

$$\mathrm{FN}_1 = \frac{N_\mathrm{p} - 1}{N_\mathrm{c}} \tag{8-21}$$

式中：FN_1——整个研究区的河流斑块破碎度指数；

N_p——库坝斑块总数；

N_c——研究区总面积与最小斑块面积的比值。

（4）形态特性

河道形态特性是河流萎缩加重最直接的表现。通过河流长度、宽度及河网密度来反映萎缩程度，表征河流退化程度。以河流萎缩度指数表示：

$$\mathrm{ASR} = 1 - \frac{A_\mathrm{c}}{A_\mathrm{g}} \tag{8-22}$$

式中：ASR——河流萎缩度指数；

A_c——评估河流水面面积；

A_g——历史参考水面面积。

8.3.1.2 水文水资源类指标

（1）水文特性

水文特性是表达水流情势变化的主要尺度，反映流域开发对水文情势的影响程度。流量过程变异程度值越大，说明相对天然水文情势的河流水文情势变化越大，对河流生态的影响也越大（Arthington et al.，2006）。计算方法如下：

$$\mathrm{FD} = \left[\sum_{m=1}^{12}\left(\frac{q_m - Q_m}{\overline{Q_m}}\right)^2\right]^{1/2}$$

$$\overline{Q_m} = \frac{1}{12}\sum_{m=1}^{12} Q_m \tag{8-23}$$

式中：q_m——评估年实测月径流量；

Q_m——评估年天然平均月径流量；

$\overline{Q_m}$——评估年天然月径流量年均值。

（2）水资源开发利用状况

水资源开发利用状况用水资源开发利用率表征。水资源开发利用率表示流域社会活动对河流的影响，反映流域的开发程度，以及社会经济发展与生态环境保护之间的协调性（Poff et al.，2010）。水资源开发利用率是指评估河流流域内水资源开发利用量占流域水资源总量的百分比：

$$\mathrm{WRU}=\mathrm{WU}/\mathrm{WR} \tag{8-24}$$

式中：WRU——评估河流流域水资源开发利用率；

WR——评估河流流域水资源总量；

WU——评估河流流域水资源开发利用量。

8.3.1.3 水质类指标

（1）DO 状况

溶解氧（DO）对水生动植物十分重要，过高和过低的 DO 对水生生物均造成危害，DO 适宜值为 4～12 mg/L。采用全年 12 个月的月均浓度，按照汛期和非汛期进行平均，分别对汛期与非汛期赋分，取其最低赋分为指标赋分。

（2）水质综合污染状况

水体中污染物的浓度和种类的变化影响河流生态系统功能的正常发挥，水质综合污染指数综合反映水体污染状况。具体计算公式如下：

$$P = \frac{1}{n}\sum_{i=1}^{n} \frac{C_{ij}}{C_{oi}} \tag{8-25}$$

式中：P——水质综合污染指数；

C_{ij}——第 i 个样点第 j 个指标的实测值；

C_{oi}——第 i 个样点第 j 个指标的标准值；

n——监测指标数目。

本研究中评价标准采用《地表水环境质量标准》(GB 3838—2002)的III类标准，参与计算的水质指标包括 BOD_5、COD_{Mn}、总磷、总氮和氨氮。

8.3.1.4 水生态类指标

(1) 固着藻类丰富度

固着藻类主要是指固着生长在一定基质上的底栖藻类，其丰富度可采用 Margalef 丰富度指数表示：

$$D_{\mathrm{m}} = \frac{S-1}{\ln N} \tag{8-26}$$

式中：N——所有种类的总个体数；

S——物种数。

(2) 底栖动物多样性

底栖动物是水生态系统中最重要的定居动物代表类群之一，影响着水生态系统中的物质分解和营养循环，是水生态系统的重要组成部分，其多样性用 Shannon-Wiener 多样性指数表示：

$$H = -\sum_{i=1}^{S} p_i \ln p_i \tag{8-27}$$

式中：$p_i = \dfrac{n_i}{N}$；

n_i——第 i 种的个体数；

N——所有种类的总个体数；

S——固着藻类物种数。

(3) 鱼类完整性

鱼类对维护河流生态系统平衡的作用重要且不可替代，鱼类完整性是河流退化的主要指标。由于鱼类在研究区分布广泛，易于鉴定且对水质的敏感性高，因此使用鱼类完整性指标(F-IBI)来进行评价。

8.3.2 指标权重确定

本研究采用层次分析法确定权重，将指标中各因素通过划分相互关系的有序层次，根据对一定客观现实的判断，为每一层次的相对重要性给予定量表示，进而确定每一层次要素的相对重要值权重，并通过排序来分析确定各指标权重(如表 8-14 所示)。

表 8-14 太子河生态系统退化评价指标权重分配

目标层	因素层	指标层
河流生态系统退化评价	地貌生境特征（0.19）	植被覆盖率及人工干扰程度（0.24）
		纵向连通性指数（0.26）
		破碎度指数（0.50）
	水文水资源特征（0.41）	河流萎缩度指数（0.44）
		流量过程变异程度（0.31）
		水资源开发利用率（0.25）
	水质特征（0.12）	DO 月均浓度（0.40）
		水质综合污染指数（0.60）
	水生态特征（0.28）	固着藻类 Margalef 丰富度指数（0.28）
		底栖生物 Shannon-Wiener 多样性指数（0.42）
		F-IBI（0.30）

8.3.3 评价方法和分级标准

在指标原始数据标准化处理和权重确定的基础上，采用综合指数法得出生态系统退化综合指数，具体计算方法为：

$$\mathrm{DI}=\sum_{i=1}^{n}L_iW_i \tag{8-28}$$

式中：DI——河流生态系统退化综合指数，处于[0，1]，其值越小，表明生态系统退化程度越严重；

L_i——指标 i 评价值；

W_i——指标 i 权重值；

n——指标个数。

采用分级指标评分法划分河流生态系统退化指数（Degradation Index，DI），分为 5 个退化等级，分别为未退化（DI≥0.80）、轻度退化（0.60≤DI＜0.80）、中度退化（0.40≤DI＜0.60）、严重退化（0.20≤DI＜0.40）、重度退化（DI＜0.20）。退化程度分级标准如表 8-15 所示。

表 8-15 退化程度分级标准及含义

等级	DI	状态	含义
Ⅰ	≥0.80	未退化	生态结构十分合理，受人类干扰少，自然恢复能力强，生态功能完善，系统稳定，处于可持续状态
Ⅱ	0.60～0.80	轻度退化	生态系统比较合理，格局尚完善，受人类干扰较少，自然恢复能力较强，生态功能较完善，系统尚稳定
Ⅲ	0.40～0.60	中度退化	生态结构尚完整，外界压力比较大，系统尚稳定，但敏感性强，自然恢复力一般，可发挥基本生态功能
Ⅳ	0.20～0.40	严重退化	生态系统结构出现缺陷，自然恢复力较差，生态系统已经开始退化
Ⅴ	≤0.20	重度退化	生态系统结构出现严重缺陷，结构极不合理，自然恢复力极差，生态系统已经严重退化

8.3.4 生态系统退化评价结果

根据上述方法，对太子河进行了生态系统退化评价。太子河生态系统退化综合指数为 0.609（如表 8-16 所示）。由退化分级标准，可判断出太子河整体上处于轻度退化状态，生态系统比较合理，格局尚完善，受人类干扰较少，自然恢复能力较强，生态功能较完善，但仍有向中度退化发展的趋势。

表 8-16 太子河生态系统退化评价计算结果

因素层	准则层	得分	权重	综合赋分	综合权重
地貌生境特征	河岸带状况	50	0.24	53.50	0.19
	河流连通阻碍状况	25	0.26		
	河道生境破碎程度	70	0.50		
水文水资源特征	形态特性	30	0.44	40.67	0.41
	水文特性	12	0.31		
	水资源开发利用状况	95	0.25		
水质特征	DO 状况	95	0.40	92.00	0.12
	水质综合污染状况	90	0.60		
水生态特征	固着藻类丰富度	70	0.28	82.24	0.28
	底栖动物多样性	92	0.42		
	鱼类完整性	80	0.30		
DI				0.609	

由计算结果可以看出，太子河地貌生境和水文水资源指标得分相对较低。从地貌生境特征上看，主要体现在以下几方面：一是河岸带周边植被覆盖率低，分布着较多住宅区及人工设施，大量公路等修建在河道两侧，破坏了原有的天然植被，导致岸坡水土流失，存在坍塌现象。二是在太子河及其支流上建了不同规模的水库、闸坝和排灌站，导致河流连通性受阻，流量、水位均发生了很大变化，加剧了水资源时空分布不均的问题，导致部分河段枯水期干涸、断流，河流生态需水无法满足，还导致水文连通伴生过程的泥沙连通和生物连通等过程受阻。三是河道渠道化严重，破坏了河道生境，影响了生物的繁殖、觅食等。突出表现在河床边坡与河底硬质化、断面规则化、形态直线化，这种渠道化破坏了生物生境，减少了河流形态和流态多样性，影响了物质、能量的输送，严重破坏了生态系统的结构和功能多样性。

第 9 章　湖库湿地健康与富营养化评价

湖库湿地是流域与河流廊道的关键节点，是健康受损与富营养化的易发区域，是水生态健康评价的重要对象。本研究采用能值核算与分析方法，开展了白洋淀湿地生态系统能值核算，编制了能值分析表，进行了健康评价。并以河北陡河水库为例，在富营养化状况调查与评价基础上，构建了水温与水质预测模型，模拟了不同情景下主要指标的变化趋势，开展了水华爆发风险分析，为综合治理提供了依据。

9.1　白洋淀湿地生态系统健康评价

9.1.1　白洋淀湿地生态系统健康评价框架

白洋淀湿地生态系统是一个开放生态系统，与上游入淀河流相联系并受入淀河流影响，其诸多功能（如物质循环、能量流动等）都是在不同尺度的生态系统之间进行的，某一个尺度的生态系统与较大尺度的生态系统之间存在着输入-输出关系（董哲仁，2009）。因此，对湿地生态系统进行健康评价时，需考虑整体的观点，全面考虑流域干扰和压力传导的影响。

生态系统内部能量流动的方式、方向、强度、速率制约着生态系统的活力、组织结构、功能发挥、环境负载，决定着生态系统健康状态的演变，因此把握了进出系统的能量密度和能量流转路径，便可明晰系统的内在演化态势（刘耕源等，2008）。白洋淀湿地生态系统可以被抽象为一个包含各种能量代谢，有能流输入、输出的生物体。在能流输入方面，除了阳光、风能、雨水等自然资源输入和源自社会经济系统的商品、服务、货币等输入，河道作为传递载体，将上游河水、泥沙和污染物等带入湿地，成为湿地生态系统能流输入的另一个重要来源。在能流输出方面，湿地生态系统具有生态环境能值产出，包括提供生态服务功能和产出有机物，还能以货币的形式输出经济产出。图 9-1 展示了白洋淀湿地生态系统的能量代谢状况。

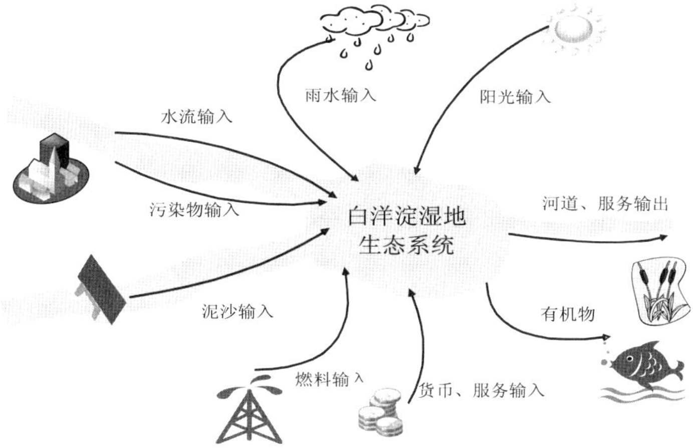

图 9-1　白洋淀湿地生态系统能量代谢示意

白洋淀湿地是流域中下游一个特殊的受体，上游流域人类活动的干扰和压力会通过河道这一载体传递至湿地生态系统，因此对白洋淀湿地生态系统的能量代谢进行分析时，需要将上游河道传递的能量纳入。要明确流域干扰和压力传导对湿地生态系统健康的影响，首先要明确能量在流域生态系统中的传递过程。能量在随河水由上游传递至下游的过程中，在某些区域会受到一些外力因素的影响，从而改变了传递的速度和方向，比如各种大坝和蓄水工程的建设会引导能量从河道流向社会经济系统，导致入淀河水能量减少。而当河水流经生活工业区时，生活污水、工业废水排放至河道，导致污染能量增加。关注这些能够导致能量流转路径和能量密度发生重大变化的关键节点与区域，有助于分析导致湿地生态系统健康水平下降的外源性原因并提出科学管控措施。

9.1.2　白洋淀湿地生态系统能值核算

通过资料收集和野外实地调研，确定能值核算边界，空间上以白洋淀湿地为界，时间上以 1975—2009 年为界。通过收集资料，对研究区自然系统、经济系统、社会系统的能流、物流、货币流进行分析，将各项资源加以分类，对能流量超过系统总能流量 5%的各能值流进行区分归并，对低于 5%的各能流值可以忽略。

在此基础上，确定系统内主要成分，以 Odum 能量符号图例进行描绘，刻画系统内能流及其相互之间的流动、存贮、生产、消费等关系，绘制出系统能流图（如图 9-2 所示）。

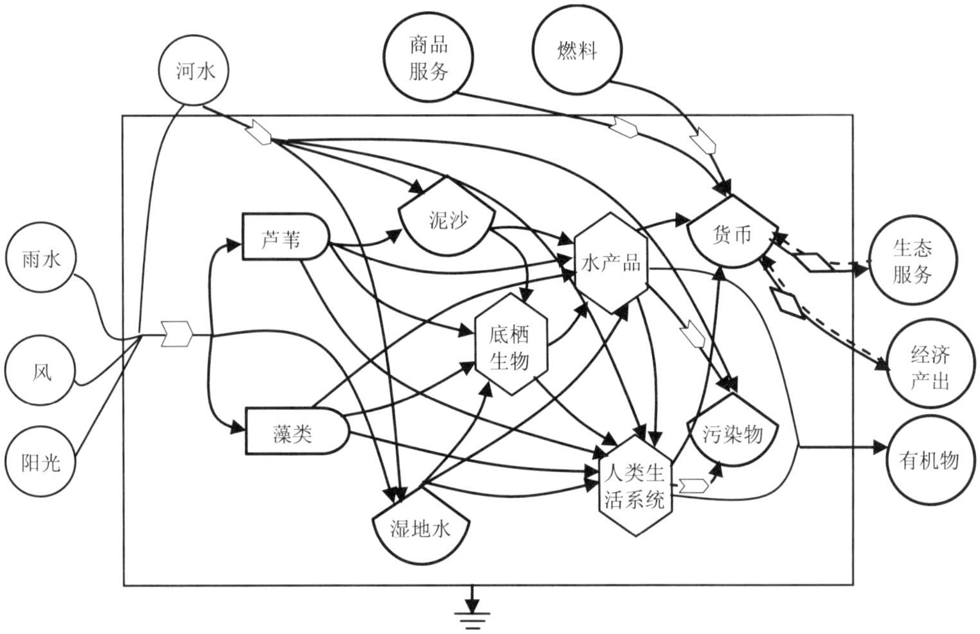

图 9-2　白洋淀湿地生态系统能值流图

为分析生态系统中各种能量的代谢情况，须明确生态系统各项能量的来源。由图 9-2 可见，白洋淀湿地生态系统能值流图涉及以下几种能值流：可更新资源能值（R）、不可更新资源能值（N）、社会生态系统输入的能值（IMP）和系统总能值（U）。可更新资源能值主要来自阳光、雨水、风能、上游河道水量等，不可更新资源能值主要来自泥沙和湿地水。系统能值输入除了源自自然环境的可更新资源能值输入和不可更新资源能值输入外，还有源自社会经济系统的服务、商品、污染物（W）等的能值输入。U 代表系统的总能值，公式为 $U=R+N+\mathrm{IMP}$。所有输入白洋淀湿地的能值流经过一定的代谢、转化后输出系统，输出方式有有机物（OMY）、生态服务功能（SY）和经济产出（I）等。

9.1.3　编制能值分析表

（1）能值分析表的格式

能值分析表表内从左到右包括 5 个题头：①序号；②项目名称；③原始数据，其单位根据原始资料来源、通过计算所得值确定，一般能量的单位为 J、物质的单位为 g、货币的单位为美元；④太阳能值转换率，单位为 sej[①]/J、sej/g 或 sej/美元；⑤太阳能值，由第 3 项与第 4 项相乘而得。

① 大多数能量始于太阳能，常用“太阳能值”来衡量。任何资源、产品或劳务形成所需的直接或间接太阳能量，就是其所具有的太阳能值（solar emergy），其单位为太阳能焦耳（solar emjoules，缩写为 sej）。

根据能值分析表的基本格式，可列出白洋淀生态系统的可更新资源输入（包括太阳能、雨水化学能、风能、河水等）、不可更新资源输入（包括泥沙、湿地水）和社会经济系统输入（包括柴油、建设投资、科研、污染等），以及有机物（包括芦苇、水产品、藻类等）、生态系统服务功能（包括净化功能、水文调节功能）和经济输出（包括旅游服务），将各类物质、能量、货币通过能值转换率转换为统一的能值单位。

（2）资料获取及能值转换率来源

通过当地相关统计年鉴、县志、污染排放统计、水文统计及实地监测获取相关计算数据。计算过程中所参考的系数主要来源于以下文献资料的研究成果：污染物入河系数参考侯思琰等（2009）对白洋淀流域入淀河流排污总量的研究成果，渔业养殖污染中渔业养殖饵料系数参考黄瑞蛟（2004）的湿地养殖试验成果，饵料产污系数参考崔彩霞等（2008）的研究成果，化肥、农药流失率参考张素珍等（2007）对白洋淀农业面源污染的研究成果，生活污染计算中人均生活产污量参考张素珍等（2007）的研究成果，湿地生态服务功能价值的估算参考 Costanza 等（1997）对湿地生态系统服务功能价值的核算成果。

借助能量折算系数和太阳能值转换率，可以将物质、能量换算成能值量。根据获取的研究区物质量数据，乘以该物质能量折算系数，可得到该物质能量，再乘以太阳能值转换率，得到该物质的能值。一般来说，太阳能、风能、河水化学能、蒸发等普适性要素的太阳能值转换率参考 Odum（1996）的计算成果，本研究涉及的太阳能值转换率如表 9-1 所示。

表 9-1　本研究中所用到要素的能值转换率

项目	能值转换率	参考文献
太阳能（J）	1 sej/J	
雨水化学能（J）	18 200 sej/J	Odum（1996）
风能（J）	1 500 sej/J	Odum（1996）
河水化学能（J）	31 800 sej/J	Odum（1996）
泥沙（J）	62 800 sej/J	Brown 等（1996）
湿地水（J）	18 200 sej/J	Odum（1996）
柴油（J）	64 600 sej/J	蓝盛芳等（2002）
基本建设投资（美元）	8.7×10^{12} sej/美元	蓝盛芳等（2002）
科研投入（美元）	8.7×10^{12} sej/美元	蓝盛芳等（2002）
化肥（g）	2.8×10^{9} sej/g	Odum（1996）
农药（g）	1.6×10^{9} sej/g	Odum（1996）
污染（g）	9.2×10^{8} sej/g	Bunefil（2001）
芦苇（J）	4 700 sej/J	蓝盛芳等（2002）
浮游藻类（J）	4 700 sej/J	蓝盛芳等（2002）
水产品（J）	1.7×10^{6} sej/J	Odum（1996）
底栖生物（J）	7 662 sej/J	Brown 等（1996）
净化功能（美元）	8.7×10^{12} sej/美元	蓝盛芳等（2002）
水文调节功能（美元）	8.7×10^{12} sej/美元	蓝盛芳等（2002）
旅游服务（美元）	8.7×10^{12} sej/美元	蓝盛芳等（2002）

（3）能值计算公式

1）可更新资源

①太阳能=湿地面积×太阳光年均辐射量

$$太阳能值=太阳能\times 1 \quad (9\text{-}1)$$

②雨水化学能=湿地面积×年均降水量×吉布斯自由能

$$雨水化学能值=雨水化学能\times 18\,200 \quad (9\text{-}2)$$

③风能=湿地面积×高度×空气密度×涡流扩散系数×风速梯度变化率^2

$$风能能值=风能\times 1\,500 \quad (9\text{-}3)$$

④河水化学能=平均流量×河水密度×吉布斯自由能

$$河水化学能值=河水化学能\times 31\,800 \quad (9\text{-}4)$$

2）不可更新资源

①泥沙能量=河水含沙量×入淀流量×有机质含量×有机质能量

$$泥沙能值=泥沙能量\times 62\,800 \quad (9\text{-}5)$$

②湿地水能量=湿地水量×密度×吉布斯自由能

$$湿地水能值=湿地水能量\times 18\,200 \quad (9\text{-}6)$$

3）社会经济系统输入

①柴油能量=渔用机动船功率×开船时间

$$柴油能值=柴油能量\times 64\,600 \quad (9\text{-}7)$$

②基本建设投资能值=基本建设投资×8.7×10^{12} （9-8）

③科研投入能值=科研投入×8.7×10^{12} （9-9）

4）内源污染

①化肥能值=化肥施用量×2.8×10^{9}×入河系数 （9-10）

②农药能值=农药施用量×1.6×10^{9}×入河系数 （9-11）

③养殖污染产生量=水产品产量×饵料系数×饵料产污系数 （9-12）

$$养殖污染能值=养殖污染产生量\times 9.2\times 10^8 \quad (9\text{-}13)$$

④生活污染量=人均污染排放量×人数×天数 （9-14）

$$生活污染能值=生活污染量\times 9.2\times 10^8 \quad (9\text{-}15)$$

⑤河道输入污染=污染物产生量×入河系数×（12–断流月数）/12 （9-16）

$$河道输入污染能值=河道输入污染\times 9.2\times 10^8 \quad (9\text{-}17)$$

5）有机物

①芦苇能量=芦苇产量×单位产量能量

$$芦苇能值=芦苇能量\times 4\ 700 \quad (9\text{-}18)$$

②浮游藻类能量=单位面积总生物量×群落面积×藻类能量

$$浮游藻类能值=浮游藻类能量\times 4\ 700 \quad (9\text{-}19)$$

③水产品能量=水产品产量×单位产量能量

$$水产品能值=水产品能量\times 1.7\times 10^6 \quad (9\text{-}20)$$

④底栖生物能量=生物量×单位生物量能量

$$底栖生物能值=底栖生物能量\times 7\ 662 \quad (9\text{-}21)$$

6）生态系统服务功能

①净化功能价值–湿地面积×单位面积净化功能价值

$$净化功能能值=净化功能价值\times 8.7\times 10^{12} \quad (9\text{-}22)$$

②水文调节功能价值=湿地面积×单位面积净化功能价值

$$水文调节功能能值=水文调节功能价值\times 8.7\times 10^{12} \quad (9\text{-}23)$$

③出淀水量化学能=平均流量×河水密度×吉布斯自由能

$$出淀水量能值=出淀水量化学能\times 31\ 800 \quad (9\text{-}24)$$

7）经济产出

$$旅游服务能值=旅游业收入\times 8.7\times 10^{12} \quad (9\text{-}25)$$

（4）能值核算结果

通过统计年鉴、监测数据与调研数据，获取白洋淀湿地生态系统 1975 年、1985 年、1995 年、2005 年和 2009 年物质、能量、货币流动的数据，分类归并后得到白洋淀湿地生态系统能值分析源数据表（如表 9-2 所示），通过各项能值计算公式，计算得到白洋淀湿地生态系统能值输入输出分析表（如表 9-3 所示）。

表 9-2 白洋淀湿地生态系统能值分析源数据表

项目	源数据				
	1975 年	1985 年	1995 年	2005 年	2009 年
可更新资源					
阳光/J	1.51×10^{18}	1.08×10^{18}	1.35×10^{18}	1.3×10^{18}	1.07×10^{18}
雨水化学能/J	1.19×10^{15}	9.33×10^{14}	1.25×10^{15}	1.05×10^{15}	9.4×10^{14}
风能/J	1.74×10^{15}	1.22×10^{15}	1.53×10^{15}	1.47×10^{15}	1.21×10^{15}
河水化学能/J	3.5×10^{15}	2.38×10^{15}	1.78×10^{15}	1.38×10^{15}	1.47×10^{15}
不可更新资源					
泥沙/J	8.09×10^{15}	5.38×10^{15}	4.87×10^{15}	3.53×10^{15}	3.51×10^{15}
湿地水/J	8.76×10^{15}	3.83×10^{15}	4.60×10^{15}	3.45×10^{15}	3.95×10^{15}
社会经济输入					
柴油/J	1.40×10^{13}	2.01×10^{13}	3.02×10^{13}	5.18×10^{13}	6.62×10^{13}
基本建设投资/美元	445	710	915	1 306	1 584
科研投入/美元	58	127	468	708	983
淀内污染					
化肥/g	108	221	254	384	897
农药/g	2 921	4 635	8 948	14 743	27 402
渔业养殖/J	22 545	21 050	44 670	71 010	73 665
生活污染/g	4.86×10^{9}	6.23×10^{9}	7.01×10^{9}	7.26×10^{9}	7.61×10^{9}
河道污染/g	1.34×10^{11}	2.5×10^{12}	3.73×10^{12}	3.47×10^{12}	3.3×10^{12}
有机物					
芦苇/J	25 212	33 272	18 662	25 506	24 565
浮游藻类/J	20 341	31 984	16 421	28 963	23 117
水产品/J	4 509	4 210	8 934	13 202	13 733
底栖生物/J	3 012	1 063	2 519	4 689	3 698
生态系统服务功能					
净化功能/美元	5.79×10^{7}	2.78×10^{7}	3.48×10^{7}	3.34×10^{7}	2.64×10^{7}
水文调节功能/美元	2.08×10^{5}	1.0×10^{5}	1.4×10^{5}	1.2×10^{5}	9.5×10^{4}
出淀水量/J	1.19×10^{15}	0	0	0	0
经济产出					
旅游服务/美元	243	1 800	4 218	8 784	9 933

表 9-3 白洋淀湿地生态系统能值输入输出分析表 单位：sej

项目	能值				
	1975 年	1985 年	1995 年	2005 年	2009 年
可更新资源					
阳光	1.51×10^{18}	1.08×10^{18}	1.35×10^{18}	1.3×10^{18}	1.07×10^{18}
雨水化学能	2.16×10^{19}	1.7×10^{19}	2.27×10^{19}	1.91×10^{19}	1.71×10^{19}
风能	2.62×10^{18}	1.84×10^{18}	2.29×10^{18}	2.2×10^{18}	1.83×10^{18}
河水化学能	1.11×10^{20}	7.57×10^{19}	5.66×10^{19}	4.39×10^{19}	4.67×10^{19}
不可更新资源					
泥沙	5.08×10^{20}	3.38×10^{20}	3.06×10^{20}	2.22×10^{20}	2.2×10^{20}
湿地水	1.60×10^{20}	6.97×10^{19}	8.54×10^{19}	6.29×10^{19}	7.19×10^{19}
社会经济输入					
柴油	9.32×10^{17}	1.34×10^{18}	2.01×10^{18}	3.44×10^{18}	4.41×10^{18}
基本建设投资	4.66×10^{18}	7.45×10^{18}	9.6×10^{18}	1.37×10^{19}	1.66×10^{19}
科研投入	6.03×10^{17}	1.34×10^{18}	4.91×10^{18}	7.42×10^{18}	1.03×10^{19}
淀内污染					
化肥	1.55×10^{16}	3.54×10^{17}	4.06×10^{17}	6.14×10^{17}	1.44×10^{18}
农药	7.36×10^{17}	1.17×10^{18}	2.25×10^{18}	3.72×10^{18}	6.91×10^{18}
渔业养殖	9.54×10^{18}	8.91×10^{18}	1.89×10^{19}	3.01×10^{19}	3.12×10^{19}
生活污染	4.47×10^{18}	5.73×10^{18}	6.45×10^{18}	6.68×10^{18}	7.00×10^{18}
河道污染	1.23×10^{20}	2.3×10^{20}	3.43×10^{20}	3.19×10^{20}	3.04×10^{20}
有机物					
芦苇	4.37×10^{17}	5.76×10^{17}	3.23×10^{17}	4.42×10^{17}	4.25×10^{17}
浮游藻类	3.52×10^{17}	5.54×10^{17}	2.84×10^{17}	5.01×10^{17}	4.00×10^{17}
水产品	1.28×10^{20}	1.2×10^{20}	2.54×10^{20}	3.76×10^{20}	3.91×10^{20}
底栖生物	3.86×10^{17}	1.36×10^{17}	3.23×10^{17}	6.02×10^{17}	4.74×10^{17}
生态系统服务功能					
净化功能	5.04×10^{20}	2.42×10^{20}	3.88×10^{20}	3.39×10^{20}	2.91×10^{20}
水文调节功能	1.81×10^{18}	8.70×10^{17}	1.09×10^{18}	1.04×10^{18}	8.27×10^{18}
出淀水量	3.8×10^{19}	0	0	0	0
经济产出					
旅游服务	2.55×10^{18}	1.89×10^{19}	4.71×10^{19}	9.21×10^{19}	1.04×10^{20}

通过对表 9-3 中各项资源的分类归并，得到 1975 年、1985 年、1995 年、2005 年和 2009 年白洋淀湿地生态系统能值流简表（如表 9-4 所示），将输入项、输出项的单位统一为 10^{20} sej，并通过人口核算，对白洋淀湿地生态系统能值变化情况进行分析。

表 9-4 白洋淀湿地生态系统能值流简表

指标名称	符号	1975 年	1985 年	1995 年	2005 年	2009 年
可更新资源能值/10^{20}sej	R	1.37	0.96	0.83	0.67	0.67
不可更新资源能值/10^{20} sej	N	6.68	4.08	3.91	3.27	2.92
社会经济输入能值/10^{20} sej	IMP	1.44	2.61	3.87	3.85	3.81
总能值用量/10^{20} sej	U	9.49	7.64	8.61	7.78	7.4
污染物能值/10^{20} sej	W	1.38	2.5	3.71	3.6	3.5
有机物能值/10^{20} sej	OMY	1.3	1.21	2.55	3.77	3.92
生态服务功能能值/10^{20} sej	SY	5.44	2.43	3.04	2.92	2.31
经济产出/10^{20} sej	I	0.03	0.19	0.47	0.92	1.04
人均可更新资源能值/（10^{15}sej/人）	R/P	0.68	0.4	0.31	0.24	0.23
人均能值用量/（10^{16}sej/人）	U/P	0.48	0.31	0.32	0.28	0.25

9.1.4 湿地生态系统健康评价

9.1.4.1 评价指标体系构建

健康评价指标体系能够更加有效地量化评价生态系统健康状况。Rapport（1989）认为生态系统健康可以通过活力、组织结构和恢复力 3 个特征来定义，Costanza 等（1992）认为生态系统健康概念涵盖 6 个方面：①系统内稳定增长；②没有疾病；③多样性和复杂性；④稳定性或恢复力；⑤活力或增长幅度；⑥系统组成成分平衡。并强调应该同时考虑以上 6 个方面的全部或至少大部分内容。结合以上内容，本研究认为健康的生态系统在合理的压力荷载范围内，具有运行活力、结构稳定、功能正常发挥等特征。因此，从系统活力、系统结构、系统功能、系统负荷和系统总体状态 5 个方面构建了评价指标体系。其中，系统活力表征系统运行的生产效率；系统结构表征组织结构的合理性和稳定性；系统功能表征生态系统各项服务功能的发挥情况；系统负荷表征系统所受的环境压力和负载情况；系统总体状态表征系统综合健康状态。构建的评价指标体系如表 9-5 所示。

表 9-5 健康评价指标体系

项目	指标	表达式
系统活力	净能值产出率	U / IMP
	环境产出率	(OMY+SY)/IMP
系统结构	可更新资源能值比	$R/(R+N)$
	能值投资率	IMP / $(R+N)$
系统功能	能值自给率	$(R+N)/U$
	能值密度	U / area
	生态服务功能比率	SY / U
系统负荷	环境负载率	$(U-R)/R$
	污染产出率	W/U
系统总体状态	生态系统健康指数	$\dfrac{\text{环境产出率}\times\text{可更新能值比}\times\text{生态服务功能比率}}{\text{环境负载率}\times\text{污染产出率}}$

注：表达式中各符号含义见表 9-4。

（1）系统活力

系统活力主要指系统的持续生产效率，通过净能值产出率和环境产出率来反映。净能值产出率是系统总产出能值与社会经济系统反馈投入的能值之比，表征系统各种产出对经济活动的反馈效率（陆宏芳等，2000），是一个衡量系统生产效率和生产成本高低的指标，该值越高表明系统运行越集约。环境产出率是指系统除经济产出外的所有产出与总产出能值之比，表征系统在生态环境方面的产出效率（任丽燕等，2009）。

（2）系统结构

系统结构主要指结构的稳定性和合理性，通过可更新资源能值比和能值投资率来反映。可更新资源能值比为系统可更新资源的能值与系统来自自然资源的能值之比，表征了自然环境的利用潜力（杜英，2008）；可更新资源能值比越大，系统的环境利用潜力越大。能值投资率是来自社会经济的反馈能值与来自自然环境的能值之比，用来表征生态系统对经济活动的容受力，其值越大说明系统发展程度越高，越小则说明经济发展水平低且对环境的依赖性强（蓝盛芳，2002）；这一指标表明高质量和低质量的各种能值应适当搭配，能够反映系统结构的稳定性。

（3）系统功能

系统功能主要指生态系统各项服务功能的发挥情况，用能值自给率、能值密度和生态服务功能比率来反映。能值自给率是自然环境能值与总能值之比，表征生态系统自给自足的能力（陆宏芳，2002），是一个评价自然环境对系统生产支持能力的指标；该值越高，表明自然环境支持能力越强，同时也说明经济发展程度不高。能值密度即能值使用强度，描述了单位时间、单位面积能值流动的情况，用于度量系统中能值在空间上的流动强度，该指标在数值上为能值总量与可利用面积之比；能值密度指标反映了系统经济开发程度和能值应用的效率情况，一定范围内能值密度越大，表明该区域经济活动越频繁，系统能值应用效率越高（隋春花，2001），但较高的能值密度也意味着土地资源短缺，经济发展在一定程度上将受到土地资源的制约，对环境压力较大。生态服务功能比率是生态系统服务功能能值与总输出能值之比，表征了生态系统提供的服务功能输出占所有输出的比重，该值越大表明系统服务功能越完整。

（4）系统负荷

系统负荷主要指系统目前面临的压力和荷载情况，用环境负载率和污染产出率来反映。环境负载率是社会经济系统反馈能值与不可更新资源能值之和除以可更新资源能值，用来表征生态系统环境负荷的大小（Kang，2002）；该值越小，表明环境承载负荷越小，发展潜力越大，反之则表明系统存在高强度的能值利用和较大的环境压力；环境负载率过高是对经济系统的一种警示，若系统长期处于较高环境负载状态，将产生不可逆转的功能退化和功能丧失。污染产出率是污染物的能值与系统能值总量之比，该比值越大，表明系统所承受的压力越大，发展效率性越差，发展模式所产生的危害性越大。

（5）系统总体状态

在对系统可持续发展能力综合指标的研究中，Brown 等（1997）提出了能值可持续指数（Emergy Sustainable Index，ESI），其定义为系统能值产出率与环境负载率之比；若一个国家或地区的生态经济系统能值产出率较高而环境负载率较低，则该国家或地区是可持续的，反之是不可持续的。但该指标忽略了并非所有系统产出都是有利于人类的正产出，如废弃物产出是负效益产出。陆宏芳（2000）在其基础上加以修正，将系统社会经济效益（能值产出率和能值交换率乘积）作为分子，环境负载率作为分母，构造出正向性指标系统可持续发展能力能值指标（Emergy Index of Sustainable Development，EISD）。

$$\mathrm{EISD}=\frac{\mathrm{EYR}\times\mathrm{EER}}{\mathrm{ELR}} \tag{9-26}$$

式中：EYR——能值产出率；

EER——能值交换率；

ELR——环境负载率。

本研究在 EISD 的基础上加以改进，以环境产出率代替能值产出率表征系统活力，更强调湿地提供服务支撑产出的特性，以可更新资源能值比表征系统结构合理性，以生态服务功能比率表征系统功能发挥；考虑白洋淀湿地生态系统纳污能力差、生态需水不足的特点，强调了污染产出的负效益，以污染物产生率和环境负载率这两个负向性指标共同代表系统负荷，由 5 个能值指标一起构建湿地生态系统健康指数，综合反映生态系统的总体状态。其数学表达式为：

$$\mathrm{EHI}=\frac{\text{环境产出率}\times\text{可更新能值比}\times\text{生态服务功能比率}}{\text{环境负载率}\times\text{污染产生率}} \tag{9-27}$$

该指标是一个正向性指标，其值越高，湿地生态系统相对健康程度越高。

9.1.4.2 评价结果分析

通过前述公式进行了计算，得出系统活力、系统结构、系统功能、系统负荷、系统总体状态 5 个方面的能值指标值（如表 9-6 所示）。

表 9-6 1975—2009 年白洋淀湿地生态系统能值指标核算

项目	指标	1975 年	1985 年	1995 年	2005 年	2009 年
系统活力	净能值产出率	6.59	2.93	2.22	2.02	1.94
	环境产出率	4.68	2.5	1.44	1.81	1.71
系统结构	可更新资源能值比	0.17	0.19	0.18	0.17	0.19
	能值投资率	0.18	0.52	0.81	0.97	1.06
系统功能	能值自给率	0.85	0.66	0.55	0.51	0.49
	能值密度/（sej/m^2）	3.36×10^{12}	3.6×10^{12}	3.41×10^{12}	3.21×10^{12}	3.4×10^{12}
	生态服务功能比率	0.57	0.32	0.35	0.37	0.31
系统负荷	环境负载率	5.92	6.96	9.37	10.6	10.04
	污染产出率	0.16	0.33	0.43	0.46	0.47
系统总体状态	生态系统健康指数	0.53	0.067	0.022	0.023	0.022

（1）系统活力

净能值产出率能够反映系统对经济活动的反馈效率，表征系统生产效率和生态成本的高低，可以用来说明生态系统的能值利用效率。1975—1985 年，白洋淀湿地生态系统净能值产出率由 6.59 下降到 2.93，主要是因为这个时期淀区人口增长较快，淀内种植业、养殖业等产业开始发展，社会经济系统能值输入明显增加，但系统对经济活动的反馈效率不高，净能值产出率骤减。1985—1995 年、1995—2005 年，净能值产出率下降幅度变缓，说明湿地生态系统开始对社会经济活动投入有较好的反馈。密西西比河净能值产出率为 9.36（Martin，2002），与其相比，白洋淀湿地生态系统净能值产出率偏低，且 1985 年后白洋淀湿地生态系统运行的生态经济效益呈缓慢下降趋势，因此可以对白洋淀湿地生态系统能值投入结构进行优化，以期得到更良好的产出反馈。

环境产出率是指有机物质产出和生态服务产出占社会经济系统投入的比值，表征系统在生态环境方面的产出效率。由图 9-3 可见，1975—1995 年环境产出率明显下降，在 2005 年后缓慢提升。1975—1995 年环境产出率的大幅下降表明湿地水量减少、水面萎缩，导致有机物质产出和生态服务功能产出受损。1995 年后，在人工养殖、人工培育等方式的影响下，社会经济投入增加，水产品、芦苇产量稳定增长。与西溪湿地相比（任丽燕等，2009），白洋淀湿地生态系统环境产出率偏低。

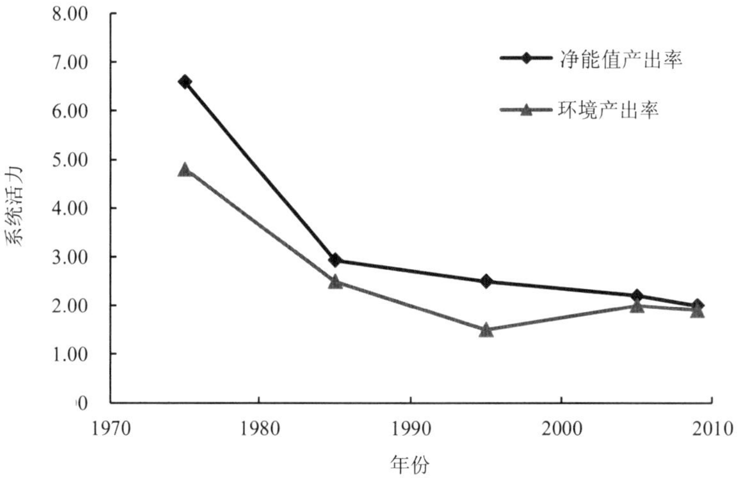

图 9-3 白洋淀湿地生态系统的系统活力

（2）系统结构

可更新资源能值比是可更新资源的能值与系统自然资源能值的比值，可表征自然环境的利用潜力。在评价年份中，可更新资源能值比保持相对稳定，变化不大，维持在 0.17～0.19 的水平。可更新资源输入在湿地生态系统自然资源能值输入中所占比重很小，说明白洋淀湿地生态系统自然资源对系统发展所能提供的支撑力和推动力较小。

能值投资率是来自社会经济的反馈能值与来自环境的无偿能值之比，是衡量系统发展程度和环境依赖性强弱的指标。社会经济反馈能值投入越大，能值投资率越高，系统开发程度也越高，同时生产成本也越高；反之，社会经济反馈能值投入太低，自然环境资源就得不到充分开发，资源利用效率低，系统发展水平落后。因此，生态系统要具有竞争力，必须遵循能值投入搭配的原则，高能值的经济反馈资源与低能值的环境资源应搭配得当。如果是依靠投入劳务、技术类能值资源来发展，而不是靠大量消耗和破坏自然资源，保持较高的能值投资率无疑是生态系统可持续发展的趋势。由图 9-4 可以看出，随着经济发展，社会经济系统的商品、服务等的投入不断增大，白洋淀湿地生态系统能值投资率以稳定的增长率持续增长，1975 年白洋淀湿地生态系统能值投资率为 0.18，2009 年增至 1.06。全球平均能值投资率为 2，不发达区域的能值投资率一般小于 1，说明白洋淀湿地生态系统的开发程度较低，对资源的利用效率不高，在能值利用结构上仍有待进行高效整合。

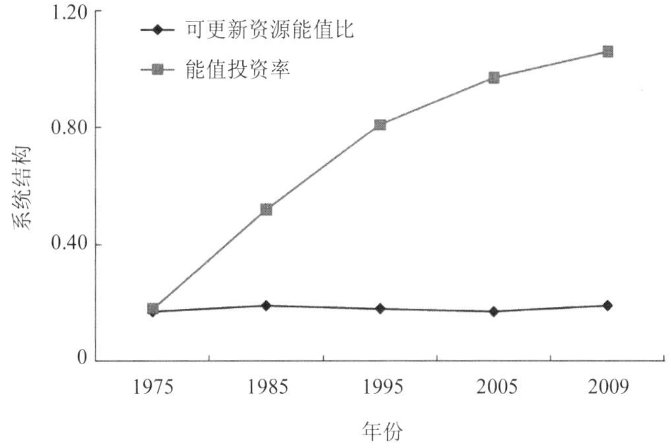

图 9-4 白洋淀湿地生态系统的系统结构

（3）系统功能

生态系统不是封闭、孤立的，其在自力更生的基础上与外界发生各种联系，本地资源的自给能力是生态系统发展的前提和基础。一个系统的总能值使用量中，自身可更新资源与不可更新资源能值所占比重反映了其自给自足能力的大小，可用能值自给率来表征。1975 年，白洋淀湿地生态系统的自给能力达到 85%，在资源利用方面绝大多数由系统内部自然资源提供，白洋淀湿地生态系统能值自给率以较稳定的速率下降，对自然环境能值的依赖性逐渐减小，对社会经济系统能值投入的依赖性逐渐增大；2009 年能值自给率为 49%（如图 9-5 所示）。与国内外其他流域生态系统相比，白洋淀湿地生态系统能值自给率偏高，如密西西比河流域能值自给率为 9.77%（Martin，2002），黑河流域能值自给率为 10.1%（陈东景等，2002）。总体上，白洋淀湿地生态系统对内部资源的利用程度和自给自足能力较高。

系统的发展具有等级性和阶层性，能值密度即能值使用强度，描述了单位时间、单位面积能值流动的情况；能值密度越大，说明该区域经济活动越频繁，系统能值应用效率越高，系统发展等级越高。1975 年白洋淀湿地生态系统能值密度为 3.36×10^{12} sej/m^2，在 5 个评价年份中变化很小，2009 年能值密度为 3.4×10^{12} sej/m^2。一般农业地区的能值密

度为 $1.3\times10^{12}\sim4\times10^{12}$ sej/m²，城市化地区的能值密度为 $7\times10^{12}\sim100\times10^{12}$ sej/m²。白洋淀湿地生态系统能值密度变化不大，说明白洋淀湿地生态系统的能值利用效率并未随社会经济投入增大而明显提高，湿地生态系统的发展等级和能值集约高效利用程度较低。

白洋淀作为流域内的重要湿地，其净化水质、调节水文等生态服务功能尤为重要。通过对生态服务功能比率的分析发现，生态服务功能产出所占比重下降很快，1975 年为 57%，2009 年下降到 31%。由于淀内污染增多，河道输入污染量加大，给白洋淀水质净化带来很大负荷；同时，由于上游取用水和蓄水增加导致入淀水量不断减少，淀内人口和工业发展也加大了淀内水资源消耗量，水面不断萎缩，5 个评价年份中仅 1975 年有水出淀。白洋淀湿地生态系统原有的水循环被打破，生态服务功能受损严重，使白洋淀已经无法正常稳定发挥其净化污染、水源涵养、水文调蓄等生态服务功能。

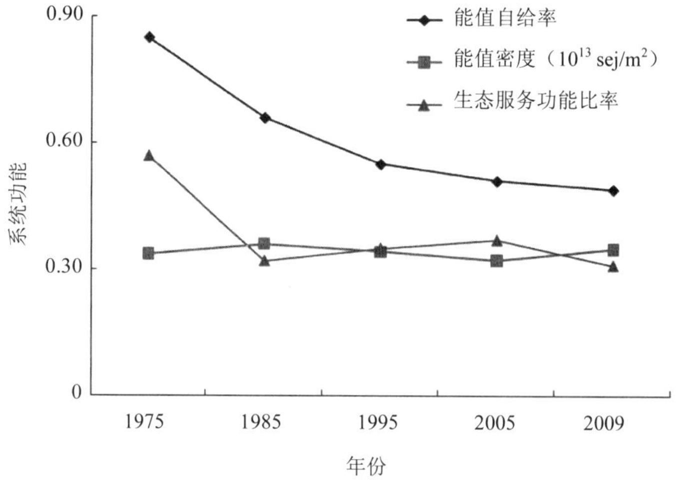

图 9-5　白洋淀湿地生态系统的系统功能

（4）系统负载

环境负载率是指系统不可更新资源能值和社会经济投入能值之和与可更新资源能值之比，表征了生态系统环境负荷的程度。由图 9-6 可知，在 1975 年人为干扰很少的情况下，白洋淀湿地生态系统的环境负载率仍高达 5.92，说明该生态系统本身较为脆弱；环境负载率在 1995 年涨幅变大，2009 年环境负载率有所下降，但与国内外研究成果相比仍然偏高，如黄河流域环境负载率为 3.52（Chen et al.，2009），美国 Appalachian 湿地生态系统环境负载率为 0.42（David et al.，2003）。Odum（1996）认为，这个指标像电路上的负荷，一个较大的比率数值意味着社会经济活动对当地环境系统保持较大压力，可能会超过生态系统维持其稳定性的临界值，引发生态危机。白洋淀湿地生态系统的环境负载率是对经济活动的一种启示，若系统长期处于高环境负荷的状态，生态系统可能会产生不可逆转的功能退化或功能丧失。

污染产出率是指污染输入能值与总能值使用量的比值，表征社会经济活动引起的环境污染胁迫。由图 9-6 可知，污染产出率在 1985—1995 年增长速率较大，2005—2009 年污染产出率增幅趋于平缓，主要是由于入淀水量减少，外源污染输入受河道干涸影响，仅在汛期能够入淀，客观上削弱了外源性污染的影响，淀内生活、养殖污染增长成为污染输入增长的主要来源，因此污染产出率增幅有所下降。与国内西北地区相比，白洋淀湿地生态系统污染产出率是其 3 倍（陈兴鹏等，2005），说明白洋淀湿地生态系统的环境污染问题已经非常严峻，尤其在白洋淀入淀水量逐年减少、湿地水体净化功能退化的情况下，淀区内居高不下的污染产出率及来自流域的污染输入传导会给白洋淀湿地生态系统带来巨大压力。

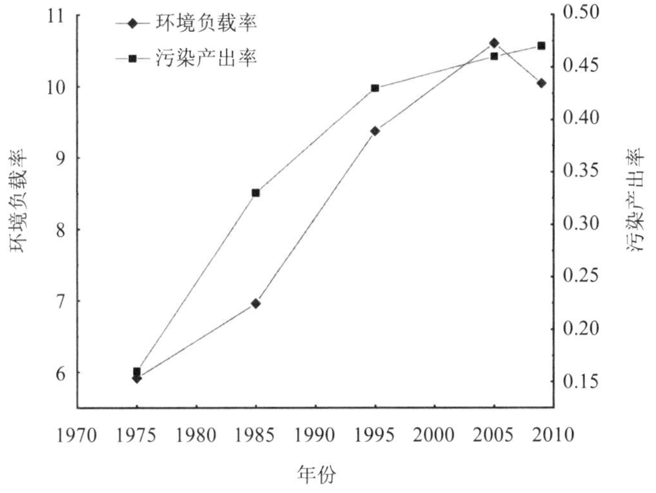

图 9-6 白洋淀湿地生态系统的系统负载

（5）系统总体状态

由图 9-7 可见，1975—2005 年白洋淀湿地生态系统健康状况不断下降，1985 年之后下降尤为明显，表明湿地健康受损严重。其中，1985 年生态系统健康指数仅为 1975 年生态系统健康指数的 1/5 左右。1995 年、2005 年和 2009 年湿地生态系统健康水平基本维持稳定。与前面的讨论结果一致，环境产出率、生态服务功能比率、污染产出率等指标都在 1985 年发生骤变，表明自 1985 年起，人口增长速度加快，社会经济投入能值加大，取用水量和排污量增加、入白洋淀水量减少等共同导致系统环境生产效率降低，系统内部能值利用结构变化，生态服务功能受到损害，系统承受的负荷加大，造成生态系统健康水平下降。白洋淀湿地从 1984 年开始出现持续干淀、死鱼、河道干涸等事件，也验证了评价结果。1995 年、2005 年和 2009 年白洋淀生态系统健康指数分别为 0.022、0.023 和 0.022，变化幅度很小，说明 1997 年后实施的跨流域调水补水措施在一定程度上缓解了白洋淀湿地的缺水情况，对维持湿地生态系统的活力和结构、保证其服务功能的发挥具有积极意义。

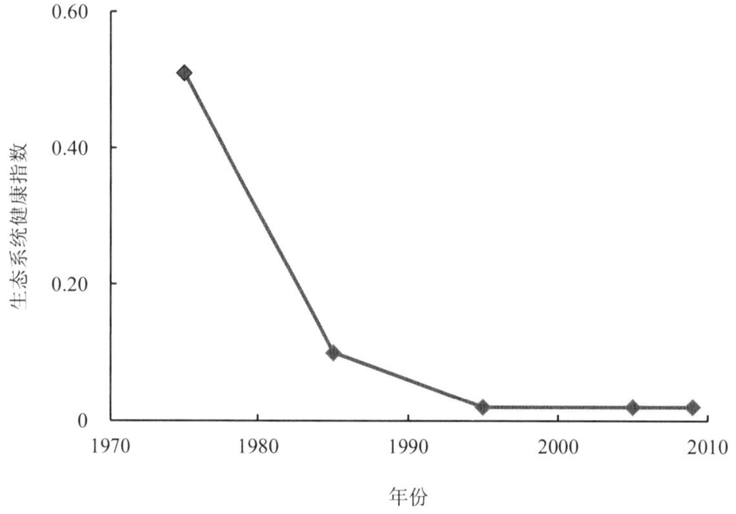

图 9-7　白洋淀湿地生态系统健康总体状况

9.2　陡河水库富营养化评价与模拟

9.2.1　陡河水库概况

陡河水库（如图 9-8 所示）位于唐山市市区东北 15 km 的陡河上游，距市区河北桥 11 km，是一座以防洪为主，兼供唐山市市区工业和生活用水、库区周边和下游工农业生产用水等的大型水利枢纽工程，控制流域面积为 530 km^2。“引滦入唐”工程修建后，陡河水库成为引滦入唐终端调节水库。水库于 1955 年开始兴建，1956 年建成并投入运行，历经 1969—1971 年续建、1976—1977 年震后修复、1988—1989 年提高大坝标准，达到千年一遇设计防洪标准。水库总库容为 5.152 亿 m^3，其中调水库容为 4.414 亿 m^3，兴利库容为 0.684 亿 m^3。在实际运用中，为达到陡河电厂供水要求，水库水位不低于 30.0 m，实际兴利库容仅为 0.557 亿 m^3。

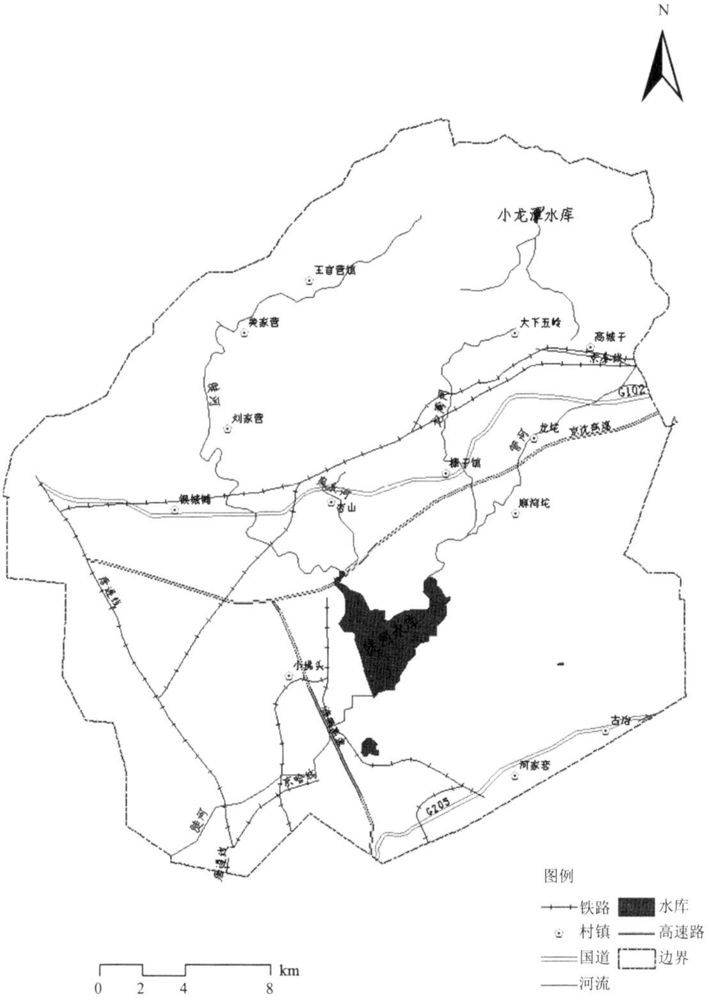

图 9-8 陡河水库及周边状况

陡河水库坝控流域存在生态环境问题，突出表现在以下 3 个方面：一是流域植被退化严重，水土流失呈加剧趋势；二是库区水质受到不同程度的污染，已严重制约水资源效益的正常发挥及农村社会经济的发展；三是生态退化严重，生物物种数量减少。

（1）水土流失

陡河水库库区以上的两条较大支流是龙湾河和泉水河，多年平均径流量约为 0.82 亿 m^3，年均输沙量为 12.6 万 t。库区以上流域水土流失面积占流域总面积的 70%左右。土壤侵蚀主要以水力侵蚀为主，重力侵蚀和风力侵蚀比较活跃。水力侵蚀主要以面蚀、沟蚀的形式出现；重力侵蚀主要发生在河流两岸、山坡及田坎，以滑坡、泻溜、崩塌等形式呈现。土壤侵蚀模数为 300～5 000 t/（km^2·a），年土壤流失量为 51 万 t。库区泥沙淤积较为严重，且河流输沙量有增加趋势，特别是随着大规模开矿、修路等，推移质输沙量将会迅速增加。

除自然因素外，人为因素是引起流域水土流失的主要原因，主要表现在以下两个方面：一是对地貌植被的破坏，主要是由毁林开荒、陡坡开荒、乱砍滥伐、过度放牧以及陡坡采石、大面积剥岩采石、修路等造成；二是开发建设过程的弃土、石、渣及当地居民生活和建筑垃圾的乱堆乱放，甚至直接排入河道，不采取任何拦挡措施。

（2）水质下降

由于各种污染物的汇入，库区水质下降趋势突出，水体富营养化有加剧趋势。污染源包括以下几个方面。

①生活污水

陡河水库建设初期，为解决移民问题，采取将移民向水库及周边就近后靠的方式。库区上游 10 多个乡镇共有 20 多万人口，年排放生活污水 300 万 t，对库区水源造成严重威胁。

②固体废物

固体废物主要有 3 种：一是工矿企业采矿和生产过程中排放的固体废物；二是基建垃圾；三是居民生活垃圾。这些固体废物不仅污染周边环境，更是水源的威胁。

③面源污染

面源污染主要来自果园、农地中的化肥和农药残留，随降雨径流，一定量的有机磷、有机氮等污染物排入水库，成为潜在威胁。

（3）生态退化

流域原属森林，植被类型丰富。随着人类干扰破坏程度日益加剧，天然森林已经荡然无存，蜕变为灌、草丛植被类型，植被稀疏，退化严重，主要表现为植物生长量下降。由于栖息地环境变化，动物种类及数量也明显减少。

9.2.2 陡河水库富营养化现状评价

水体富营养化评价是对水体富营养化发展过程中某一阶段营养状况的定量描述，其主要目的是通过对水体富营养化代表性指标的监测调查，判断该水体的营养状态，了解富营养化进程，预测其发展趋势，为水体水质管理及富营养化防治提供科学依据。

9.2.2.1 水质与沉积物监测

（1）监测时间与项目

于 2010 年 4 月赴陡河水库进行了 2 次监测，采集水样和沉积物样品，设置 6 个采样点（如图 9-9 所示），分别为 1 号采样点坝口、2 号采样点东支入口、3 号采样点西支入口、4 号采样点温排水口、5 号采样点库南端和 6 号采样点库中心。对于水样，在现场测定了水温、透明度（SD）和溶解氧（DO），在实验室内分析了总氮（TN）、总磷（TP）、氨氮（NH_3-N）、硝酸盐氮（NO_3-N）、亚硝酸盐氮（NO_2-N）、磷酸盐（PO_4-P）、高锰酸盐指数（COD_{Mn}）、叶绿素 a（Chla）和浮游植物；对于沉积物样品，在实验室内分析了总氮、总磷、氨氮、硝酸盐氮、亚硝酸盐氮和有效磷。

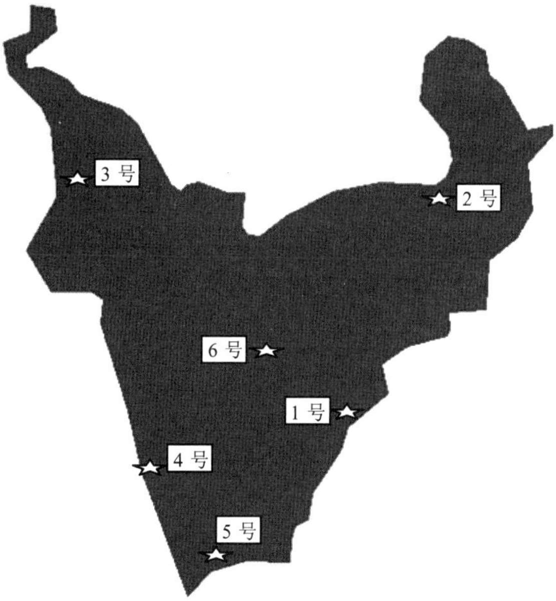

图 9-9　采样点设置

（2）水质与沉积物理化指标监测结果

水质与沉积物监测结果如表 9-7～表 9-10 所示。将陡河水库的主要富营养化指标与太湖的指标（2002 年数据，当时太湖处于富营养化状态）进行比较，发现陡河水库表层沉积物总氮的平均水平（0.182%）高于太湖沉积物总氮的平均水平（0.118%），但陡河水库沉积物总氮的最大值（0.340%）和最小值（0.019%）分别低于太湖沉积物总氮的最大值（0.471%）和最小值（0.031%）。太湖表层沉积物总磷平均含量为 0.059%，最大值为 0.33%，最小值为 0.032%。陡河水库表层沉积物总磷平均含量为 0.038%，最大值为 0.080%，最小值为 0.014%，整体低于太湖的总磷含量。从沉积物营养指标来看，结果不太乐观。

表 9-7 陡河水库水样富营养化指标监测结果（日期：2010 年 4 月 4 日）

采样点	水温/℃	DO/（mg/L）	NO_3-N/（mg/L）	NO_2-N/（mg/L）	NH_3-N/（mg/L）	TN/（mg/L）	PO_4-P/（mg/L）	TP/（mg/L）	Chla/（mg/m^3）	COD_{Mn}/（mg/L）	SD/m
1	13.0	7.5	1.80	0.023	0.180	2.08	＜0.01	0.066	7.00	3.42	1.07
2	10.4	7.6	1.25	0.022	0.338	1.72	＜0.01	0.029	2.28	3.15	1.18
3	11.7	9.7	1.70	0.026	0.548	2.38	＜0.01	0.054	0.42	2.98	0.88
4	17.6	8.3	1.60	0.024	0.408	2.14	＜0.01	0.032	12.0	2.74	0.98
5	12.3	8.3	1.50	0.022	0.500	2.11	＜0.01	0.044	8.95	3.21	0.97
6	12.4	7.5	1.60	0.022	0.380	2.05	＜0.01	0.034	6.20	3.18	1.07
平均	12.9	8.15	1.58	0.023	0.392	2.08	＜0.01	0.043	6.14	3.11	1.03

表 9-8 陡河水库沉积物样品富营养化指标监测结果（日期：2010 年 4 月 4 日）

采样点	NO_3-N/（mg/kg）	NO_2-N/（mg/kg）	NH_3-N/（mg/kg）	TN/%	有效磷/（mg/kg）	TP/%
1	65.4	54.6	21.8	0.128	＜0.2	0.042
2	106	190	24.8	0.116	7.50	0.041
3	36.7	81.3	39.5	0.175	4.48	0.046
4	47.3	121	2.25	0.019	4.36	0.014
5	107	27	14.2	0.288	5.14	0.080
6	164	102	39.8	0.210	3.52	0.043
平均	87.73	95.58	23.73	0.156	4.20	0.044

表 9-9 陡河水库水样富营养化指标监测结果（日期：2010 年 4 月 26 日）

采样点	水温/℃	DO/（mg/L）	NO_3-N/（mg/L）	NO_2-N/（mg/L）	NH_3-N/（mg/L）	TN/（mg/L）	PO_4-P/（mg/L）	TP/（mg/L）	Chla/（mg/m^3）	COD_{Mn}/（mg/L）	SD/m
1	14.9	11.1	1.25	0.019	0.034	1.70	＜0.01	0.025	3.24	2.91	1.83
2	15.5	10.4	1.24	0.022	0.048	1.74	＜0.01	0.013	10.1	3.06	2.08
3	15.0	11.2	0.82	0.021	0.088	1.38	＜0.01	0.043	34.7	4.00	0.92
4	25.8	8.93	1.33	0.018	0.136	2.10	＜0.01	0.032	3.46	2.70	1.47
5	19.0	9.24	1.34	0.018	0.034	1.94	＜0.01	0.021	4.49	2.61	2.77
6	18.9	8.78	1.28	0.018	0.098	1.76	＜0.01	0.024	2.58	2.91	2.38
平均	18.2	9.94	1.21	0.019	0.073	1.77	＜0.01	0.026	9.76	3.03	1.91

表 9-10 陡河水库沉积物样品富营养化指标监测结果（日期：2010 年 4 月 26 日）

采样点	NO_3-N/（mg/kg）	NO_2-N/（mg/kg）	NH_3-N/（mg/kg）	TN/%	有效磷/（mg/kg）	TP/%
1	1.01	0.14	16.2	0.106	＜0.2	0.017
2	1.22	0.10	16.4	0.340	0.700	0.022
3	2.20	0.16	39.1	0.281	0.268	0.042
4	0.96	0.097	16.6	0.032	7.46	0.014
5	1.91	0.22	40.2	0.244	＜0.2	0.050
6	8.05	0.54	67.9	0.245	0.710	0.051
平均	2.56	0.21	32.7	0.208	1.59	0.032

9.2.2.2 浮游植物监测

（1）种类组成

1）全库浮游植物的种类组成

研究中共发现陡河水库浮游植物 7 门 45 种（含变种），即蓝藻门 5 种、隐藻门 2 种、甲藻门 2 种、金藻门 2 种、硅藻门 10 种、裸藻门 1 种，绿藻门 23 种（如表 9-11 所示）。其中以绿藻门和硅藻门种类最多。由于春季温度还比较低，但已经发现 45 种以上浮游植物，表明在物种多样性上比较丰富。以种类的数量而言，陡河水库春季的浮游植物群落结构类型表现为绿藻+硅藻型，且有比较稳定的金藻种类存在。

表 9-11 浮游植物的种类组成

门	种类/种	门	种类/种	门	种类/种	门	种类/种
蓝藻门	5	甲藻门	2	硅藻门	10	绿藻门	23
隐藻门	2	金藻门	2	裸藻门	1	小计	45

2）各采样点浮游植物的种类组成

在全库的 6 个采样点中，浮游植物的种类组成基本类似，其中在 1 号、2 号、5 号 3 个采样点没有发现裸藻，由 6 门浮游植物组成；而 3 号、4 号、6 号 3 个采样点有裸藻，由 7 门浮游植物组成。各采样点的总种类数基本类似，均在 22～25 种之间（如表 9-12 所示）。

表 9-12 各采样点的浮游植物种类组成

采样点	蓝藻门	隐藻门	甲藻门	金藻门	硅藻门	裸藻门	绿藻门	小计
1	3	2	1	1	6	0	9	22
2	3	2	2	1	6	0	11	25
3	3	2	2	1	6	1	10	25
4	2	2	2	1	6	1	8	22
5	2	2	2	2	6	0	9	23
6	3	2	2	1	6	1	9	24

（2）细胞密度

1）总细胞密度和采样点细胞密度

陡河水库的浮游植物细胞密度较大，全库平均达到 1 586.12×10^4 个/L，该数量级的细胞密度表明该水库达到富营养化的状态。各采样点的细胞密度也较大，平均值均在 1×10^7 个/L 以上。除 2 号采样点最少，为 1 037.82×10^4 个/L 外，其他几个采样点的差异不是很大，最高的是 3 号采样点，达到 2 064.45×10^4 个/L（如表 9-13 所示）。

表 9-13 陡河水库浮游植物的细胞密度 单位：10^4 个/L

采样点	蓝藻门	隐藻门	甲藻门	金藻门	硅藻门	裸藻门	绿藻门	小计
1	310.64	204.74	7.06	88.25	928.39	0	190.62	1 729.7
2	88.25	236.51	10.59	95.31	469.49	0	137.67	1 037.82
3	211.8	642.46	17.65	56.48	977.81	3.53	154.72	2 064.45
4	353	405.95	7.06	77.66	508.32	3.53	71.19	1 426.71
5	307.11	360.06	7.06	52.95	953.1	0	126.96	1 807.24
6	98.84	289.46	17.65	52.95	765.96	3.53	222.39	1 450.78
平均	228.27	356.53	11.18	70.6	767.18	1.77	150.59	1 586.12

2）各门浮游植物的细胞密度

在浮游植物中，以硅藻门的细胞密度最大，平均达 767.18×10^4 个/L，其次为隐藻门、蓝藻门、绿藻门，金藻门也有一定数量，但相对较少，甲藻门数量很少，最少的是裸藻门（如表 9-13 所示）。

3）优势种类及其细胞密度

陡河水库的浮游植物优势种类和次优势种类有5种，其中蓝藻门1种（鱼腥藻）、隐藻门2种（卵形隐藻、蓝隐藻）、硅藻门2种（小环藻、针杆藻）（如表9-14所示）。全库数量最多、细胞密度最大的是小环藻，其次为蓝隐藻和针杆藻。蓝藻门的鱼腥藻在3号和4号采样点数量较多。以指示中到富营养水质的小环藻为最优势种类，以蓝隐藻、针杆藻和鱼腥藻及隐藻为次优势种类，还有一定数量的清洁水体的指示种类圆筒锥囊藻等。

表9-14 陡河水库浮游植物优势种类、次优势种类和圆筒锥囊藻及其细胞密度 单位：10^4 个/L

采样点	鱼腥藻	卵形隐藻	蓝隐藻	小环藻	针杆藻	圆筒锥囊藻	小计
1	88.25	88.25	116.49	578.92	218.86	88.25	1 179.02
2	70.6	84.72	151.79	158.85	137.67	95.31	698.94
3	91.78	158.85	483.61	709.53	158.85	56.48	1 659.1
4	331.82	127.08	278.87	215.33	176.5	77.66	1 207.26
5	300.05	123.55	236.51	585.98	148.26	49.42	1 443.77
6	52.95	81.19	208.27	427.13	264.75	52.95	1 087.24
平均	155.91	110.61	245.92	445.96	184.15	70.01	1 212.56

9.2.2.3 富营养化现状评价

（1）单一参数法

一般采用水体中营养物质氮、磷的浓度（即总氮、总磷指标），水体透明度，藻类的种类、数量、指示种、优势种，叶绿素a，生物多样性指数及水质综合污染指数等生物学和生态学指标对湖泊、水库生态环境质量进行评价，以判断水体是否处于富营养状态。部分常用评价指标标准如表9-15所示。

表9-15 富营养化评价标准

类型	TP/（mg/L） ≤	TN/（mg/L） ≤	Chla/（mg/L） ≤	SD/m ≥	藻类/（10^4 个/L） ≤
极贫营养	0.001	0.02	—	37.00	4
贫营养	0.004	0.06	＜0.004	12.00	15
中营养	0.023	0.31	0.010	2.40	50
富营养	0.110	1.20	0.150	0.55	100
极富营养	0.660	4.60	0.150	0.17	1 000

由于两次采样间隔时间不长，且数据差异不大，对所得数据进行取平均值处理，将所得数据与富营养化评价标准对照分析，可判定陡河水库春季水体水质基本为中到富营

养水平。

（2）Carlson 营养状态指数法

湖泊中总磷与叶绿素 a 和透明度之间存在一定的关系。Carlson 根据透明度、总磷和叶绿素 3 种指标，发展了一种简单的营养状况指数（Trophic Status Index，TSI），用于评价湖泊富营养化水平。TSI 用数字表示，范围为 0～100，每增加一个间隔（如 10、20、30…）表示透明度减少一半，总磷浓度增加 1 倍，叶绿素 a 浓度增加近 2 倍。当 TSI＜40 时，水体为贫营养；当 TSI 在 40～50 时，水体为中营养；当 TSI＞50 时，水体为富营养。该方法简便，被广泛应用于湖泊营养状况评价。对于湖水过于浑浊（非藻类浊度）或水草繁茂的湖泊，Carlson 营养状态指数则不适用。其表达式为：

$$\mathrm{TSI(SD)}=10\left(6-\frac{\ln \mathrm{SD}}{\ln 2}\right) \tag{9-28}$$

$$\mathrm{TSI(TP)}=10\left[6-\frac{\ln(48/\mathrm{TP})}{\ln 2}\right] \tag{9-29}$$

$$\mathrm{TSI(Chla)}=10\left(6-\frac{2.04-0.68\ln \mathrm{Chla}}{\ln 2}\right) \tag{9-30}$$

式中：TSI ——Carlson 营养状态指数；

SD ——湖水透明度值，m；

Chla ——湖水中叶绿素 a 质量浓度，mg/m^3；

TP ——湖水中总磷质量浓度，mg/m^3。

将陡河水库水样监测结果代入上述公式，利用透明度、总磷质量浓度和叶绿素 a 质量浓度算得的 TSI 值分别为 53.13、55.23 和 50.91，按照上述分级标准，陡河水库水体处于从中营养向富营养过渡的状态。

（3）综合营养状态指数法

综合营养状态指数计算公式为：

$$\mathrm{TLI}(\Sigma)=\sum_{j=1}^{m}W_j\mathrm{TLI}(j) \tag{9-31}$$

式中：$\mathrm{TLI}(\Sigma)$ ——综合营养状态指数；

W_j ——第 j 种参数的营养状态指数的相关权重；

$\mathrm{TLI}(j)$ ——第 j 种参数的营养状态指数。

采用 0～100 的一系列连续数字对湖泊（水库）营养状态进行分级：

TLI（∑）＜30	贫营养（oligotropher）
30≤TLI（∑）≤50	中营养（mesotropher）

TLI（∑）＞50　　富营养（eutropher）

50＜TLI（∑）≤60　　轻度富营养（light eutropher）

60＜TLI（∑）≤70　　中度富营养（middle eutropher）

TLI（∑）＞70　　重度富营养（hyper eutropher）

在同一营养状态下，指数值越高，其营养程度越重。

利用综合营养状态指数法进行湖泊（水库）富营养化状况评价时采用的指标有叶绿素 a（Chla）、总磷（TP）、总氮（TN）、透明度（SD）、高锰酸盐指数（COD_{Mn}）。各指标营养状态指数计算公式为：

$$TLI(Chla) = 10(2.5 + 1.086\ln Chla) \tag{9-32}$$

$$TLI(TP) = 10(9.436 + 1.624\ln TP) \tag{9-33}$$

$$TLI(TN) = 10(5.453 + 1.694\ln TN) \tag{9-34}$$

$$TLI(SD) = 10(5.118 - 1.94\ln SD) \tag{9-35}$$

$$TLI(COD_{Mn}) = 10(0.109 + 2.661\ln COD) \tag{9-36}$$

式中：Chla ——叶绿素 a 质量浓度，mg/m^3；

SD ——透明度，m；

其他指标单位均为 mg/L。

以 Chla 作为基准参数，则第 j 种参数归一化的相关权重计算公式为：

$$W_j = \frac{r_{ij}^2}{\sum_{j-1}^{m} r_{ij}^2} \tag{9-37}$$

式中：r_{ij} ——第 j 种参数与基准参数 Chla 的相关系数；

m ——评价参数的个数。

陡河水库水样各参数的营养状态指数 TLI（j）、Chla 与其他参数之间的相关关系 r_{ij}^2 及参数的归一化权重 W_j 如表 9-16 所示。

表 9-16　用于综合营养状态指数计算的各参数数值

参数	TLI（j）	r_{ij}^2	W_j
Chla	47.51	1	0.26
TP	39.92	0.448 7	0.13
TN	56.68	0.640 4	0.18
SD	41.94	0.503 1	0.14
COD_{Mn}	30.94	0.922 9	0.26

根据上述公式计算得出，TLI（∑）= 41.66。参照前述的分级方法，陡河水库处于中营养状态。

（4）营养评分模式法

基本公式为：

$$M = \frac{1}{n}\sum_{i=1}^{n} M_i \tag{9-38}$$

式中：M——富营养化程度的评分值（各调查点）；

M_i——评价参数的评分值；

n——评价参数的个数。

水域营养类型划分标准如表 9-17 所示。

表 9-17 水域营养类型划分标准

类型	NO_3-N/（mg/L）	NO_2-N/（mg/L）	NH_3-N/（mg/L）	TN/（mg/L）	PO_4-P/（mg/L）	TP/（mg/L）	Chla/（mg/m^3）	COD_{Mn}/（mg/L）	SD/m	评分
极贫营养	＜0.05	＜0.001	＜0.05	＜0.10	＜0.001	＜0.001	＜0.5	＜0.15	＞10.00	≤10
贫营养	＜0.10	＜0.003	＜0.10	＜0.25	＜0.005	＜0.005	＜1.0	＜0.40	＞5.00	≤20
贫—中营养	＜0.20	＜0.010	＜0.30	＜0.50	＜0.010	＜0.010	＜5.0	＜1.00	＞3.00	≤30
中营养	＜0.40	＜0.030	＜0.50	＜0.60	＜0.030	＜0.030	＜25.0	＜2.00	＞1.50	≤40
中—富营养	＜0.50	＜0.050	＜0.70	＜1.00	＜0.050	＜0.050	＜50.0	＜4.00	＞1.00	≤50
富营养	＜0.80	＜0.200	＜1.00	＜1.50	＜0.100	＜0.100	500.0	＜10.00	＞0.40	≤60
极富营养	≥0.80	≥0.200	≥1.00	≥1.50	≥0.100	≥0.100	≥500.0	≥10.00	≤0.40	≤70

评价参数的评分值是根据表 9-17 中所示的评分标准，在 0～70 的范围内，分别赋予各评价参数相应的评分值。评分值越高，表明水域的富营养化程度越高。陡河水库富营养化参数数值和得分如表 9-18 所示。

表 9-18 陡河水库富营养化参数数值和得分

参数	监测结果（4 月 4 日）	得分	监测结果（4 月 26 日）	得分
NO_3-N/（mg/L）	1.58	70	1.21	70
NO_2-N/（mg/L）	0.023	35	0.019	35
NH_3-N/（mg/L）	0.392	35	0.073	15
TN/（mg/L）	2.08	70	1.77	70
PO_4-P/（mg/L）	＜0.01	30	＜0.01	30
TP/（mg/L）	0.043	45	0.026	40
Chla/（mg/m^3）	6.14	30	9.76	35
COD_{Mn}/（mg/L）	3.11	45	3.03	45
SD/m	1.03	50	1.91	35
综合得分	—	45.6	—	41.7

根据营养评分模式法得到的结果，陡河水库处于由中营养向富营养过渡的阶段。

（5）富营养化状态指数法

富营养化状态指数（E）的计算方法为：

$$E = \frac{\mathrm{COD} \times \mathrm{DIN} \times \mathrm{DIP} \times 10^6}{4\,500} \tag{9-39}$$

式中：COD——化学需氧量；

DIN——无机氮；

DIP——无机磷。当 $E \geqslant 1$ 时即认为处于富营养化状态。

陡河水库两次采样测得的 COD 的平均质量浓度为 3.07 mg/L，无机氮（硝酸盐氮+亚硝酸盐氮+氨氮）的平均质量浓度为 1.65 mg/L，无机磷（磷酸盐）的平均质量浓度小于 0.01 mg/L，保守估计假定为 0.001 mg/L，计算得到 E=1.13＞1，据此判定陡河水库处于富营养化状态。

（6）指示生物法

藻类种群与水环境间存在天然的生态平衡，保持相对稳定的关系。一旦水体污染使环境因子发生改变，将直接影响原有生物种群的平衡，改变种群的组成和数量。因此，可用生物指示种群来表征水质污染和富营养化程度。

1）浮游植物种类组成和群落结构

浮游植物共有 7 门、45 种以上，群落结构类型表现为绿藻+硅藻型，并有比较稳定的隐藻、金藻和蓝藻种类，表明水库营养状态基本为中营养到中-富营养水平。

2）浮游植物的细胞密度

全库总平均细胞密度和各采样点细胞密度均比较高，都在 1 000 万个/L 以上，大大超出 100 万个/L 的水平。就浮游植物的细胞密度而言，陡河水库营养状态已经达到富营养水平。

3）浮游植物的优势种类

浮游植物的优势种类主要为硅藻门的小环藻和隐藻门的蓝隐藻，其次还有硅藻门的针杆藻、蓝藻门的鱼腥藻、隐藻门的卵形隐藻，较清洁水体指示种类圆筒锥囊藻也有一定的数量。综合来看，所反映的营养状况基本为中营养到富营养水平。

总体上看，4 月水库水温相对较低，富营养化指示种类尚未大量生长，陡河水库基本表现为中营养到富营养的水平。但是由于水体中已存在典型富营养化种类（如鱼腥藻等），且在低温的春季已有一定数量，其他大多数种类也是广布种或富营养水体指示种类，清洁水体指示种类很少，因此随着气温和水温的不断升高，水体中浮游植物种类组成和细胞密度极有可能向着富营养化方向发展。

9.2.2.4 小结

在水样、沉积物和浮游植物采样监测的基础上，同时采用单一参数法、Carlson 营养状态指数法、综合营养状态指数法、营养评分模式法、富营养化状态指数法、指示生物法等方法，系统评价了陡河水库的富营养化状况，通过各种方法获得了比较一致的评价结果，即陡河水库水体处于从中营养向富营养过渡的状态。

9.2.3 陡河水库富营养化模拟预测

采用 MIKE3 和 MIKE21 相结合的模型，对水温和富营养化因子进行模拟。其中，MIKE3 FlowModel FM 作为水动力模拟模块，主要对水温进行模拟；MIKE21 搭载的 ECOLAB 模块作为水质模块，主要对库区进行富营养化模拟。耦合 MIKE21 和 MIKE3 对陡河水库进行综合模拟，模型结构如图 9-10 所示。

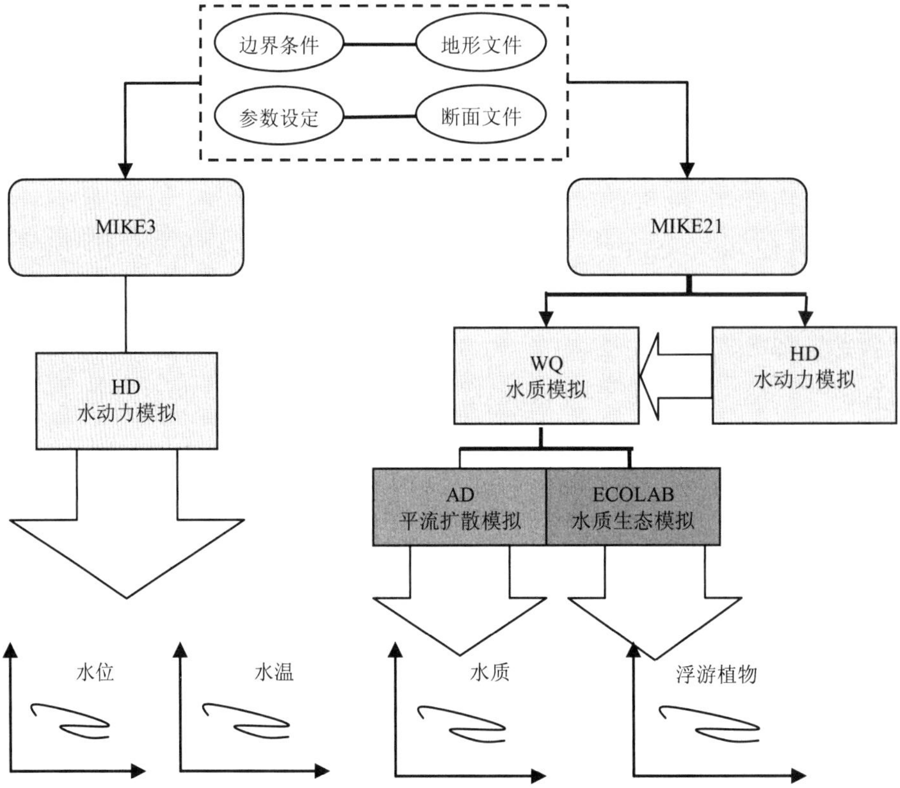

图 9-10 模型结构

9.2.3.1 模型构建

（1）地形数字化

MIKE21/3 有 3 种网络结构，分别是单一矩形差分网格、矩形嵌套网格、FM 网格。其中，单一矩形差分网格计算速度快，地形制作较容易，但是边界拟合不够准确，不能加密；矩形嵌套网格可以加密，但边界拟合不够准确，稳定性较差，速度不快；FM 网格可随意加密，边界拟合较好，速度快，物质质量守恒，可捕捉间隔，但需要一定的网格经验。因此，为确保模拟准确，地形采用 FM 网格结构。

将陡河水库测绘的工程地形图进行数字化，得到整个库区的地形数据矢量图。然后在 ArcGIS 平台的支持下，将地形数据转换成不规则三角网格式；确定库区边界后，将 TIN 栅格化，栅格大小选择 50 m×50 m，并将栅格化之后的文件输出成 asc 格式。

生成 MIKE3 所需要的地形文件之前，首先需要对库区进行概化。在对陡河水库地形、周边环境、取水口及排水口位置等相关信息充分调查的基础上，结合研究需要，将库区在垂向上划分为 2 层，平面维度上划分为 4 个开边界、2 个点源。其中，左边界为陡河水库西支泉水河；右边界为陡河水库东岸两条入库河流管河和龙湾河的交汇处；下边界为陡河水库排水口（输水洞处）；由于陡河电厂取水口和自来水厂取水口相隔不到 50 m，统一简化为左边界；由于碱厂和曹妃甸取水口相隔不到 100 m，且碱厂取水量较小，将两者合并简化为 1 个点源，统一命名为曹妃甸取水口；此外，陡河电厂温排水口也作为点源。边界及源汇项位置如图 9-11 所示。

库区概化完毕后，利用 MIKE 工具箱里的网格生成器（mesh generator）编辑生成地形文件。

①导入库区边界文件（asc 格式），设定开边界及源汇项。

②生成三角（FM）网格，并对网格进行圆滑。三角划分选项允许的最大面积设定为 9 000 m^2，最小的角度是 30°，最多的节点是 3 200 个，圆滑次数为 100 次（如图 9-11 所示）。

③导入地形高程文件（txt 格式），对整个区域进行高程插值分析（如图 9-12 所示），并把编辑好的网格数据导出（如图 9-13 所示）。

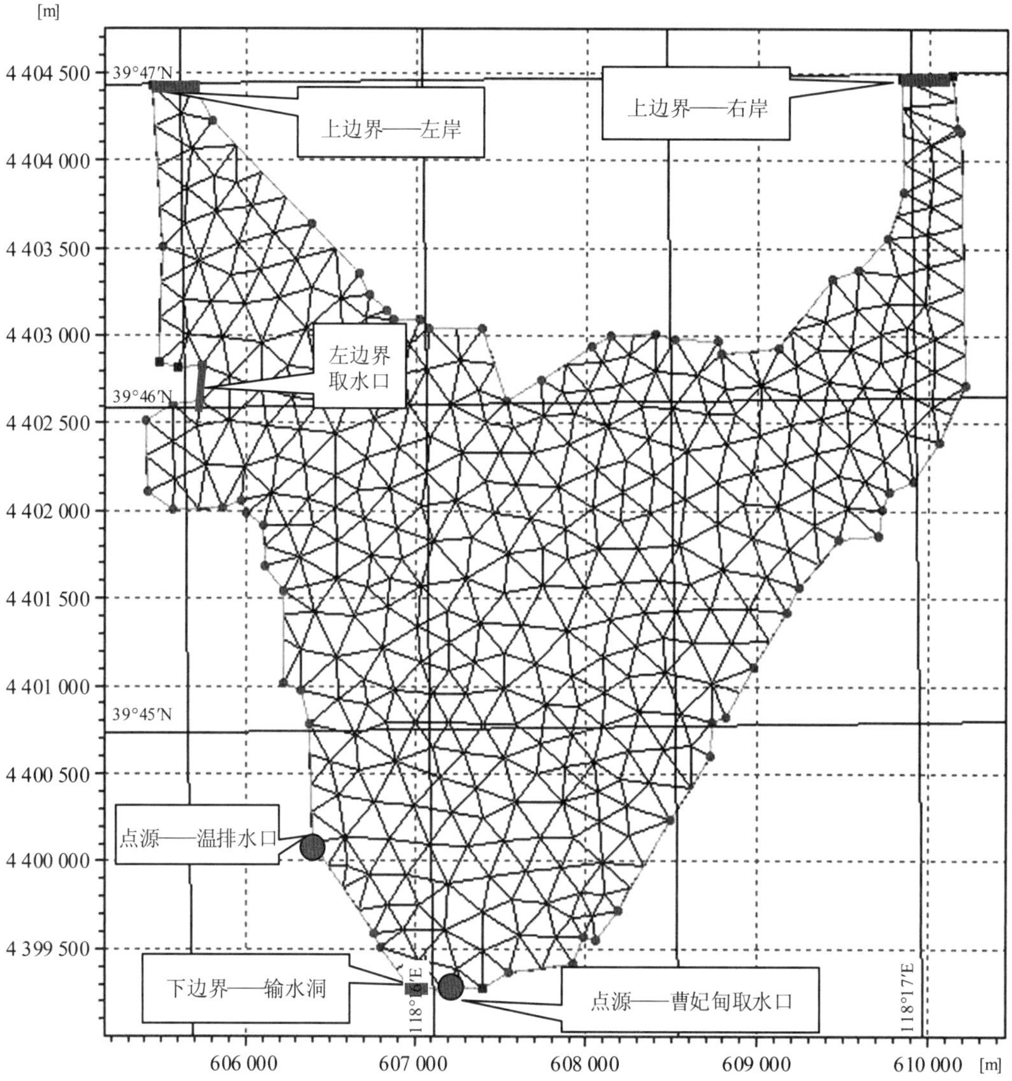

图 9-11　经平滑后的三角网格

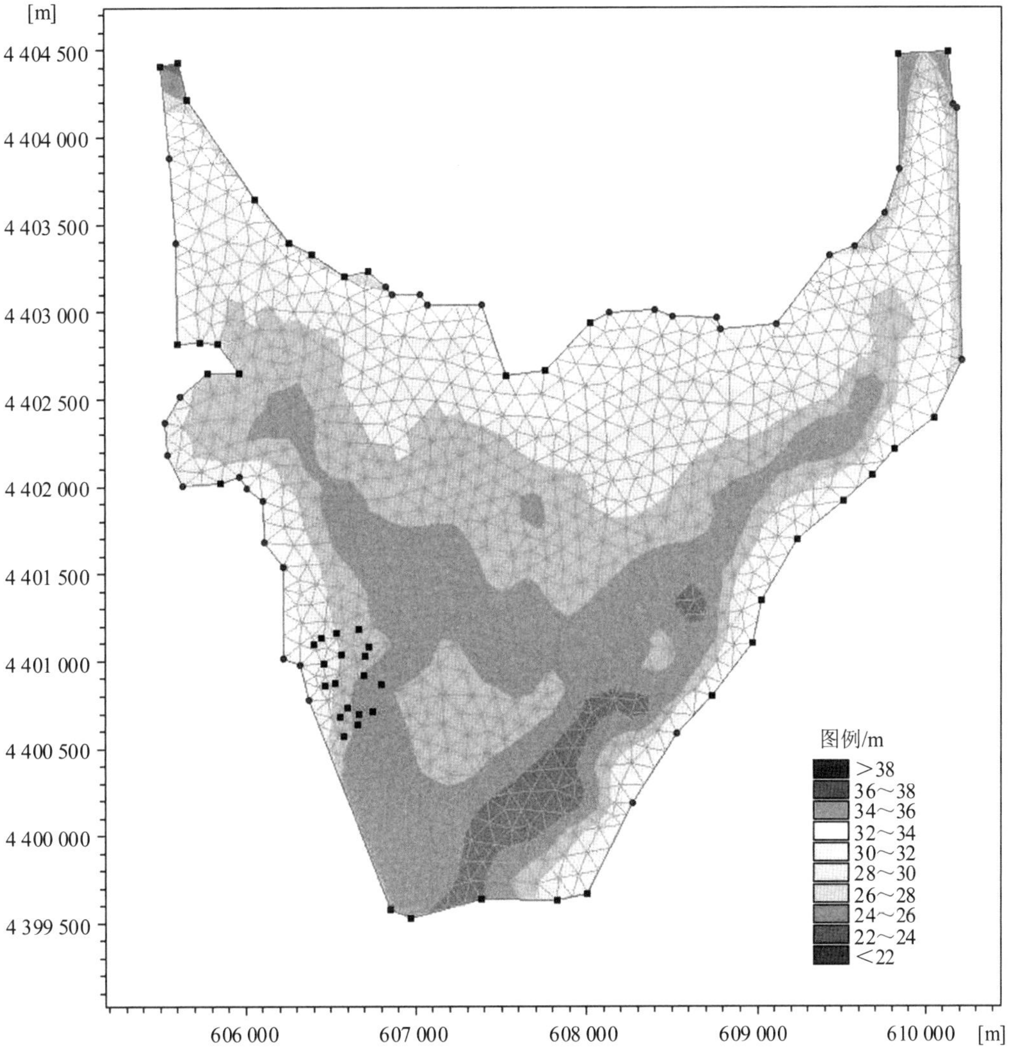

图 9-12 在网格生成器中的网格

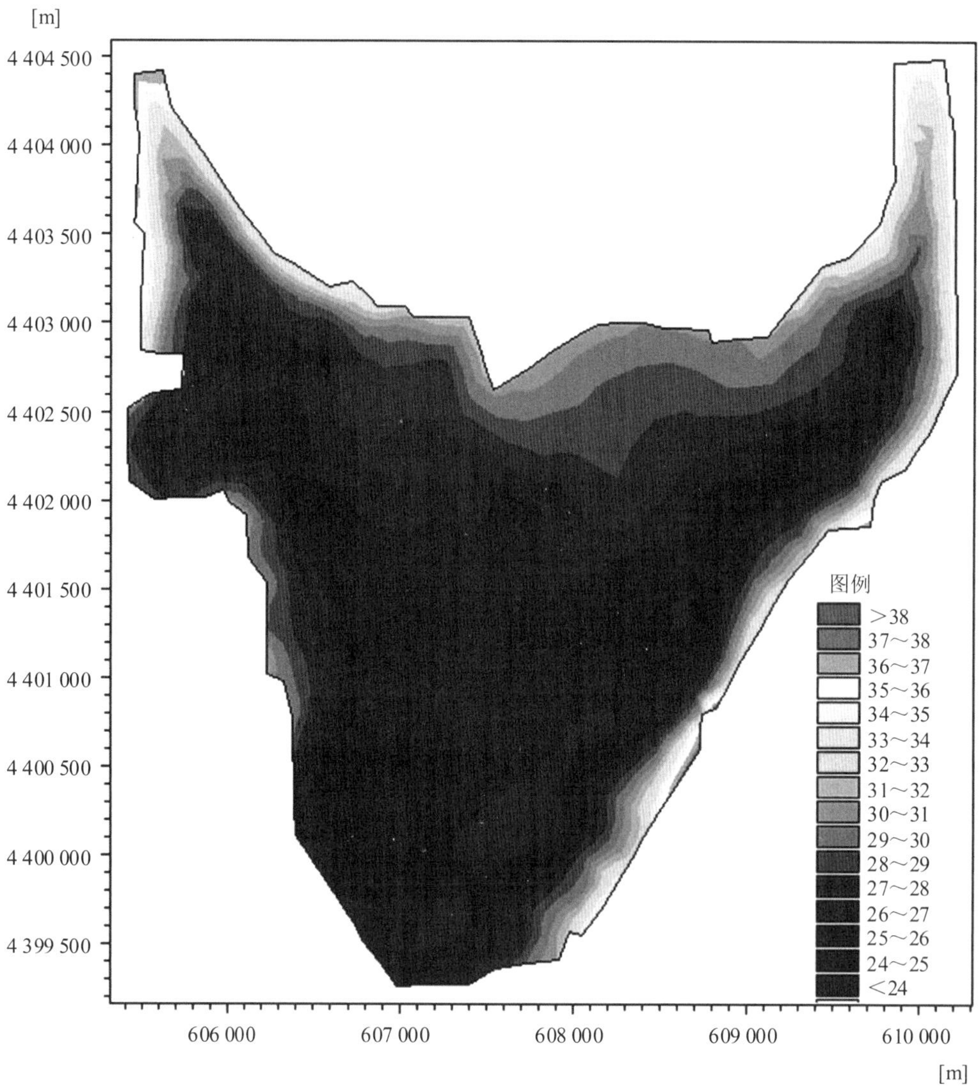

图 9-13　生成的陡河水库地形文件（mesh 格式）

（2）边界条件设定

MIKE3 模型主要进行水动力模拟，其边界条件主要包括水量、水位、降雨、蒸发等。MIKE21 主要模拟库区富营养化因子，边界条件主要指水质边界，如总氮、总磷、溶解氧等。

利用 MIKE Zero 中自带的时间序列边界器，将获取的用水、调水、降雨、气温、水质等资料数字化，建立符合 MIKE3 和 MIKE21 格式要求的输入文件（.dfs0 格式）。

对于水动力边界，由于获取的水位资料不多，本研究采用流量边界。以 2008 年历次调水量（如图 9-14 所示）作为上边界条件。以同期输水洞历次放水量（如图 9-15 所示）作为下边界条件。以同期陡河电厂取水口及自来水厂取水口取水量（如图 9-16 所示）作为左边界条件。以陡河电厂温排水口排水量（如图 9-17 所示），曹妃甸和碱厂取水口取水量（7.6 万 m^3/d）作为内部条件。

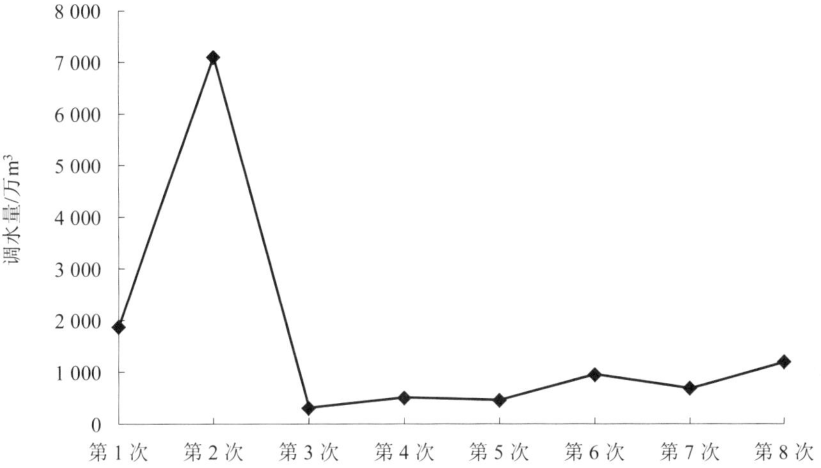

图 9-14　2008 年陡河水库历次调水量

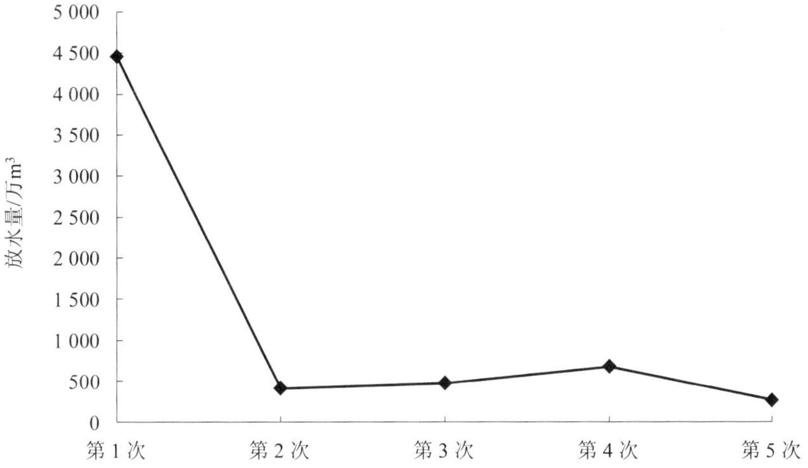

图 9-15　2008 年陡河水库输水洞历次放水量

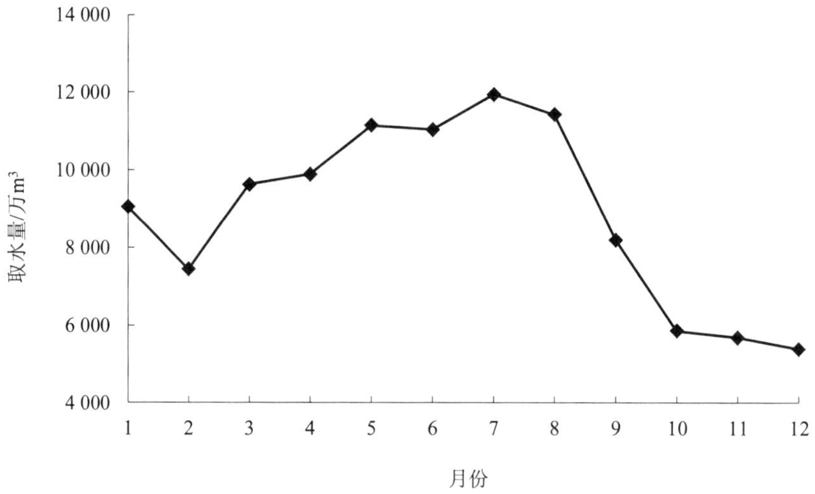

图 9-16 2008 年陡河电厂取水口及自来水厂取水口取水量

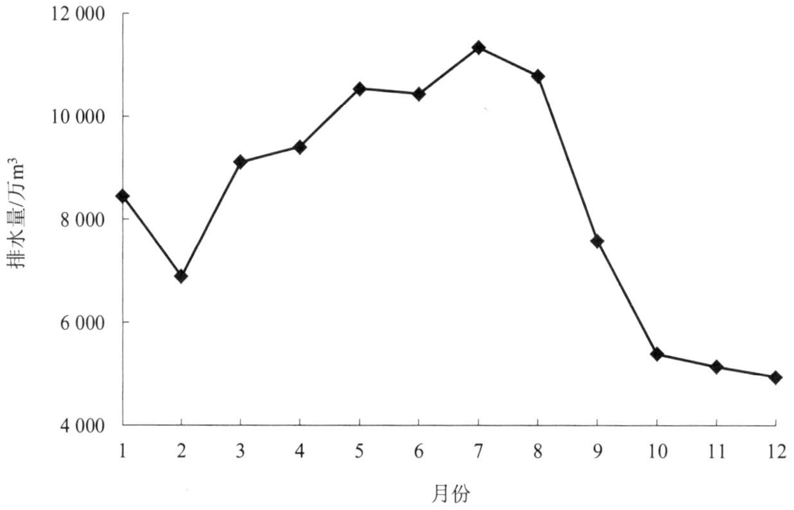

图 9-17 2008 年陡河电厂温排水口排水量

MIKE21/3WQ with nutrients and chlorophyll-a 模块共有 9 个状态变量、13 个辅助变量、7 个作用力变量、42 个常数。其中，状态变量及作用力变量如表 9-19 所示。而对于水质边界，获取的资料有限，只有水温、高锰酸盐指数、总氮、总磷 4 项指标，平均每两个月有一次监测数据，时间序列不连续，因此通过内插等方式补充。对于无法获得的参数，采用模型推荐值；对于间断数据，采用线性插值法进行插值，以获取每天时间序列的数据。图 9-18、图 9-19 分别为 2008 年温排水口处经插值后的总氮质量浓度和水温值。

表 9-19　富营养化模块状态变量及作用力变量

参数属性	参数名称
状态变量（state variables）	溶解氧（DO）、生化需氧量（BOD）、叶绿素 a（Chla）、氨氮（NH_3-N）、硝酸盐氮（NO_3-N）、亚硝酸盐氮（NO_2-N）、总磷（TP）、粪便大肠杆菌（FC）、总大肠杆菌（TC）
作用力变量（forching variables）	温度（temp）、盐度（sali）、水深（depth）、水层深度（dz）、风速（wsp）、流速（vsp）

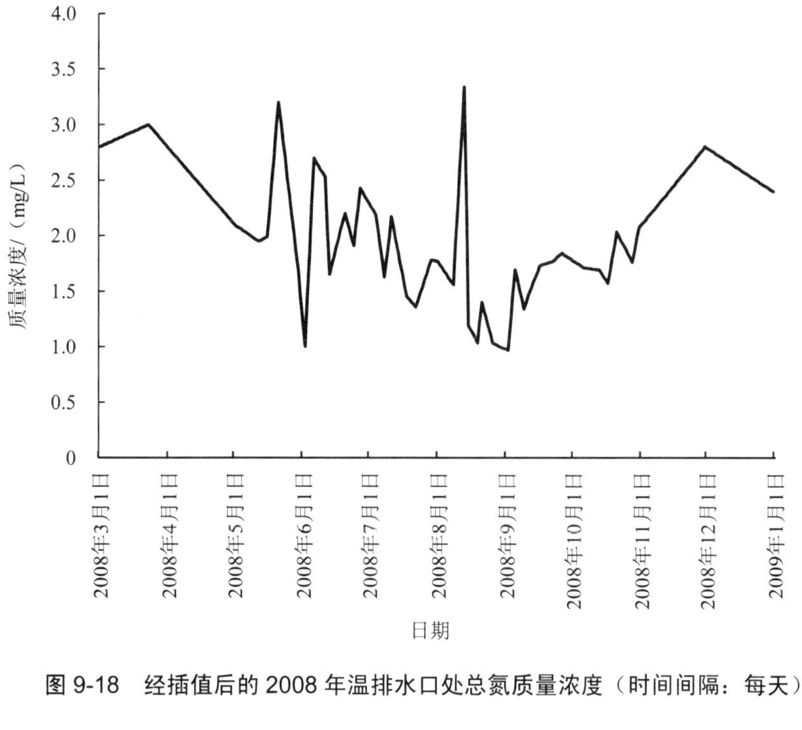

图 9-18　经插值后的 2008 年温排水口处总氮质量浓度（时间间隔：每天）

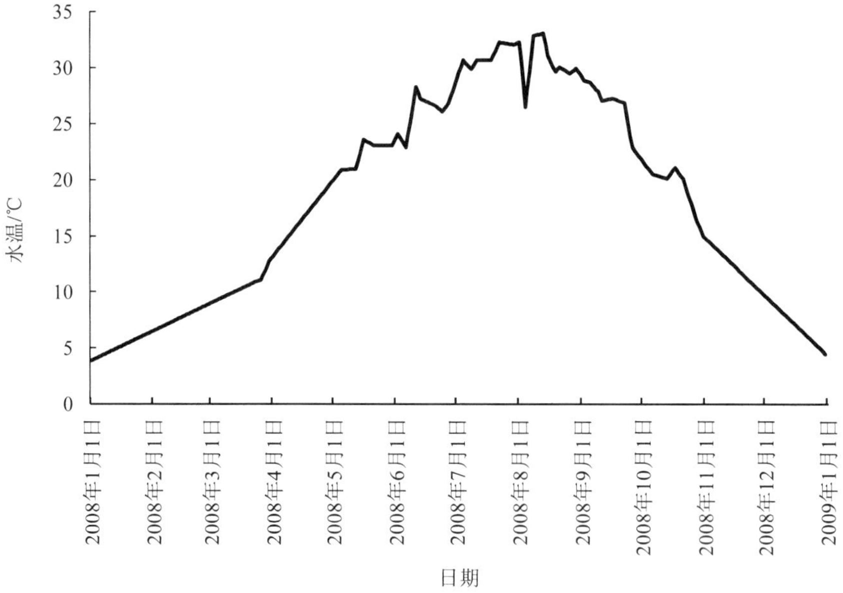

图 9-19 经插值后的 2008 年温排水口处水温情况（时间间隔：每天）

（3）参数设定

为实现 MIKE 模型的正常运行，还需要设置部分参数，其中包括水动力模拟参数和模拟文件参数。水动力模拟参数包括初始条件和河床糙率，初始条件设定的一个重要目的是使模型平稳启动，原则上初始水位和流量设定应尽可能与模拟开始时刻的实际河网水动力条件一致。模拟文件参数包括时间步长和选择的启动方式。设置时间步长时经常要通过反复试算调整，与库底地形及边界条件密切相关，并且原则上要满足克朗数（Courant Number）小于 10。MIKE3 水动力模型参数设置如表 9-20 所示。

表 9-20 MIKE3 水动力模型参数汇总

参数	数值
网格地形	1 143 个节点，2 087 个单元
垂向层数	等水深分为 2 层
模拟时段	2008 年 3 月 20 日 8：00—2008 年 12 月 13 日 8：00（268 d）
时间步长	2 s
模拟步长数	4 631 040
干湿水深	干水深 0.005 m，洪水深 0.05 m，湿水深 0.1 m
密度	温度函数
涡粘系数（水平）	Smagorinsky 公式，常量，为 0.5
涡粘系数（垂直）	K-epslion 公式

参数	数值
糙率	粗糙高度，常量，为 0.035
科里奥利力	空间上变量
风场、冰期、 潮汐、波浪辐射	不考虑
降雨、蒸发	空间上常数，随时间变化
点源	简单源项，随时间变化
点源温度	温升 10℃
初始水位及流速	31 m，各向流速皆为 0
温度模型方程	温度最大值 40℃，最小值–2.5℃
弥散	垂向扩算系数比例为 1
	横向扩算系数比例为 1
热交换	艾斯特朗太阳系数 a 为 0.295
	艾斯特朗太阳系数 b 为 0.371
	比尔定律系数β 为 0.3
	清晰度系数为 0.6
	相对湿度为 55%
	气温 08 tem.dfs0
湍流模型公式	$\sigma_{\mu}=0.09$； $\sigma_{1\varepsilon}=1.44$； $\sigma_{2\varepsilon}=1.92$
湍流模型弥散	$\sigma_{k}=1.0$； $\sigma_{\varepsilon}=1.3$
初始温度	10℃
模拟耗时	大约 14 h；2.66 GHz CPU， 4 096 MB DDR RAM

MIKE21 水动力及水质模型参数设置如表 9-21 所示。

表 9-21　MIKE21 模型参数汇总

参数	数值
网格地形	1 143 个节点，2 087 个单元
模拟时段	2008 年 1 月 1 日 8：00—2008 年 12 月 31 日 8：00（365 d）
时间步长	2 s
模拟步长数	6 307 200
干湿水深	干水深 0.005 m，洪水深 0.05 m，湿水深 0.1 m
密度	温度函数
涡粘系数（水平）	Smagorinsky 公式，常量，为 0.28
曼宁系数	1/28.6
科里奥利力	空间上变量
风场、冰期、 潮汐、波浪辐射	不考虑

参数	数值
降雨、蒸发	空间上常数，随时间变化
点源	简单源项，随时间变化
点源温度	温升 10℃
初始水位及流速	31 m，各向流速皆为 0
温度模型方程	温度最大值 40℃，最小值-2.5℃
弥散	横向扩算系数比例为 1
热交换	艾斯特朗太阳系数 a 为 0.295
	艾斯特朗太阳系数 b 为 0.371
	比尔定律系数β为 0.3
	清晰度系数为 0.6
	相对湿度为 55%
	气温 08 tem.dfs0
初始温度	3℃
水质指标初始值	BOD 1 mg/L；溶解氧 10 mg/L；叶绿素 a 0.003 mg/L；氨氮 0.1 mg/L；亚硝酸氮 0.01 mg/L；硝酸盐氮 2 mg/L；磷酸盐 0.02 mg/L
模拟耗时	大约 14 h；2.66 GHz CPU，4 096 MB DDR RAM

由于水质信息缺乏，水质模拟时采用热启动方式，首先利用 2008 年数据对水质模型进行一年预热，然后以 2008 年的热启动文件对 2009 年水质进行模拟。ECOLAB 中的其他水质相关参数选择模型默认值。

9.2.3.2 模型率定及验证

（1）模型率定

陡河水库水质监测资料有限，因此对模型中水质参数，采用借鉴前人成果和模型默认值相结合的方法，以热启动方式，使模型运行 2 年以充分消除边界条件的影响，尽量确保水质模型模拟准确。模型率定一般应遵循以下 3 个基本原则：①流量过程线的形状要大致吻合，不出现较大的相位移动；②水位过程线的变化趋势要一致；③模拟结果和实测值要有较好的相关性，峰值误差的绝对值要尽量小。

本次率定选取输水洞（水库排水口）、温排水口、库区中心作为模型率定的点位，选取 2008 年监测数据作为率定数据，选择水量、水位、水温 3 项指标作为率定指标。

考虑到模型计算稳定性及计算时间要求，本次模拟计算时间步长先取 2 s，以时间步长和糙率系数为主要率定参数。最终通过反复调试，确定采用统一糙率系数 0.032，计算步长取 3 s，取得较好的模拟结果。图 9-20～图 9-28 反映了率定指标模拟值与实测值的对比情况，以及模拟值与实测值之间的相关性关系。

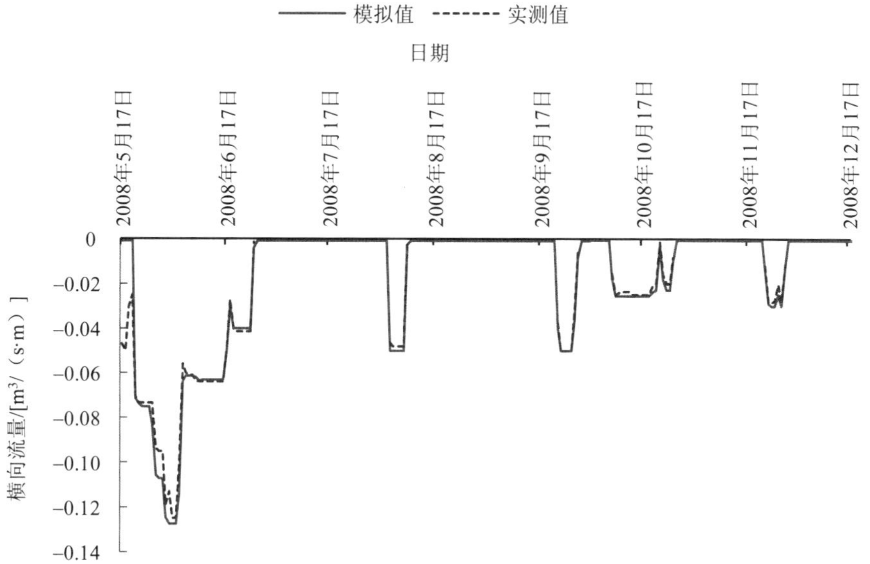

图 9-20　2008 年输水洞放水量模拟结果

通过比较，发现输水洞放水量模拟值与实测值之间变化趋势大致相同，共有 5 次放水期，与获取的 2008 年调水放水数据相吻合。

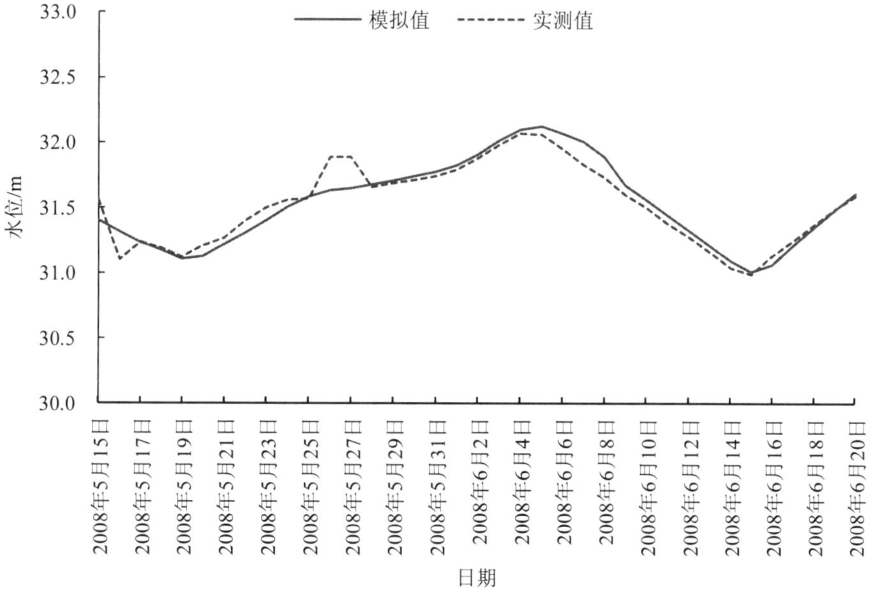

图 9-21　2008 年库区水位模拟结果

由于库区水位监测数据不足，因此选取 2008 年 6 月 21 日至 7 月 16 日库区水位监测值与模型模拟值进行比较，可发现模拟值与实测值之间虽有微小差别，但是总体趋势保持一致，确定性系数 R^2 达到 0.911 4（如图 9-22 所示），与 $y = x$ 曲线的斜率接近一致，峰值误差绝对值为 0.18。分析原因可能是没有考虑降雨、蒸发的影响，导致水位模拟值较监测值偏高。综合分析表明，本次水位模拟结果可以满足模型精度要求。

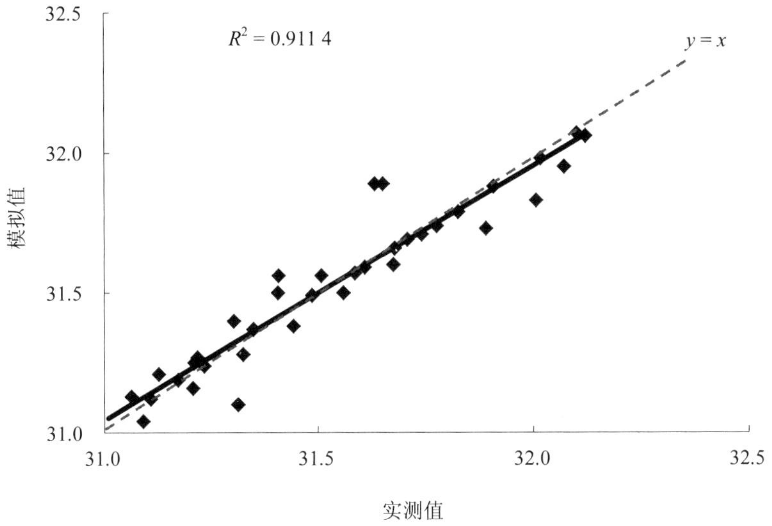

图 9-22　库区水位实测值与模拟值的相关性

由于水动力采用 MIKE3 三维模型模拟，因此库区共分上下两个水层。由于水温监测值基本采用表层水温，因此统一采用表层水温进行率定。

通过水温模拟值结果（图 9-23～图 9-28）可以看出，模拟值与实测值的总体趋势保持一致。在 3 个点位中，库区中心水温模拟值较实测值差距最小，温排水口处差距相对较大，出现这种情况的原因可能是：①由于水温不仅受库区水动力条件影响，也受外部因素（如太阳辐射、风速等）影响，虽然影响较小，但也会对结果造成影响；②模拟时温排水水温统一设定温升 10℃，而陡河电厂在实际运行中，由于电厂冷却水入流量变动导致电厂冷却系统运行条件改变，从而导致温排水温升会有小幅波动，影响模拟精度；③所获取的实测值存在的测量误差也会对模型率定带来误差；④温排水口处热水与冷水交汇，导致此处水动力条件最为复杂，水温模拟值与实测值之间的差距也会比库区其他位置大。

综合上述分析，虽然 3 个点位水温模拟的结果较实测值有差距，但模拟值的整体趋势与实测值的整体趋势是一致的，最大峰差不到 3℃，相对误差不超过 15%，从模型角度看，模拟结果是可以接受的。

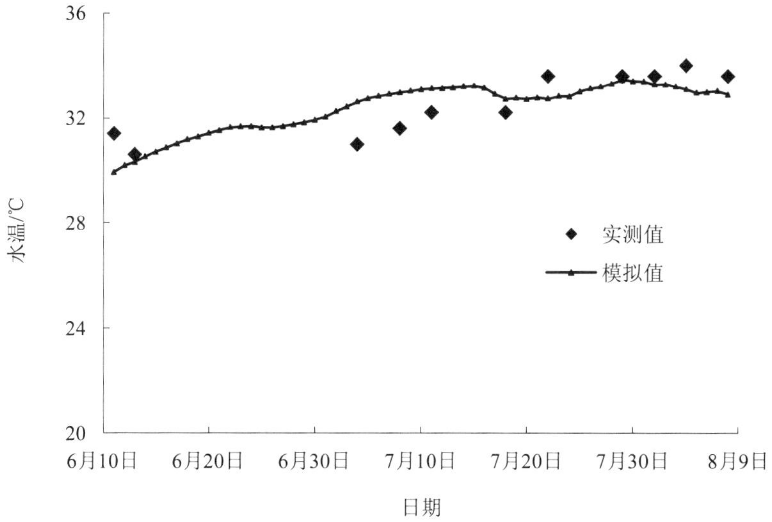

图 9-23 输水洞水温模拟值与实测值对比

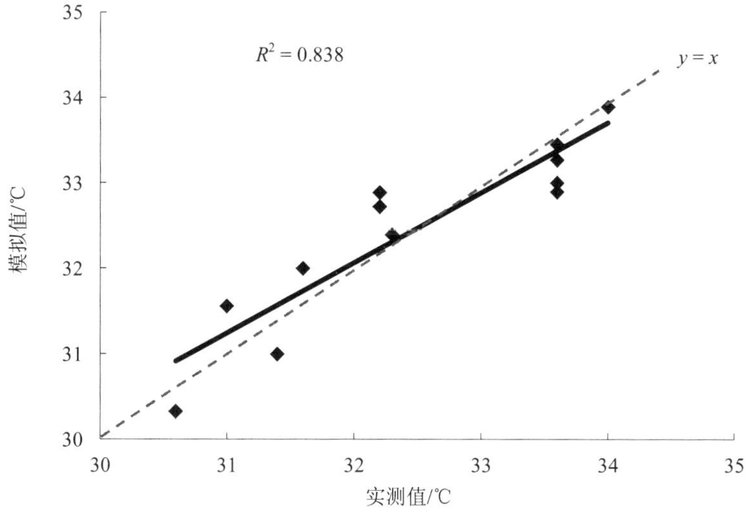

图 9-24 输水洞水温模拟值与实测值相关性

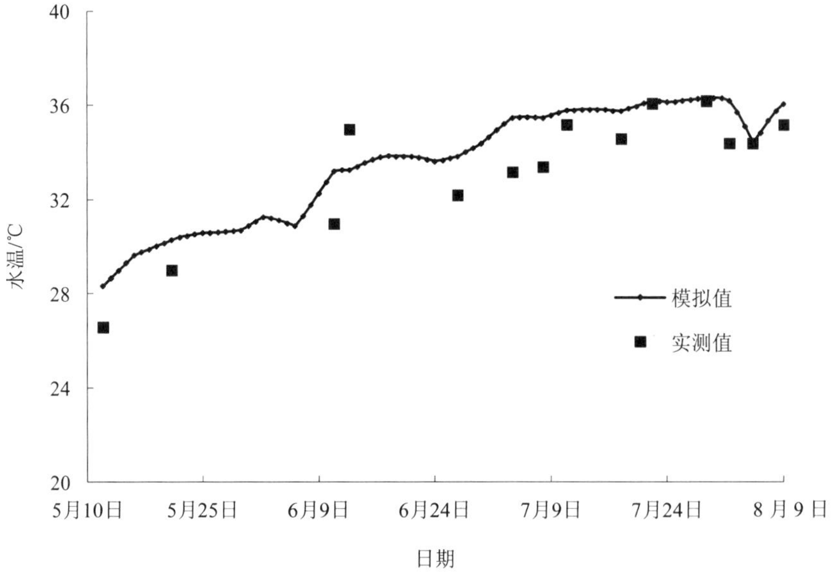

图 9-25 温排水口水温模拟值与实测值对比

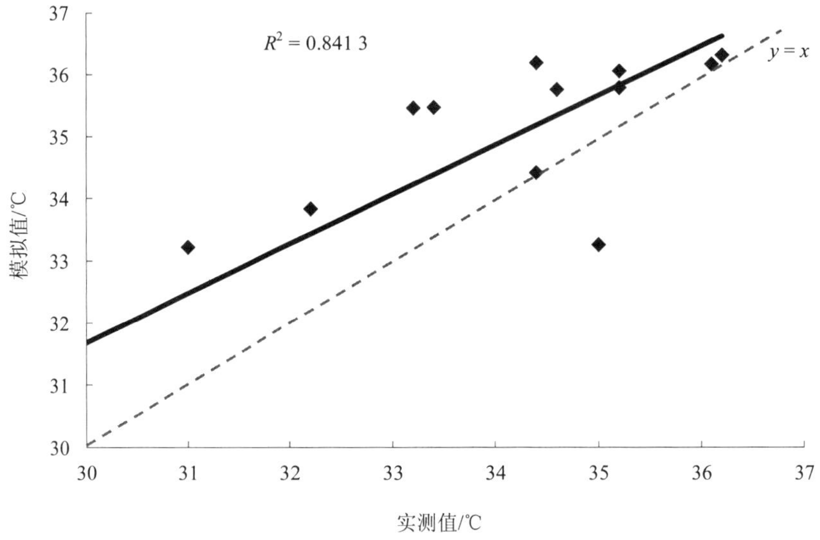

图 9-26 温排水口水温模拟值与实测值相关性

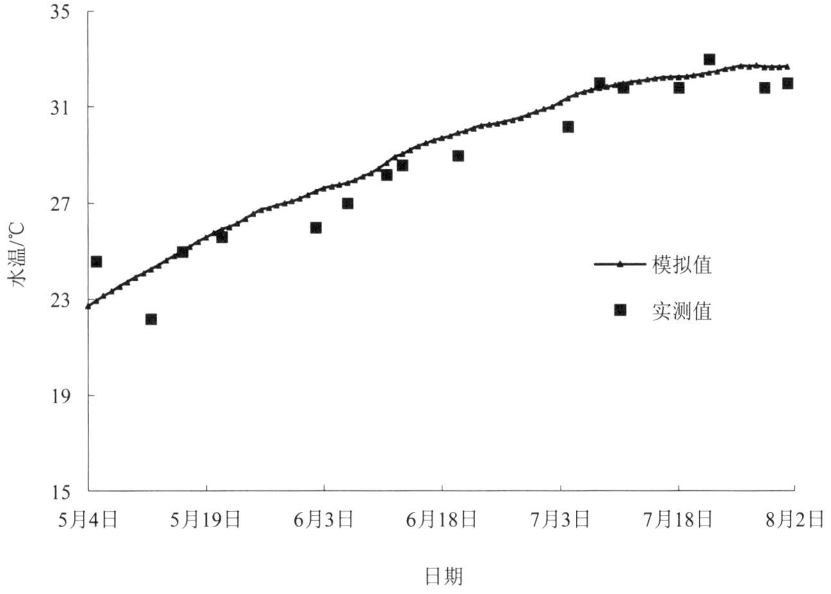

图 9-27　库区中心水温模拟值与实测值对比

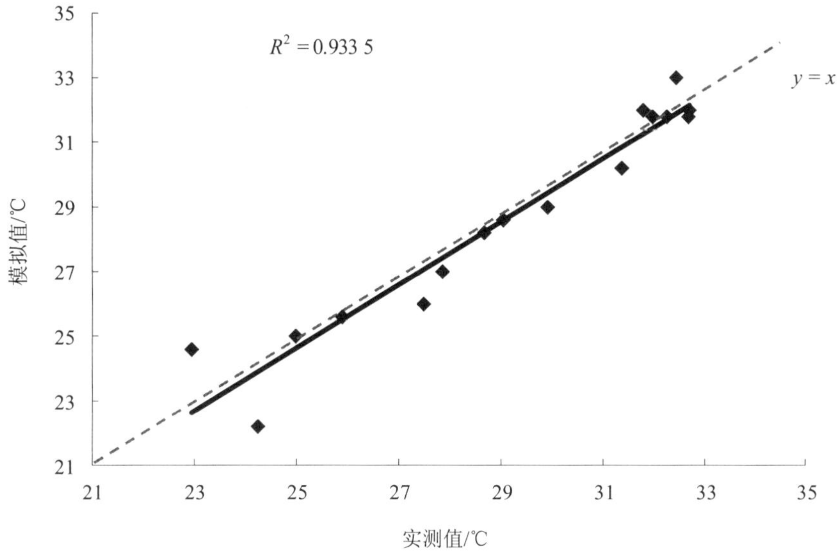

图 9-28　库区中心水温模拟值与实测值相关性

由于温排水可能会导致库区水体出现分层现象，为了解不同水层间的温度差别，特以3个率定点位及整个库区为例，对不同水层模拟水温进行对比（如图9-29～图9-33所示）。

通过对比可知，温排水口不同水层温差最大，而输水洞和库区中心不同水层温差较小，这说明温排水对库区水体分层的影响随着距离增大而减小。在温排水口，最高温差达到3℃，对水体分层的影响不可忽视。

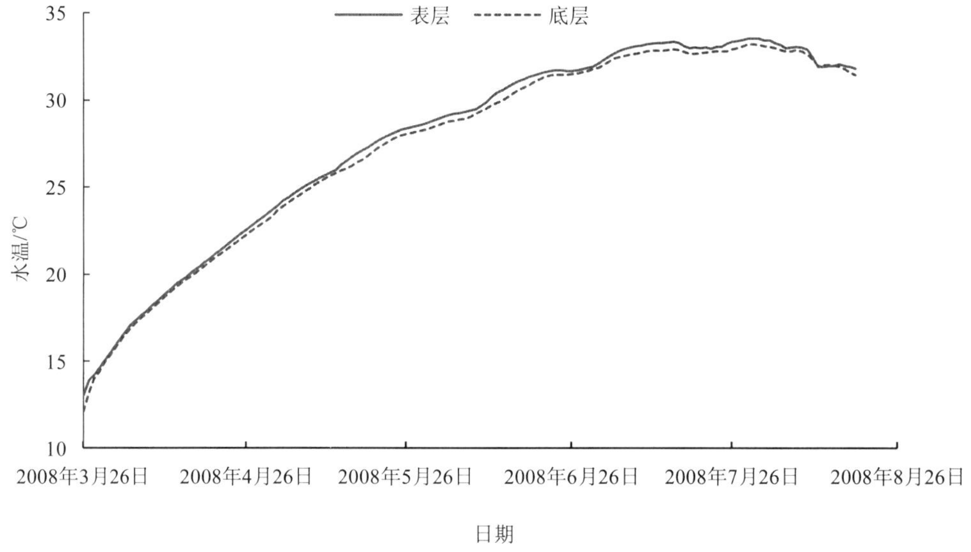

图9-29　输水洞不同水层水温对比

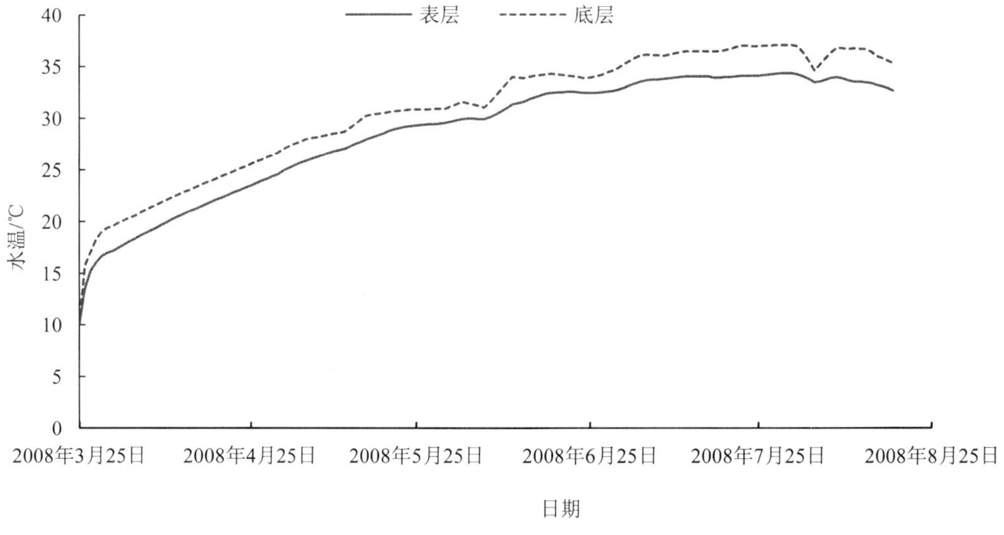

图9-30　温排水口不同水层水温对比

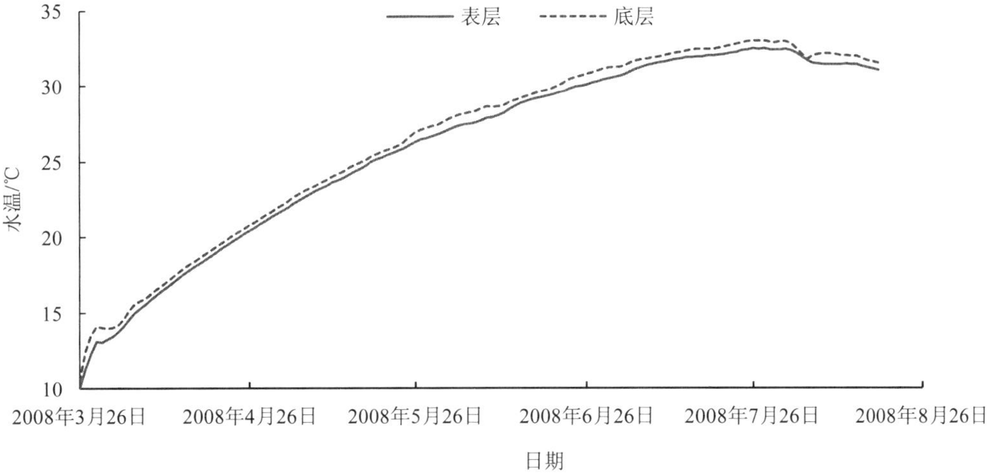

图 9-31　库区中心不同水层水温对比

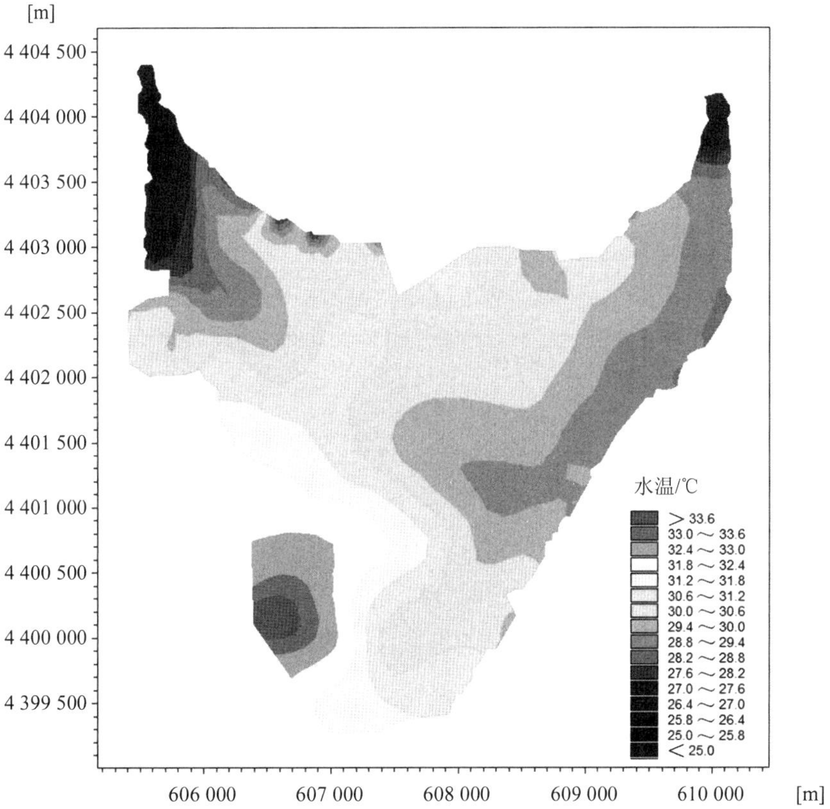

图 9-32　库区表层水温分布情况（2008 年 6 月 20 日 8：00）

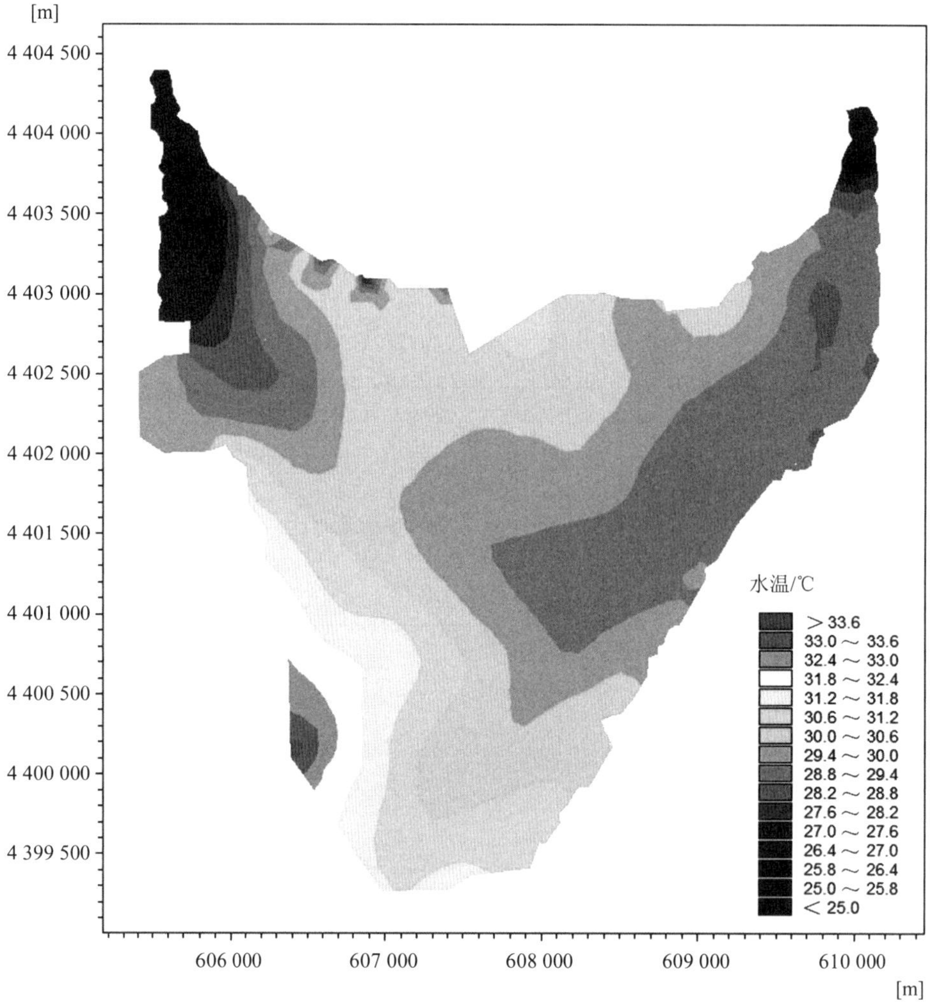

图 9-33　库区底层水温分布情况（2008 年 6 月 20 日 8：00）

为研究陡河水库横断面水温变化情况，设置由北向南及由西向东两个横断面（如图 9-34 所示）进行分析。由横断面水温空间分布（如图 9-35、图 9-36 所示）可知，自西向东看，库区水温从西向东呈现逐步下降的趋势；自北向南看，库区中部水温最高，其次是南部，北部水温最低；垂直方向上，水温分层现象随着水深的增加而加剧，突出表现为两侧温差小、中间温差大。上述特征充分体现了温排水对库区水温的影响。

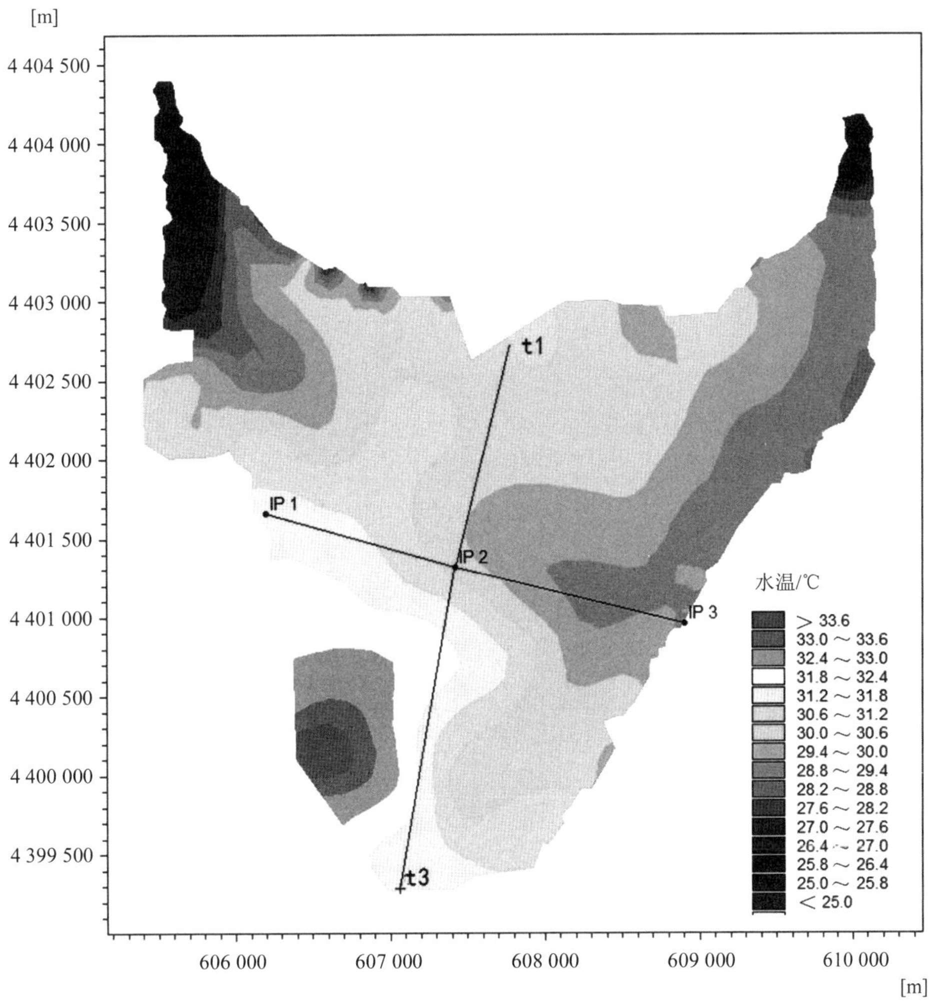

图 9-34　陡河水库断面设置

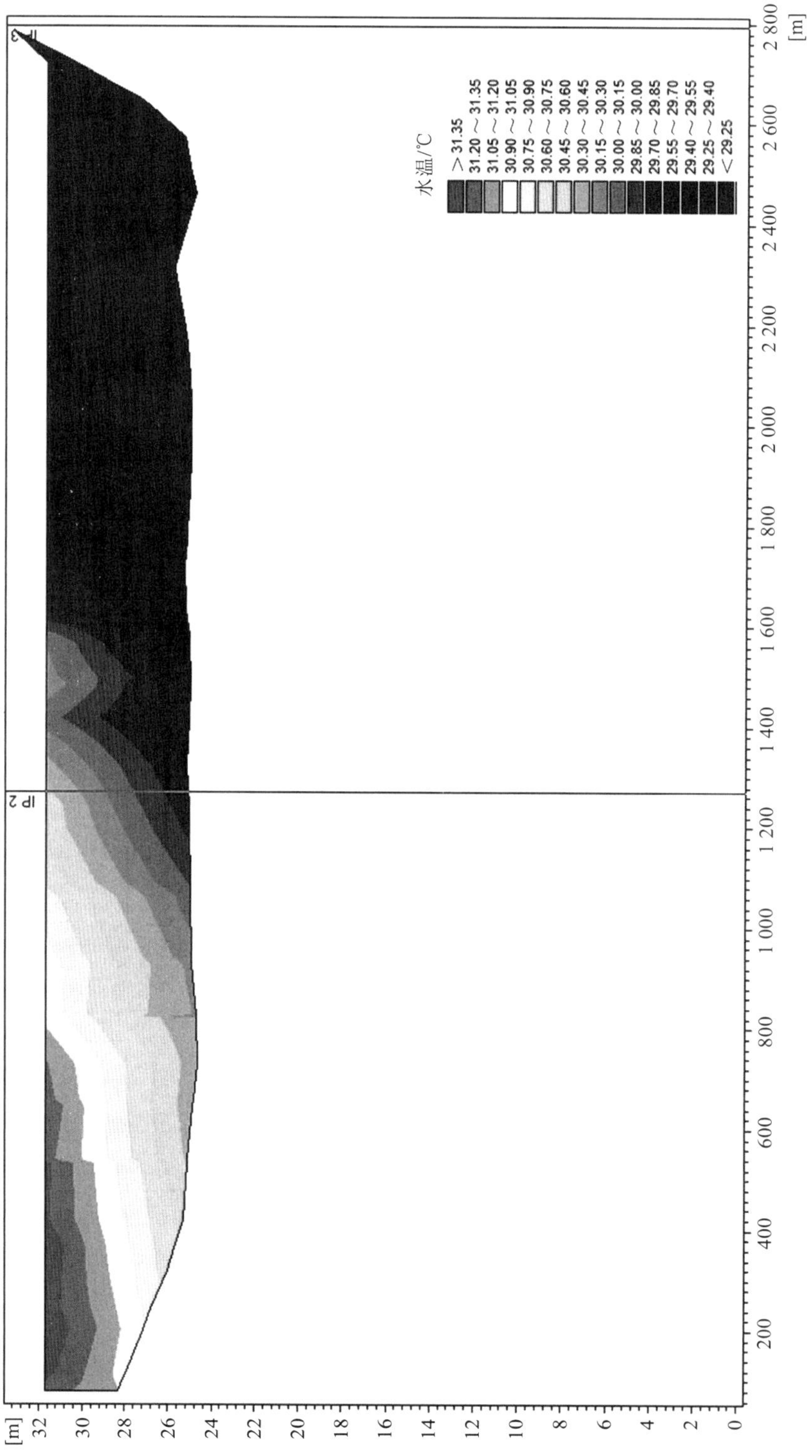

图 9-35　陡河水库断面水温分布情况（由西向东，2008 年 6 月 20 日 8：00）

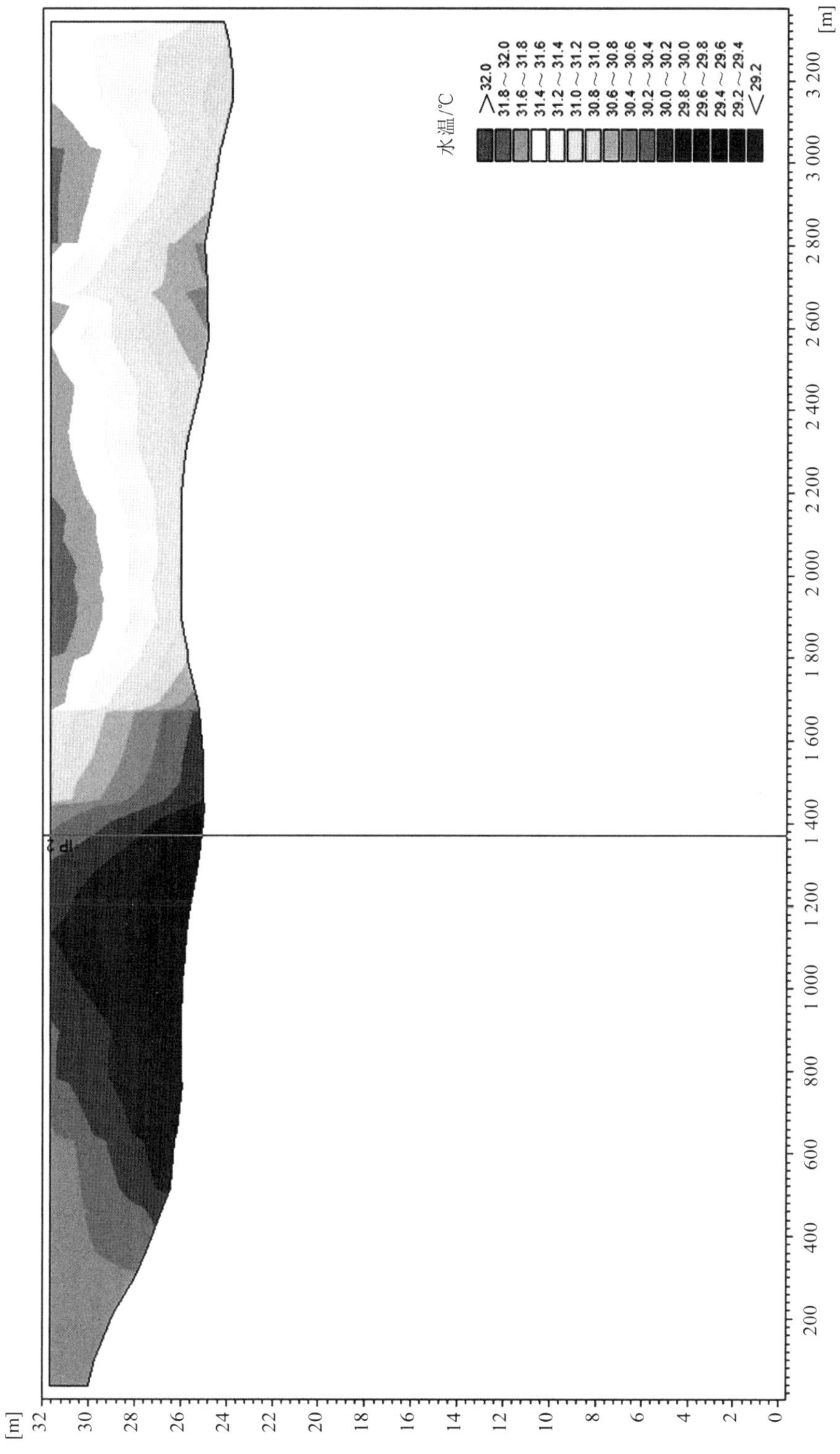

图9-36 陡河水库断面水温分布情况（由北向南，2008年6月20日8：00）

（2）模型验证

将模型率定阶段得到的参数应用于2009年陡河水位、水温、水质模拟中，检验这套参数在时间上的可移植性。选取下边界（输水洞）、温排水口及库区中心作为验证站点，选择水位、水温作为验证指标。

通过水位模拟值与实测值（如图9-37和图9-38所示）的对比可知，该模型的可移植性比较强，模拟值与实测值确定性系数 R^2 达到0.899 7，与 $y=x$ 曲线极为接近，峰值绝对误差为0.22。6月出现小峰值，与实测值相差较大，呈现相位不一致现象，可能是由于当月降雨、蒸发等外在因素干扰较为强烈，导致出现峰值误差相对较大的现象。总体来看，参数还是适用于水位模拟的。

通过对3个站点水温模拟值与实测值（如图9-39～图9-44所示）的对比可知，水温模拟值较实测值差距不大，输水洞和温排水口误差相对较大，水库中心较小；最大温差出现在6月输水洞处，为2.7℃，可能是受降雨影响，库区水温会出现剧烈下降，而模拟时由于缺乏降雨数据，从而导致模拟值比实测值大的现象出现。总体来说，在现有资料不足尤其是缺乏降雨、蒸发等关键数据的前提下，水温模拟精度是可接受的，该模型可移植性较强。

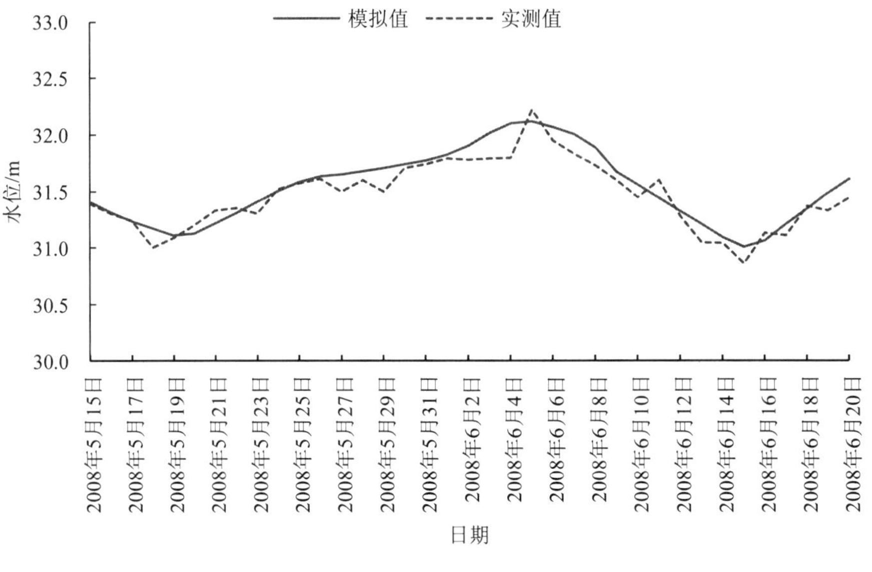

图9-37 库区水位模拟值与实测值对比

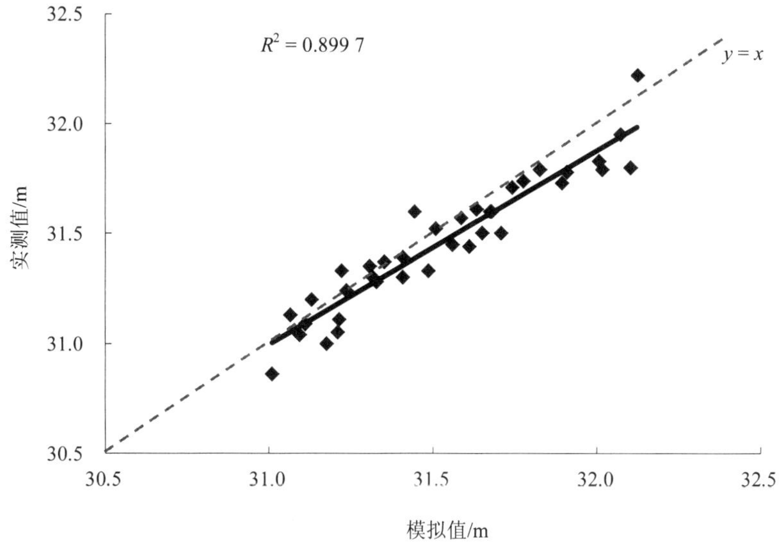

图 9-38 库区水位模拟值与实测值相关性

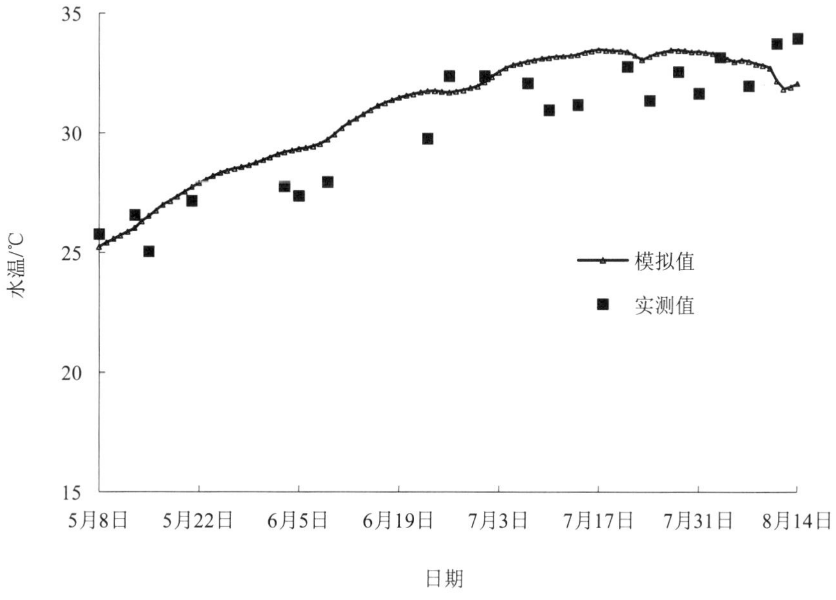

图 9-39 输水洞水温模拟值与实测值对比

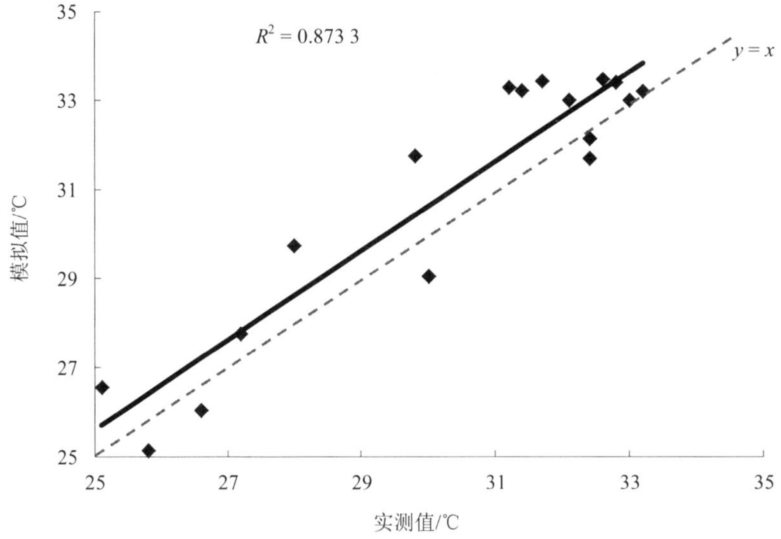

图 9-40　输水洞水温模拟值与实测值相关性

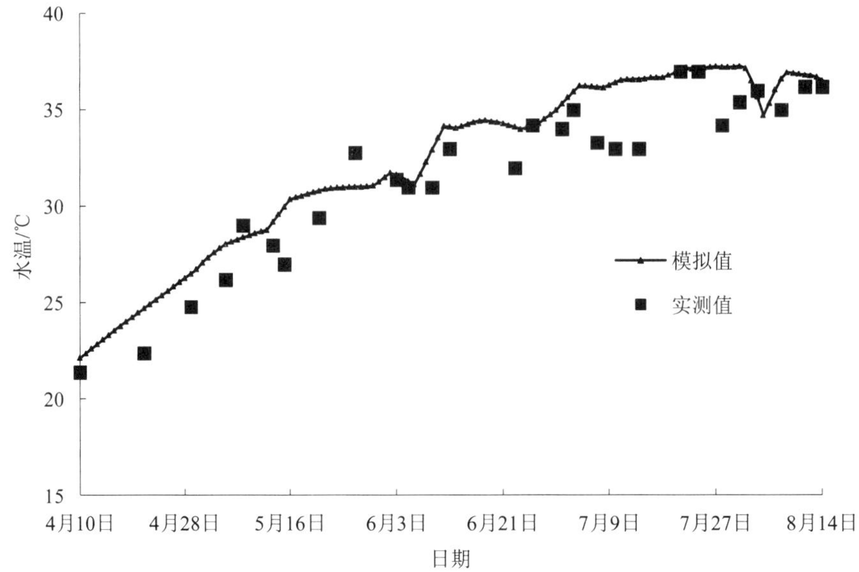

图 9-41　温排水口水温模拟值与实测值对比

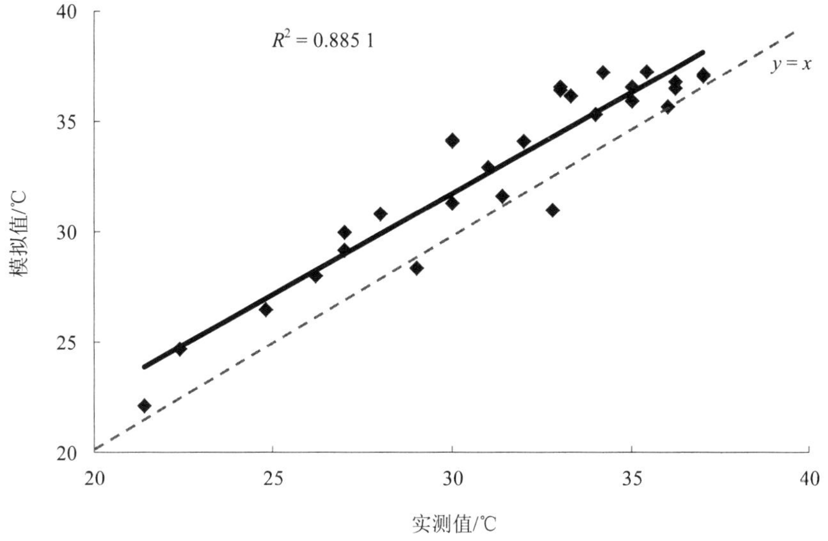

图 9-42　温排水口水温模拟值与实测值相关性

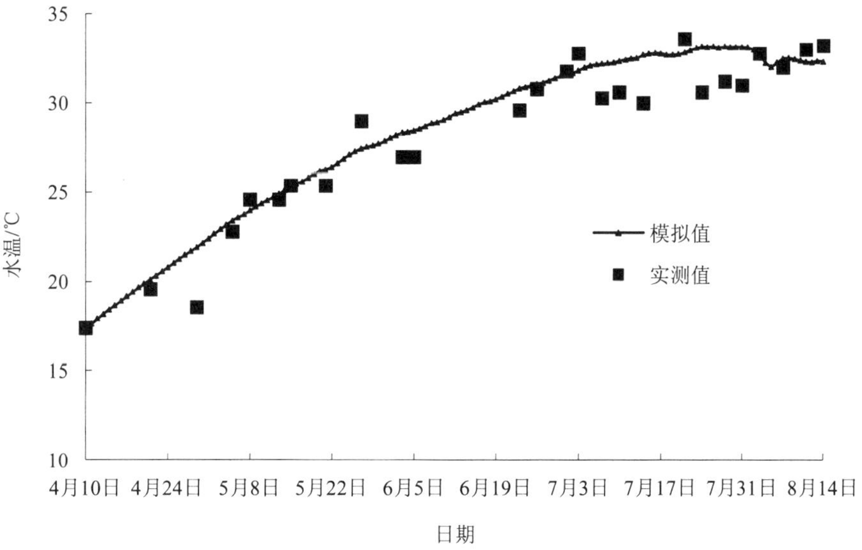

图 9-43　水库中心水温模拟值与实测值对比

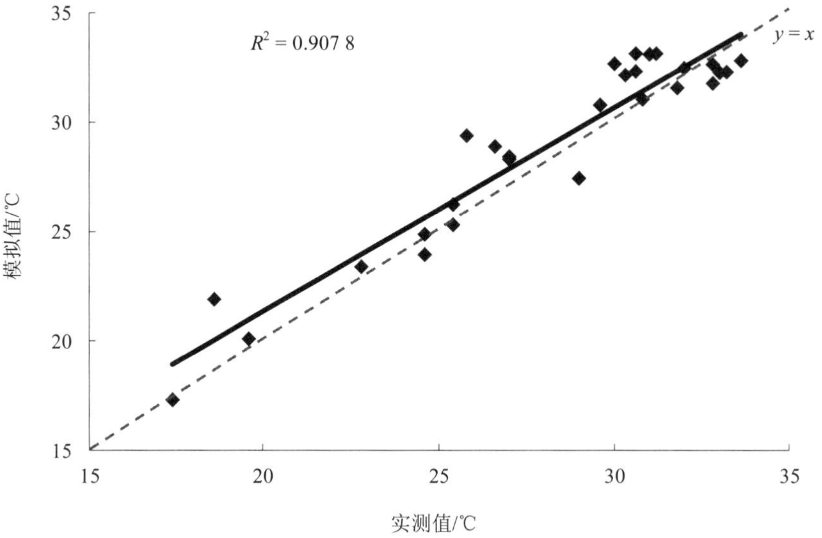

图 9-44　水库中心水温模拟值与实测值相关性

9.2.3.3　情景设定

情景分析有助于明确不同情景（不同条件组合）下水库水体的水质及富营养化状态，为后续分析水华爆发风险提供依据。以气温（影响水温）、入库污染物浓度、调水量（影响库区水位）为情景分析指标，选取蓝藻容易爆发的时间段（6—10 月），设置 6 个情景进行分析（如表 9-22 所示）。

表 9-22　情景分析的条件组合

情景	气温	入库污染物浓度	调水量
1	气温极端年	平常年水平	平常年的 1.2 倍
2	气温极端年	平常年水平	平常年水平
3	气温极端年	平常年的 1.5 倍	平常年水平
4	气温平常年	平常年的 1.5 倍	平常年的 1.2 倍
5	气温平常年	平常年水平	平常年水平
6	气温平常年	平常年的 1.5 倍	平常年水平

注：根据陡河水库监测历史数据，1975 年平均气温为 12.4℃，1975 年为 30 年来最高气温年，因此以此年份为气温极端年代表。以 1974 年为气温平常年代表，当年平均气温为 11.1℃。入库污染物浓度以 2008 年为平常年，调水量以 2008 年为平常年，其余（如放水量及用水量等）皆以 2008 年为基准年。

为更全面地分析各情景下库区水质及富营养化状态，选择陡河电厂及自来水厂取水口、库区中心、温排水口和输水洞 4 个点位进行分析。结合已有数据以及模型特点，从影响湖泊富营养化的众多因子中选取叶绿素 a（Chla）、总磷（TP）、总氮（TN）3 项指标作为预测指标。利用现状评价中采用的综合营养状态指数法，对不同情景下库区水体的营养状态进行评价。

9.2.3.4 各情景分析

（1）情景一

根据情景一模拟结果，计算了综合营养状态指数（如表 9-23 所示）。由表 9-23 可见，在气温极端年份，温排水口由于水温过高限制了藻类的生长，从而导致水体综合营养指数较其他点位低（如图 9-45 所示），水体 6—9 月基本处于轻度富营养；取水口和水库中心为中度富营养状态，输水洞为轻中度富营养状态。

表 9-23 情景一各点位营养状态

点位	综合营养状态指数	营养状态
取水口	60.81～62.24	中度富营养
水库中心	60.43～62.33	中度富营养
温排水口	56.08～60.16	轻中度富营养
输水洞	59.78～62.07	轻中度富营养

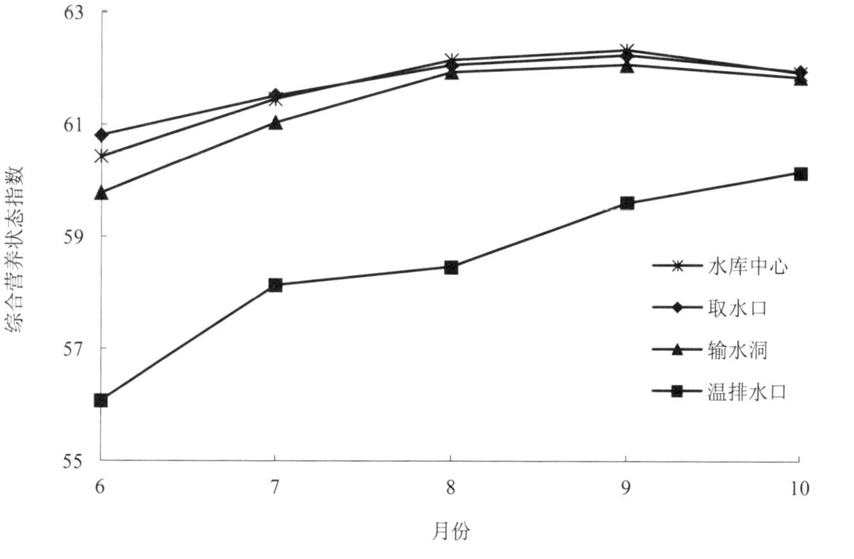

图 9-45 情景一不同点位综合营养状态指数对比

（2）情景二

根据情景二的模拟结果，计算了综合营养状态指数（如表 9-24 所示）。由表 9-24 可见，温排水口水温过高，限制了藻类的生长，从而导致综合营养状态指数相对较小（如图 9-46 所示）；在其他 3 个点位，水体皆处于中度富营养状态。综合营养状态指数最高值为 62.40，出现在 9 月水库中心。

表 9-24 情景二各点位营养状态

点位	综合营养状态指数	营养状态
取水口	60.93～62.25	中度富营养
水库中心	60.83～62.40	中度富营养
温排水口	55.08～59.13	轻度富营养
输水洞	60.06～61.92	中度富营养

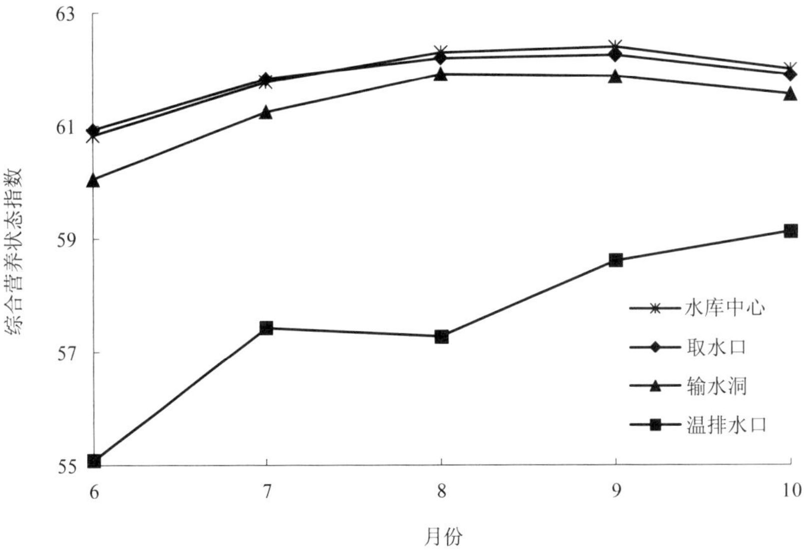

图 9-46 情景二不同点位综合营养状态指数对比

（3）情景三

根据情景三模拟结果，计算了综合营养状态指数（如表 9-25 所示），并进行了比较（如图 9-47 所示）。由表 9-25 和图 9-47 可见，各点位综合营养状态指数皆超过 61，且随时间有逐渐增大趋势，最大值出现在 10 月水库中心，为 66.40。6—10 月，整个库区皆处于中度富营养状态，且综合营养状态指数高值已超过 65，属于中度富营养状态中的重度水平。

表 9-25 情景三各点位营养状态

点位	综合营养状态指数	营养状态
取水口	64.86～66.29	中度富营养
水库中心	64.90～66.40	中度富营养
温排水口	61.91～64.71	中度富营养
输水洞	64.63～65.88	中度富营养

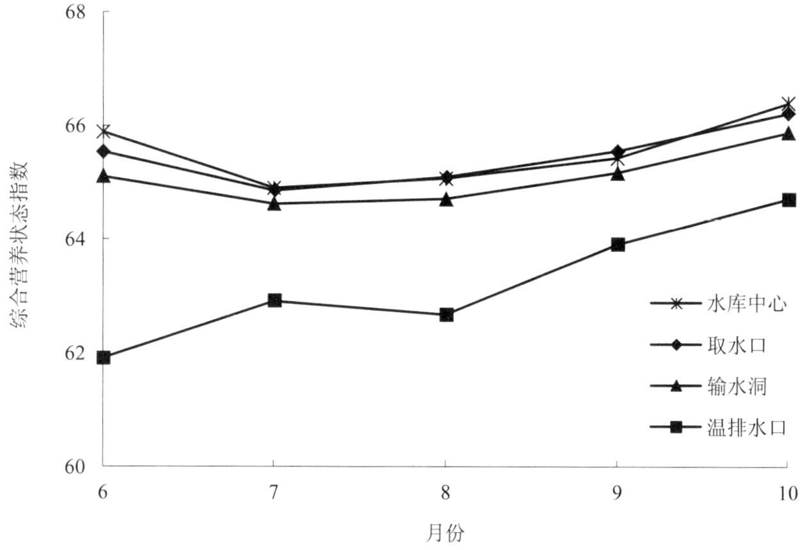

图 9-47 情景三不同点位综合营养状态指数对比

(4)情景四

根据情景四模拟结果，计算了综合营养状态指数（如表 9-26 所示）。由表 9-26 可见，4 个点位中，除温排水口处于轻度富营养状态外，其余皆处于中度富营养状态。除取水口外，其余 3 个点位综合营养状态指数随时间呈逐渐增大趋势（如图 9-48 所示），都在 10 月达到最大值。

表 9-26 情景四各点位营养状态

点位	综合营养状态指数	营养状态
取水口	61.48～61.94	中度富营养
水库中心	61.48～62.08	中度富营养
温排水口	55.21～59.10	轻度富营养
输水洞	60.24～61.57	中度富营养

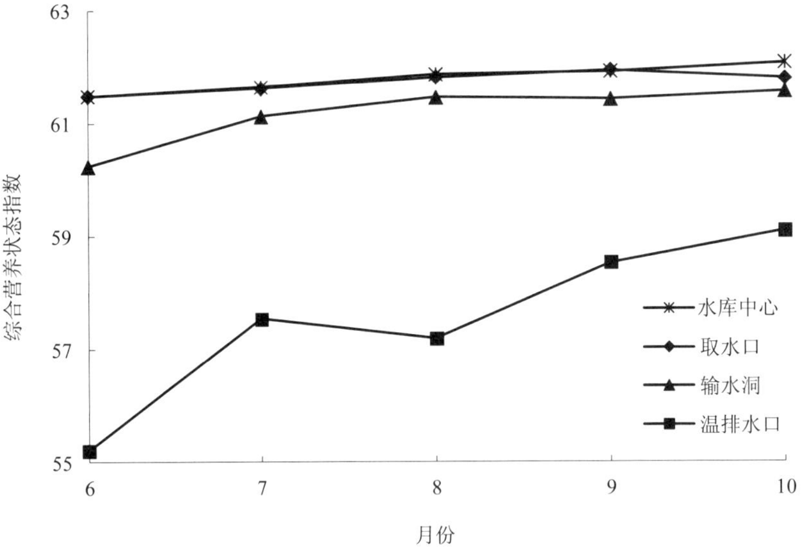

图 9-48 情景四不同点位综合营养状态指数对比

(5）情景五

根据情景五模拟结果，计算了综合营养状态指数（如表 9-27 所示)。由表 9-27 可见，温排水口综合营养状态指数较低，最大不超过 60，为轻度富营养状态。其他 3 个点位都处于中度富营养状态，但综合营养状态指数最大值都不超过 64，最大值都在 9 月出现（如图 9-49 所示)。

表 9-27 情景五各点位营养状态

点位	综合营养状态指数	营养状态
取水口	60.90～62.26	中度富营养
水库中心	60.84～62.42	中度富营养
温排水口	55.31～59.25	轻度富营养
输水洞	60.08～61.95	中度富营养

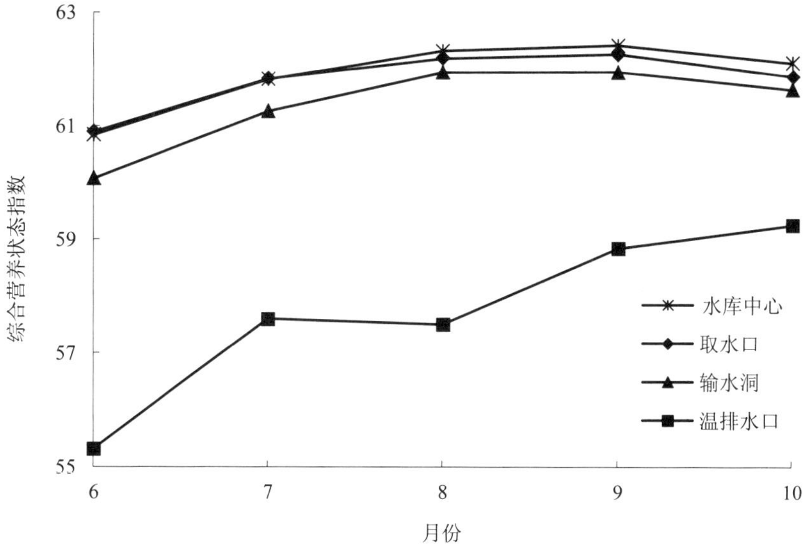

图 9-49 情景五不同点位综合营养状态指数对比

（6）情景六

根据情景六模拟结果，计算了综合营养状态指数（如表 9-28 所示）。由表 9-28 可见，4 个点位皆处于中度富营养状态。水库中心、取水口两个点位的综合营养状态指数除在 6—7 月差距较大外，在其余时间相差不大，温排水口综合营养状态指数相对较小（如图 9-50 所示）。综合营养状态指数最大值为 66.38，出现在 10 月水库中心。

表 9-28 情景六各点位营养状态

点位	综合营养状态指数	营养状态
取水口	64.80～66.28	中度富营养
水库中心	64.84～66.38	中度富营养
温排水口	61.09～64.60	中度富营养
输水洞	64.52～65.71	中度富营养

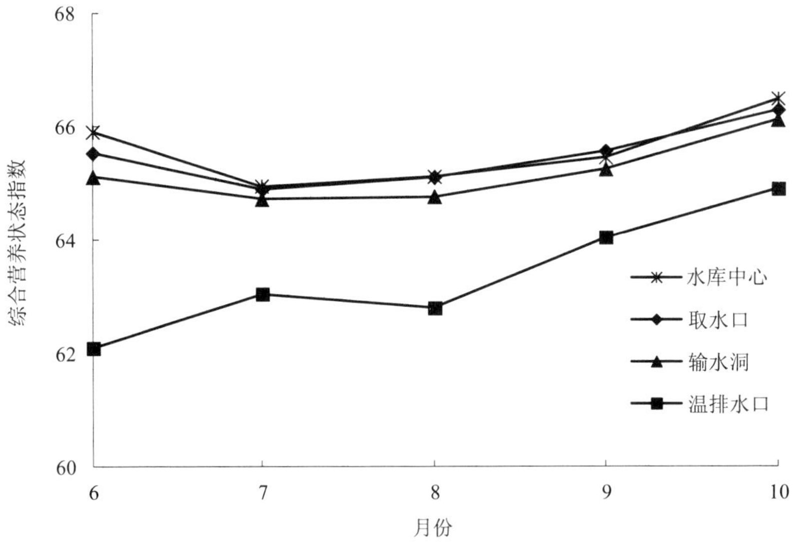

图 9-50　情景六不同点位综合营养状态指数对比

通过各情景模拟与分析可知，在 6 个情景中，情景三和情景六综合营养状态指数相对较高，富营养化状态也最为严重，4 个点位在 6—10 月皆处于中度富营养状态。而且在情景三和情景六下，各点位在个别月份的综合营养状态指数已超过 65，在中度富营养状态中属于重度水平。而其余情景下各点位总体处于轻中度富营养状态，温排水口富营养状态较其他点位小，这可能是因为水温过高抑制了藻类的生长。

9.2.3.5　水华爆发风险分析

（1）风险分析方法

风险分析是结合库区情景分析与富营养化研究成果，确定不同情景下库区是否会爆发水华，哪些区域容易爆发水华，并给出爆发水华的可能性有多大，从而为事故前期预防提供依据。

查阅北京、武汉、江苏、济南等地水库、湖泊水华爆发时的相关文献资料可知，营养盐、氮磷比、水温一般是引起水华爆发的主要内部因素。从营养盐单因子考虑，在出现蓝藻水华的湖泊和水库，其营养盐浓度范围大致相近，即 TN 质量浓度在 1～20 mg/L，TP 质量浓度在 0.01～0.2 mg/L。氮磷比可以用于确定其中起限制作用的营养元素。如果一个湖泊（水库）的营养盐浓度在某一范围以外，往往很难再看到蓝藻水华的发生。对于水华爆发的氮磷比，不同研究者得出的结论不尽相同，一般认为氮磷比为 29∶1 是蓝藻成为优势藻类的临界值；当 TN 与 TP 的浓度比小于 29 时，蓝藻会快速生长，但是当氮磷比过低、降到 10∶1 时，则会因氮限制而不利于藻类生长。容易爆发水华的蓝藻生长发育温度范围很广，最适宜的水温为 24～30℃；一般而言，大于 30℃的高温对蓝藻生长有明显的抑制作用。水华爆发是各因素综合作用的结果，以上 3 个条件对水华爆发缺一不可。

基于上述分析，构建以营养盐（总氮和总磷）浓度、氮磷比、水温 3 个参数为主体的水华爆发风险评价体系（如表 9-29 所示）。将水华爆发的风险分为高风险、中风险和低风险 3 个等级，并对上述 6 种情景进行风险分析。

表 9-29　陡河水库水华爆发风险评价体系

营养盐	氮磷比	水温	风险等级
TN 质量浓度 1～20 mg/L TP 质量浓度 0.01～0.2 mg/L	10∶1～29∶1	24～30℃	高风险
	≤29∶1	＞30℃或＜24℃	中风险
	＞29∶1 或＜10∶1	24～30℃	中风险
	＞29∶1 或＜10∶1	＞30℃或＜24℃	低风险
TN 质量浓度或 TP 质量浓度一个或全部不满足上述条件	—	—	低风险

（2）各情景风险分析

按上述水华爆发风险评价方法，对 6 种情景下的水华爆发风险进行分析，并总结了高风险时段及点位（如表 9-30 所示）。此外，尽管在低风险情况下，爆发水华的可能性不大，但也不排除在某些外部因素（如光照和风速）作用下库区局部会爆发水华。

表 9-30　不同情景下水华爆发高风险水域和爆发时段

情景	点位	时段
3	取水口	9 月中下旬到 10 月上旬
3	输水洞	6 月和 9 月
3	水库中心	9 月
6	取水口	9 月
6	输水洞	6 月和 9 月
6	水库中心	9 月

第 10 章　流域水生态修复与综合治理

流域水生态修复与综合治理是维护和保障流域生态健康的重要手段。本研究阐释了流域水生态修复的时间尺度与空间尺度特征，提出了流域水生态保护与修复的分区方法，形成了白洋淀流域分区方案，明确了流域水生态修复与治理模式，最后提出了流域水生态修复与治理措施。

10.1　流域水生态修复的时空尺度

10.1.1　尺度基本特征

尺度是景观生态学或群落生态学的一个重要概念，也是生态学研究的核心问题（邬建国，1991）。通常意义上的尺度是时间尺度与空间尺度，指观察或研究对象（物体、现象或过程）的空间分辨率和时间单位（肖笃宁等，1997），标志着对所研究对象细节的了解水平，一般以所研究生态系统的面积或其动态变化的时间间隔来表示。

生态系统是由社会、经济与自然组成的复杂系统，与外界存在着物质与能量的交换，其结构与功能、生态单元组成、各组成单元之间、自适应与进化能力、动力学特性均具有鲜明的复杂性特征，增加了生态系统研究工作的难度。尺度则成为研究这些复杂系统的有效手段，并有助于整合生态学知识与研究成果的核心轴线（吕一河等，2001）。尺度还是实现生态系统管理的有效手段（肖笃宁等，1997），深刻理解与把握生态学尺度对顺利开展生态系统评价与管育、生物多样性和自然资源保护、利用与可持续管理等实践活动，保证其科学性与实效性具有重要的意义。

尺度的选择至关重要，尺度选择的不同会导致对生态学格局、过程及其相互作用规律不同程度的把握，影响研究成果的科学性与实用性。在研究陆地生态系统的生产力、生物地球化学循环、脆弱性与恢复力等问题时，往往从较小的空间尺度（10～100 m^2）考虑，景观生态学基本对应中尺度范围（空间上是几至几百千米 ^{2}，时间上是几年到几百年），区域生态学对应大尺度范围，而对于一些全球性的问题，如海平面上升、温室效应等，则须把研究的空间尺度扩展到全球甚至周围圈层，研究的时间也会上溯到较久远的年代。

尺度存在的重要根源之一在于地球表层自然界的等级组织性。等级理论为尺度及尺度推绎的研究提供了一种系统的科学思路（赵文武等，2002），此理论的核心观点之一就是系统的组织性来自各层次间过程速率的差异（O'Neill et al.，1986）。在一个复杂的系统内可分为有序的若干层次，从低层次到高层次，行为或过程的速率逐渐减小。即在高的层次中某一要素的变化过程较慢，而在低层次中其变化过程却比较快。不同等级层次系统之间具有相互作用的关系，高层次对低层次有制约作用，低层次为高层次提供机制与功能（邬建国，2000）。

多数生态系统为巢式等级系统。在这类系统中，从垂直结构上看，高层次由低层次组成，相邻的两层之间存在包含与被包含的关系。流域水生态系统就是一种巢式等级系统，这种包含与被包含的等级关系可用于简化流域水生态系统的复杂性，有利于增强对其结构、功能及动态的理解。从而为修复活动的开展提供明确的、可操作性的指导。

10.1.2 不同时空尺度的修复重点

任何人为的或自然的对流域水生态系统的干扰都是在一定的时空尺度下进行的。从流域层次波及到具体的点位，从较长的时间跨度到较短的时间间隔，人类活动对流域水生态系统均存在不同程度的影响（Boon et al.，1992），流域的时空动态机制被严重改变。因此，流域水生态系统修复的研究中也存在尺度问题，但如何选择合适的尺度是流域水生态系统修复活动面临的一个挑战（Poudevigne et al.，2002）。成功的流域水生态系统修复活动取决于不同时间尺度与空间尺度上的生态系统过程的识别（Boon et al.，1992）。在实践上，时空尺度的选择取决于需要说明与研究的问题，合适的时空尺度有利于提高修复活动的有效性，避免错误的行动；为一条大的河流及其附属河岸湿地、冲积平原制定的修复策略，在适用于具体的河段或点位时，常常无效。同样，在较短时间内也不可能完成长时间尺度的修复内容。

流域水生态系统的稳定性是修复的主要指示因子，稳定性越强，受损后要求的修复时间与投入越多。同时，稳定性又取决于生态系统对外界干扰的敏感性，敏感性越强，系统稳定性越差。在不同的尺度上，流域水生态系统的稳定性不同。对受人为干扰较小的自然河流生态系统而言，从流域到河流、河段、微生态区等不同层次，对外界干扰的敏感性逐步升高，稳定性变差，越来越易遭受破坏，但需要的修复时间也越来越短。在较小的微生态区尺度上，较短持续时间内的较小人为干扰（如侵占或污染排放）就可以引起栖息地的结构、功能与栖息地类群的变化，而河流地貌系统则是河流宽深关系、水力状况、泥沙输送机制，甚至地质构造变迁等长期作用的结果，具有长期与大空间尺度上的稳定性，破坏后难以修复。

10.1.2.1 时间尺度

时间尺度是流域水生态系统修复活动难以确定的问题之一（Nienhuis et al.，2001）。以往流域水生态系统的修复主要集中于结构性修复，如硬质护坡与护岸拆除、栖息地建设等较短时间尺度完成的问题，试图稳定或优化某一时间点及空间位置上的生境，创造适宜生物栖息的条件，但忽略了需要在长时间尺度上研究的河流的自然变量及动力学过程，修复效果不佳。近年来，长时间尺度的修复受到关注。Petersen（1999）研究了流域地貌因子（如河道、河漫滩、河流台地、冲积扇、河谷等）的退化对河流生态系统健康的影响，提出了一个基于地貌、水力与生态原则的，需要较长时间尺度实施的河流自然修复思想。Bunn 等（2002）也对长时间尺度的流态变更与河流、河漫滩系统退化及修复的关系进行了论述，认为恢复流态是河流修复的动力。

一般而言，流域或影响水生态状况的生态因子、生态过程及生物群落结构形成及达到稳定状态所需时间越长，实施修复所需要的时间也越长，难度也越大，二者显著正相关。不同时间尺度上的流域水生态系统修复关注重点如表 10-1 所示。

表 10-1 不同时间尺度上流域水生态系统修复关注重点

类别	时间跨度	研究内容
极长时间尺度	几百年以上	地理因子、土壤、气候、生物地球化学循环
长时间尺度	几十年至数百年	流域土地利用、流域景观过程与格局、河床地貌、水力干扰机制、生物多样性、完整的水生食物链、水生生物群落结构与动力学、生态作用关系
中时间尺度	几年到数十年	水面面积、水质、河岸带、底质状况、栖息地、水生生物种群分布、结构与组成、河流廊道连通
短时间尺度	几个月至几年	河床生态覆盖、生态护岸与护坡、鱼道设置、水景观建设、河床与河道断面、裁弯取直段恢复

长时间尺度也意味着该领域内的概念或因子通常不一定以现有的观测和实验为基础，而倾向于通过对久远事件的解释来进行研究。在流域水生态系统修复过程中，对那些在长时间尺度才有显著变化的要素，可以将其归属为外界环境变量。在特定时间尺度内发生显著变化的要素才是需要直接加以研究的对象。对流域水生态系统修复的研究应主要集中于短、中与长 3 个时间尺度，因为在几个月到上百年的时间范围是人类活动对

流域水生态系统施加直接影响或间接影响，使其发生显著可见变化的尺度。对于需要极长时间尺度内研究的气候、土壤、生物地球化学循环等因子，则一般作为外界稳定的环境变量来研究。

10.1.2.2 空间尺度

地球上的诸多事物与过程无一例外地发生在地理空间背景上。空间格局决定着地球资源环境的分布形式和组分，制约着各种生态组分，与干扰能力、恢复能力、系统稳定性和生物多样性有着密切的关系。流域水生态系统作为一种地球资源与环境的综合体，其研究同样受空间因素的影响与制约。

流域边界范围明显，往往是自然河流研究的单元。但对一般流域而言，周围区域高密度人群与高强度集聚活动对流域水生态状况具有重要影响，以行政区为范围颁布的法规制度、经济政策与产业布局规划对流域水生态系统演替往往起主导作用。因此，在流域内各尺度的基础上，综合考虑流域水生态系统修复与社会经济活动控制，引入区域尺度，以区域、流域、河流廊道、河段 4 个尺度进行界定。

（1）区域

一般情况下，区域指国家内的部分地区，或者由若干国家组成的世界性地区（张超等，1991）。这里所指的区域是包括一个或数个流域在内的某一行政区或一系列行政区的集合体，空间范围比流域大，是包含人口发展、社会经济发展、资源赋存、生态环境、基础设施、区域运行管理等方面要素的开放动态系统。一些战略性的国民经济及社会经济发展规划往往以区域为单元实施；工矿区、农业区、人口聚集区布局及大型社会经济开发项目是区域规划的具体内容；在区域范围内还可以实现跨行政区与跨流域的经济结构重组、人口规模调整及水资源合理配置，以减轻对某一河流及流域水生态系统的潜在压力。

生态修复活动优先从区域尺度实施，实质上是一种更具战略性、更积极的社会经济层次上的源头控制思想，目的是通过调整发展模式、发布政策与法规、实施严格管理等，从而控制水生态系统的各类干扰源，或在生态系统承载力许可的范围内，对社会经济干扰方向与强度进行空间上的优化配置，改变其胁迫机制，分散压力。从操作层面上，对区域内行政区而言，对流域水生态功能的要求不一致，在区域层次上修复重点要协调好区域内各行政区社会经济发展、辖区内水生态系统修复目标与流域水生态系统整体修复目标的关系，避免冲突，保证修复活动的实施。

（2）流域

流域实质上是区域的一种特殊形式，是以水为媒介融合起来的生物、社会经济与自然资源综合体。流域尺度足够大，能揭示产生河流生态系统累积影响的重要过程、分布模式与定性分类（Reid et al.，1996），且流域具有时间上的稳定性、空间上的可识性，可作为水生态系统修复的地理单元。流域内景观格局、土地利用及水资源时空配置方式对河流生态系统状态起决定性影响，流域层次是解决与协调这些问题的合理与最佳单元。而且，一些功能价值（如生物多样性的保护维持等）也需要流域尺度上的管理与修复活动（Nienhuis et al.，2001）。

流域尺度的修复应基于对流域内生态过程的理解，在流域分析的基础上实施，重点要把握流域系统的整体性。任何对流域局部或某一要素的干扰都会引起整个流域系统的变化，整体性优先关注的是各种干扰对流域的累积影响，避免随水体流动而呈现从上游到下游的放大趋势；并强调流域内各类土地利用与河流生态系统的作用关系，如通过提升植被覆盖以修复流域的产、汇流机制，治理衍生的水土流失，控制农业用地、林地与建设用地等各种用地的非点源污染；整体性还要求在流域水生态系统修复中，综合考虑社会、经济与生态等的协调，实现流域可持续发展。

（3）河流廊道

河流廊道是流域水生态系统的核心组成，也是流域社会经济活动所产生各类干扰的主要承载体。在空间上，河流生态系统可分成纵向、横向、垂向 3 个维度（Ward，1989）。在纵向上，河流具有连续的变化梯度，构成河流的物理化学过程、生物群落功能等在地理空间上及动态过程中的连续。在横向上，河道本身与河岸带及河漫滩，甚至河流两侧的陆域生态系统具有密切的横向联系。在竖向上，地下水、河流潜流带与河道水流及其物理成分、化学成分、生物成分互相交换与循环。

流域水生态系统修复的重要目的之一是提高河流和河岸带的栖息地、廊道的自然功能（Pedroli et al.，2002）。在河流廊道尺度上，主要任务是流量的配置、水力干扰机制的恢复，河岸植被带的连通性建设、河道地形及坡度的塑造等。通过这些修复，保证河流纵向连续性，促进动物与植物、营养物质、沉积物运输通道的畅通；维护河流生态交错带的边缘效应，修复并保持物种多样性、拦截和过滤物质流、稳定河漫滩与河缘湿地等生态功能；并通过恢复水体生态用水、拆除硬质河床与边坡等手段，建立地表水与地下水的联系。

（4）河段

河段是河流的下级单元，具有统一的功能特点与均质的特征，其优点是能更细致、更具体地表达河流生态系统的健康状况，并便于进行河段间的对比分析。在这个尺度上进行河流生态系统修复，比较注重行动的统一性、针对性与可操作性，各项活动的目标比较明确，有利于确定工作类别与工作量，是实施具体的河流修复活动的操作单元。

河段生态修复以设计与实施为重点，包括护坡与护岸建设、鱼道与栖息地建设、亲水景观设计规划、河岸带景观建设、排污口设置等。河段尺度上的修复活动必须同大尺度的过程与修复联系起来，综合考虑河段在河流廊道中的地位与作用，否则就难以达到预期的效果。如生物栖息地的修复如果不在流域污染控制基础上进行，则极可能产生污染影响，使修复效果受损。

4 个空间尺度上的关注对象、意义与重点如表 10-2 所示。

表 10-2　不同空间尺度上水生态系统修复的要点

尺度	关注对象	意义	重点
区域	社会经济发展问题	源头上的防止策略	水生态环境友好的政策与法规颁布、生态产业建设规划、城市建设活动规划、循环经济模式构建、跨区域的发展及产业结构调整；区域内（流域间）的水资源输送配置
流域	流域生态格局与过程	生态景观格局、生态过程与联系的重构	流域内景观类型或生态系统之间的联系、流域生态过程、流域累积影响、地貌形成机制、土地利用类型与结构、植被覆盖、水土保持、洪水管理、营养与有机质迁移、非点源及各类污染控制、污水处理分区
河流廊道	河流本体特征	提高河流廊道连通性	库坝拆除与流量分配、水力干扰机制（水深、流量、流速、洪水漫堤频率与强度等）恢复、河岸湿地与河漫滩建设、河岸带植被连通性建设
河段	修复工程	保证修复可操作与有效	排污口设置与排放方式、景观小品、边坡与护坡、河道断面、鱼类洄游通道、底泥疏浚与控制、水生植被建设、曝气修复、裁弯取直复原

10.2　流域水生态保护与修复分区

以白洋淀流域为例，采用 2009 年数据，提出了流域水生态保护与修复分区的原则、方法，进行了白洋淀流域水生态保护与修复分区。

10.2.1　分区原则

（1）相似相容原则

自然环境是流域水生态系统形成和分异的基础。由于自然因素的差别和人类活动的影响，流域内生态系统结构、过程和服务功能存在某些相似性和差异性。生态保护与修复分区根据生态系统结构、功能指标的相似性来进行斑块的区域合并与划分。

（2）主导因素原则

流域水生态系统的形成、结构和功能受多种因素的影响，是多种因素综合作用的结果。在进行生态保护与修复分区时，必须坚持在综合分析的基础上考虑主导因素的影响，抓住影响各生态区分异性的主要因素进行区域划分。

（3）发生学原则

流域生态功能的形成与生态系统结构、功能、演变过程和格局等密切相关，如流域水生态系统水土保持功能的形成与降水特征、土壤结构、地形地貌特点、植被类型、土地利用类型等诸多因素相关。分区时应分析流域水生态系统结构、功能及其时空变化的关系，明确区划的生态学基础及各生态因子对生态功能的影响。

（4）前瞻性原则

流域生态保护与修复分区要在把握生态系统结构与功能演变趋势的基础上，充分考虑研究区域社会经济发展方向与趋势，须具有一定的前瞻性。

10.2.2 分区方法

采用多因子空间叠加分析法和聚类分析法进行分区。

10.2.2.1 多因子空间叠加分析

（1）选择分区指标

依照系统性与完整性原则，从地形、地貌、生态系统类型、资源条件、水环境质量、社会经济发展等方面，选择符合流域实际、与分区目标密切相关的因素作为分区指标或因子。

（2）分区因子数据整理

依据数据特点进行数据整理。对高程、坡度、土地利用类型等数据，形成矢量图层后转化为栅格图层，栅格大小为 30 m×30 m。对人口、经济密度、水资源开发利用、污染物排放等数据，以行政区为统计单元，将数据平均化后分配到栅格，栅格大小为 30 m×30 m。

（3）单因子量化分级

根据流域水生态保护与修复目标要求，参照适当的标准，对各栅格因子的值进行分类。以一级分区为例，根据自然生态系统特征，将各栅格分为“生态保育、生态控制、生态修复”3 个级别，分别赋值为 3、2、1，其数值表明该指标因子相对于相应级别，形成单因子图层。

（4）多因子综合评价

确定不同分区因子的权重，将权重与单因子评价值相乘并叠加，形成不同栅格的分值，聚合形成细碎的分区斑块，对细碎的斑块按照主体生态组分的特征进行生态融合，形成分区图层。

10.2.2.2 聚类分析

对湖泊、湿地的水域数据，采用聚类分析法进行分区。

①收集水域水质监测数据，包括水温、水位、溶解氧、pH 值、COD_{Mn}、BOD_5、氨氮、总氮、总磷等。

②计算水域水质监测指标的多年平均值。

③采用系统聚类分析法对各采样点进行聚类分析，聚类分析中选用欧氏平方距离计算样本点距离，公式如下：

$$d_{ij}=\sum_{i=1}^{m}(x_{ik}-x_{jk})^2 \tag{10-1}$$

式中：d_{ij}——样本 i 和样本 j 之间的距离；

x_{ik}——第 i 个样本在第 k 个变量上的值；

x_{jk}——第 j 个样本在第 k 个变量上的值。样本之间的合并采用类平均法。

④画出谱系聚类图，根据聚类结果进行水域生态分区。

10.2.3 分区指标处理

主要参照自然过程和人为过程的差异确定一级分区指标、二级分区指标。一级分区中，选取地形、地貌、土地利用、植被覆盖、资源条件等区域指标。二级分区中，在白洋淀淀区的分区选取表征水环境质量的各项指标作为分区指标，在其他区域选取社会经济发展、水资源开发利用、污染排放、土壤侵蚀等各类指标。

10.2.3.1 一级分区指标

（1）地形

白洋淀流域地形复杂，山地、丘陵、平原和洼地俱全。流域西高东低，依次分布着中山、低山丘陵、平原和洼淀。

①中山：虎过庄、紫荆关、走马驿、百亩台、岔河一线以西为中山区，海拔在 1 000 m 以上，相对高差大于 500 m。山势高峻，连绵起伏，河谷深切，涞源、东团堡、走马驿等盆地嵌入其中。

②低山丘陵：中山以东为低山-丘陵区，与东部平原毗连。低山-丘陵区海拔为100～1 000 m，相对高差在 500 m 以下，狼牙山海拔为 1 105 m，矗立壮观。其地势自西向东逐渐降低，岗峦起伏，河谷变宽，坡麓及低地被黄土覆盖。区域河谷型阶地发育，至少发育二级、三级阶地。

③平原：丘陵东侧为山前冲积平原，海拔为 11～100 m，地面坡度为 1/3 000～1/660，由各河冲积、洪积组合而成。近山区坡度较大，流水地割作用明显，河流阶地发育；中部地带坡度渐缓，侵蚀变轻；前缘地形更为平缓开阔。山前平原以东为冲积平原，由各河长期冲淤而成，地势平坦，略向东倾斜，坡度为 1/6 000～1/3 000，海拔在 20 m 以下。

④洼淀：洼淀位于平原区东部的白洋淀及其周围，海拔在 10 m 以下，为各河流冲积扇的交接地带，地势低洼。除白洋淀为常年性淀泊外，大部分地段多为季节性积水洼地或沼泽。

采用高程和坡度两项指标反映流域地形变化，分别如图 10-1 和图 10-2 所示。

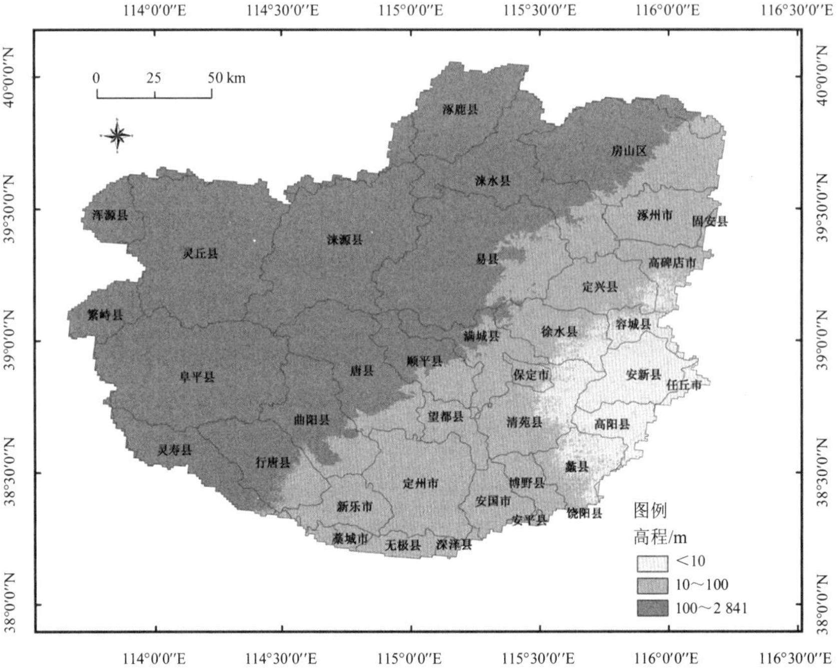

图 10-1　白洋淀流域高程分布

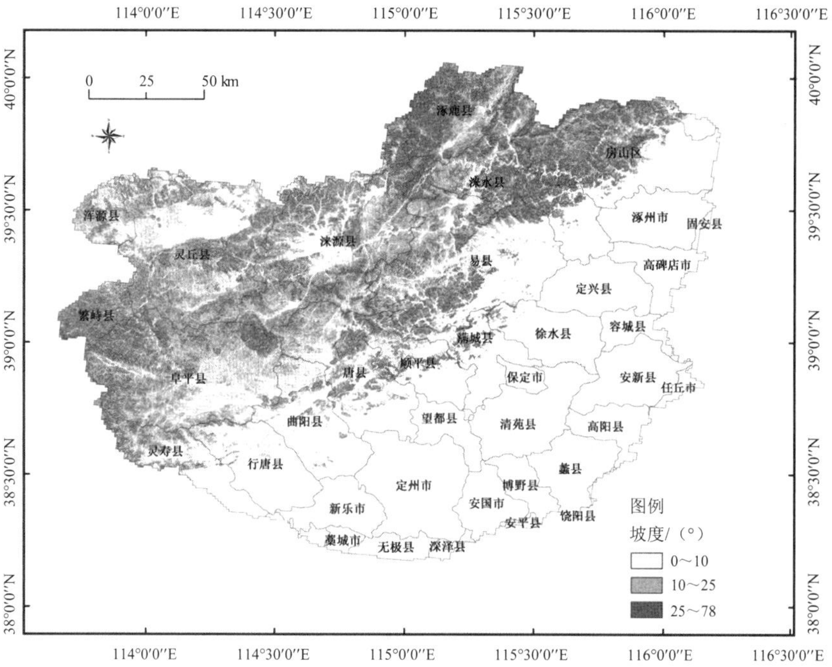

图 10-2 白洋淀流域坡度

（2）地貌

白洋淀流域地貌类型分为山区、平原和洼地三类。

西部为山区，海拔一般在 1 000 m 以上，山体切割强烈，山势高峻，河谷深切，支脉发育，并有小型盆地和断裂谷地。低山区海拔一般在 500～1 000 m 之间，坡缓谷宽，阶地发育，有黄土覆盖。丘陵区海拔一般在 100～500 m 之间，地形低缓起伏，并有孤山圆丘突出地面。平原区在流域东部，属华北平原的一部分，自北、西、南 3 个方向向白洋淀倾斜，平原类型自西向东依次为洪积冲积平原、冲积湖积平原和湖积平原。洼淀主要位于白洋淀周边。

（3）土地利用

白洋淀流域的土地利用类型可分为水域、耕地、林地、建设用地、未利用地等，如图 10-3 所示。

（4）植被覆盖

植被是流域水生态系统的重要组成部分，是生态系统存在的基础，也是连接土壤、大气和水分的自然“纽带”。植被覆盖是区域生态环境质量的重要指标，植被覆盖程度与格局对流域水生态系统稳定性具有重要的生态学意义。考虑数据可得性，以各行政单元的林地覆盖比例作为植被覆盖的表征指标，如图 10-4 所示。

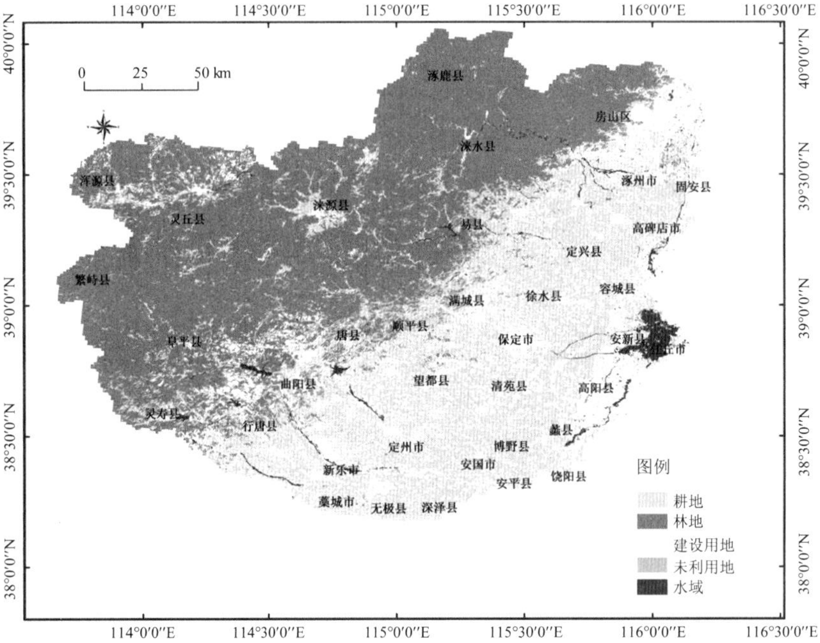

图 10-3 白洋淀流域土地利用类型（2007 年）

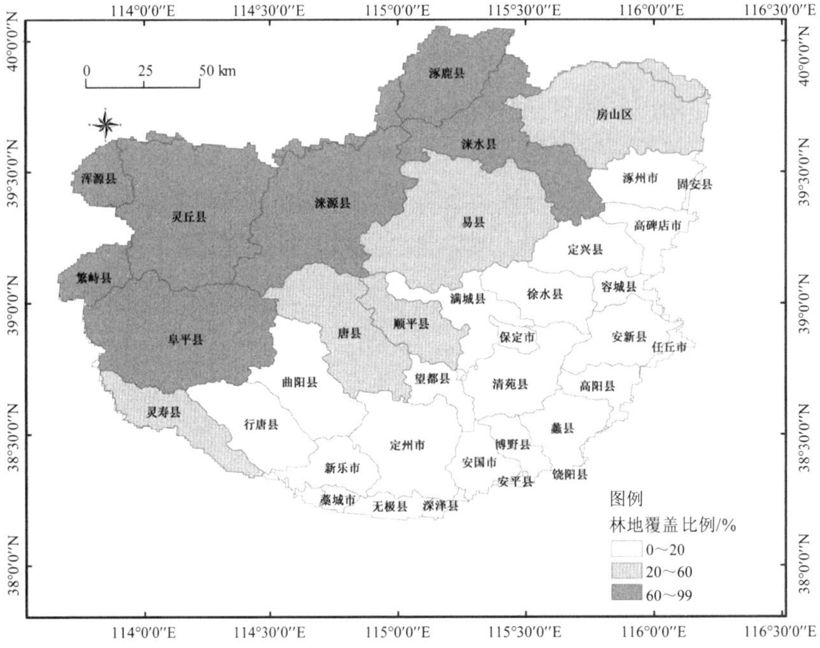

图 10-4 白洋淀流域林地覆盖比例

（5）资源条件

在我国北方生态系统中，水资源是重要的驱动因子。人均水资源量反映了当地的水资源条件和自然禀赋，是判断区域是否缺水的关键性指标之一，也是区域经济、社会和生态安全的重要保障，因此用这个指标表征区域资源条件。白洋淀流域人均水资源量分布如图 10-5 所示。

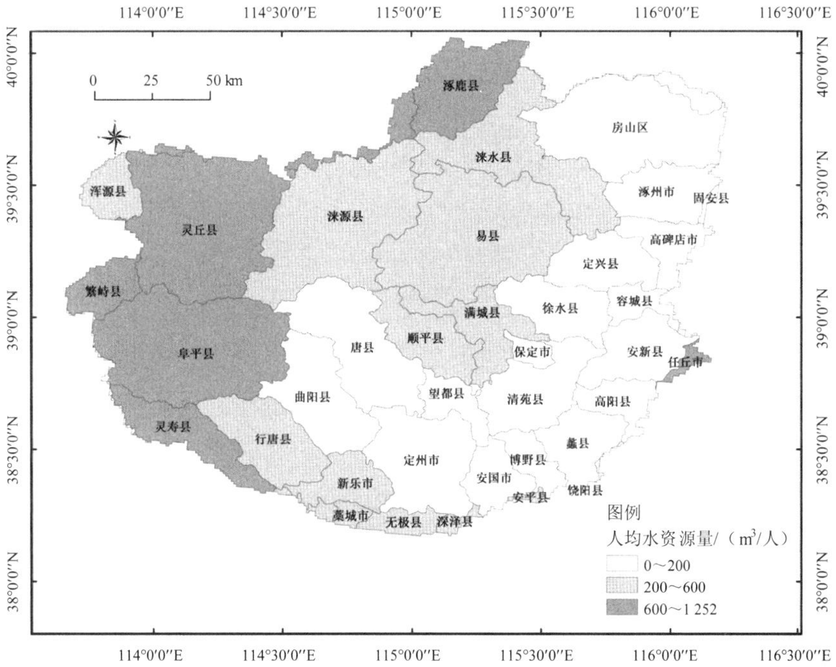

图 10-5 白洋淀流域人均水资源量分布

10.2.3.2 二级分区指标

（1）白洋淀淀区分区指标

收集 1990—2010 年白洋淀淀区 14 个采样点（如图 10-6 所示）的水质数据，包括水温、水位、溶解氧、pH 值、COD_{Mn}、BOD_5、氨氮、总氮、总磷，计算各采样点的水质指标多年平均值，确定用于分区的水质指标。

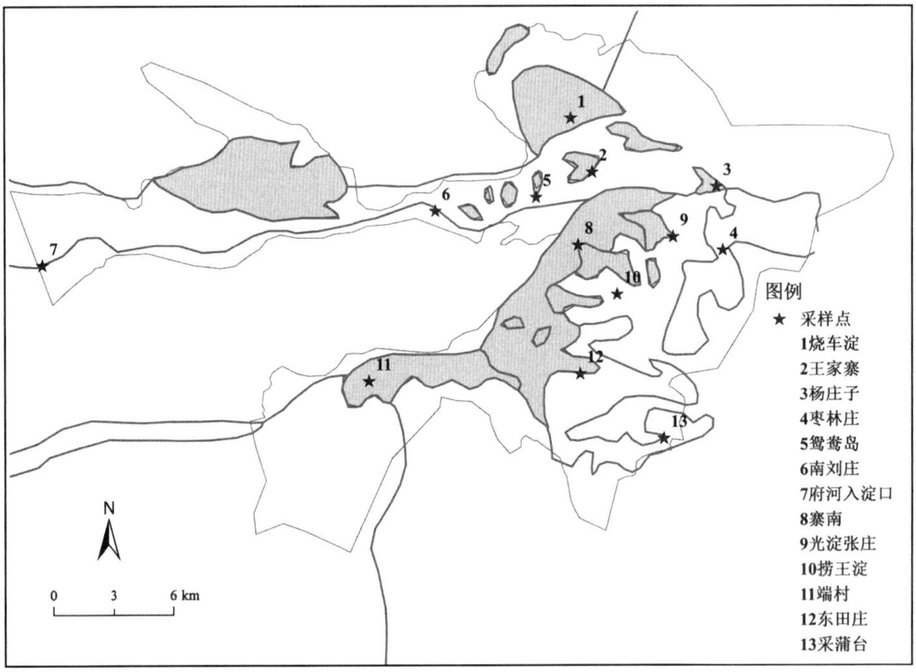

图 10-6 白洋淀淀区水质采样点分布

(2) 流域其他区域分区指标

1) 社会经济发展

用人口密度和经济密度表征社会经济发展水平。人口密度是单位面积土地上居住的人口数，表征区域人口的密集程度。为满足人口的衣食住行要求，人口增长时，需要增加对资源和环境的消耗与利用。人口密度的大小反映了当地水生态系统承受的压力，人口密度越大，对当地水生态系统的压力越大。白洋淀流域人口密度分布如图 10-7 所示。

经济发展依赖水生态系统的支持和服务功能。经济密度越大，对流域水生态系统所能提供的水资源、水环境容量的要求就越高，反映了其对流域水生态系统的压力。白洋淀流域经济密度分布如图 10-8 所示。

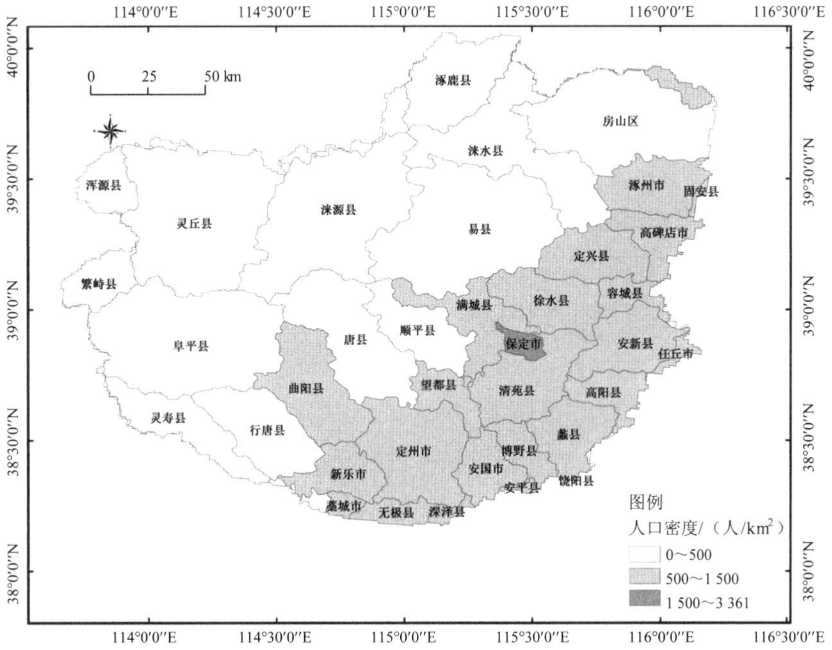

图 10-7 白洋淀流域人口密度分布

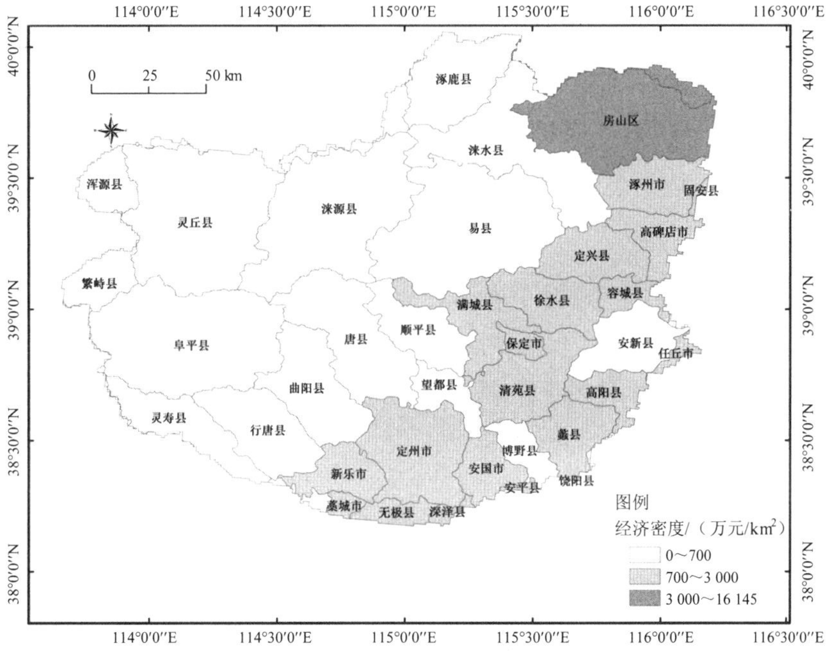

图 10-8 白洋淀流域经济密度分布

2）水资源开发利用

水资源开发利用状况用水资源开发利用率来表征。水资源开发利用率是指流域或区域用水量占水资源可利用量的比例，体现了水资源开发利用的程度和河流生态需水的保证程度。国际上一般认为，对一条河流的开发利用量不能超过其水资源量的 40%。白洋淀流域水资源开发利用率的空间差异如图 10-9 所示。

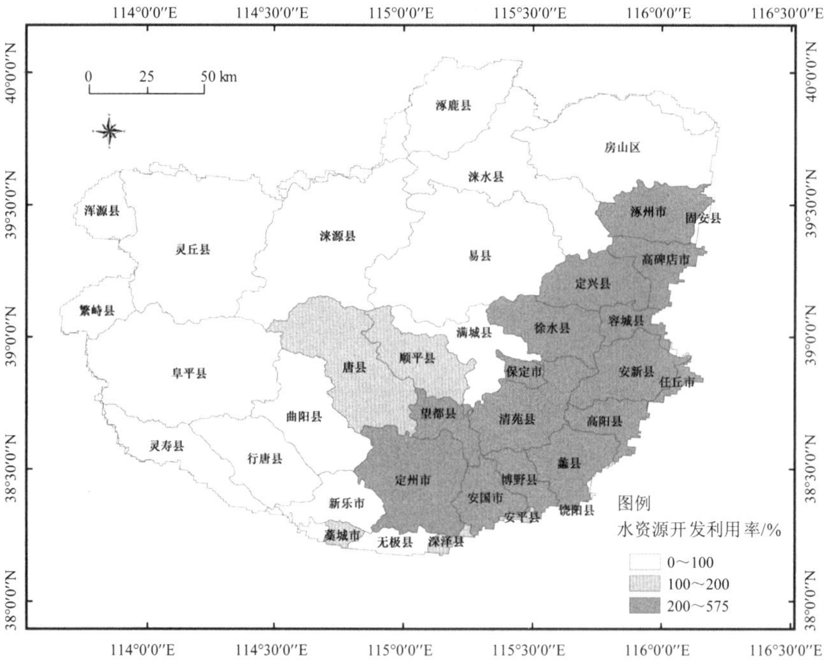

图 10-9 白洋淀流域水资源开发利用率

3）污染排放

污染排放状况用径污比来表征。径污比为河流径流量与排入该河流的污水量之比，反映了污水入河对水质的压力。一般认为，当径污比在 25∶1 时，水体处于临界状态；当径污比小于 10∶1 时，水体处于经常污染状态；当径污比小于 5∶1 时，水体经常处在污染状态。白洋淀流域径污比如图 10-10 所示。

4）土壤侵蚀

土壤侵蚀敏感性表征流域降水、土壤质地、坡度和植被覆盖等的综合作用。根据影响程度的不同，将流域内土壤侵蚀敏感性分为两个等级，即中高度敏感和轻度敏感。中高度敏感区主要分布在流域西部低山丘陵地区。白洋淀流域土壤侵蚀敏感性分布如图 10-11 所示。

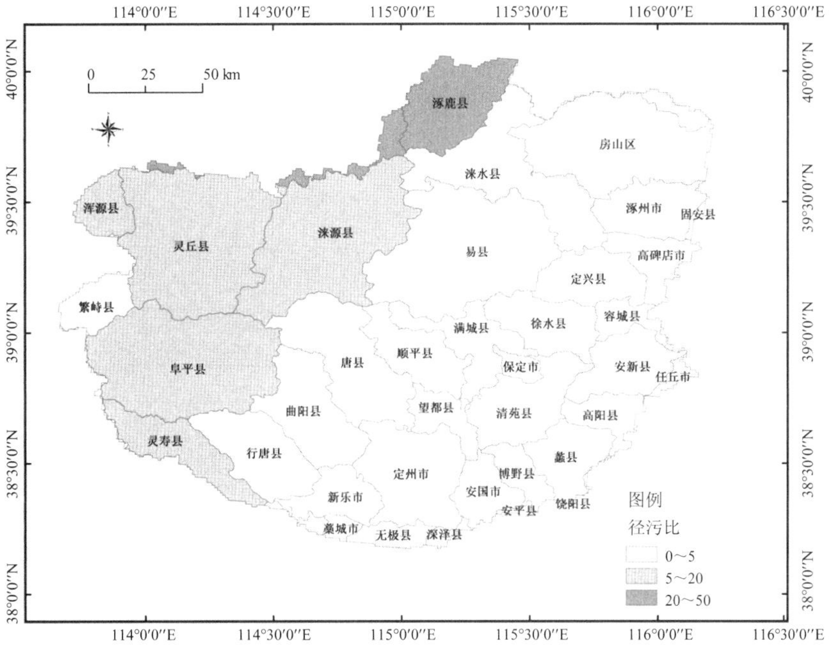

图 10-10 白洋淀流域径污比

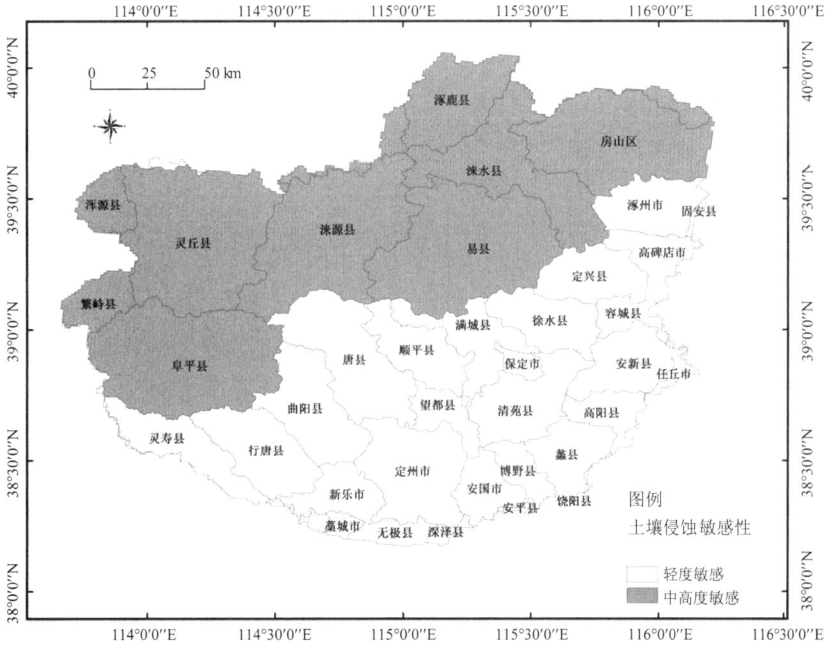

图 10-11 白洋淀流域土壤侵蚀敏感性分布

10.2.3.3 指标叠加与聚类分析

（1）多因子叠加分析

对以上一级分区指标与二级分区指标，根据白洋淀流域实际，参照相关标准，确定分级标准与指标权重（如表 10-3 和表 10-4 所示），分别赋值为 3、2、1，构成单因子图层。利用 ArcGIS 的空间叠加工具，对每个图层加权后叠加求和。

表 10-3　一级分区指标及权重

一级分区指标		指标分值			指标权重
类型	指标	3	2	1	
地形	高程/m	＞100	10～100	＜10	0.125
	坡度/（°）	＞25	2～25	＜2	0.125
地貌	地貌	中低山	平原	湿地	0.250
土地利用	土地利用类型	林草地	农田、工矿	水域	0.250
植被覆盖	林草地覆盖比例/%	＞60	20～60	＜20	0.125
资源条件	人均水资源量/（m^3/人）	＞600	200～600	＜200	0.125

表 10-4　二级分区指标及权重

二级分区指标		指标分值			指标权重
类型	指标	3	2	1	
社会经济发展	人口密度/（人/km^2）	＞1 500	500～1 500	＜500	0.125
	经济密度/（万元/km^2）	＞3 000	700～3 000	＜700	0.125
水资源开发利用	水资源开发利用率/%	＞90	40～90	＜40	0.250
污染排放	径污比	＜5	5～20	＞20	0.250
土壤侵蚀	土壤侵蚀敏感性	高度	中度	轻度	0.250

（2）聚类分析

根据水质指标平均值计算得到距离矩阵，采用类平均法进行样本聚类，画出谱系聚类图，如图 10-12 所示。

根据图 10-12 中分类结果，可将淀区水域分为两种水域类型：①鸳鸯岛（5 号）、南刘庄（6 号）和府河入淀口（7 号）为一类，属于低溶解氧高营养型，表现为溶解氧质量浓度较低（小于 5 mg/L），营养盐浓度远高于各点位平均值，主要是指府河入淀口（7 号）—南刘庄（6 号）一带。由于受到府河入流携带的大量污染物的影响，这一带水质明显劣于淀内其他水域。②其他采样点为一类，属于不稳定型，表现为部分月份水质状况相对较好，部分月份水质较差；部分水质指标较好，部分水质指标较差，此类型水域受人为干扰的影响较大，水质状况不稳定。

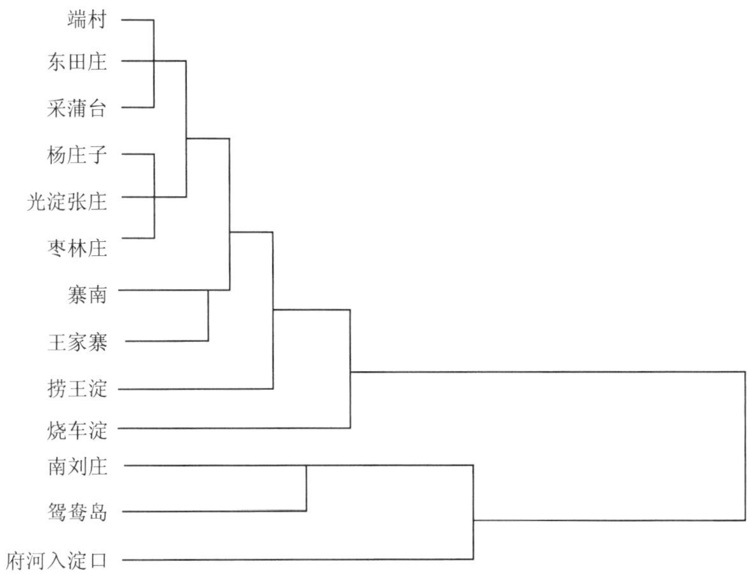

图 10-12 白洋淀淀区水质指标聚类结果

10.2.4 水生态保护与修复分区方案

根据前述的多因子叠加分析和聚类分析结果，经生态融合，将白洋淀流域分为 3 个一级分区、12 个二级分区。

10.2.4.1 一级分区方案与保护修复要求

一级分区包括 Ⅰ 西部太行山地生态保育区、Ⅱ 中部平原生态控制区、Ⅲ东部湿地生态修复区（如图 10-13 所示）。各分区概况、问题与保护修复方向如下。

（1） Ⅰ 西部太行山地生态保育区

区域概况：位于流域西部，属太行山区，总面积为 18 171.5 km^2，占流域总面积的 58.5%；高程在 100 m 以上，地貌类型主要为侵蚀剥蚀中山、低山、丘陵和河谷阶地，坡度＞25°；土壤类型有棕壤、褐土、粗骨土，河谷地带有少量潮土分布；气候属暖温带半干旱季风气候，年均气温为 7.4～12.7℃，降水量为 507～680 mm。

主要问题：虽然人口和经济规模较小，对流域水生态系统压力较小，但面临矿业开发与植被退化可能带来的水生态退化风险；水资源和水质条件较好，但存在水土流失的风险。

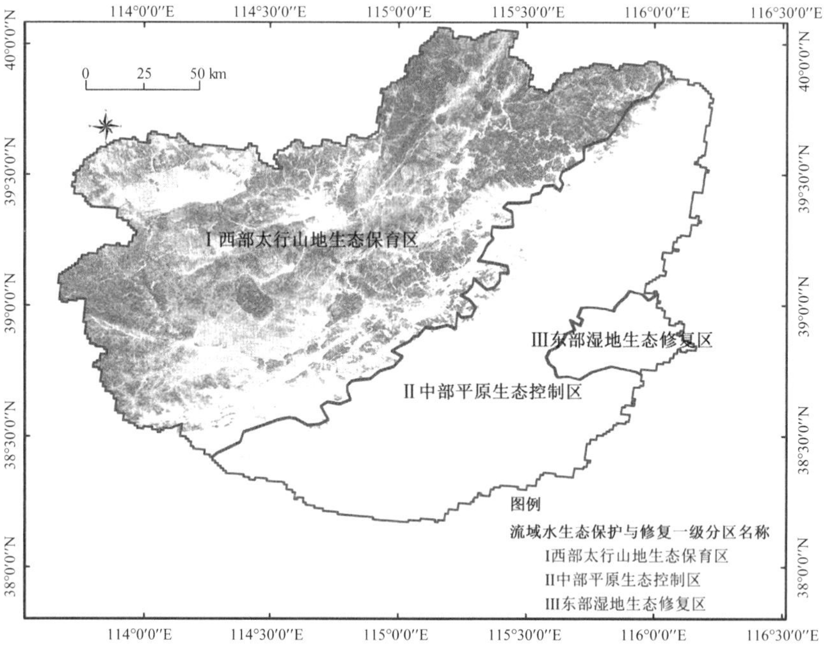

图 10-13 白洋淀流域水生态保护与修复一级分区

生态保护和修复方向：提升该分区水源涵养、饮用水水源地保护和生物多样性保护等生态服务功能，开展森林绿化、水土保持工程，推进自然保护区建设，加强水质安全保障与监控。

（2）Ⅱ中部平原生态控制区

区域概况：位于流域中部平原，包括所有平原地区及半山地区的平原部分。总面积为 11 824.7 km^2，占流域总面积的 38.0%；海拔在 10～100 m，坡度较缓为 2°～25°，地貌类型主要为冲积洪积平原、冲积平原和冲积湖积平原；土壤类型以褐土、潮土为主。气候属暖温带半湿润半干旱季风气候，年均气温为 11.4～12.3℃，降水量为 466～617 mm，无霜期为 181～200 d。

主要问题：本分区农业耕作发达，城镇密布，人口密度和经济密度较大，对流域水生态系统的压力较大，河道断流突出，水资源缺乏，水质状况差。

生态保护和修复方向：本分区的主要服务功能是发展生态经济、保护生态环境。需大力发展循环经济，加强水资源节约利用体系建设，控制水资源的过量开采，保障有水入淀，加强污染排放控制与治理，减少向白洋淀的入淀污染负荷。

（3）Ⅲ东部湿地生态修复区

区域概况：位于保定市东部，包括安新县全部和雄县的一小部分，以白洋淀为主体，总面积为 1 098.3 km^2，占流域总面积的 3.5%，高程在 10 m 以下，坡度＜2°，地貌类型主要为湖积平原、冲积湖积平原和冲积洪积平原；主要土壤类型为沼泽土和潮土；植被覆盖主要是农作物，芦苇群落主要分布在白洋淀及周边低洼地带。

主要问题：白洋淀淀区存在水量不足、污染、沼泽化问题，核心问题是生态水量不足；且流域种植业、养殖业和旅游业造成的污染威胁白洋淀湿地的生态环境质量；在人类活动的影响下，本分区水面严重萎缩、蓄水量锐减、湖盆变浅，水体有机污染严重。

生态保护和修复方向：合理引导旅游与水产养殖活动，控制淀中村生活污染，严控淀内污染排放，加强湿地保护区建设，科学合理开展淀区生态补水，实施淀区生态修复。

10.2.4.2 二级分区方案

在一级分区基础上，进一步划分为 12 个二级分区（如图 10-14 所示）。各分区的范围和特点、基本特征、主要问题、保护与修复方向如表 10-5 所示。

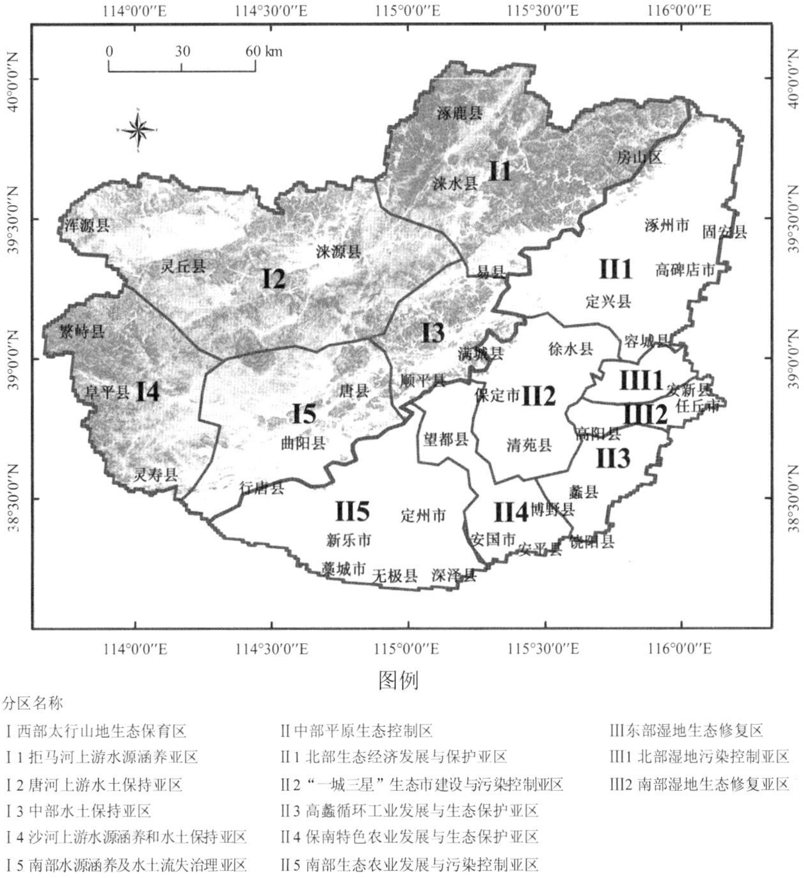

图 10-14 白洋淀流域水生态保护与修复二级分区

表 10-5　白洋淀流域水生态保护与修复二级分区汇总

名称	分区范围和特点	基本特征	主要问题	保护与修复方向
Ⅰ1 拒马河上游水源涵养亚区	①位于流域西北部，包括涿鹿县南部、涞水县大部、易县西北部和涞源县东北部，北京房山区大部，总面积为 4 683.6 km^2；②主要地貌类型为侵蚀剥蚀中山、低山；③植被以落叶阔叶林、灌丛、草丛为主	①人口密度和经济密度中等；②水资源相对丰富，水资源开发利用率相对较低；③水质一般，土壤较易侵蚀	①部分地区土层瘠薄、植被覆盖率低；②天然次生林少，人工林多，林相单一；③水土流失较重；④矿点分散，矿区生态破坏较严重	①做好小流域综合治理，加强森林保育，提高水源涵养能力；②统筹区域管理，加强生物多样性保护，加快自然保护区建设；③大力开展生态乡村旅游，促进山区特色种植业发展
Ⅰ2 唐河上游水土保持亚区	①位于流域西部，包括浑源县东部、灵丘县大部、涞源县西南部、易县西南部、唐县西北部以及阜平县东北部，总面积为 5 966.6 km^2；②主要地貌类型为中山、低山、盆地、谷地；③植被以草灌为主	①人口密度和经济密度低，水生态承载力高；②水资源相对丰富，水资源开发利用率低；③水质较好，土壤侵蚀灵敏性高	①部分地区土壤土层薄，植被覆盖率低，水土流失严重；②山体塌陷、滑坡、泥石流多发	①重点控制水土流失，增加植被覆盖率，提高水源涵养能力；②农业区应提高水资源利用率，调整作物布局，扩大耐旱、耐瘠作物种植面积；③规范矿山开发，加快绿色矿山建设，加强地质灾害预测预警；④大力发展生态农业、养殖业
Ⅰ3 中部水土保持亚区	①包括易县中南部、满城西部和顺平北部，总面积为 1 523.4 km^2；②位于丘陵和河谷阶地；③植被以温带旱生型灌木草丛为主	①人口密度和经济密度低，水生态承载力高；②水资源缺乏，水资源开发利用率低；③水质一般，土壤侵蚀灵敏性高	①干旱缺水，土壤瘠薄，水土流失较严重；②不稳定斜坡分布多，是崩塌、滑坡、泥石流的多发区	①以太行山国家水土保持重点建设工程为契机，构建水土保持综合防治体系；②加快自然保护区建设，加强生物多样性和自然遗产保护；③大力发展生态林果业，培育绿色果品加工业基地；④严格规范矿产开发活动
Ⅰ4 沙河上游水源涵养与水土保持亚区	①位于繁峙县东南部、灵寿县西北部、阜平县西部，总面积为 2 941.5 km^2；②主要地貌类型为中山、低山；③植被以旱生灌草为主	①人口密度和经济密度低，水生态承载力高；②水资源缺乏，水资源开发利用率低；③水质较好，土壤侵蚀灵敏性高	①崩塌、滑坡、泥石流等地质灾害多发；②部分地区植被覆盖度不高，水土流失较严重，水源涵养能力较差；③矿山开采导致地表形态遭到破坏	①以控制水土流失为中心，加强小流域综合治理，提高植被覆盖率，提高水源涵养能力；②以生物多样性保护和水源涵养为重点，积极筹建自然保护区，恢复退化植被和生态系统；③控制矿产资源开采，恢复矿山生态

名称	分区范围和特点	基本特征	主要问题	保护与修复方向
Ⅰ5南部水源涵养及水土流失治理亚区	①位于阜平县东南部、曲阳县及唐县大部、顺平和行唐县中部、灵寿县小部分，总面积为3 056.9 km^2；②主要地貌类型为丘陵和河谷阶地；③植被以旱生型灌木草丛为主	①人口密度和经济密度低，水生态承载力高；②水资源缺乏，水资源开发利用率低；③水质较好，土壤侵蚀灵敏性高	①为国家级贫困地区，经济不发达，人民生活水平低；②“旱、薄、蚀”自然灾害严重，生态环境脆弱；③大部分地区土壤呈中度侵蚀，水土流失较严重，崩塌、滑坡、泥石流高发	①加强对水源地及周边敏感区的生态环境综合治理；②以小流域为单元，工程措施、生物措施相结合，提高植被覆盖率，控制水土流失；③加强矿山披绿工程建设，修复和重建矿山生态；④大力发展生态农业、养殖业和矿产开采业，推进经济发展
Ⅱ1北部生态经济发展与保护亚区	①包括涿州市、高碑店市、定兴县全部以及房山区涞水县、易县、容城县和固安县的部分地区，总面积为3 905.9 km^2；②主要地貌类型为洪积平原、冲积平原；③植物以人工栽种为主	①人口密度和经济密度高，水生态承载力低；②水资源缺乏，水资源开发利用率高；③基本无地表径流，水质差	①人口密集，工农业生产强度大，工厂、企业分布多，资源消耗和污染物排放量大；②农业面源污染严重；③农业、工业及生活用水量大，地下水的过量开采造成地下漏斗和地面沉降	①建设节水型社会，控制地下水开采，利用洪涝弃水进行地下水回灌，防止地下漏斗加剧；②加强建成区污染控制，防治农业面源污染；③积极发展生态农业、生态工业和生态旅游业，推进生态经济发展
Ⅱ2“一城三星”生态市建设与污染控制亚区	①保定市市区、徐水县、清苑县（2015年，徐水县和清苑县撤县设区）全部及满城县平原地区，总面积为2 073.3 km^2；②主要地貌类型为冲积平原和冲积洪积平原；③植被以农业植被为主	①人口密度和经济密度高，水生态承载力低；②水资源缺乏，水资源开发利用率高；③无地表水源，污水排放量大，水质差	①经济结构、产业结构不合理，主要水污染物排放总量仍然较高；②城市规划布局不合理，地表水污染问题突出；③卫星城环境基础设施建设滞后	①加快经济结构和产业结构调整，发展低污染现代制造业、服务业、新能源产业，推进循环经济的发展；②加强城市污水收集和治理基础设施建设；③推进文明生态城市和社区建设
Ⅱ3高蠡循环工业发展与生态保护亚区	①包括蠡县全部、高阳县部分地区和饶阳县小部分地区，总面积为1 014.6 km^2；②主要地貌类型为冲积平原和洪积冲积平原；③植被以农作物为主	①人口密度和经济密度高，水生态承载力低；②水资源缺乏，水资源开发利用率高；③工业废水排放量大，水质差	①农业面源污染严重；②涉水污染企业量大、面广，生态环境压力大；③地下水连年超采，蠡县、高阳县出现深层地下水漏斗，并造成局部沉降	①大力发展循环经济，控制企业污染排放总量，加强重点河段水环境治理；②控制地下水开采规模，防治地下水漏斗和地面沉降；③推广生态种植业，发展无公害、绿色、有机农产品
Ⅱ4保南特色农业发展与生态保护亚区	①包括安国市、博野、望都的全部和清苑县、安平县的部分地区，以及顺平和唐县的东部，总面积为1 460.8 km^2；②地势平坦，主要地貌类型为洪积平原、冲积平原；③植被以农作物为主	①人口密度和经济密度高，水生态承载力低；②水资源缺乏，水资源开发利用率高；③地表径流少，水质差	①水资源供求矛盾突出，地下水位下降明显；②农业面源污染较严重；③农村生活垃圾、人畜粪便等的集中处理能力差	①大力发展无公害绿色产业，加强农业节水，加快发展循环经济，改善生态环境；②发展生态农业，减少面源污染；③加强农村生活和养殖业污染治理

名称	分区范围和特点	基本特征	主要问题	保护与修复方向
II 5 南部生态农业发展与污染控制亚区	①包括定州市大部、新东市全部、安国市西南部、行唐县东南部、曲阳县东南部和唐县局部地区，总面积为 3 370.1 km^2；②主要地貌类型为洪积冲积平原；③植被以农作物为主	①人口密度和经济密度高，水生态承载力低；②水资源缺乏，水资源开发利用率高；③污水排放强度大，水质差	①人口密集，工农业生产活动频繁，经济结构和产业结构不合理，环境压力大；②水资源缺乏，河道断流突出，农业灌溉用水浪费严重；③大沙河两侧土地沙化较为严重	①加强污染治理，严格控制污染排放总量；②限制高耗水产业的发展，建立节水型社会；③工程措施和生物措施相结合，防治和改良沙地；④大力发展生态农业、有机农业
III1 北部湿地污染控制亚区	①包括安新县北部地区，总面积为 464.9 km^2；②主要地貌类型为湖积平原、冲积湖积平原和冲积洪积平原；③植被主要是农作物，湿地分布芦苇等湿生群落	①人口密度和经济密度高，水生态承载力低；②水资源缺乏，水资源开发利用率高；③河流水质差	①入淀河流水质差，携带大量的营养盐；②农业开垦活动占用湿地，导致水面萎缩	①加强入淀河流污染治理，严格控制上游污水入淀；②控制湿地周边的种植和养殖活动，治理污染；③实施湿地生态补水；④严禁农业生产、城镇建设侵占湿地
III2 南部湿地生态修复亚区	①主要包括安新县南部和任丘市小部分地区，总面积为 633.4 km^2；②主要地貌类型为湖积平原、冲积湖积平原和冲积洪积平原；③植被主要是农作物，芦苇等湿生群落分布广，主要分布在白洋淀及周边低洼地带	①人口密度和经济密度高，水生态承载力低；②水资源缺乏，水资源开发利用率高；③水体富营养化程度较高	①湿地内生态水位难以稳定保障；②淀内种植、养殖和旅游活动造成污染，威胁白洋淀湿地水质；③水系连通性差，湿地水面侵占现象突出	①实施生态移民，加强淀中村污染治理，限制种养殖业规模，减少内源污染；②加强淀内水体的生态修复；③加强湿地生态补水；④退耕还湿，实施围堤围埝拆除，恢复湿地水面

10.3 流域水生态修复与治理模式

10.3.1 流域雨水的生态化利用模式

10.3.1.1 雨水的双重效应

雨水是自然界水循环系统中的重要环节，对城市复合生态系统的良性循环与持续发展表现出正与负的双重效应。雨水首先是一种最根本、最直接与最经济的资源，对调节、补充城市水资源及改善城市自然生态系统具有重要的作用（陈卫等，2000）。收集到的雨水可用于生活与工业生产，也可作为生态环境用水，用于城区绿化、灌溉、市政清洁及回补超采地下水等，发挥多种生态效益。雨水中污染物相对较少，利用工程较简单，建设费用也少。采取各种措施提高雨水的利用能力与效率是传统水利不可缺少的补充与延伸，是解决水资源危机的重要途径（徐乾清，1998）。

在多雨时节，雨水又会产生许多不利影响。城区道路、广场及房屋的建设提高了硬化地面面积及占比，干扰并破坏了正常的水文循环规律，不利于雨水对地下水的动态补给，并使地表径流在较短时间内形成，峰值流量增高且峰现时间缩短，再加上城市河道缩窄导致泄洪能力下降，雨水容易在城区积聚，形成洪涝灾害。1993—1997 年，我国因洪灾造成的直接经济损失达 7 192 亿元，其中工业及城市的损失占 50%（孙海英等，2001）。

城市大气及地表会有大量来自生产与生活过程的污染物累积，雨水径流会携带大量 COD、BOD 及 N、P 等非点源污染物，成为城市水体的潜在威胁。在美国，非点源已经成为水污染的主要贡献源，在一些流域，60%的水污染源于非点源；其中，来自城市地表径流的非点源污染是不可忽视的组成部分。在国外，一些工业点源与生活点源得到有效控制的城市，BOD 污染负荷的 40%～80%来自城市雨水径流。随着人们生活方式的日益多样化，城市地表径流非点源污染逐步呈现复杂化的特征，日益引起重视（朱颜明等，2000）。国际上已经把城市地表径流列为湖泊、河流的第三大污染源，欧盟于 1997 年颁布的《水框架指令》（*Water Framework Directive*）着重提出了城市非点源的污染控制问题。

10.3.1.2 城市雨水生态化利用的内涵

一般所指的雨水利用为狭义的雨水利用，也叫雨水直接利用，主要包括解决家庭饮用、集流补灌之用、消防及城市绿化和地下水补给 4 个方面（刘小勇等，2000），其实质是雨水的资源化。本研究所指的生态化利用是相对狭义利用而言的，针对当前城市生态环境退化的现状，着重强调城市雨水利用过程中对涉水城市生态环境问题的缓解及消除作用。一般而言，雨水生态化利用至少应包含以下几方面的要求：①作为城市绿化、净化和回补地下水、河湖渗漏蒸发损失等的生态环境用水；②有利于减轻城市地表径流的非点源污染排放负荷；③具有水土保持及水源涵养作用；④为城市生活及生产用水提供必要的、费用低廉的补充水源；⑤减少城市洪水发生概率，规避风险；⑥有利于加强生物多样性保护及促进水体景观娱乐等生态功能的发挥。

对城市复合生态系统而言，雨水生态化利用既要满足水资源可持续利用的要求，又要推动生态城市建设的开展，同时满足经济高效的原则，将人的发展需求、生物生存环境建设及自然生态系统的良性发展和谐统一起来。

10.3.1.3 城市雨水生态化利用模式

城市雨水生态化利用的关键在于抑制其负效应、放大正效应。因此，除适当调整城市发展格局、功能分区、土地开发强度及社会经济发展规模并加强绿化系统建设外，还应选择合理的雨水控制与利用模式。本研究提出了一个基于全过程控制，包含“减源、截留、缓排”3 个步骤的利用模式，旨在为城市生态建设中雨水的控制与利用提供借鉴。

（1）减源

减源指减少进入输送通道及城市水体的雨水量，主要有 3 种方法。一是利用天然或人工构筑的汇流面（如屋顶、人行道及其他硬化地面等）收集雨水，并建设配套的储水系统、将收集的雨水储存起来。这种方法投资较少且集流效率高，储存的雨水可用于城市消防、环境美化、卫生清洁，或洗车、冲厕等生活杂用水。二是合理规定城市的建筑密度，降低地面硬化率，加强绿地系统建设，如公共绿地及城市森林的建设，或在绿色植被与土壤之间增设贮水层、透水层等。三是在城市建设中广泛使用透水铺面，如在人行道上铺设透水方砖、草皮砖，步行道以下设置回填沙石、砾料的渗沟，以及建设屋顶花园等；或借鉴美国、日本、德国等国的经验，采用透水性沥青路面、混凝土透水路面。后两种方法均有助于促进雨水向地面的下渗，从而减少进入传输沟渠、管网及水体的雨水量。

（2）截留

截留的目的在于尽可能截留雨水，主要途径是建设透水传输系统。在技术上，可将雨水输送暗渠或管道改为具有渗透能力的明沟，或建设渗透池、渗透孔、渗透槽、渗透管等以输送雨水，减小雨水径流的流量、流速，以使其尽可能多地向地下渗透，减少输送到城市水体中的径流量，拖延径流峰值形成时间，减轻洪水对城市的威胁，并有助于涵养水源、复活泉水、补充河川基流、改善城市生态环境。

（3）缓排

在雨水最终进入城市河道与湖泊等水体前，用过滤带、滞留池、截留塘、人工湖或人工湿地系统等将来自透水输送系统的雨水储存起来，对一些汇入城市湖泊的雨水，也可使用前置库技术。超出储存系统设计容量标准的雨水在这些储存系统短期驻留，经自然净化处理后排放。这些措施可减轻城市非点源污染，并营造水体景观与生物栖息地。储存的雨水也可被再利用于社会生活、生产与城市建设。

10.3.1.4 城市雨水生态化利用评价指标体系

对处于不同气候带或区域的城市而言，雨水生态化利用程度的评价指标会有所不同，生态化利用的指标很难统一，但至少应具有易于统计与量化、简明、有利于管理与实施的特点，并反映生态化利用的内涵与利用模式的要求。综上所述，城市雨水生态化利用评价指标体系至少应包括水文、水质、储存与利用、地表属性四大类别（如表 10-6 所示）。

表 10-6 城市雨水生态化利用评价指标体系

类别	具体指标	描述
水文	城市多年平均降雨量及不同保证率下降雨量、径流深	雨水资源的利用潜力
水质	降雨、地表径流、储存容器、集水塘及人工湖等的水质（各类污染、硬度等）状况	水质对雨水资源可用性的支持
储存与利用	城市雨水收集面积、可收集量，储存容器的数量及储存能力，城市人工湖（集雨塘或湿地等）的数量及储存能力，储存雨水的用途（生活、生产、灌溉、回补地下水及水体景观等）及用量	雨水收集、储存及使用，生物生存环境的营造状况
地表属性	城市绿地面积、屋顶花园面积、透水地面面积、透水铺装地面面积、透水地面率、透水铺装地面率、城市输水明沟长度、透水管网长度及占比	雨水对土壤及地下水的自然补给能力

10.3.2 流域水系生态治理与修复模式

水系人工化破坏了生物栖息与洄游环境，切断了生态系统各要素及生物地理化学过程的联系。因此，在较长的时间内，河流生态系统修复集中在修复与提高单个栖息地的条件或对河流物理结构（如内河道、河岸带等）的修复（Beechie et al.，1999；山脇正俊，2000）。这类修复试图稳定或优化某一时间点及空间位置上的生境，或创造一种近自然状态，却忽略了河流的自然变量及动力学过程，使修复的效果大受局限。当前，河流生态系统的修复已经从这种单纯的结构性修复发展到整个河流系统整体结构、功能与动力学过程的综合修复（Clarke et al.，2003）。城市河流生态系统修复也必然遵循这种要求，修复模式要考虑结构、功能及河流动态过程等各方面。

城市人口集中，开发强度较大，城市河流生态系统受到严重的干扰。以防洪与航运为目的的河道裁弯取直、堵塞汊流与缩窄河身等，河道生态流量的挤占，点源与非点源污染物的高强度集中排放，城市建设对河流廊道的侵占，河岸与河道的固化等严重降低了河流的自净能力，破坏了生物栖息环境，影响了河流生态系统的良性发展（Poff et al., 1997）。而且长期以来，景观建设得不到应有的重视，阻碍了城市居民亲水愿望的实现，河流的整体生态效应与功能日渐衰退。综合以上问题，本研究提出了城市河流生态系统的八元修复模式（如图 10-15 所示）。该模式以污染源控制、底泥疏浚与污水处理工程为主导，综合运用河流水体曝气复氧、多功能河道生态工程修复、生物试剂修复等强化自然修复与城市地表径流非点源控制技术，生物自然修复与工程修复相结合，景观建设与生物栖息地营造相结合，实现河流生态系统的修复。

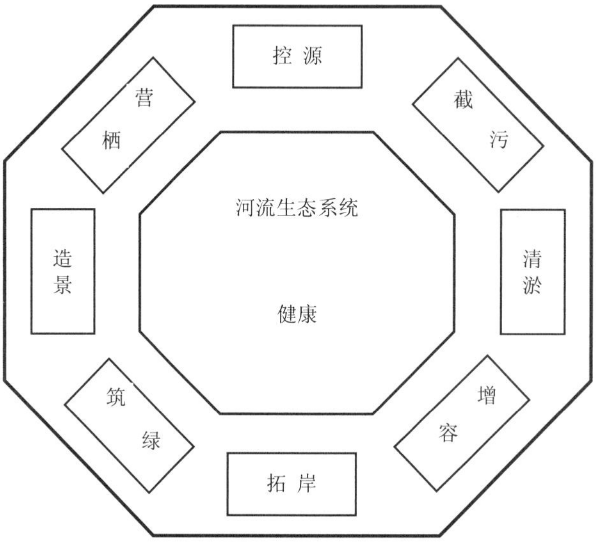

图 10-15　城市河流生态系统八元修复模式

控源：通过合理规划社会经济发展布局，提高植被覆盖面积，优化调整产业结构，建设水资源节约型城市体系，加强环境审计管理，实施城市清洁生产及工艺革新等措施，减少各类污染源污水、污染物产生量与排放量，减少水资源开采强度，降低对城市河流生态系统的胁迫强度。

截污：城市污水是造成河流水质恶化的最重要贡献源。对汇入城市河流的污水实施工程或生态截流并集中处理后排放是改善水质最为有效的手段，但费用较为昂贵。

清淤：当外来源切断或水体动力条件变化时，会导致底泥中污染物的释放，对水体造成污染。利用特殊的环境疏浚设备，移走、清除水体中的污染底泥，可为河流生态系统的修复创造条件。清淤有助于增强行洪与航运能力，清出的富含营养物质的淤泥可用于林地投放、绿地施用及农业生产，实现资源化利用（朱广伟等，2002），也可作为河道两侧护岸及提防加固的填土材料（顾欢达等，2002）。

增容：减少城市生产与生活对河流生态环境用水的挤占，分配河流生态系统必需的生态环境用水，提高河流水流流速，加强河流中水流同河道、河岸基质及地下水的交换，利用各种物理、化学与生物强化自然修复手段，增强河流对污染物的稀释及自净能力。

拓岸：外延城市规划红线，拓宽河床，扩大河道蓄水容积、提高行洪能力，增加河岸管理带宽度。

筑绿：加强河岸带的植被建设，保持其结构上的连续性与稳定性，促进城市蓝带与绿网的交融。

造景：建设亲水景观，满足城市居民的亲水愿望，提高河流生态系统的休闲娱乐价值，改善人居环境质量。

营栖：考虑水生生物的生存需求，加强鱼道建设，保护与恢复河道内栖息地，保存河漫滩结构完整性，促进浅滩与边滩的发育，保护沙洲景观，为生物营造栖息环境，使河流成为生物多样性的表达场所。

城市河流生态系统修复模式实质上是反映城市河流生态系统修复中所应遵循的规律或行动指南，可作为依据的法式或标准，具有可移植与可推广的含义。但同时其使用也是相对的，不存在“万能”或“普适”的意义，其本身也具有动态的特征，应用于不同区域。适用于不同类型与受扰程度的河流时，应根据当地情况与特点进行必要的修改与调整。

10.4 流域水生态修复与治理措施

10.4.1 流域土地利用与景观综合管理

流域土地利用与景观综合管理的重要目标是保障林草地等生态用地占比，控制建设用地的无序增长，实现土地集约利用，防止景观的破碎化，提升水源涵养与截留污染物的能力。

前述分析表明，林草地具有水土保持、净化水质等多方面的生态服务功能，对河流健康贡献较大。应在功能评估的基础上，加强对林草地的保护与恢复，必要时结合生态系统服务功能重要性及生态敏感性，划定生态保护红线以实现对林草地的保护。

在城市发展过程中，对流域下垫面结构的人工化改造与硬化建设会阻碍降水下渗，使其径流量和蒸散发量增大，破坏流域自然水文循环，同时增大城市雨洪排放负荷，内涝风险也会随之增大。Avnell（2002）的研究表明，地表硬化区域降雨后汇流速度加快，洪水总量增加，城市径流量急剧上升，很快出现峰值，又迅速降低，径流曲线（如图 10-16 所示）比较陡峻。城市面积越大，硬化地面占比越高，这种趋势表现得越突出。因此，流域土地综合管理的重点是控制建设用地与硬化地面的占比，加强土地资源尤其是建设用地的集约利用，并要通过海绵城市建设，提高城区可渗透铺面比例。

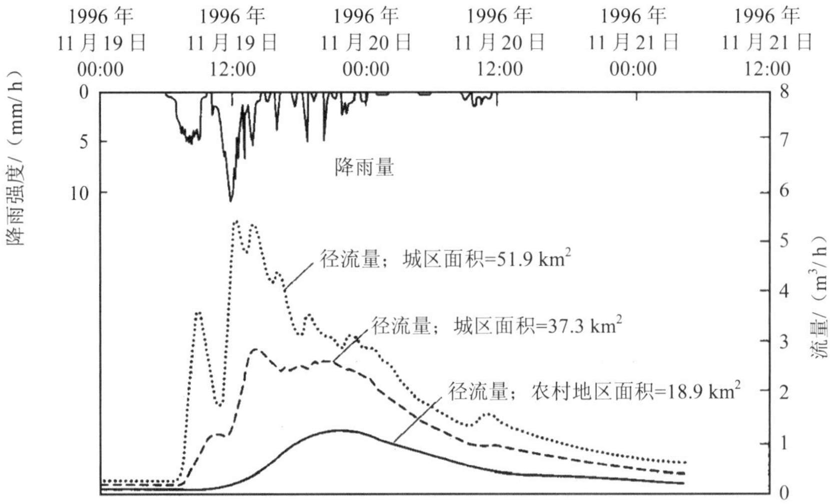

图 10-16　不同硬化强度下径流与降雨关系对比（Avnell，2002）

10.4.2　流域水资源节约利用

重点是从流域农业、工业、生活 3 个方面推进流域水资源节约利用。

在农业节水方面，重点以提高灌溉水利用效率为核心，调整农业种植结构，减少高耗水农田的种植量，加快建设高效输配水工程等农业节水基础设施，因地制宜，在灌溉区推广和普及喷灌、滴灌等节水灌溉技术，稳步降低灌溉用水定额。

在工业节水方面，应考虑与城市化发展水平相协调，全面调整优化流域的工业结构，以火电、化工（含石化）、造纸、冶金、纺织、建材、食品、机械等行业的节水为抓手，严格执行重点行业的水耗准入和取水定额制度，限制高耗水工业项目的建设，实行用水总量控制，并通过各种手段加强用水管理，改造工业设备和生产工艺，促进工业内部水资源循环利用，提高水的重复利用率，最终实现工业用水的“零增长”。

在生活节水方面，一是要加强宣传教育，增强公民节水意识；二是要加强经济杠杆的运用，建立合理的水费体制——水费类别、标准及收费办法，实行超额用水累进加价制度；三是要推广使用节水器具和设备，加强对节水器具和设备生产、销售、使用的监督和检查；四是要加快城市供水管网改造；推广建筑中水利用；加大城镇生活污水处理和回用力度。

10.4.3 流域水污染综合治理

随着我国经济的快速发展，流域点源污染排放呈现逐步上升趋势。以长江流域为例，根据《长江流域及西南诸河水资源公报》，2006—2016 年，流域废污水排放量由 305.54 亿 t 增长至 353.2 亿 t，增幅为 16%。经过多年的治理，我国工业点源基本实现了达标排放，但城镇污水集中治理、畜禽养殖污染治理领域仍存在不少问题，非点源污染也不容忽视。

10.4.3.1 加强工业企业污染治理

应发挥技术改造对传统产业转型升级的促进作用，加快企业尤其是现有重污染企业的升级改造，加快淘汰落后产能，开展现有园区的清理整顿，实现园区绿色循环低碳发展。同时，针对不同企业行业及其潜在的可循环利用资源，在全社会、园区与大型企业内部 3 个层次，构建相应的循环产业链，以提高资源利用效率，推动循环经济体系建设，促进资源综合利用。进一步加大对清洁生产的投资力度，认真开展清洁生产审核，鼓励企业建立环境管理体系，加快实施清洁生产方案，深入推进清洁生产。加强执法监管，建设相应的企业污水处理设施，保证按照国家和地方排放标准的要求，实现达标排放。

10.4.3.2 加强城镇污水收集与治理

（1）推进城镇污水管网规划建设与改造

首先是全面普查已有老旧污水管网，明确管网存在的错接、混接、合流制污染等问题，实施差异性对策，对老城区及难以分流的区域采用截流式合流制，对具备条件的区域逐步实施分流制，全面实施老旧管网改造。其次是充分考虑气候、地形等自然条件，根据城市水质实际及污水治理方面存在的问题，加强管网规划与设计，重视污水管网规划设计的统一性，确保城区与郊区在污水管网规划上的统筹性与整体性，科学规划设计管网系统。最后，要遵循厂网并举、管网先行的原则，加快新污水管网、再生水管网建设工作，加强污水管网配套建设力度，使管道输水量与污水处理厂设计处理能力相适应，保障污水处理厂投入运行后的实际处理能力。

（2）实施城镇污水深度治理

要依照国家对化学需氧量、氨氮、总磷等主要水污染物指标的控制要求，加快老旧污水处理厂提标与升级改造，提升脱氮除磷能力。并通过分析现状污水管道系统、流域水系规划、城市建设区布局等条件，将近期目标与远期目标相结合，合理规划可实现脱氮除磷的污水处理厂。还要保证城镇污水处理厂的正常运转，加强对排入城镇污水收集系统的主要排放口水量、水质的监督和监测，保障各类城镇排水设施的安全运行与达标排放。

10.4.3.3 加强畜禽养殖污染防治

从以下 4 个方面加强畜禽养殖污染防治。一是要科学划定禁养区、限养区和养殖区，禁止在流域内的饮用水水源区，风景名胜区、自然保护区、城镇居民区、文化教育区等人口集中区域，及法律、法规规定的其他禁止养殖的区域内建设畜禽养殖场、养殖小区，调整优化养殖业生产布局。二是要大力发展畜禽标准化、规模化养殖，支持符合条件的规模化养殖场改造圈舍和更新设备，建设粪污贮存处理利用设施，提高集约化、自动化、生态化养殖水平，实现生态环境友好养殖。三是要根据养殖规模和污染防治需要，建设相应的畜禽粪便、污水与雨水分流设施，建设畜禽粪便和污水贮存、粪污厌氧消化和堆沤、有机肥加工、沼气制取、沼渣沼液分离和输送、污水处理、畜禽尸体处理等设施，因地制宜采取就近就地还田、生产有机肥、发展沼气和生物天然气等方式，推进畜禽养殖污染综合利用与治理。四是要全面依法取缔超标排放的畜禽养殖场，建立畜禽规模养殖场管理信息系统，构建统一管理、分级使用、共享直联的监管平台，加强养殖污染监管。

10.4.3.4 加强非点源污染治理

非点源分布广、来源复杂、过程随机，对其的控制和治理一直都是流域水污染防治领域的重点和难点。以下从源头控制、传输途径阻滞和临水末端治理 3 个方面提出治理对策。

（1）加强非点源污染源头控制

针对农业非点源和城镇地表径流非点源，采用不同的源头控制措施。

在农业非点源源头控制方面，一是优化流域种植业结构，推广稻田复合种养模式、水体生态农业模式、丘陵山地牧草果菌沼模式等现代化、集约化生态农业模式；二是推广有利于非点源污染控制的种植模式，采取合理密植、间作、套作、轮作、免耕等技术，提高复种指数，减少土地裸露率；三是推广科学施肥，加强水肥综合管理，确定适宜的施肥量和施肥期，开展平衡配套施肥和有机肥还田，选用新型高效肥料等措施，控制化肥施用强度；四是通过农业防治、生物防治、合理用药、保护天敌等综合性防治措施，减轻病虫害的危害，减少农药施用量，减轻农药对水环境的污染。

在城镇地表径流非点源污染源头控制方面，一是实施雨污分流工程建设，构建雨污分流体系，保障初期雨水排入污水管网，实现雨污单独收集与处理；二是结合海绵城市建设，推广使用低影响开发（Low Impact Development，LID）技术，建设绿色屋面、下凹式绿地、绿化洼地、公园湿地等控制设施，最大限度地实现雨水在城市区域的积存、渗透和净化。

（2）实施非点源污染传输过程拦截

植被过滤带是控制流域农业非点源污染传输的重要技术手段。应因地制宜，在农田、河道之间建立地表漫流植被过滤带、生态沟渠植被带、沙层过滤植被带，有效截留和净化径流传输中的非点源污染，达到减少入河污染负荷的目的。在城市中，通过建设标准传输植草沟（standard conveyance swales）、干植草沟（dry swales）和湿植草沟（wet swales）、保护缓冲带（conservation buffer strips）、树阵系统、公园与社区下凹式绿地等，提升对地表径流携带的非点源污染的拦截能力。

（3）加强非点源污染的临水末端治理

末端治理措施是指携带非点源污染的降雨径流入河前，通过自然生态技术或人工净化技术对径流中污染物进行降解的措施。以自然降解为核心的生态化控制措施已经成为国际广泛采用的“末端”治理技术，主要可以分为两类，即塘系统与湿地系统。修建人工水塘以控制非点源污染是一种非常有效的方法，也可以提高水资源利用率，在农业非点源污染防治中广泛应用。在我国南方大部分农业区域，多水塘系统能截留来自农田的氮、磷污染负荷中的 60%以上。湿地系统包括天然湿地系统与人工湿地系统，其优点是技术简单、基建成本与运行维护费用较低、对污染物的去除范围较广且去除效能较高、生态环境效益显著、能适应城市径流污染的不稳定特性等，在实践中应用广泛。

10.4.4 河流库坝生态调度与放流

库坝具有水量存蓄和调节的功能。闸坝生态调度是指通过改变水库调度方式，以减轻库坝建设对河流生态的影响、保护河流生态的行动（Johnson et al.，2004）。在大多数情况下，流域库坝生态调度可发挥改善水质、恢复岸边带及湿地、营造栖息地和保护目标物种的作用。与常规调度相比，生态调度协调防洪、发电、供水、灌溉、航运、环境改善与生态保护等多目标用水需求，实现了经济效益、社会效益、生态效益统一（梁士奎，2016），提高了闸坝的综合效益，有利于河流健康保障。

库坝生态调度的核心目标是河流生态系统的保护。调度中需要遵循至少两方面原则：①实施调度时遵循近自然水文情势：自然水文情势是河流生态系统演变的驱动力。理论上，恢复河流的自然水文情势是恢复河流生态完整性的根本手段，调度中应在权衡社会经济可承受程度的基础上，尽可能地保留对河流生态系统影响重大的流量组分，以最大限度地塑造近自然的水文情势。②因地、因时制宜实施调度：供水维持调度主要考虑闸坝不同的供水情况，防洪调度考虑汛期闸坝需要留出一定的库容以保证闸坝的安全，而生态调度需要在考虑社会经济发展需求的基础上，根据不同河段、不同时段生态环境保护需求，找到与生态保护间的平衡点。

从生态调度的方式上，根据生态调度对河流水力条件及水生态系统的作用范围，可将闸坝生态调度分为坝库区生态调度以及面向闸坝下游的生态调度。前者主要是针对闸坝上游形成的库区，通过水库泄放实现闸坝库区水环境、水生态的稳定；后者则主要是通过闸坝运行方式的优化调整，形成特定的下泄流量过程，对下游河道水生态系统产生影响，保障某一生态目标的实现。生态调度会涉及生态、水文、水污染、泥沙、水系连通性等方面（崔国韬等，2011），形成面向生态需水保障的调度、面向水文情势改善的生态调度、面向水污染防治的生态调度、面向水沙平衡的生态调度、面向生态因子调节的生态调度、面向水系连通的生态调度等类型。

10.4.5 流域水系生态治理与修复

10.4.5.1 水系形态结构修复

（1）加强生态护坡与护岸建设

以往的河道护坡与护岸比较坚硬，主要采用浆砌、干砌块石护坡，现浇混凝土护坡或预制混凝土块体护坡，走向笔直，断面形式单一，隔断了水体同陆地生态系统的联系，影响水系廊道生态及景观功能。采用既能满足强度、安全性和耐久性要求，又贴近自然的生态护坡与护岸是水系形态结构修复的重要手段。

生态护坡与护岸以“保护、创造生物良好的生存环境和自然景观”为前提，将混凝土人工建筑改造成为水体和土体、水体和生物相互涵养，适合生物生长的仿自然状态的护坡，是融现代水利工程学、环境科学、生物科学、生态学、美学等学科于一体的水利工程。生态护岸与护坡建设中比较重要的是选择生态材料，常用的生态护坡与护岸材料主要有植物、生态混凝土、水泥生态种植基、土工材料绿化网、土壤固化剂等（刘文宏等，1997；张俊云等，2000；季永兴等，2001）。通过这些生态护坡的建设，可以防止塌岸及水土流失，美化景观，营造局域小气候，为生物提供栖息环境。

（2）推广建设复式生态断面

从形式上看，河道段面可分为梯形、矩形、斜坡形、复式等。集人类亲水性、生态性和河道蓄水防洪功能于一体的复式河流断面具有诸多生态上的优势，受到推荐。复式断面适合于河滩相对开阔的河流，枯水期流量小，水流归槽主河道。洪水期流量大，可允许洪水漫滩，过水断面大，洪水位低，无须修建防洪堤。可根据河流滩地宽度、地形、地势等情况，开发滩地功能。可用于修建小型野外场所、河滨公园、亲水景观或辅助人行步道。既充分发挥河滩功能，又不增加防洪压力。

对穿越中心区、原有河道比较窄、建筑密集，因资金及操作上的困难而难以拆迁的河段，有时为节约土地，也可因地制宜，采用矩形断面或斜坡断面，但这类河道的护岸应尽可能选用木桩、植物、不规则石块或鱼巢状护岸等近自然护岸，以提供生物生存介质。在部分河段，也可以根据建筑物的分布情况、居民的亲水要求，采用不对称式的设计，一侧为矩形，另一侧为复式等，以合理利用河流宽度，营造和谐的城市河流生态系统。一般情况下，断面形式选择的顺序应是天然河道断面、复式断面、斜坡断面与梯形断面，最后才是矩形断面。

（3）实施水系裁弯取直段的复原

水系的重要自然特性之一在于寻求一种弯曲与蜿蜒的地貌，达到一种最稳定与最有效率的状态（Petersen，1999）。在河流的修复中，需要恢复河流结构上的弯曲状态，重新建立河流的水动力干扰机制，促进河流的自然过程修复。河流裁弯取直的复原会引起水流特性的变化，造成水沙淤积与冲刷变化，形成一系列边滩、浅滩与心滩等泥沙堆积体，这些泥沙堆积体又会造成水流流场的不均匀。二者的相互作用为水生生物提供了更多有利于栖息的水文与底质环境，形成自然状态下的河道形态。因此，弯曲河段的生物群落明显要复杂于直线河流，生境类型也比较丰富，自净能力相对较强。

河流的裁弯取直恢复应在大量的水文、河道地形、河流分布特征等历史资料调查的基础上进行。在城市中，河流两岸土地开发强度较高，这种恢复需要占用大量土地，还会造成拆迁等操作上的困难。在城市中进行裁弯取直段的完全复原几乎不可能。因此，在城市河道的裁弯取直中，可因地制宜，考虑土地利用及城市功能布局的要求，结合景观娱乐与文化资源保护上的考虑，适当提高河流的曲率和蜿蜒度，增加水面面积，有条件地满足河流恢复的要求。

10.4.5.2 河流自然净化能力增强

（1）曝气

曝气技术自20世纪60年代起就在一些国家得到了应用；1977年英国泰晤士河修复

中就利用了此项技术，当前该技术的应用较为广泛。主要是利用动力设备，向河水进行人工复氧（空气或纯氧），提高对污染物，尤其是有机污染物的净化能力。也可采用橡皮坝或跌水等实现复氧，增强复氧自净能力。对湖泊，采用机械搅拌、空压机注入空气、注入纯氧技术进行深水曝气应用较为普遍，可以改善冷水鱼类的生长环境，增加食物供给，在不改变水体分层状态前提下提高溶解氧浓度，并可使泥界面厌氧环境变为好氧环境，在底层形成以兼性菌为主的环境，从而降低内源磷的负荷。

（2）引水稀释

用清洁的水更换污染物浓度较高的水，或增加水量将发生藻华的缓流河水冲洗出去，通过稀释与扩散，提高溶解氧浓度，增强生物降解能力，降低水中污染物及藻类的浓度，比较简便有效。引水还可提高水位，降低浮游植物生产力，促进悬浮物质的沉降与沉积物的再悬浮，抑制底泥中营养物质的释放。在引水稀释过程中，要计算污水流量与河水流量的比例，调查河流沿岸的生态状况、可调水量以及河流水力负荷允许的变化幅度等，条件适宜的还可以建立模型进行模拟。此方法的缺陷是一次性投资与运行费用比较高，在许多水资源紧缺的地方无法采用，即便是在水网地区，由于种种原因，此方法也不能作为理想手段而实施。

（3）添加试剂

添加的试剂包括化学试剂与生物菌剂两种，目的是提高水体的自净功能。

若干化学物质有絮凝、杀藻和除臭等功能，有利于提高水体的透明度和改善水体感观。如利用硫酸铜杀灭过量蓝藻，可在蓝藻水华发生时有较好的效果。但投放化学物质这种办法在时效和大水域、流动性较强水体中有其局限性，持久性差，污染物难以沉降，且污染物沉降后，死体腐败还会消耗氧气。因此，这种方法较适合于水流平缓的河流。而且该方法还存在一定的负面影响，部分化学试剂对浮游生物及鱼类的生存存在威胁，大规模人工合成物的利用还有可能破坏水生态系统的自然循环机制，必须注意其长期的负面效应。

受污染水域中的微生物功能薄弱，因此添加在好氧、兼氧与厌氧环境下都可以发生作用的微生物菌群能够抑制有害的耗氧异养菌群，可有效加快水体及底泥中有机物质的分解速率，促进有机物质向初级生产力转化。而且，生物菌剂在代谢过程中产生的生物活性物质对藻类、浮游动物及鱼类都有不同程度的调节和促进生长作用，可加快初级生产力向次级生产力的转化。选择污染物高效降解微生物时，可以使用具有某种特定功能的菌群，如光合细菌、硝化细菌等；也可以从受污染水体和底泥中分离筛选后富集培养，再返回受污染水域，还可以利用基因工程菌，通过将多种降解性质粒转移至一个菌株，使一个菌株可以同时降解多种污染物，但使用基因工程菌要特别注意安全问题。

（4）生物操纵修复

生物操纵（biomanipulation）是Shapiro在1975年提出的，目前积累了许多成功的经验。该方法多应用于湖泊和水库的修复，指应用湖泊生态系统内营养级之间的关系，通过对生物群落及其生境的一系列调整，减少藻类生物量、改善水质（Shapiro，1990）。其主要原理是调整庇护机制或鱼群结构，保护和发展大型牧食性浮游动物，利用浮游动物滤食浮游藻类，从而抑制藻类的过量生长。

主要方法包括在湖泊中投放、发展某些鱼种，抑制或消除另外一些鱼种，使整个食物网适合于浮游动物或鱼类自身对藻类的牧食与消耗；还可以利用浮游植物性鱼类直接牧食藻类，利用草食性鱼类牧食水草，或用机械收割方法去除多余水草，投放微型浮游动物及投放控制植物生长的植物病原体与昆虫等。生物操纵通过减少藻类生物量的途径达到减少营养盐负荷的效果，效益可持续多年，低耗、无毒，并能将N、P转化为有用的生命物质，提高经济效益。但生物操纵可能引入外来物种，引起水生态系统的食物网结构与营养级变化，需在详细的水体生态调查及分析基础上进行。

（5）恢复水生植被

许多水生植物对污染物有吸收、降解、吸附、过滤等作用，可抑制藻类的生长，还能减小水流扰动，减少水体底层污染物的溶出。此外，还具有以下特征：一是污染物浓度较低时也有较高的积累率；二是能在生物体内高浓度富集；三是能同时吸收与积累数种污染物；四是生长快，生物量大；五是具有抗虫与抗病能力。因此，在水体内恢复水生植被是增强水体自然净化能力、营造水景观环境的一条重要途径。

水生植被的修复包括人工强化自然修复与人工重建水生植被两条途径。前者通过水体环境的调控来促进湖泊水生植被的自然恢复，但恢复过程较慢；后者是对已经丧失了水生植被恢复能力的水体，通过生态工程途径重建水生植被。但重建水生植被绝非简单地栽种水草，而是依据系统生态学与群落生态学理论，重新设计建设全新的、能够稳定生态系统的水生植被和以水生植被为中心的水体良性生态系统。

在水生植被设计中，应考虑底质条件、河床（湖盆）形态、沿岸浅滩环境条件、水文条件、风浪扰动能、水质、透明度及人类需求，并依据环境条件和群落特性，将水生植物群落按一定的比例在空间分布、时间分布方面进行安排，合理进行群落配置。在一些水生生物生存条件破坏严重的地区，还应对环境进行改造，创造适合水生植物生长的环境条件。

由于水草死亡后容易腐败分解、破坏水体质量，因此，利用水生植被修复水体时，必须采用人工或机械方式，及时收割水草，将水草富集的污染物带出水体，并加强对多余或不需要的水生植物的管理。

（6）水体内生物强化

水体内生物强化技术是利用生物膜法净化污染物的原理，采用适宜的生物载体，配合合理的生物处理工艺，将生物载体置于受损水体内，实施修复。主要的生物载体包括卵石等天然材料和弹性纤维、聚乙烯塑料球等合成材料，主要方法包括生物膜块、人工接触氧化、移动式生物净化、生物栅、生物浮床等。

生物模块利用吸附材料及其内部固载的生物菌与表面生物膜吸收和降解污染物，通过将这些吸附材料制作成固体拦截模块，使其悬浮在污染水体中净化水质。对水体质量要求严格，但现状水质较差的河段，可在水体内营造生物接触的环境（如建设人工砂砾岛、接触式氧化池等），以净化受污染的河水。对流速缓慢、水体交换迟钝、自净能力差的水体，适合选用移动式生物净化装置。生物栅是一种为参与污染物净化的微生物、原生动物、小型浮游动物等提供附着生长条件的设施。通过在固定支架上设置绳状生物接触材料，使大量参与污染物净化的生物在此生长，由于其固着生长而不易被大型水生动物和鱼类吞食，使单位体积的水体中生物数量呈几何级数增加，强化了水体的净化能力。生物浮床则考虑沉水植物所需的光补偿深度，是基于沉水植物水体中营养物质的净化作用机理制成的，可使沉水植物维持在其光合作用与呼吸作用平衡的水层深度以上，加快植物生长，实现水质的净化。

10.4.5.3 内源消除与控制技术

（1）底泥环境疏浚

在水体底泥中累积大量的N、P等营养物质，当水体动力条件发生变化会导致底泥中的污染物释放，对水体造成污染。在这种情况下，有必要采取底泥环境疏浚的方法来消除或减轻污染。利用特殊的环境疏浚设备移走、清除水体中的污染底泥，为河流生态系统的恢复创造条件。清出的淤泥可用于林地投放、绿地施用及农业生产，实现资源化利用（朱广伟等，2002），也可通过流动化处理及加入部分固化材料，作为河道两侧护岸及堤防加固的填土材料（顾欢达等，2002）。环境疏浚清淤的不利之处是成本高，只适用于较小的河流与湖泊。而且水体的底泥主要是污染汇，不主要表现出内污染源的作用，清淤在短期内会改善水质，但长期来看，清淤不是彻底控制水体污染的方法。因此，疏浚必须与外源控制及综合整治相结合，并要注意对清出底泥的综合利用与无害化处理，避免二次污染的发生。

（2）底泥污染物控制

该技术多应用于城市湖库，通过加入一些物质，将底泥中的污染物质固定下来。如加入铝盐，形成氢氧化铝絮凝沉淀，将磷离子结合成固体物质，可以减少沉积物中磷的释放；也可将硝酸钙注入底泥中，在无氧的条件下，反硝化作用释放出氮气，将硫化亚铁氧化成氢氧化铁，并与磷离子结合形成沉淀。但这种方法大多费用较高。在浅水与混合性好的湖泊，加入铝盐的方法的处理效果维持时间短；在 pH 值较低的情况下，可溶性铝增加，对水生生物有毒；加硝酸钙固定的方法的固定效率较低。

也可以利用特殊的覆盖物质，将底泥层覆盖起来，对防止根生植物生长和污染释放比较有效，如利用石子覆盖以解决饮用水水源水库的底泥污染释放问题。这种方法治标不治本，成本高，难以大面积覆盖，碰到尖锐物可能被撕裂，或者被底泥释放的气体鼓起包，难以拆除与转移。

10.4.6 栖息地与鱼道修复

栖息环境营造主要是通过改造河道流路及河床的物理特性，创造接近自然的流路，使水流有不同的流速带。即河流低水河槽（在平水期、枯水期时水流经过）要弯曲、为蛇形，河流要既有浅滩又有深潭，河床要多孔质化，实现水体流动多样性以有利于生物的多样性。如河床植石、浮石治理法，也可以将大型树木放入水体中，或人为制造适宜生物栖息的护岸，改变水流的方向，为水生生物提供生长介质。

恢复与建设鱼道的目的是阻止道路与城市工程对河流生态通道的隔断，创造促进鱼类及其他水生生物在水体内运动、洄游的水文与底质条件。常见的设计鱼道形式大致可分为 3 种，即无坡度鱼道（no-slope fishway）、水力障碍鱼道（hydraulic/baffle fishway）与自然模拟鱼道（stream simulation fishway）。其中，无坡度鱼道相对简单，自然模拟鱼道最复杂，应在适宜鱼类生存的生态与水文条件调查的基础上进行，多为珍稀鱼类而设计，费用也最高。

对一些大坝而言，建设鱼道比较困难，程序也比较复杂，且还需采取必要的措施引导水生生物通过鱼道。如在美国的哥伦比亚河建设了 7 座大坝，阻断了鲑鱼洄游通道，许多幼鱼无法返回大海，使鲑鱼濒临灭绝。20 世纪 70 年代初，Iowa 大学水力学研究所在研究鲑鱼鱼苗生态水力学特性的基础上，在大坝中设计了一条鱼道，并在鱼道进口周围制造了使鲑鱼鱼苗害怕的漩涡流场，鱼苗很自然地选择了鱼道进口，并顺利通过大坝，到达下游，从而成功挽救了这一濒危物种。

参考文献

艾尼瓦尔·买买提，麦麦提吐尔逊·艾则孜，海米提·依米提，2007. 干旱区城市化对城市内河水质的影响研究——以吐曼河为例[J]. 水土保持研究，14（3）：188-191.

巴伯，2011. 溪流及浅河快速生物评价方案[M]. 郑丙辉，刘录三，译. 北京：中国环境科学出版社.

白军红，邓伟，严登华，等，2003. 霍林河流域湿地土地利用/土地覆被类型的转换过程[J]. 水土保持学报，17（3）：112-114.

白军红，欧阳华，杨志峰，等，2005. 湿地景观格局变化研究进展[J]. 地理科学进展，（4）：36-45.

白杨，郑华，庄长伟，等，2013. 白洋淀流域生态系统服务评估及其调控[J]. 生态学报，33（3）：711-717.

北京师范大学，2009. 辽河流域水生态保护和修复规划[R].

北京师范大学，2016. 十五里河生态需水计算及生态补水方案设置[R].

北京市市场监督管理局，2020. 水生态健康评价技术规范：DB11/T 1722—2020 [S].

边延辉，张光辉，包洪福，等，2008. 马尔柯夫模型在洪河湿地景观变化研究中的应用[J]. 东北农业大学学报，（3）：53-57.

布仁仓，胡远满，常禹，等，2005. 景观指数之间的相关分析[J]. 生态学报，（10）：2764-2775.

蔡其华，2005. 维护健康长江，促进人水和谐——摘自蔡其华同志2005年长江水利委员会工作报告[J]. 人民长江，（3）：1-3.

蔡守华，胡欣，2008. 河流健康的概念及指标体系和评价方法[J]. 水利水电科技进展，（1）：23-27.

曹宏杰，焉志远，杨帆，等，2018. 河岸缓冲带对氮磷污染消减机理及其影响因素研究进展[J]. 国土与自然资源研究，（3）：46-50.

曹磊，宋金明，李学刚，等，2013. 中国滨海盐沼湿地碳收支与碳循环过程研究进展[J]. 生态学报，33（17）：5141-5152.

曹茂林，2012. 层次分析法确定评价指标权重及 Excel 计算[J]. 江苏科技信息，（2）：39-40.

陈东景，徐中民，2002. 干旱区农业生态经济系统的能值分析——以黑河流域中游张掖地区为例[J]. 冰川冻土，24（4）：374-379.

陈静生，1987. 水环境化学[M]. 北京：高等教育出版社.

陈康娟，王学雷，2002. 人类活动影响下的四湖地区湿地景观格局分析[J]. 长江流域资源与环境，11（3）：219-223.

陈利顶，傅伯杰，徐建英，等，2003. 基于“源-汇”生态过程的景观格局识别方法——景观空间负荷对比指数[J]. 生态学报，23（11）：2406-2413.

陈利顶，傅伯杰，张淑荣，等，2002. 异质景观中非点源污染动态变化比较研究[J]. 生态学报，22（6）：808-816.

陈卫，孙文泉，孙慧，2000. 城市雨水资源利用途径及其生态保护[J]. 中国给水排水，15（6）：26-27.

陈欣，王兆骞，杨武德，等，2000. 红壤小流域坡地不同利用方式对土壤磷素流失的影响[J]. 生态学报，20（3）：374-377.

陈兴鹏，薛冰，拓学森，2005. 基于能值分析的西北地区循环经济研究[J]. 资源科学，27（1）：52-59.

陈云浩，冯通，史培军，等，2006. 基于面向对象和规则的遥感影像分类研究[J]. 武汉大学学报（信息科学版），31（4）：316-320.

崔保山，蔡燕子，谢湉，等，2016. 湿地水文连通的生态效应研究进展及发展趋势[J]. 北京师范大学学报（自然科学版），52（6）：738-746.

崔步礼，常学礼，左登华，等，2009. 沙地景观中矢量数据栅格化方法及尺度效应[J]. 生态学报，（5）：2463-2472.

崔彩霞，魏爱泓，2008. 浅谈渔业水域污染与渔业养殖生产[J]. 中国渔业经济，3（26）：20-22.

崔国韬，左其亭，2011. 生态调度研究现状与展望[J]. 南水北调与水利科技，（6）：90-97.

邓文丽，刘均平，王晓星，等，2013. 北京野鸭湖浮游植物群落结构与水质关系研究[J]. 湿地科学，11（1）：27-34.

董碧琼，2017. 基于 PSR 框架的城市河流健康评价——以合肥市十五里河为例[D]. 北京：北京师范大学.

董洪芳，于君宝，孙志高，等，2010. 黄河口滨岸潮滩湿地植物-土壤系统有机碳空间分布特征[J]. 环境科学，31（6）：1594-1599.

董哲仁，2005. 河流健康的内涵[J]. 中国水利，（4）：15-18.

董哲仁，2009. 河流生态系统研究的理论框架[J]. 水利学报，40（2）：129-137.

杜会石，王良玉，陈智文，等，2018.1980 年以来 5 个时期松嫩沙地湖泊群分布及其变化研究[J]. 湿地科学，16（3）：352-356.

杜英，2008. 黄土丘陵区退耕还林生态系统耦合效应研究[D]. 杨凌：西北农林科技大学.

杜云艳，周成虎，1998. 水体的遥感信息自动提取方法[J]. 遥感学报，2（4）：264-269.

段秋亚，孟令奎，樊志伟，等，2015.GF-1 卫星影像水体信息提取方法的适用性研究[J]. 国土资源遥感，27（4）：79-84.

范群杰，2006. 城市绿地系统对雨水径流调蓄及相关污染削减效应研究[D]. 上海：华东师范大学.

范雅双，于婉晴，张婧，等，2021. 太湖上游水源区河流水质对景观格局变化的响应关系——以东苕溪上游为例[J]. 湖泊科学，33（5）：1478-1489.
傅伯杰，陈利顶，马克明，等，2002. 景观生态学原理及应用[M]. 北京：科学出版社.
高超，朱继业，窦贻俭，等，2004. 基于非点源污染控制的景观格局优化方法与原则[J]. 生态学报，24（1）：109-116.
高凡，蓝利，黄强，2017. 变化环境下河流健康评价研究进展[J]. 水利水电科技进展，37（6）：81-87.
高学民，陈静生，王立新，2000.Logistic Regression 在我国河流水系氮污染研究中的应用[J]. 环境科学学报，20（6）：676-681.
顾欢达，顾熙，2002. 河道淤泥的有效利用方式及其物性探讨[J]. 环境科学学报，22（4）：454-458.
官宝红，李君，曾爱斌，等，2008. 杭州市城市土地利用对河流水质的影响[J]. 资源科学，30（6）：854-863.
郭宝琴，2005. 土地利用、溪流级别与溪流水质的关系[D]. 哈尔滨：东北林业大学.
郭跃东，何艳芬，2005. 松嫩平原湿地动态变化及其驱动力研究[J]. 湿地科学，3（1）：54-59.
国家环境保护总局，2003. 生态县、生态市、生态省建设指标（试行）[EB/OL].https：//www.mee.gov.cn/gkml/zj/jh/200910/t20091022_173330.htm.
国家环境保护总局，2007. 生态县、生态市、生态省建设指标（修订稿）[EB/OL].https：//www.mee.gov.cn/gkml/zj/wj/200910/t20091022_172492.htm.
韩美，张晓慧，2009. 黄河三角洲湿地主导生态服务功能价值估算[J]. 中国人口·资源与环境，19（6）：37-43.
郝景莹，2019. 小兴安岭湿地景观格局动态变化模拟研究[D]. 哈尔滨：哈尔滨师范大学.
何桐，谢健，徐映雪，等，2009. 鸭绿江口滨海湿地景观格局动态演变分析[J]. 中山大学学报（自然科学版），48（2）：113-118.
洪冬晨，2015. 哈萨克斯坦土地利用景观格局演变及驱动因素分析[D]. 杭州：浙江大学.
侯思琰，李娜，张彤，2009. 白洋淀及入淀河流限制排污总量研究[J]. 海河水利，4（2）：16-19.
黄宝华，孙治军，周利霞，等，2011. 基于 TM 影像的土地利用动态变化分析研究——以烟台市六区为例[J]. 绿色科技，（9）：9-13.
黄建涛，2019. 近 30 年莱州湾滨海湿地景观格局变化及主要驱动因素分析[D]. 青岛：青岛理工大学.
黄瑞蛟，2004. 芦新鲫与彭泽鲫池塘养殖对比试验[J]. 河北渔业，（1）：43，45.
黄玉瑶，2001. 内陆水域污染生态学：原理与应用[M]. 北京：科学出版社.
季永兴，刘水芹，张勇，2001. 城市河道整治中生态型护坡结构探讨[J]. 水土保持研究，8（4）：25-28.
贾玉雪，帅红，韩龙飞，2020. 基于“源-汇”理论的资江下游地区非点源污染风险区划[J]. 应用生态学报，31（10）：3518-3528.
贾振邦，霍文毅，赵智杰，等，2000. 应用次生相富集系数评价柴河沉积物重金属污染[J]. 北京大学学报（自然科学版），36（6）：808-812.

金卫斌，李百炼，2008. 流域尺度的景观-水质模型研究进展[J]. 科技导报，26（7）：72-77.

靳宇弯，杨薇，孙涛，等，2015. 围填海活动对黄河三角洲滨海湿地生态系统的影响评估[J]. 湿地科学，6（13）：682-689.

孔繁翔，2000. 环境生物学[M]. 北京：高等教育出版社.

孔红梅，赵景柱，姬兰柱，等，2002. 生态系统健康评价方法初探[J]. 应用生态学报，13（4）：486-490.

孔祥伦，李云龙，韩美，等，2020. 1986—2016 年黄河三角洲土地利用/覆被变化及景观格局分析[J]. 西南林业大学学报（自然科学），40（4）：122-131.

蓝盛芳，钦佩，陆宏芳，2002. 生态经济系统能值分析[M]. 北京：化学工业出版社.

李保杰，渠爱雪，纪亚洲，2016. 基于最佳分析粒度的矿区景观格局分析[J]. 武汉大学学报，24（7）：939-944.

李朝霞，张玉国，梁慧星，2012. 用 PFU 微型生物群落监测技术评价化工废水的静态毒性[J]. 生态学报，32（23）：7336-7345.

李闯，刘吉平，刘庆凤，等，2008. 松嫩平原湿地景观格局动态变化研究[J]. 湿地科学，6（2）：167-172.

李丹，王庆，徐洋，等，2018. 基于地学信息图谱的河道、海岸线演变对黄河三角洲景观格局影响研究[J]. 海洋与湖沼，49（6）：1220-1229.

李凤超，辛丽君，曹卫荣，等，2008. 有机氯污染物在白洋淀 PFU 微型生物群落的富集[J]. 四川动物，（5）：800-801.

李海滨，2013. 潍坊市中心城区排水系统雨污分流改造技术的研究[D]. 济南：山东大学.

李贺颖，张建辰，郭建忠，2021. 黄河流域湿地景观时空演变格局分析[J]. 测绘通报，（10）：28-33.

李恒鹏，杨桂山，黄文珏，等，2006. 不同尺度流域地表径流氮磷浓度比较[J]. 湖泊科学，18（4）：377-386.

李俊然，陈利顶，郭旭东，等，2000. 土地利用结构对非点源污染的影响[J]. 中国环境科学，20（6）：506-510.

李昆，王玲，孙伟，等，2020. 城市化下景观格局对河流水质变化的空间尺度效应分析[J]. 环境科学学报，40（1）：343-352.

李娜，2008. 黑河中游地区土地利用/覆盖变化与机制研究（1990—2005 年）[D]. 兰州：兰州大学.

李钦钦，邓建才，胡维平，等，2010. 太湖金墅湾水源地浮游植物群落结构及其与环境因子的关系[J]. 应用生态学报，21（7）：1844-1850.

李文龙，王晶，郭述茂，等，2009. 玛曲沼泽湿地景观格局变化研究及驱动力分析[J]. 草业科学，26（8）：57-62.

李屹峰，罗跃初，刘纲，等，2013. 土地利用变化对生态系统服务功能的影响——以密云水库流域为例[J]. 生态学报，33（3）：726-736.

李逸凡，2015. 近 32 年黄河三角洲景观格局变化研究[D]. 泰安：山东农业大学.
联合国环境规划署，2000. 全球环境展望 2000[M]. 北京：中国环境科学出版社.
梁开明，章家恩，赵本良，等，2014. 河流生态护岸研究进展综述[J]. 热带地理，34（1）：116-122.
梁士奎，2016. 闸控河流生态需水调控理论方法及应用研究[D]. 郑州：郑州大学.
梁涛，张秀梅，章申，等，2002. 西苕溪流域不同土地类型下氮元素输移过程[J]. 地理学报，57（4）：389-396.
刘耕源，杨志峰，陈彬，等，2008. 基于能值分析的城市生态系统健康评价[J]. 生态学报，28（4）：1720-1728.
刘海防，2015. 山东黄河三角洲水鸟动态监测及其规律分析[J]. 山东林业科技，45（5）：81-85.
刘宏娟，胡远满，布仁仓，等，2009. 气候变化对大兴安岭北部沼泽景观格局的影响[J]. 水科学进展，（1）：105-110.
刘家福，王平，李京，等，2009. 土地利用格局景观指数算法与应用[J]. 地理与地理信息科学，（1）：107-109.
刘文宏，吕成德，1997. 生态水泥及其应用[J]. 水泥工程，（3）：53-55.
刘小勇，吴普特，2000. 雨水资源集蓄利用研究综述[J]. 自然资源学报，15（2）：189-193.
鲁春阳，罗奇，陈照永，2006. 土地利用动态变化的模型分析[J]. 喀什师范学院学报，（6）：25-28.
陆宏芳，蓝盛芳，李雷，等，2002. 评价系统可持续发展能力的能值指标[J]. 中国环境科学，22（4）：380-384.
陆宏芳，蓝盛芳，李谋召，等，2000. 农业生态系统能值分析方法研究[J]. 韶关大学学报，21（4）：74-78.
吕晓，史洋洋，黄贤金，等，2016. 江苏省土地利用变化的图谱特征[J]. 应用生态学报，27（4）：1077-1084.
吕一河，傅伯杰，2001. 生态学中的尺度及尺度转换方法[J]. 生态学报，21（12）：2096-2105.
吕志强，吴志峰，张景华，2007. 基于最佳分析尺度的广州市景观格局分析[J]. 地理与地理信息科学，（4）：89-92.
罗伟祥，白立强，宋西德，等，1990. 不同覆盖度林地和草地的径流量与冲刷量[J]. 水土保持学报，（1）：30-35.
马克明，孔红梅，关文彬，等，2001. 生态系统健康评价：方法与方向[J]. 生态学报，21（12）：2106-2116.
马爽爽，2013. 基于河流健康的水系格局与连通性研究[D]. 南京：南京大学.
麦少芝，徐颂军，潘颖君，2005.PSR 模型在湿地生态系统健康评价中的应用[J]. 热带地理，25（4）：317-321.
孟翠婷，郎琪，雷坤，等，2021. 永定河京津冀段底栖动物群落结构特征及水生态健康评价[J]. 沈阳大学学报（自然科学版），33（4）：307-313.
孟祥永，陈星，陈栋一，等，2014. 城市水系连通性评价体系研究[J]. 河海大学学报（自然科学版），42（1）：24-28.
牟溥，王庆成，Hershey A E，等，2004. 土地利用、溪流级别与溪流河水理化性质的关系[J]. 生态学报，24（7）：1486-1492.

那晓东，张树清，于欢，等，2009. 三江平原典型淡水沼泽湿地景观格局变化研究——以三江自然保护区为例[J]. 干旱区资源与环境，23（4）：70-74.

聂小飞，李恒鹏，黄群彬，等，2013. 天目湖流域丘陵山区典型土地利用类型氮流失特征[J]. 湖泊科学，25（6）：827-835.

宁龙梅，王学雷，胡望斌，2004. 利用马尔科夫过程模拟和预测武汉市湿地景观的动态演变[J]. 华中师范大学学报（自然科学版），(2)：255-258.

潘保强，2017. 都柳江重金属生态风险评价及基于大型底栖动物群落结构的河流健康评价[D]. 广州：华南农业大学.

杞桑，林美心，1985. 用大型底栖动物再次对珠江广州河段污染的评价[J]. 环境科学学报，(3)：354-359.

乔麒强，2019. 石羊河流域景观格局变化及生态安全构建研究[D]. 兰州：甘肃农业大学.

乔伟峰，盛业华，方斌，等，2013. 基于转移矩阵的高度城市化区域土地利用演变信息挖掘——以江苏省苏州市为例[J]. 地理研究，32（8）：1497-1507.

任丽燕，吴次芳，岳文泽，2009. 西溪国家湿地公园生态经济效益能值分析[J]. 生态学报，29（3）：1285-1291.

任淑智，1991. 京津及邻近地区底栖动物群落特征与水质等级[J]. 生态学报，(3)：262-268.

尚夏明，刘思涵，席敏哲，2019. 基于 ENVI 的面向对象决策树分类研究[J]. 信息技术与信息化，(10)：170-173.

申晋利，张军龙，2009. 基于面向对象分类方法的查干湖地区生态环境变化遥感分析[J]. 地球科学与环境学报，31（2）：212-215.

申卫军，邬建国，林永标，等，2003. 空间粒度变化对景观格局分析的影响[J]. 生态学报，(12)：2506-2519.

沈韫芬，冯伟松，顾曼如，等，1995. 河流的污染监测[M]. 北京：中国建筑工业出版社.

史红玲，胡春宏，王延贵，等，2014. 黄河流域水沙变化趋势分析及原因探讨[J]. 人民黄河，36（4）：1-5.

水利部河湖管理司，2020. 河湖健康评价指南（试行）[R/OL]. http：//www.mwr.gov.cn/ztpd/gzzt/hzz/zydt/202008/t20200820_1433359.html.

水利部水利水电规划设计总院，2002. 全国水资源分区[R].

水利部松辽水利委员会，2008. 辽河流域水资源综合规划[R].

宋红丽，2015. 围填海活动对黄河三角洲滨海湿地生态系统类型变化和碳汇功能的影响[D]. 北京：中国科学院大学.

宋晓龙，李晓文，白军红，等，2009. 黄河三角洲国家级自然保护区生态敏感性评价[J]. 生态学报，29（9）：4836-4846.

苏美蓉，杨志峰，王红瑞，等，2006. 一种城市生态系统健康评价方法及其应用[J]. 环境科学学报，26

（12）：2072-2079.

苏孟白，王克勤，宋娅丽，等，2020. 滇中尖山河流域不同土地利用类型产流及氮磷流失特征[J]. 水土保持研究，27（5）：24-31.

隋春花，蓝盛芳，2001. 广州城市生态系统能值分析研究[J]. 重庆环境科学，23（5）：4-6.

孙海英，牛争鸣，赵廷红，2001. 城市雨水资源化问题研究[J]. 西安理工大学学报，17（2）：203-207.

孙然好，陈利顶，王伟，等，2012. 基于“源”“汇”景观格局指数的海河流域总氮流失评价[J]. 环境科学，33（6）：1784-1788.

孙雪岚，胡春宏，2007. 关于河流健康内涵与评价方法的综合评述[J]. 泥沙研究，（5）：74-81.

孙燕楠，2007. 扎龙湿地时空格局演变的细胞自动机模型研究[D]. 大连：大连理工大学.

唐涛，蔡庆华，刘建康，2002. 河流生态系统健康及其评价[J]. 应用生态学报，13（9）：1191-1194.

童晓霞，胡波，周若，等，2015. 基于SWAT模型的土地利用对灌区氮磷流失的影响研究[J]. 灌溉排水学报，34（S1）：130-132.

汪爱华，张树清，张柏，2003. 三江平原沼泽湿地景观空间格局变化[J]. 生态学报，23（2）：237-243.

汪金花，张永彬，孔改红，2004. 谱间关系法在水体特征提取中的应用[J]. 矿山测量，（4）：30-32.

汪思慧，2010. 大辽河流域湿地景观格局变化及驱动因素分析[D]. 北京：北京师范大学.

王备新，杨莲芳，胡本进，等，2005. 应用底栖动物完整性指数 B-IBI 评价溪流健康[J]. 生态学报，25（6）：1481-1490.

王东，王炼，2021. 基于土地利用覆被变化的邳州市景观格局演化分析[J]. 江苏建筑职业技术学院学报，21（2）：13-18.

王东胜，谭红武，2004. 人类活动对河流生态系统的影响[J]. 科学技术与工程，4（4）：299-302.

王国华，裴亮，杜全叶，等，2020. 针对资源三号卫星影像水体提取的谱间关系法[J]. 遥感信息，35（3）：117-121.

王宏伟，张伟，杨丽坤，等，2011. 中国河流健康评价体系[J]. 河北大学学报：自然科学版，31（6）：668-673.

王夏晖，尹澄清，单保庆，2005. 农业流域“汇”型景观结构对径流调控及磷污染物截留作用的研究[J]. 环境科学学报，25（3）：293-299.

王宪礼，布仁仓，胡远满，等，1996. 辽河三角洲湿地的景观破碎化分析[J]. 应用生态学报，（3）：299-304.

王宪礼，肖笃宁，布仁仓，等，1997. 辽河三角洲湿地的景观格局分析[J]. 生态学报，（3）：317-323.

王新军，罗继润，2006. 城市河道综合整治中生态护岸建设初探[J]. 复旦学报（自然科学版），45（1）：120-126.

王秀兰，包玉海，1999. 土地利用动态变化研究方法探讨[J]. 地理科学进展，18（1）：82-87.

王学雷，吴宜进，2002. 马尔柯夫模型在四湖地区湿地景观变化研究中的应用[J]. 华中农业大学学报，

（3）：288-291.

王昱，刘贵成，赵旭，2010. 嫩江干流与支流水质污染状况分析[J]. 现代农业科技，（2）：289.

魏本赞，田言亮，卢辉雄，等，2016. 面向对象影像分类与提取方法在农作物遥感解译中的应用[J]. 安徽农业科学，44（6）：313-315，318.

邬建国，1991. 耗散结构、等级系统理论与生态系统[J]. 应用生态学报，2（2）：181-186.

邬建国，2000. 景观生态学——格局、过程、尺度与等级[M]. 北京：高等教育出版社.

邬建国，2002. 景观生态学：格局、过程、尺度与等级[M]. 北京：高等教育出版社.

吴季秋，2012. 基于 CA-Markov 和 InVEST 模型的海南八门湾海湾生态综合评价[D]. 海口：海南大学.

吴璟，2007. 西苕溪流域水生甲虫群落与环境以及底栖动物完整性与土地利用关系[J]. 南京：南京农业大学.

吴璟，杨莲芳，姜小三，等，2008. 浙江西苕溪土地利用变化对溪流大型底栖无脊椎动物完整性的影响[J]. 生态学报，28（3）：1183-1191.

伍雯璨，2011. 基于景观生态学的城市型水灾防灾减灾对策[D]. 天津：天津大学.

夏继红，严忠民，2006. 生态河岸带的概念及功能[J]. 水利水电技术，7（5）：14-18.

向东，2003. 城市地面硬化的危害与防治[J]. 山西建筑，29（13）：124-136.

肖笃宁，布仁仓，李秀珍，1997. 生态空间理论与景观异质性[J]. 生态学报，17（5）：453-461.

谢国庆，2013. 河流生态系统健康评价方法研究进展[J]. 水利科技与经济，19（7）：25-26.

谢贺芳，2009. 白河流域景观格局变化的水质响应[D]. 北京：北京林业大学.

徐丽华，岳文泽，曹宇，2007. 上海市城市土地利用景观的空间尺度效应[J]. 应用生态学报，18（12）：2827-2834.

徐乾清，1998. 对雨水利用的几点认识[M]//翟浩辉，刘昌明. 中国雨水利用研究文集. 徐州：中国矿业大学出版社：8-11.

徐蓉，张增祥，赵春哲，2015. 湖泊水体遥感提取方法比较研究[J]. 遥感信息，30（1）：111-118.

徐宗学，李艳利，2016. 河流健康评价指标体系构建及其应用——以浑太河流域为例[J]. 南水北调与水利科技，14（1）：1-9.

许木启，1991. 利用 PFU 原生动物群落监测北京排污河净化效能的研究[J]. 生态学报，11（1）：80-85.

许振，左平，王俊杰，等，2014.6 个时期盐城滨海湿地植物碳储量变化[J]. 湿地科学，（6）：709-713.

严太明，何佳洋，罗杰，等，2021. 基于鱼类多样性及完整性指数评价南河中上游流域健康状况[J]. 淡水渔业，51（5）：3-12.

杨存建，刘纪远，张增祥，等，2001. 土地利用数据尺度转换的精度损失分析[J]. 山地学报，（3）：258-264.

杨金玲，张甘霖，张华，等，2003. 丘陵地区流域土地利用对氮素径流输出的影响[J]. 环境科学，24（1）：16-23.

杨竞艺，2021. 不同地貌类型景观格局尺度效应分析[D]. 兰州：甘肃农业大学.

杨丽，甄霖，谢高地，等，2007. 泾河流域景观指数的粒度效应分析[J]. 资源科学，(2)：183-187.

杨维超，2020. 基于规则面向对象的遥感影像分类方法在信息提取中的应用[J]. 世界有色金属，(7)：281-283.

叶庆华，刘高焕，田国良，等，2004. 黄河三角洲土地利用时空复合变化图谱分析[J]. 中国科学 D 辑，(5)：461-474.

于君宝，王永丽，董洪芳，等，2013. 基于景观格局的现代黄河三角洲滨海湿地土壤有机碳储量估算[J]. 湿地科学，11（1）：1-6.

于磊，2011. 流域景观格局变化的水生态响应研究——以太子河流域为例[D]. 北京：北京师范大学.

于磊，赵彦伟，汪思慧，等，2011. 不同时空尺度下流域景观格局与水质的相关性研究——以嫩江右岸典型子流域为例[J]. 水土保持通报，31（5）：254-258，263.

于兴修，杨桂山，2003. 典型流域土地利用/覆被变化及对水质的影响——以太湖上游浙江西苕溪流域为例[J]. 长江流域资源与环境，12（3）：211-217.

余刚鹏，李文杰，2008. 城市湿地景观格局演变及湿地恢复重建研究[J]. 湿地科学与管理，(3)：12-16.

袁露，付春晓，2013. 综合指数评价法在青海省部分地区小型集中和分散式供水水质监测中的应用[J]. 医学动物防制，29（5）：526-528.

岳隽，王仰麟，李贵才，等，2008. 深圳市西部库区景观格局与水质的关联特征[J]. 应用生态学报，19（1）：203-207.

曾容，2010. 基于能值分析的白洋淀湿地健康评价及退化驱动因子分析[D]. 北京：北京师范大学.

翟俊，侯鹏，赵志平，等，2018. 青海湖流域景观格局空间粒度效应分析[J]. 国土资源遥感，30（3）：159-166.

张超，沈建法，1991. 区域科学论[M]. 武汉：华中理工大学出版社.

张大伟，李杨帆，孙翔，等，2010. 入太湖河流武进港的区域景观格局与河流水质相关性分析[J]. 环境科学，31（8）：1775-1783.

张国坤，2008. 新开河流域景观格局动态变化及图谱分析[D]. 长春：东北师范大学.

张红华，万鲁河，郝景莹，2021. 小兴安岭湿地景观格局模拟及动态演变分析[J]. 测绘科学，46（8）：197-204.

张俊云，周德培，李绍才，2000. 岩石边坡生态护坡研究简介[J]. 水土保持通报，20（4）：36-38.

张巧玉，2015. 2000—2012 年南昌市湿地景观格局变化研究[D]. 南昌：江西师范大学.

张秋菊，傅伯杰，陈利顶，2003. 关于景观格局演变研究的几个问题[J]. 地理科学，(3)：264-270.

张荣群，袁勘省，袁慧，2012. 银川平原湿地空间分布格局图谱[J]. 湿地科学与管理，8（4）：43-44.

张素珍，马静，李贵宝，2007. 白洋淀湿地面临的生态问题及可持续发展对策[J]. 南水北调与水利科技，

5（4）：53-56.

张翔，2021. 综合污染指数评价法在北洛河上的研究应用[J]. 水利技术监督，（3）：8-10，18.

张绪良，张朝晖，徐宗军，等，2012. 黄河三角洲滨海湿地植被的碳储量和固碳能力[J]. 安全与环境学报，（6）：145-149.

张宇航，渠晓东，王少明，等，2020. 浑河流域底栖动物生物完整性指数构建与健康评价[J]. 长江流域资源与环境，29（6）：1374-1386.

张远，2006. 辽河流域水生态分区与河流健康评价[D]. 北京：中国环境科学研究院.

张远，徐成斌，马溪平，等，2007. 辽河流域河流底栖动物完整性评价指标与标准[J]. 环境科学学报，27（6）：919-927.

赵丹丹，2016. 基于信息图谱的吉林省西部湿地空间格局演变及驱动机制研究[D]. 四平：吉林师范大学.

赵警卫，2013. 河岸带景观结构、功能及其关系研究——以徐州市为例[D]. 上海：华东师范大学.

赵文武，傅伯杰，陈利顶，2002. 尺度推绎研究中的几点基本问题[J]. 地球科学进展，17（6）：905-911.

赵文武，傅伯杰，陈利顶，2003. 景观指数的粒度变化效应[J]. 第四纪研究，（3）：326-333.

赵彦伟，2004. 城市河流生态系统健康与修复研究[D]. 北京：北京师范大学.

赵彦伟，汪思慧，于磊，等，2010. 流域景观格局变化的河流生物响应研究进展[J]. 生态学杂志，29（6）：1228-1234.

赵彦伟，杨志峰，2005a. 河流健康：概念、评价方法与方向[J]. 地理科学，25（1）：119-124.

赵彦伟，杨志峰，2005b. 城市河流生态系统健康评价初探[J]. 水科学进展，16（3）：349-355.

赵彦伟，杨志峰，2005c. 城市雨水生态化利用探讨[J]. 中国水土保持，（7）：3-5.

赵彦伟，杨志峰，2005d. 河流生态系统修复的时空尺度探讨[J]. 水土保持学报，19（3）：196-200.

赵彦伟，杨志峰，2006. 城市河流生态系统修复刍议[J]. 水土保持通报，26（1）：89-93.

郑丙辉，张远，李英博，2007. 辽河流域河流栖息地评价指标与评价方法研究[J]. 环境科学学报，27（6）：928-936.

郑彩虹，2009. 湿地景观格局演变与生态安全响应——以福州市浦下洲区域及周边湿地为例[J]. 安全与环境工程，16（1）：1-6.

中华人民共和国环境保护部，2011. 国家环境保护模范城市考核指标及其实施细则（第六阶段）[EB/OL].https：//www.mee.gov.cn/gkml/hbb/bgt/01101t20110125200178.htm.

中华人民共和国水利部，2005. 2004 年中国水资源公报[R].

中华人民共和国水利部，2006. 2005 年中国水资源公报[R].

中华人民共和国水利部，2008. 城市水系规划导则：SL 431—2008[S].

周彬，余新晓，陈丽华，等，2010. 基于 InVEST 模型的北京山区土壤侵蚀模拟[J]. 水土保持研究，17（6）：9-13.

周方文，马田田，李晓文，等，2015. 黄河三角洲滨海湿地生态系统服务模拟及评估[J]. 湿地科学，6（13）：667-674.

周虎成，李宝林，1998. 地球空间信息图谱初步探讨[J]. 地理研究，17（S）：17-23.

周娟，陈彬，俞炜炜，2011. 泉州湾景观格局分析及动态变化研究[J]. 海洋环境科学，30（3）：370-375.

周亮进，由文辉，2007. 闽江河口湿地景观格局动态及其驱动力[J]. 华东师范大学学报（自然科学版），（6）：77-87.

周天舒，张亚，唐文乔，等，2016. 基于鱼类完整性指数的黄浦江水生态系统评价[J]. 长江流域资源与环境，25（6）：895-903.

周婷，彭少麟，任文韬，2009. 东江河岸缓冲带景观格局变化对水体恢复的影响[J]. 生态学报，29（1）：231-239.

朱广伟，陈英旭，王凤平，等，2002. 景观水体疏浚底泥的农业利用研究[J]. 应用生态学报，13（3）：335-339.

朱会义，李秀彬，2003. 关于区域土地利用变化指数模型方法的讨论[J]. 地理学报，58（5）：643-650.

朱颜明，黎劲松，杨爱玲，2000. 城市饮用水地表水源非点源污染研究[J]. 城市环境与城市生态，13（4）：1-4.

Alberti M，Booth D，Hill K，et al.，2007. The impact of urban patterns on aquatic ecosystems：an empirical analysis in Puget lowland sub-basins[J]. Landscape and Urban Planning，80（4）：345-361.

Allan J D，2004. Landscapes and riverscapes：The influence of land use on stream ecosystems[J]. Annual Review of Ecology，Evolution and Systematics，35：257-284.

Amiri B J，Nakane K，2008. Entire catchment and buffer zone approaches to modeling linkage between river water quality and land cover：A case study of Yamaguchi Prefecture，Japan[J]. Chinese Geographical Science，18（1）：85-92.

An K G，Park S S，Shin J Y，2002. An evaluation of a river health using the index of biological integrity along with relations to chemical and habitat conditions[J]. Environmental International，28（5）：411-420.

Arthington A H，Bunn S E，Poff N L，et al.，2006. The challenge of providing environmental flow rules to sustain river ecosystems[J]. Ecological Applications，16（4）：1311-1318.

Avnell N，2002. Hydrology and global environmental change[M]. London：Pearson Education Limited.

Barbour M T，Gerritsen J，Griffith G E，et al.，1996. A framework for biological criteria for Florida streams using benthic macroinvertebrates[J]. Journal of the North American Benthological Society，15（2）：185-211.

Basnyat P，Teeter L D，Flynn K M，et al.，1999. Relationships between landscape characteristics and nonpoint source pollution inputs to coastal estuaries[J]. Environmental Management，23（4）：539-549.

Beechie T，Bolton S，1999. An approach to restoring salmonid habitat-forming processes in Pacific Northwest watersheds[J]. Fisheries，24（4）：6-15.

Bhaduri B，Harbor J，Engel B，et al.，2000. Assessing watershed-scale，long-term hydrologic impacts of land-use change using a GIS-NPS model[J]. Environmental Management，26（6）：643-658.

Bohn B A，Kershner J L，2002. Establishing aquatic restoration priorities using a watershed approach[J]. Journal of Environmental Management，64（4）：355-363.

Boithias L，Srinivasan R，Sauvage S，et al.，2014. Daily nitrate losses：implication on long-term river quality in an intensive agricultural catchment of southwestern France[J]. Journal of Environmental Quality，43（1）：46-54.

Boon P J，1992. Essential elements in the case for river conservation[J]. River Conservation and Management：11-33.

Bormann F H，1996. Ecology：A personal history[J]. Annual Review of Energy and the Environment，21：1-29.

Boulton A J，1999. An overview of river health assessment：Philosophies，practice，problems and prognosis[J]. Freshwater Biology，41（2）：469-479.

Brow M T，McClanahan T R，1996. Emergy analysis perspectives of Thailand and Mekong River dam proposals[J]. Ecological Modelling，91：105-130.

Brown M T，Ulgiati S，1997. Emergy-based indices and rations to evaluate sustainability：monitoring economies and technology toward environmentally sound innovation[J]. Ecological Engineering，9：51-69.

Buenfil A A，2001. Emergy evaluation of water[D]. Gainesville：University of Florida.

Bunn S E，Arthington A H，2002. Basic principles and ecological consequences of altered flow regimes for aquatic biodiversity[J]. Environmental Management，30：492-507.

Bunn S E，Calow P，Petts G E，1993. Ecosystem measures of river health and their response to riparian and catchment degradation[J]. Freshwater Biology，41（2）：333-345.

Butler J R A，Wong G Y，Metcalfe D J，et al.，2013. An analysis of trade-offs between multiple ecosystem services and stakeholders linked to land use and water quality management in the Great Barrier Reef，Australia[J]. Agriculture Ecosystems & Environment，180（6）：176-191.

Cairns J J，Dickin K L，1971. A simple method for the biological assessment of the effects of waste discharges on aquatic bottom-dwelling organisms[J]. Journal Water Pollution Control Federation，43（5）：755-772.

Chandler J R，1970. A biological approach to water quality management[J]. Water Pollution Control，69：415-421.

Chen B，Chen G Q，2009. Emergy-based energy and material metabolism of the Yellow River basin[J]. Communications in Nonlinear Science and Numerical Simulation，14（3）：923-934.

Chisholm R A，2010. Trade-offs between ecosystem services：water and carbon in a biodiversity hotspot[J].

Ecological Economics，69（10）：1973-1987.

Chutter F M，1998. Research on the Rapid Biological Assessment of Water Quality Impacts in Stream and Rivers[R]. WRC Report No 422/1/98. Pretoria：Water Research Commission.

Clarke S J，Bruce-Burgess C L，Wharton G，2003. Linking form and function：towards an eco-hydromorphic approach to sustainable river restoration[J]. Aquatic Conservation：Marine and Freshwater Ecosystems，（13）：439-450.

Clausen J C，Guillard K，Sigmund C M，et al.，2000. Water quality changes from riparian buffer restoration in Connecticut[J]. Journal of Environmental Ouality，29（6）：1751-1761.

Costanza R，d'Arge R，de Groot R，et al.，1997. The value of the world's ecosystem services and nature capital[J]. Nature，387（15）：253-260.

Costanza R，Norton B G，Hashell B D，1992. Ecosystem Health：New Goals for Environment Management[M]. Washington，D C：Island Press：1-75.

Cui B S，Yang Q C，Yang Z F，et al.，2009. Evaluating the ecological performance of wetland restoration in the Yellow River Delta，China[J]. Ecological Engineering，35（7）：1090-1103.

David R T，Wayne T S，2003. Emergy-based environmental systems assessment of a multi-purpose temperate mixed-forest watershed of the southern Appalachian Mountains，USA[J]. Journal of Environmental Management，69：213-227.

Fairweather P G，1999. State of environmental indicators of 'river health'：exploring the metaphor[J]. Freshwater Biology，41（2），221-234.

Fitzpatrick F A，Scudder B C，Lenz B N，et al.，2001. Effects of multi-scale environmental characteristics on agricultural stream biota in eastern Wisconsin[J]. Journal of the American Water Resources Association，37（6）：1489-1507.

Gasith A，1992. Conservation and management of the coastal streams of Israel：an assessment of stream status and prospects for rehabilitation[M]//Boon P J，Calow P，Petts G E. River conservation and management.

Gregory S V，Swanson F J，Mekee W A，et al.，1991. An ecosystem perspective of riparian zones[J]. Bioscience，41（8）：540-551.

Haines-Young R，Potschin M，Kienast F，2011. Indicators of ecosystem service potential at European scales：Mapping marginal changes and trade-offs[J]. Ecological Indicators，21（1）：39-53.

He H S，DeZonia B E，Mladenoff D J，2000. An aggregation index（AI）to quantify spatial patterns of landscapes[J]. Landscape Ecology，15（7）：591-601.

Heggem D T，Edmonds C M，Neale A C，et al.，2000. A Landscape Ecology Assessment of the Tensas River Basin[J]. Environmental Monitoring and Assessment，64（1）：41-54.

Helms B S，Feminella J W，Pan S，2005. Detection of biotic responses to urbanization using fish assemblages from small streams of western Georgia，USA[J]. Urban Ecosystems，8（1）：39-57.

Huang C，Davis L S，Townshend J R G，2002. An assessment of support vector machines for land cover classification[J]. International Journal of Remote Sensing，23（4）：725-749.

Hunsaker C T，Levine D A，Timmins S P，et al.，1992. Landscape characterization for assessing regional water quality[J]. Ecological Indicators，（1）：997-1006.

Jarvie H P，Oguchi T，Neal C，2002. Exploring the linkages between river water chemistry and watershed characteristics using GIS-based catchment and locality analyses[J]. Regional Environmental Change，3（1）：36-50.

Johnson B M，Saito L，Anderson M，et a1.，2004. Effects of climate and dam operations on reservoir thermal structure[J]. Journal of Water Resources Planning and Management，（2）：112-122.

Johnson L B，Richards C，Host G E，et al.，1997. Landscape influences on water chemistry in Midwestern stream ecosystems[J]. Freshwater Biology，37（1）：193-208.

Jones E B D，Helfman G S，Harper J O，et al.，1999. Effects of riparian forest removal on fish assemblages in southern Appalachian streams[J]. Conservation Biology，13（6）：1454-1465.

Jung J W，Lee S W，Hwang H S，et al.，2008. The effects of spatial variability of land-use on stream water quality in a costalwatershed[J]. Paddy and Water Environment，6（3）：275-284.

Kang D，Pa S S，2002. Emergy evaluation perspectives of a multipurpose dam proposal in Korea[J]. Journal of Environmental Management，66：293-306.

Karr J R，1981. Assessment of biotic integrity using fish communities[J]. Fisheries，6（6）：21-27.

Karr J R，1995. Ecological integrity and ecological health are not the same. [C]//Schulze P. Engineering within Ecological Constraints. Washington DC：National Academy of Engineering，97-109.

Karr J R，1999. Defining and measuring river health[J]. Freshwater Biology，41：221-234.

Kelly M G，Whitton B A，1998. Biological monitoring of eutrophication in rivers[J]. Hydrobiologia，384（1）：55-67.

Kelsey H，Porter D E，Scott G，et al.，2004. Using geographic information systems and regression analysis to evaluate relationships between land use and fecal coliform bacterial pollution[J]. Journal of Experimental Marine Biology and Ecology，298（2）：197-209.

King E，Cavender-Bares J，Balvanera P，et al.，2015. Trade-offs in ecosystem services and varying stakeholder preferences：evaluating conflicts，obstacles，and opportunities[J]. Ecology & Society，20（3）：25.

Kingsford R T，1999. Aerial survey of waterbirds on wetlands as a measure of river and floodplain health[J]. Freshwater Biology，41（2）：425-438.

Kleynhans C J，1999. The development of a fish index to assess the biological integrity of South African rivers[J]. Water SA，25（3）：265-278.

Kuzila M S，Rundquist D C，Green J A，1991. Methods for estimating wetland loss：The rain basin region of Nebraska，1927–1981[J]. Journal of Soil and Water Conservation，46（6）：441-446.

Kwandrans J，Eloranta P，Kawecka B，et al.，1998. Use of benthic diatom communities to evaluate water quality in rivers of southern Poland[J]. Journal of Applied Phycology，10（2）：193-201.

Ladson A R，White L J，Doolan J A，et al.，1999. Development and testing of an index of steam condition for waterway management in Australia[J]. Freshwater Biology，41（2）：453-468.

Lautenbach S，Volk M，Gruber B，et al.，2010. Quantifying ecosystem service trade-offs[C]. Ottawa：International Environmental Modelling and Software Society（iEMSs）2010 International Congress on Environmental Modelling and Software Modelling for Environment's Sake，Fifth Biennial Meeting：5-8.

Lebo M E，Herrmann R B，1998. Harvest impacts on forest outflow in coastal North Carolina[J]. Journal of Environmental Quality，27（6）：1382-1395.

Leh M D K，Matlock M D，Cummings E C，et al.，2013. Quantifying and mapping multiple ecosystem services change in West Africa[J]. Agriculture Ecosystems & Environment，165（1751）：6-18.

Lovejoy S，1982. Area-perimeter relation for rain and cloud areas[J]. Science，216（4542）：185-187.

Marsden M W，Smith M R，Sargent R J，1997. Trophic status of rivers in the Forth catchment，Scotland[J]. Aquatic Conservation，7（3）：211-221.

Martin J F，2002. Emergy valuation of diversions of river water to marshes in the Mississippi River Delta[J]. Ecological Engineering，18：265-286.

Martín-López B，Iniesta-Arandia I，García-Llorente M，et al.，2012. Uncovering ecosystem service bundles through social preferences[J]. Plos One，7（6）：e38970.

McFeeters S K，1996. The use of the Normalized Difference Water Index（NDWI）in the delineation of open water features[J]. International Journal of Remote Sensing，17（7）：1425-1432.

McGarigal K，Marks B J，1994. FRAGSTATS：Spatial pattern analysis program for quantifying landscape structure reference manual[M]. Corvallis：Forest Science Department，Oregon State University.

Meyer J L，1997. Stream health：incorporating the human dimension to advance stream ecology[J]. Journal of the North American Benthological Society，16（2）：439-447.

Minshall G W，Cummins K W，Peterson R C，et al.，1985. Development in stream ecosystem theory[J]. Canadian Journal of Fisheries and Aquatic Science，42（5）：1045-1055.

Moir H J，Gibbins C N，Soulsby C，et al.，2004. Linking channel geomorphic characteristics to spatial patterns of spawning activity and discharge use by Atlantic salmon（*Salmo salar* L.）[J]. Geomorphology，60（1/2）：21-35.

Morley S A，Karr J R，2002. Assessing and restoring the health of urban streams in the Puget Sound Basin[J]. Conservation. Biology，16（6）：1498-509.

Nelson E，Mendoza G，Regetz J，et al.，2009. Modeling multiple ecosystem services，biodiversity conservation，commodity production，and tradeoffs at landscape scales[J]. Frontiers in Ecology and the Environment，7（1）：4-11.

Nienhuis P H，Leuven R，2001. River restoration and flood protection：controversy or synergism[J]. Hydrobiologia，444（1-3）：85-99.

Norris R H，Thoms M C，1999. What is River Health?[J]. Freshwater Biology. 41（2）：197-209.

O'Neill R V，DeAngelis D L，Waide J B，et al.，1986. A hierarchical concept of ecosystem[M]. New Jersey：Princeton University Press.

O'Neill R V，Krummel J R，Gardner R H，et al.，1988. Indices of landscape pattern[J]. Landscape Ecology，1（3）：153-162.

Odum H T，1996. Environmental accounting：emergy and environmental decision making[M]. New York：John Wiley & Sons Inc.

Osborne L L，Wiley M J，1988. Empirical relationships between land use/cover and stream water quality in an agricultural watershed[J]. Journal of Environmental Management，26（1）：9-27.

Pan B，Han M，Wei F，et al. 2021.Analysis of the variation characteristics of runoff and sediment in the Yellow River within 70 years[J]. Water Resources，48：676-689.

Pastor J，Bonde J，Johnston C，et al.，1991. Markovian analysis of the spatially dependent dynamics of beaver ponds[J]. Lectures on Mathematics in the Life Sciences，23：5-28.

Pavluk T I，bij de Vaate A，Leslie H A，2000. Development of an index of trophic completeness for benthic macro-invertebrate communities in flowing waters[J]. Hydrobiologia，427：135-141.

Pearsell G，Mulamoottil G，1994. Wetland boundary and land-use planning in southern Ontario，Canada[J]. Environmental Management，18（6）：865-870.

Pedroli B，de Blust G，van Looy K，et al.，2002. Setting targets in strategies for river restoration[J]. Landscape Ecology，17：5-18.

Petersen M M，1999. A natural approach to watershed planning，restoration and management[J]. Water Sciences and Technology，39（12）：347-352.

Petersen R C，1992. The RCE：a riparian，channel，and environmental inventory for small streams in the agriculture landscape[J]. Freshwater Biology，27（2）：295-306.

Peterson D L，Klimas C V，2008. The Role of Restoration in Ecosystem Management[M]. Madison：Society for Ecological Restoration：48-67.

Phillips J D, 1989. Effects of buffer zones estuarine and riparian land use in Eastern North Carolina[J]. Southeastern Geographer, 29（2）: 136-149.

Phillips R W, Spence C, Pomeroy J W, 2011. Connectivity and runoff dynamics in heterogeneous basins [J]. Hydrological Process, 25（19）: 3061-3075.

Pinto B C T, Araujo F G, Hughes R M, 2006. Effects of landscape and riparian condition on a fish index of biotic integrity in a large southeastern Brazil river[J]. Hydrobiologia, 556（1）: 69-83.

Poff L N, Allan D, Bain M B, et al., 1997. The natural flow regime, a paradigm for river conservation and restoration[J]. Bioscience,（47）: 769-784.

Poff N L, Richter B D, Arthington A H, et al., 2010. The ecological limits of hydrologic alteration（ELOHA）: a new framework for developing regional environmental flow standards[J]. Freshwater Biology, 55（1）: 147-170.

Polasky S, Nelson E, Pennington D, et al., 2011. The impact of land-use change on ecosystem services, biodiversity and returns to landowners: A case study in the State of Minnesota[J]. Environmental and Resource Economics, 48（2）: 219-242.

Pollard P, Huxham M, 1998. The European Water Framework Directive: a new era in the management of aquatic ecosystem health? [J]. Aquatic Conservation: Marine and Freshwater Ecosystem, 8（6）: 773-792.

Poudevigne I, Alard D, Leuven R S E W, et al., 2002. A systems approach to river restoration: a case study in the lower Seine valley, France[J]. River Research and Application, 18: 239-247.

Rabeni C F, 2000. Evaluating physical habitat integrity in relation to the biological potential of streams[J]. Hydrobiologia, 422（2）: 245-256.

Rapport D J, 1989. What constitutes ecosystem health? Perspectives in biology and medicine[J]. Ecosystem Health, 33（1）: 120-132.

Rapport D J, 1998. Evaluating landscape health: integrating social goals and biophysical process[J]. Journal of Environmental Management, 53（1）: 1-15.

Rapport D J, Bohn G, Buckingham D, et al., 1999. Ecosystem health: the concept, the ISEH, and the important tasks ahead[J]. Ecosystem Health, 5（2）: 82-90.

Reid L M, Ziemer R R, Furniss M J, 1996. Watershed Analysis on Federal Lands of the Pacific Northwest[M]. Washington DC: Island Press.

Ren W W, Zhong Y, Meligrana J, et al., 2003. Urbanization, land use, and water quality in Shanghai: 1947–1996[J]. Environment International, 9（5）: 649-659.

Richards C, Host G, 1994. Examining land use influences on stream habitats and macro-invertebrates: A GIS approach[J]. Water Research Bulletin, 26: 777-785.

Richter B D, Baumgartner J V, Wigington R, et al., 1997. How much water does a river need? [J]. Freshwater Biology, 37（1）: 231-249.

Rogers K, Biggs H, 1999. Integrating indicators, endpoints and value systems in strategic management of the rivers of the Kruger National Park[J]. Freshwater Biology, 41（2）: 439-451.

Rundquist D C, Lawson M P, Queen L P, et al., 1987. The relationship between summer-season rainfall events and lake-surface area[J]. Journal of the American Water Resources Association, 23（3）: 493-508.

Salmaso N, 2010. Long-term phytoplankton community changes in a deep subalpine lake: responses to nutrient availability and climatic fluctuations[J]. Freshwater Biology, 55（4）: 825-846.

Schlosser I J, Karr J R, 1981. Water quality in agricultural watersheds: Impact of riparian vegetation during base flow[J]. Water Resources Bulletin, 17（2）: 233-240.

Schueler T R, 1994. The importance of imperviousness[J]. Watershed Protection Techniques, 1: 100-111.

Shandas V, Alberti M, 2009. Exploring the role of vegetation fragmentation on aquatic conditions: Linking upland with riparian areas in Puget Sound lowland streams[J]. Landscape and Urban Planning, 90（1-2）: 66-75.

Shapiro J, 1990. Biomanipulation: the next phase–making it stable[J]. Hydrobiologia, 200（1）: 13-27.

Showers K B, 2002. Water scarcity and urban Africa: an overview of urban-rural water linkages[J]. World Development, 30（4）: 621-648.

Simpson J, Norris R, Barmuta L, et al., 1999. AusRivAS-National River Health Program: User Manual Website Version[R].

Sládeček V, 1986. Diatom as indicators of organic pollution[J]. Acta Hydrochimica et Hydrobiologica, 14（5）: 555-566.

Sliva L, Willams D D, 2001. Buffer zone versus whole catchment approaches to studying land-use impact on water quality[J]. Water Research, 35（14）: 3462-3472.

Smith J H, Wickham J D, Douglas N, et al., 2001. Utilization of Landscape indicators to model potential pathogen impaired waters[J]. Journal of the American Water Resources Association, 37（4）: 805-814.

Smith M J, Kay W R, Edward D H D, et al., 1999. AusRivAS: Using macroinvertebrates to assess ecological condition of rivers in Western Australia[J]. Freshwater Biology, 41（2）: 269-282.

Smith M W, Bracken L J, Cox N J, 2010. Toward a dynamic representation of hydrological connectivity at the hillslope scale in semiarid areas[J]. Water Resources Research, 46（12）: 65-74.

Snyder C D, Young J A, Villella R, et al., 2003. Influences of upland and riparian land use patterns on stream biotic integrity[J]. Landscape Ecology, 18（7）: 647-664.

Sun C Z, Lin Z, Chao W, et al., 2015. Impacts of ecological restoration and human activities on habitat of overwintering migratory birds in the wetland of Poyang Lake, Jiangxi Province, China[J]. Journal of

Mountain Science，12（5）：1302-1314.

Tabuchi T K，Yoshino M，Shimura S，et al.，1995. Relation between land use and nitrate concentration of outflow water from watersheds of agricultural and forest areas[J]. Journal of Environmental Quality，24：129-135.

Terrado M，Sabater S，Chaplin-Kramer B，et al.，2015. Model development for the assessment of terrestrial and aquatic habitat quality in conservation planning[J]. Science of the Total Environment，540（1）：148-154.

Thierry O，Didier P，Bernard H，et al.，2002. Development and validation of a fish-based index for the assessment of 'river health' in France[J]. Freshwater Biology，47：1720-1734.

Tong S T Y，Chen W L，2002. Modeling the relationship between land use and surface water quality[J]. Journal of Environmental Management，66（4）：377-393.

Townsend C R，Riley R H，1999. Assessment of river health：accounting for perturbation pathways in physical and ecological space[J]. Freshwater Biology，41（2）：393-405.

Turnbull L，Wainwright J，Brazier R E，2008. A conceptual framework for understanding semi-arid land degradation：Ecohydrological interactions across multiple-space and time scales[J]. Ecohydrology，1（1）：23-34.

Turner M G，O'Neill R V，Gardner R H，et al.，1989. Effects of changing spatial scale on the analysis of landscape pattern[J]. Landscape Ecology，3：153-162.

UNESCO，2018. Nature-Based Solutions for Water：World Water Development Report[R]. Paris：UNESCO.

USEPA，1999. Rapid Bioassessment Protocols for Use in Wadeable Streams and Rivers[R]. Washington DC：USEPA.

Vigerstol K L，Aukema J E，2011. A comparison of tools for modeling freshwater ecosystem services[J]. Journal of Environmental Management，92（10）：2403-2409.

Walley W J，Hawkes H A，1996. A computer-based reappraisal of the biological monitoring working party scores using data from the 1990 river quality survey of England and Wales[J]. Water Research，30（9）：2086-2094.

Walter V，2004. Object-based classification of remote sensing data for change detection[J]. ISPRS Journal of Photogrammetry and Remote Sensing，58（3-4）：225-238.

Wang H J，Yang Z S，Saito Y，et al.，2006. Interannual and seasonal variation of the Huanghe（Yellow River）water discharge over the past 50 years：Connections to impacts from ENSO events and dams[J]. Global & Planetary Change，50（3-4）：212-225.

Wang J，Li L，Zhang T，et al.，2021. Optimal grain size based landscape pattern analysis for Shanghai using Landsat images from 1998 to 2017[J]. Polish Journal of Environmental Studies，30（3）：44585-44603.

Wang L Z，Lyons J，Kanehi P，et al.，2000. Watershed urbanization and changes in fish communities in southeastern Wisconsin streams[J]. Journal of the American Water Resources Association，36（5）：1173-1189.

Wang L Z，Lyons J，Kanehl P，et al.，1997. Influences of watershed land use on habitat quality and biotic integrity in Wisconsin streams[J]. Fisheries，22（6）：6-12.

Wang X，2001. Integrating water-quality management and land-use planning in a watershed context[J]. Journal of Environmental Management，61（1）：25-36.

Ward J V，1989. The four dimensional nature of lotic ecosystems[J]. Journal of the North American Benthological Society，8：2-8.

Wolfram S，1984. Cellular automata as models of complexity[J]. Nature，311（5985）：419-424.

Woodiwiss F S，1964. The biological system of stream classification used by the Trent River Board[J]. Chemistry & Industry，11：443-447.

Wooster D E，Debano S J，2006. Effect of woody riparian patches in croplands on stream macroinvertebrates[J]. Archiv für Hydrobiologie，165（2）：241-268.

Wright J F，Armitage P D，Furse M T，1989. Prediction of invertebrate communities using stream measurements [J]. Regulated Rivers：Research & Management，4（2）：147-155.

津田松苗，1962. 水生昆虫学[M]. 东京：北隆館.

山脇正俊，2000. 近自然工学一新しい川·道·まちづくり[M]. 东京：信山社サテツク：63.

附 录

附录 1 调查问卷

调查问卷

您好！我是北京师范大学环境学院滨海湿地研究团队成员。本问卷是关于黄河三角洲地区的人类活动对鹤类栖息地质量的影响。根据研究区域的实际情况，人类活动包括围填海活动（堤坝修建、港口建设、海产养殖、盐田）和其他人类活动（农田、石油开采、居民生活）。由于这些数据的获取依赖于保护区管理人员和当地居民的工作及生活经验，我们需要您提出宝贵的意见和建议。我们参考了相关文献（见问卷结尾处）以及 InVEST3.1.1 模型手册，设定了本问卷的问题及选项。问卷共 6 页、13 道大题（第一部分 3 道，第二部分 10 道），约耗时 15 分钟。请您仔细阅读题目，并从题目下方选项中选出您所认为的正确选项。如您有其他选择，可将您的选择填在 E 选项或 F 选项中。

一、关于人类活动对鹤类栖息地的影响打分

1. 您认为，以下 7 种人类活动中，每种活动能影响鹤类栖息地的最远影响距离各是多少千米？

（1）堤坝修建 （ ）

A. 3　　B. 7　　C. 10　　D. 14　　E. 其他_______

（2）港口建设 （ ）

A. 3　　B. 4　　C. 5　　D. 7　　E. 其他_______

（3）海产养殖 （ ）

A. 0.1　　B. 0.5　　C. 1.0　　D. 2.0　　E. 其他_______

（4）盐田 （ ）

A. 0.5 B. 1.0 C. 1.5 D. 2.0 E. 其他______

（5）农田 （ ）

A. 0.1 B. 0.5 C. 2.5 D. 4.0 E. 其他______

（6）石油开采 （ ）

A. 1 B. 3 C. 5 D. 6 E. 其他______

（7）居民生活 （ ）

A. 1 B. 2 C. 3.5 D. 5 E. 7 F.其他______

2. 您认为，以下 7 种人类活动中，每种活动与其他活动相比，能对鹤类栖息地产生的相对影响有多大？（以 0～1 分计）

（1）堤坝修建 （ ）

A. 0.75 B. 0.80 C. 0.85 D. 0.92 E. 其他______

（2）港口建设 （ ）

A. 0.85 B. 0.90 C. 0.95 D. 0.99 E. 其他______

（3）海产养殖 （ ）

A. 0.20 B. 0.30 C. 0.65 D. 0.80 E. 其他______

（4）盐田 （ ）

A. 0.45 B. 0.50 C. 0.55 D. 0.60 E. 其他______

（5）农田 （ ）

A. 0.40 B. 0.50 C. 0.68 D. 0.75 E. 其他______

（6）石油开采 （ ）

A. 0.70 B. 0.80 C. 0.85 D. 0.95 E. 其他______

（7）居民生活 （ ）

A. 0.70 B. 0.80 C. 0.90 D. 0.95 E. 其他______

3. 您认为，以下 7 种人类活动中，每种活动能影响鹤类栖息地的衰减模式是什么？（本问题需专家回答，如果您不是专家，请跳过此题）

衰减模式是指每种人类活动对鹤类栖息地的影响随距离增加而减少的方式，包括线性减少、非线性减少两种模式。

（1）堤坝修建 （ ）

A. 线性 B. 非线性

（2）港口建设 （ ）

A. 线性 B. 非线性

（3）海产养殖　（　）

A. 线性　B. 非线性

（4）盐田　（　）

A. 线性　B. 非线性

（5）农田　（　）

A. 线性　B. 非线性

（6）石油开采　（　）

A. 线性　B. 非线性

（7）居民生活　（　）

A. 线性　B. 非线性

二、关于不同土地覆盖类型的敏感性打分

本问卷的土地覆盖类型是指水库或者坑塘、河流、裸地、滩涂、潮沟、芦苇沼泽、柽柳盐沼、盐地碱蓬盐沼、互花米草盐沼、近海水域10种，见下面题目。

敏感性是指当某种人类活动的影响强度发生一定变化时，某种土地覆盖类型受到人类活动影响而发生变化的大小。发生的变化越大，则说明越敏感，变化越小则说明越不敏感。

用数字0～1来表示的话，数字越大表示越敏感，其中0表示不敏感，1表示极其敏感。

1. 水库或者坑塘对以下7种人类活动强度变化的敏感性各是多少？请打分。

（1）堤坝修建　（　）

A. 0.70　B. 0.80　C. 0.85　D. 0.90　E. 其他______

（2）港口建设　（　）

A. 0.80　B. 0.85　C. 0.90　D. 0.95　E. 其他______

（3）海产养殖　（　）

A. 0　B. 0.20　C. 0.30　D. 0.40　E. 其他______

（4）盐田　（　）

A. 0.45　B. 0.50　C. 0.55　D. 0.60　E. 其他______

（5）农田　（　）

A. 0　B. 0.2　C. 0.45　D. 0.60　E. 0.70　F. 其他______

（6）石油开采　（　）

A. 0.40　B. 0.55　C. 0.80　D. 0.90　E. 其他______

（7）居民生活 （ ）

A. 0.30 B. 0.75 C. 0.80 D. 0.90 E. 其他_______

2. 河流对以下 7 种人类活动强度变化的敏感性各是多少？请打分。

（1）堤坝修建 （ ）

A. 0.65 B. 0.70 C. 0.75 D. 0.80 E. 其他_______

（2）港口建设 （ ）

A. 0.80 B. 0.85 C. 0.90 D. 0.95 E. 其他_______

（3）海产养殖 （ ）

A. 0.30 B. 0.50 C. 0.70 D. 0.90 E. 其他_______

（4）盐田 （ ）

A. 0.40 B. 0.45 C. 0.50 D. 0.55 E. 其他_______

（5）农田 （ ）

A. 0.40 B. 0.50 C. 0.65 D. 0.70 E. 其他_______

（6）石油开采 （ ）

A. 0.55 B. 0.70 C. 0.80 D. 0.90 E. 其他_______

（7）居民生活 （ ）

A. 0.70 B. 0.75 C. 0.80 D. 0.90 E. 其他_______

3. 裸地对以下 7 种人类活动强度变化的敏感性各是多少？请打分。

（1）堤坝修建 （ ）

A. 0.50 B. 0.55 C. 0.60 D. 0.65 E. 其他_______

（2）港口建设 （ ）

A. 0.70 B. 0.80 C. 0.85 D. 0.90 E. 其他_______

（3）海产养殖 （ ）

A. 0.30 B. 0.35 C. 0.40 D. 0.45 E. 其他_______

（4）盐田 （ ）

A. 0.35 B. 0.45 C. 0.55 D. 0.60 E. 其他_______

（5）农田 （ ）

A. 0.30 B. 0.40 C. 0.50 D. 0.55 E. 其他_______

（6）石油开采 （ ）

A. 0.50 B. 0.60 C. 0.65 D. 0.70 E. 其他_______

（7）居民生活 （ ）

A. 0.70 B. 0.75 C. 0.80 D. 0.90 E. 其他_______

4. 滩涂对以下 7 种人类活动强度变化的敏感性各是多少？请打分。

（1）堤坝修建　（　）

A. 0.70　B. 0.75　C. 0.80　D. 0.85　E. 其他______

（2）港口建设　（　）

A. 0.70　B. 0.80　C. 0.85　D. 0.90　E. 其他______

（3）海产养殖　（　）

A. 0　B. 0.35　C. 0.40　D. 0.45　E. 其他______

（4）盐田　（　）

A. 0.40　B. 0.45　C. 0.50　D. 0.55　E. 其他______

（5）农田　（　）

A. 0　B. 0.50　C. 0.65　D. 0.70　E. 其他______

（6）石油开采　（　）

A. 0.60　B. 0.70　C. 0.80　D. 0.85　E. 其他______

（7）居民生活　（　）

A. 0.70　B. 0.75　C. 0.80　D. 0.90　E. 其他______

5. 潮沟对以下 7 种人类活动强度变化的敏感性各是多少？请打分。

（1）堤坝修建　（　）

A. 0.80　B. 0.85　C. 0.90　D. 0.95　E. 其他______

（2）港口建设　（　）

A. 0.80　B. 0.85　C. 0.90　D. 0.97　E. 其他______

（3）海产养殖　（　）

A. 0.40　B. 0.50　C. 0.60　D. 0.70　E. 其他______

（4）盐田　（　）

A. 0.50　B. 0.55　C. 0.60　D. 0.65　E. 其他______

（5）农田　（　）

A. 0.50　B. 0.55　C. 0.60　D. 0.65　E. 其他______

（6）石油开采　（　）

A. 0.70　B. 0.75　C. 0.80　D. 0.85　E. 其他______

（7）居民生活　（　）

A. 0.80　B. 0.85　C. 0.90　D. 0.95　E. 其他______

6. 芦苇沼泽对以下 7 种人类活动强度变化的敏感性各是多少？请打分。

（1）堤坝修建　（　）

A. 0.40 B. 0.45 C. 0.50 D. 0.55 E. 其他______

（2）港口建设 （ ）

A. 0.80 B. 0.85 C. 0.90 D. 0.95 E. 其他______

（3）海产养殖 （ ）

A. 0.15 B. 0.20 C. 0.25 D. 0.30 E. 其他______

（4）盐田 （ ）

A. 0.10 B. 0.20 C. 0.30 D. 0.35 E. 其他______

（5）农田 （ ）

A. 0.45 B. 0.50 C. 0.60 D. 0.70 E. 其他______

（6）石油开采 （ ）

A. 0.60 B. 0.70 C. 0.80 D. 0.90 E. 其他______

（7）居民生活 （ ）

A. 0.70 B. 0.75 C. 0.85 D. 0.90 E. 其他______

7. 柽柳盐沼对以下 7 种人类活动强度变化的敏感性各是多少？请打分。

（1）堤坝修建 （ ）

A. 0.50 B. 0.60 C. 0.70 D. 0.80 E. 其他______

（2）港口建设 （ ）

A. 0.70 B. 0.80 C. 0.90 D. 0.95 E. 其他______

（3）海产养殖 （ ）

A. 0.40 B. 0.45 C. 0.50 D. 0.60 E. 其他______

（4）盐田 （ ）

A. 0.35 B. 0.45 C. 0.55 D. 0.65 E. 其他______

（5）农田 （ ）

A. 0.50 B. 0.60 C. 0.70 D. 0.80 E. 其他______

（6）石油开采 （ ）

A. 0.70 B. 0.80 C. 0.85 D. 0.90 E. 其他______

（7）居民生活 （ ）

A. 0.70 B. 0.75 C. 0.85 D. 0.90 E. 其他______

8. 盐地碱蓬盐沼对以下 7 种人类活动强度变化的敏感性各是多少？请打分。

（1）堤坝修建 （ ）

A. 0.75 B. 0.85 C. 0.90 D. 0.95 E. 其他______

（2）港口建设 （ ）

A. 0.75　　B. 0.85　　C. 0.90　　D. 0.95　　E. 其他______

（3）海产养殖　（　）

A. 0.40　　B. 0.45　　C. 0.50　　D. 0.60　　E. 其他______

（4）盐田　（　）

A. 0.50　　B. 0.60　　C. 0.70　　D. 0.80　　E. 其他______

（5）农田　（　）

A. 0.60　　B. 0.70　　C. 0.75　　D. 0.80　　E. 其他______

（6）石油开采　（　）

A. 0.70　　B. 0.80　　C. 0.85　　D. 0.90　　E. 其他______

（7）居民生活　（　）

A. 0.70　　B. 0.75　　C. 0.80　　D. 0.90　　E. 其他______

9. 互花米草盐沼对以下 7 种人类活动强度变化的敏感性各是多少？请打分。

（1）堤坝修建　（　）

A. 0.60　　B. 0.70　　C. 0.75　　D. 0.80　　E. 其他______

（2）港口建设　（　）

A. 0.75　　B. 0.85　　C. 0.90　　D. 0.95　　E. 其他______

（3）海产养殖　（　）

A. 0.40　　B. 0.45　　C. 0.50　　D. 0.60　　E. 其他______

（4）盐田　（　）

A. 0.40　　B. 0.45　　C. 0.50　　D. 0.60　　E. 其他______

（5）农田　（　）

A. 0.50　　B. 0.55　　C. 0.60　　D. 0.70　　E. 其他______

（6）石油开采　（　）

A. 0.65　　B. 0.70　　C. 0.80　　D. 0.90　　E. 其他______

（7）居民生活　（　）

A. 0.70　　B. 0.75　　C. 0.80　　D. 0.90　　E. 其他______

10. 近海水域对以下 7 种人类活动强度变化的敏感性各是多少？请打分。

（1）堤坝修建　（　）

A. 0.75　　B. 0.80　　C. 0.85　　D. 0.90　　E. 其他______

（2）港口建设　（　）

A. 0.80　　B. 0.85　　C. 0.90　　D. 0.95　　E. 其他______

（3）海产养殖　（　）

A. 0.20　　B. 0.25　　C. 0.35　　D. 0.45　　E. 其他______

（4）盐田　　（　）

A. 0.40　　B. 0.45　　C. 0.50　　D. 0.55　　E. 其他______

（5）农田　　（　）

A. 0　　B. 0.30　　C. 0.35　　D. 0.45　　E. 其他______

（6）石油开采　　（　）

A. 0.45　　B. 0.50　　C. 0.55　　D. 0.60　　E. 其他______

（7）居民生活　　（　）

A. 0　　B. 0.40　　C. 0.70　　D. 0.90　　E. 其他______

最后，感谢您在百忙之中抽出时间支持我们的科研工作，在此向您致以真诚的谢意！如果您对本问卷有任何的疑问或建议，欢迎您随时联系我们！

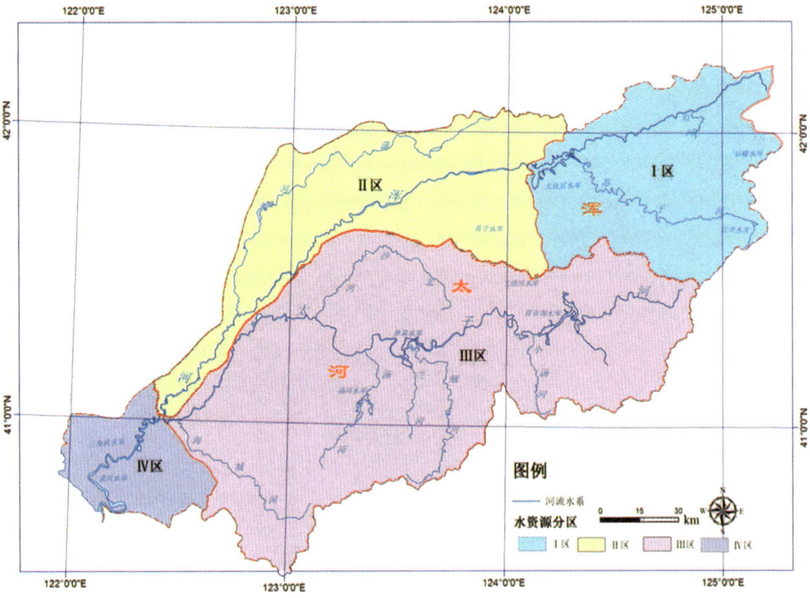

图 2-1　浑太河流域水系与水资源分区

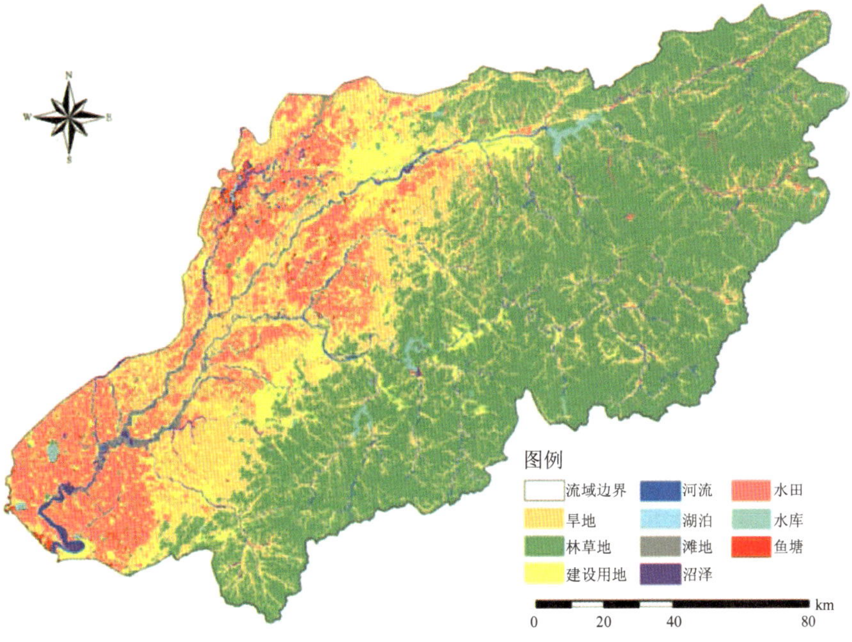

图 2-3　1992 年浑太河流域土地利用图

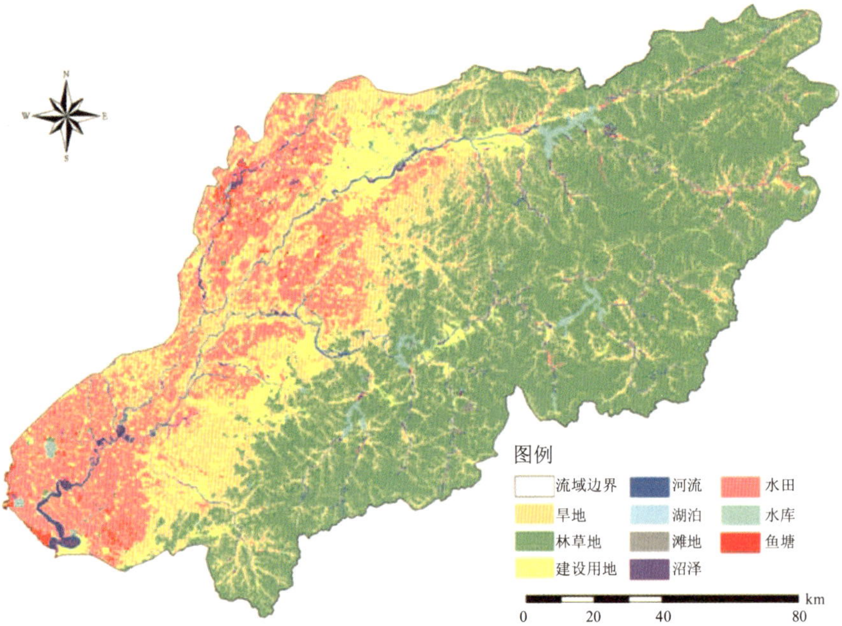

图 2-4　2001 年浑太河流域土地利用图

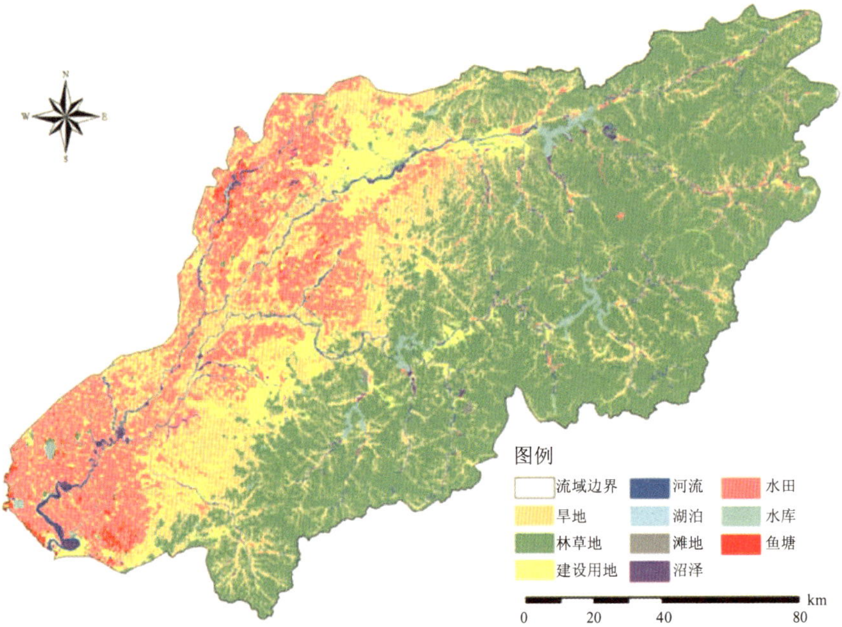

图 2-5　2007 年浑太河流域土地利用图

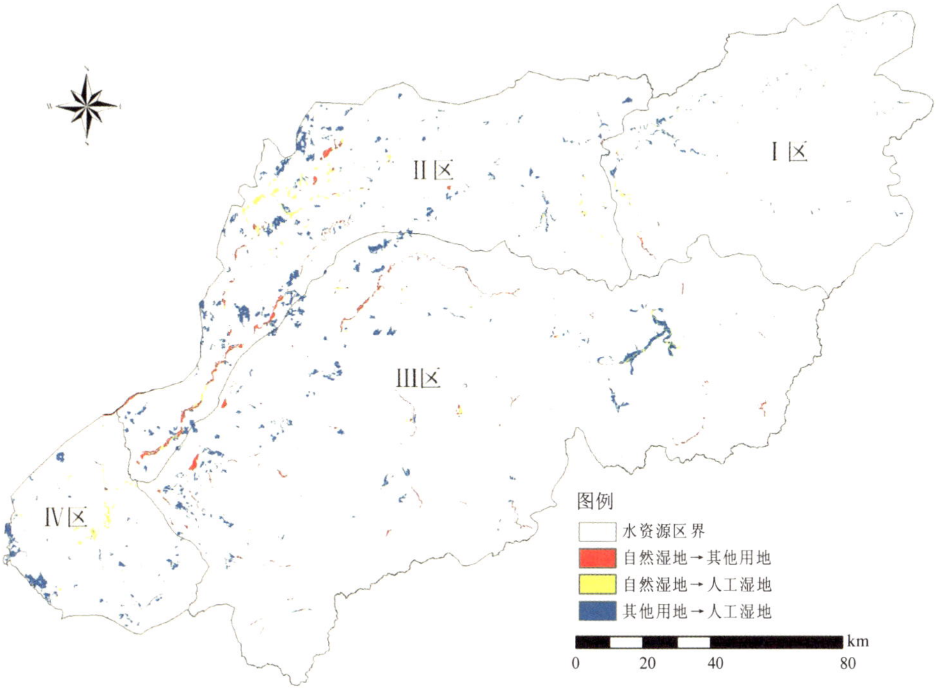

图 2-7　1992—2001 年浑太河流域湿地转化信息图谱

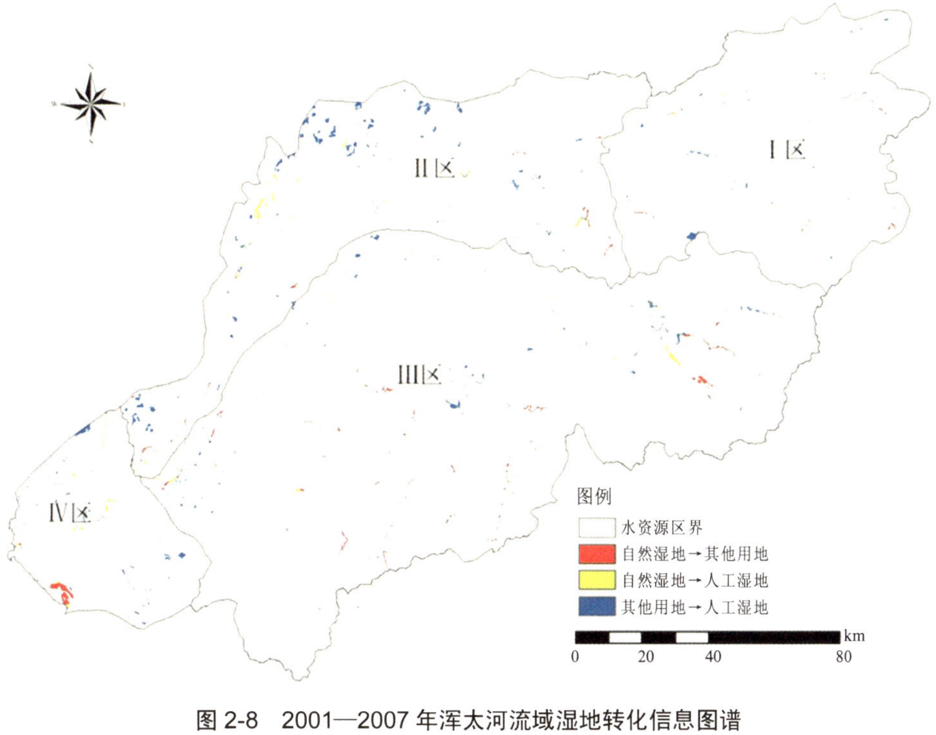

图 2-8　2001—2007 年浑太河流域湿地转化信息图谱

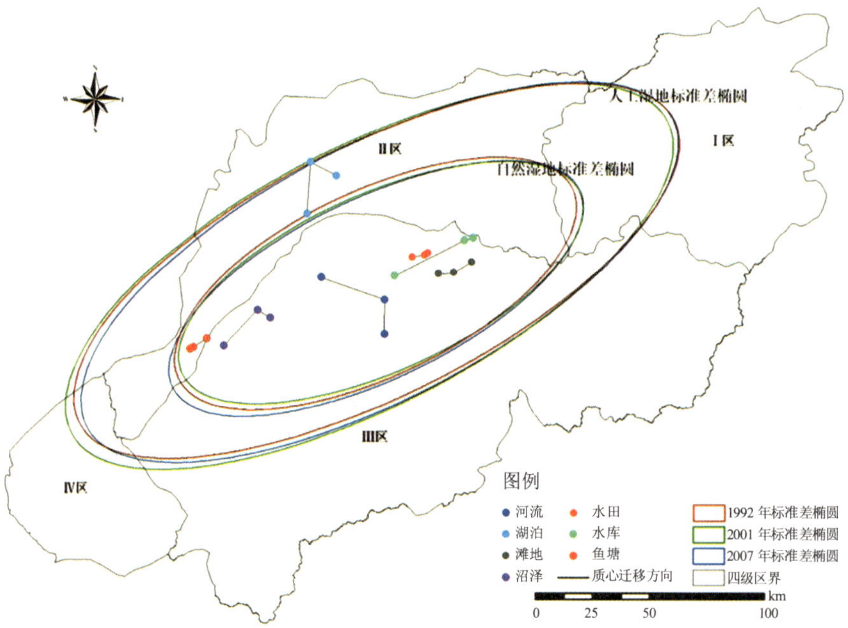

图 2-9　1992—2007 年湿地质心分布

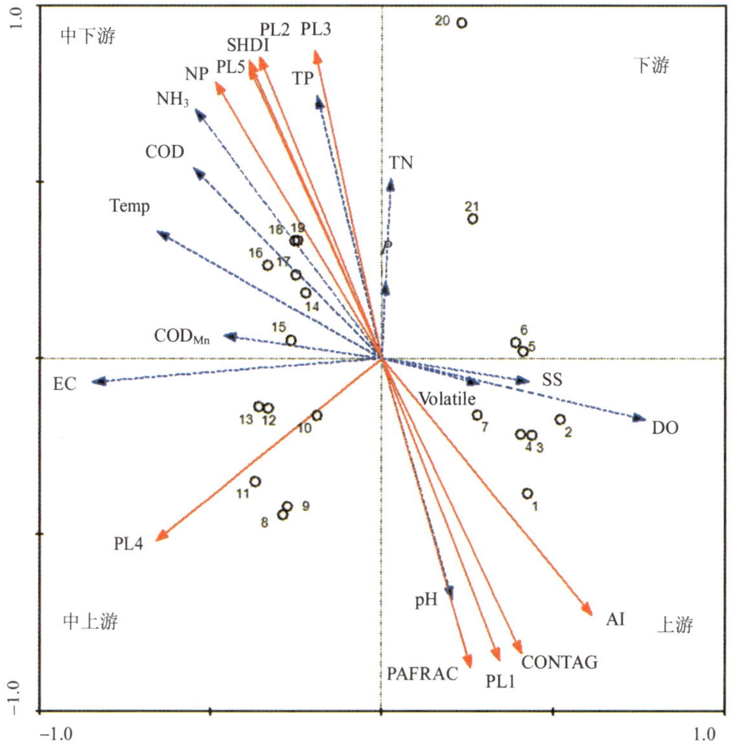

图 4-26　太子河干流景观指数与 21 个点位水质的 RDA 二维排序图

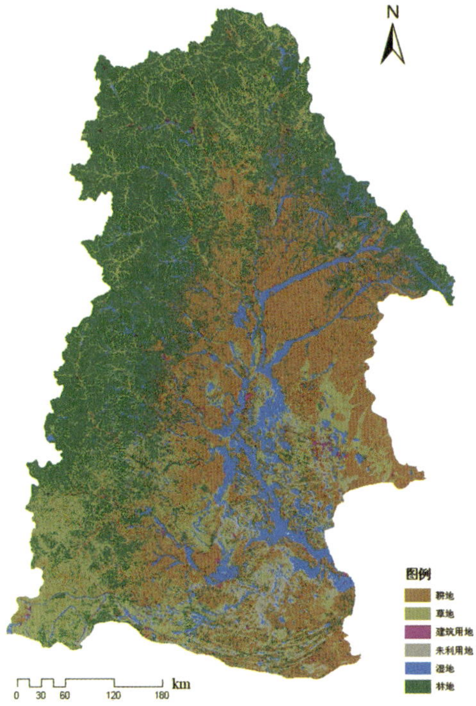

图 4-28　嫩江流域土地利用

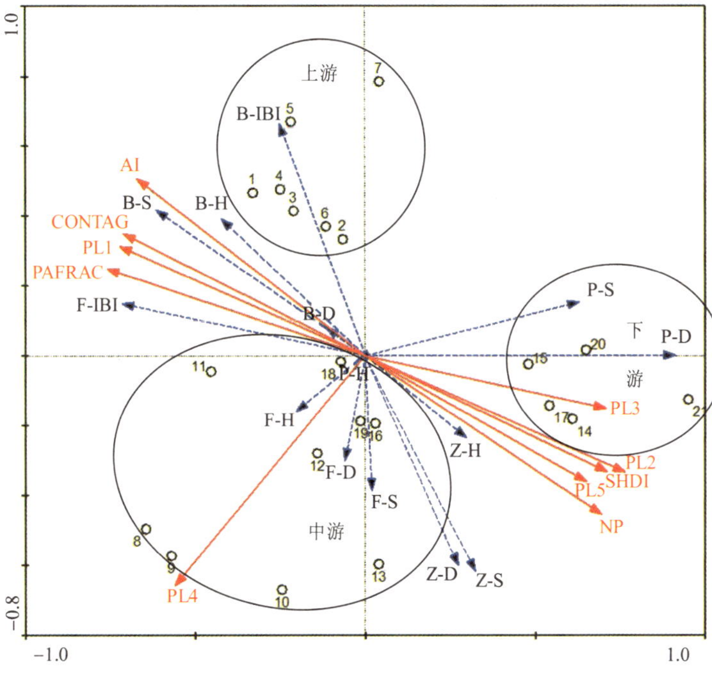

图 5-19　太子河干流景观指数与水生生物指标 RDA 二维排序图

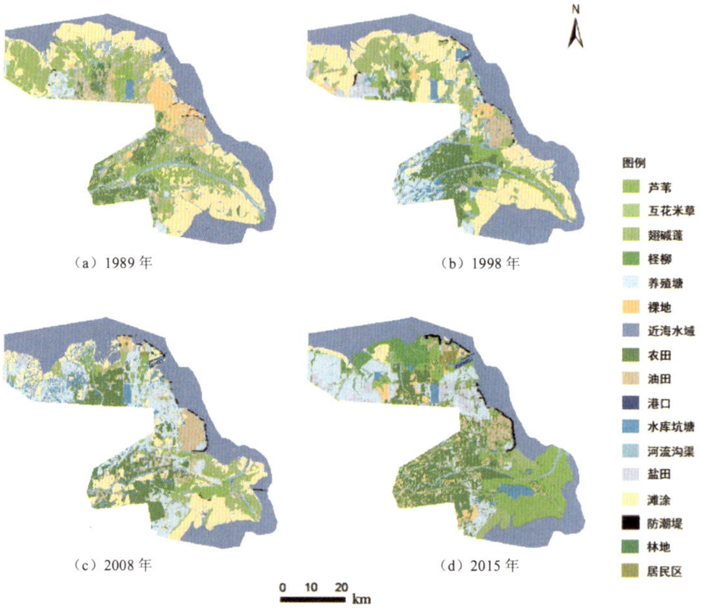

图 6-1　研究区不同时期土地利用与土地覆被

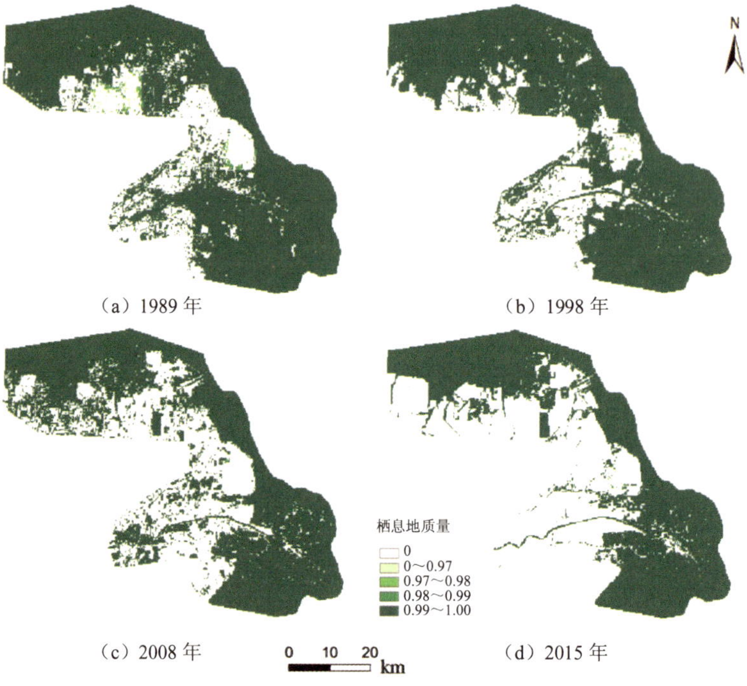

图 6-4　不同时期的栖息地质量分布

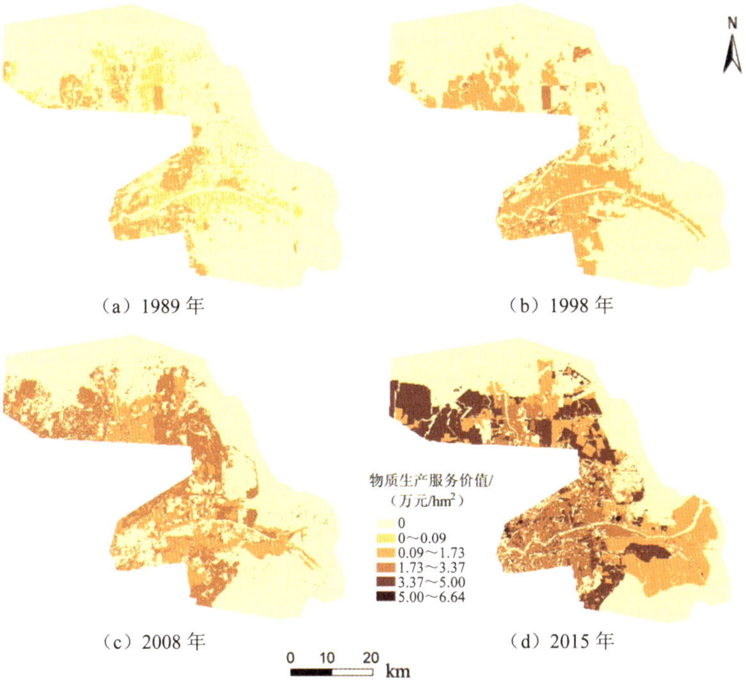

图 6-5　不同时期的物质生产服务价值分布

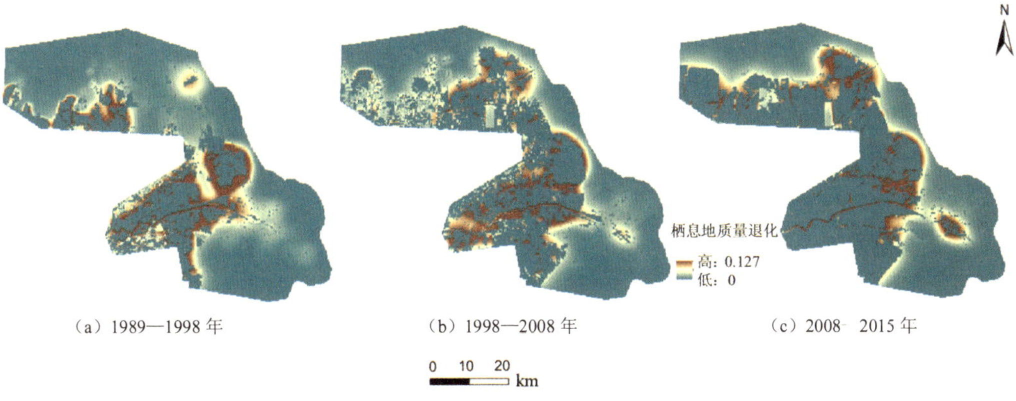

图 6-8　不同时期研究区栖息地质量退化状况

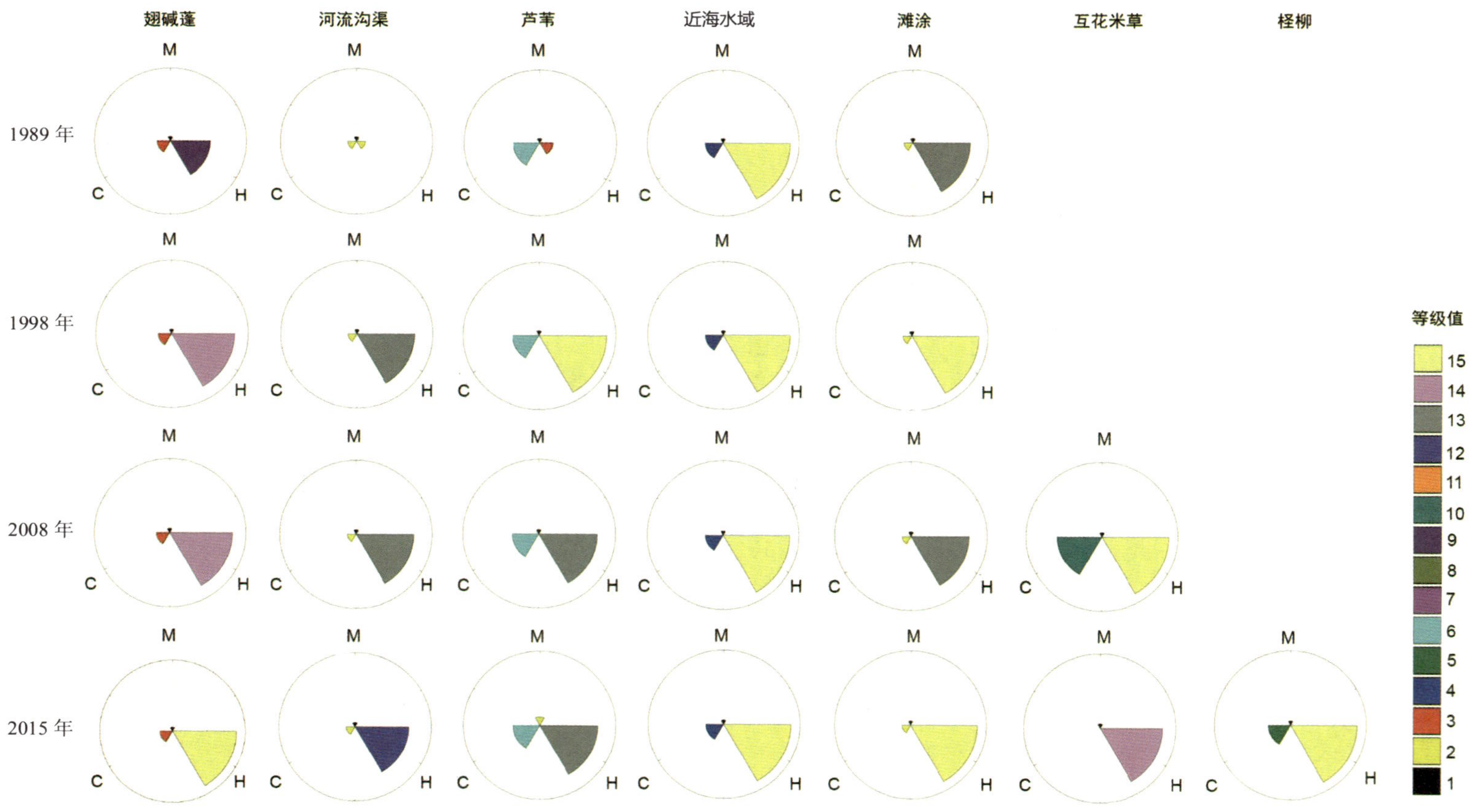
翅碱蓬
河流沟渠
芦苇
近海水域
滩涂
互花米草
柽柳
1989 年
1998 年
2008 年
2015 年
M
C
H
等级值
15
14
13
12
11
10
9
8
7
6
5
4
3
2
1

（a）自然地类

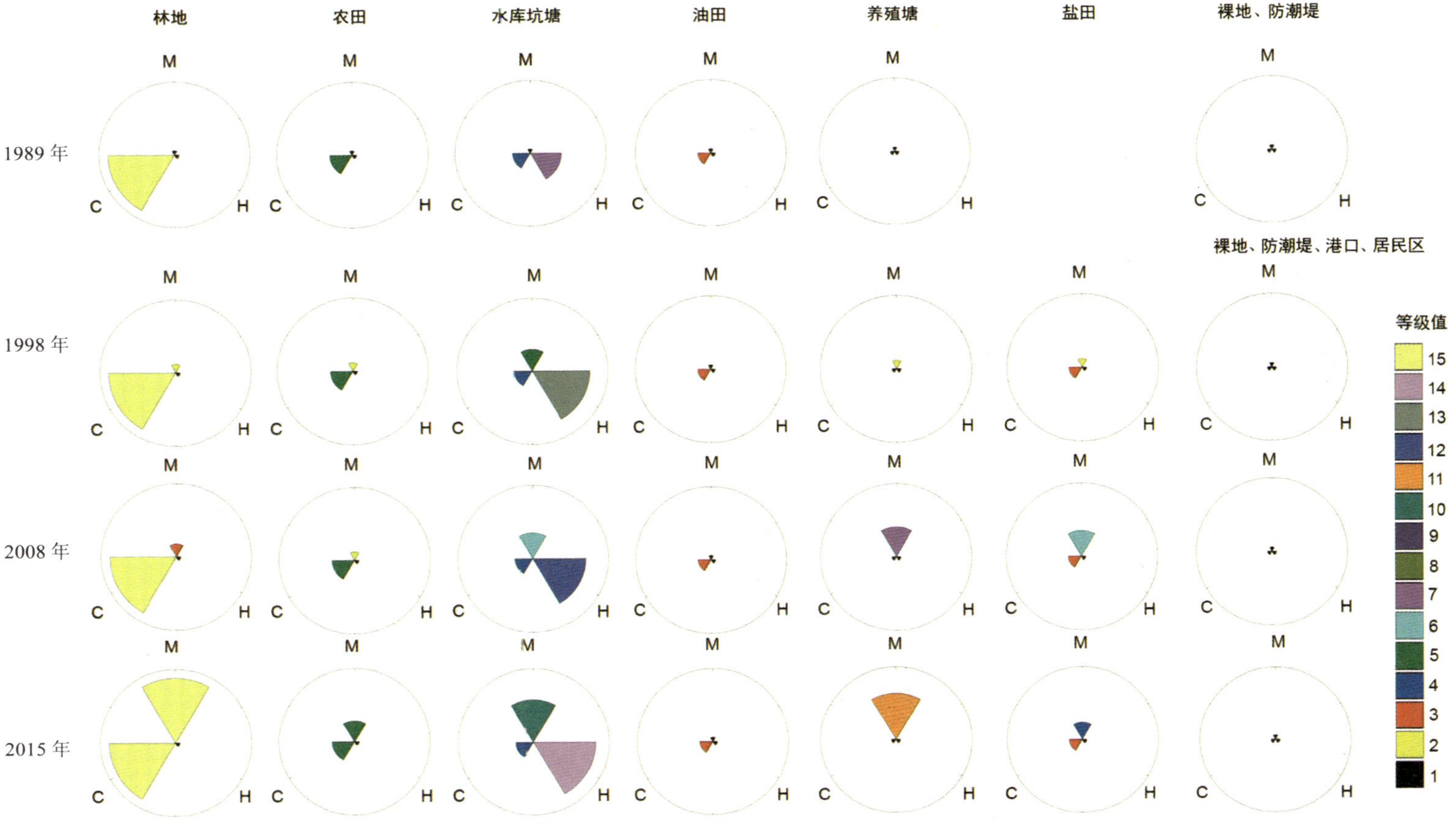

（b）人类活动主导地类

图 6-10 不同时期各地类生态系统服务玫瑰图

（花瓣长度代表等级值，每个玫瑰图代表各地类生态系统服务，以簇形式表示，M 为物质生产服务，H 为栖息地质量，C 为碳储量）

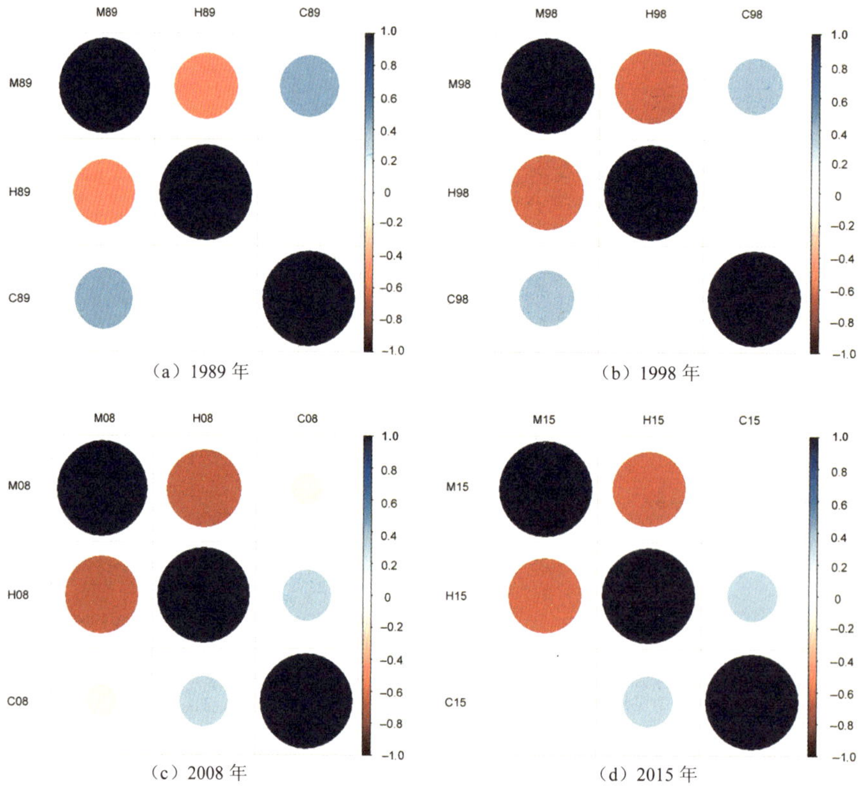

图 6-12　1989—2015 年研究区 3 种生态系统服务的相关性

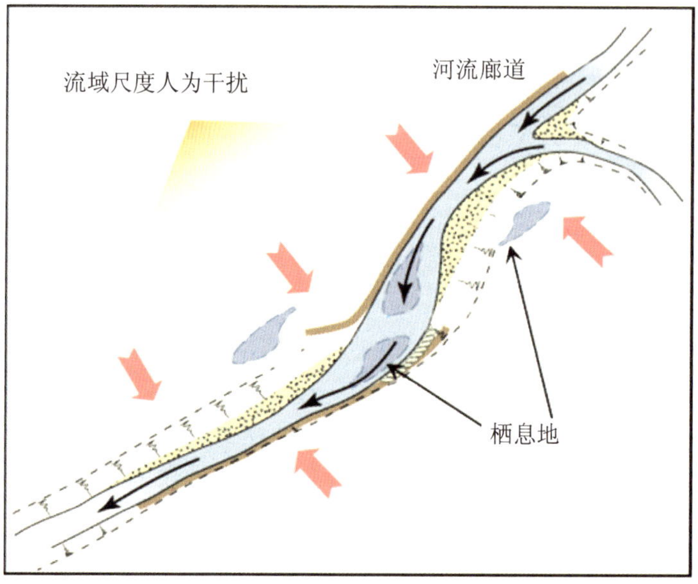

图 7-1　流域、河流廊道和栖息地空间关系示意

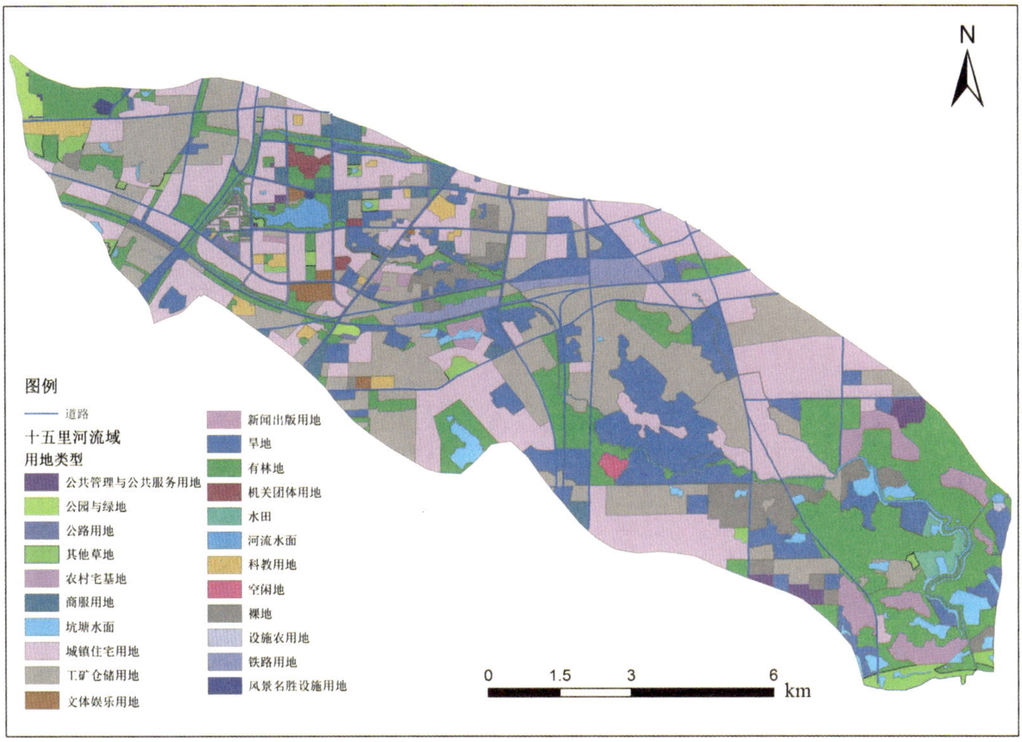

图 7-7　十五里河流域土地利用

图 7-9　十五里河水文站点位置分布

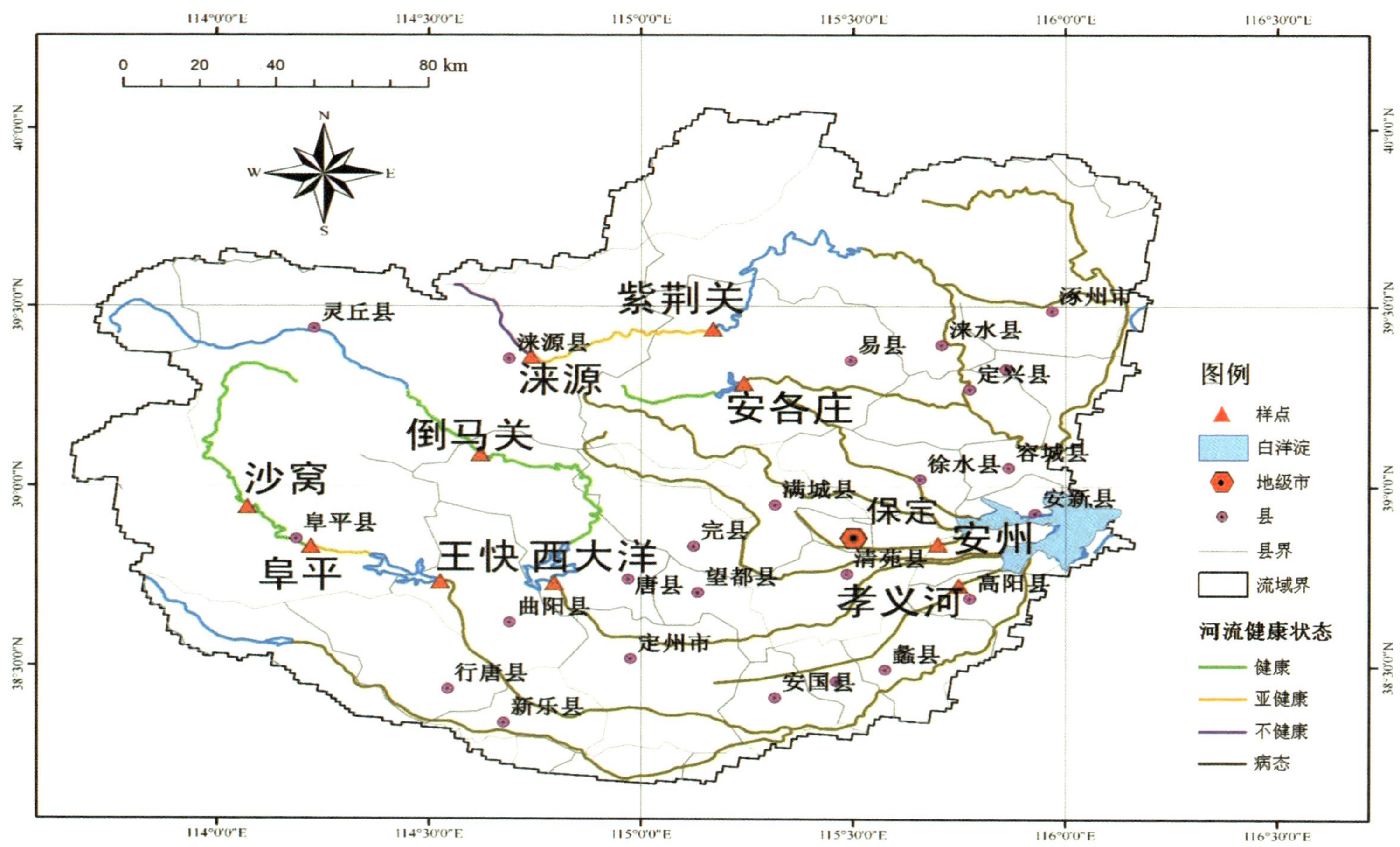

图 8-3　白洋淀流域河流健康状态空间分布

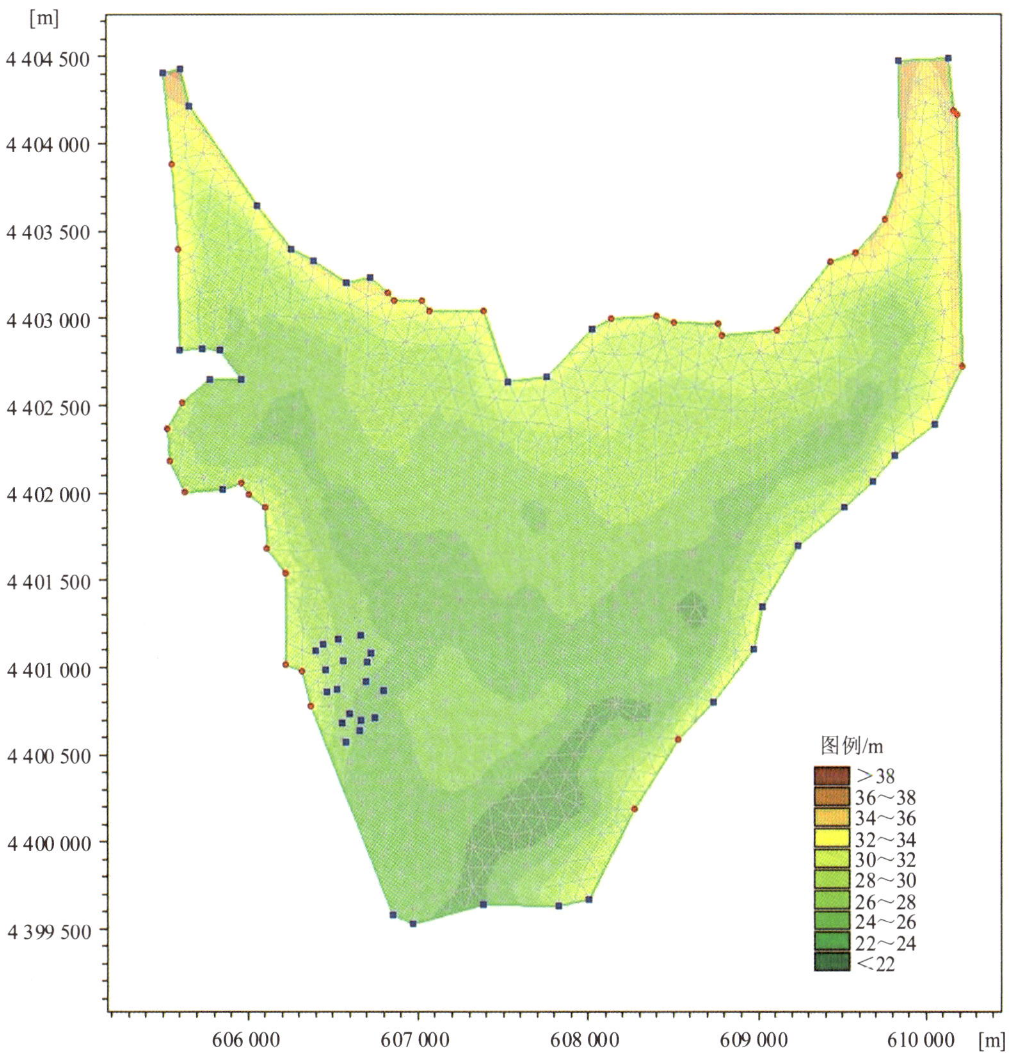

图 9-12　在网格生成器中的网格

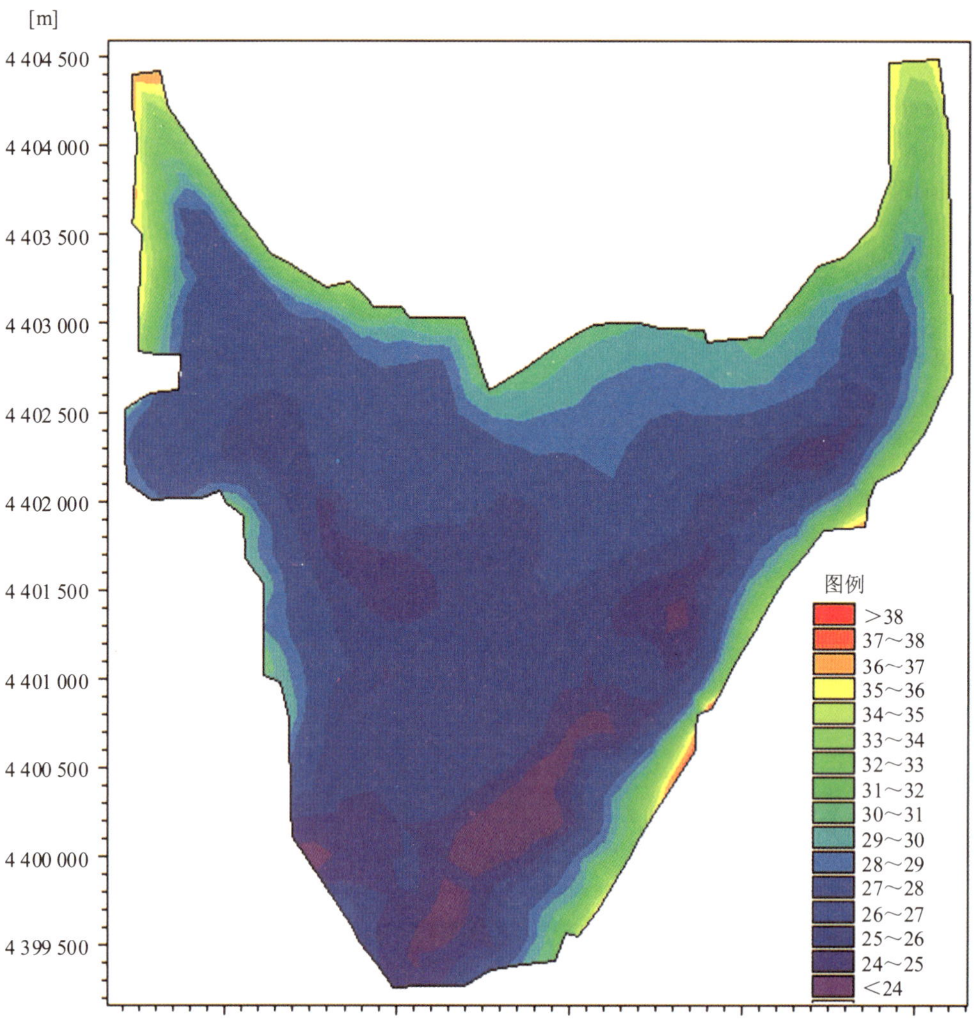

图 9-13　生成的陡河水库地形文件（mesh 格式）

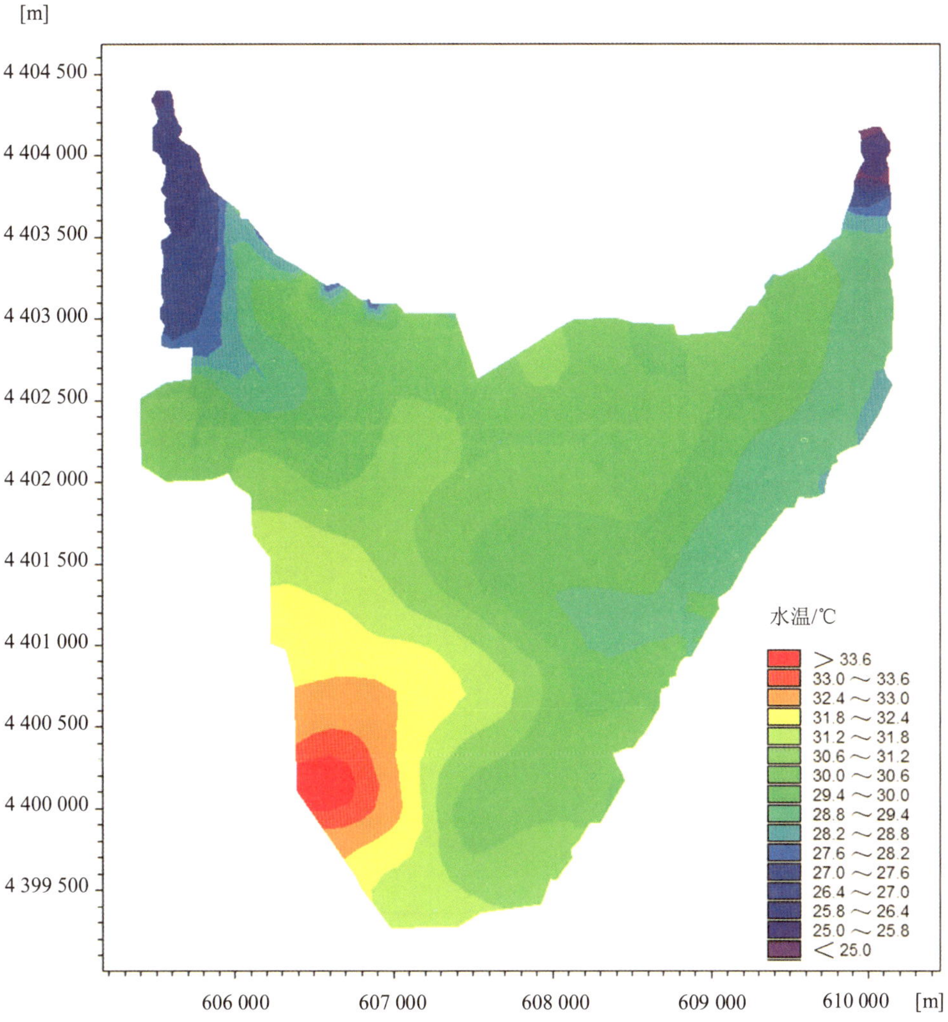

图9-32　库区表层水温分布情况（2008 年6 月20 日8：00）

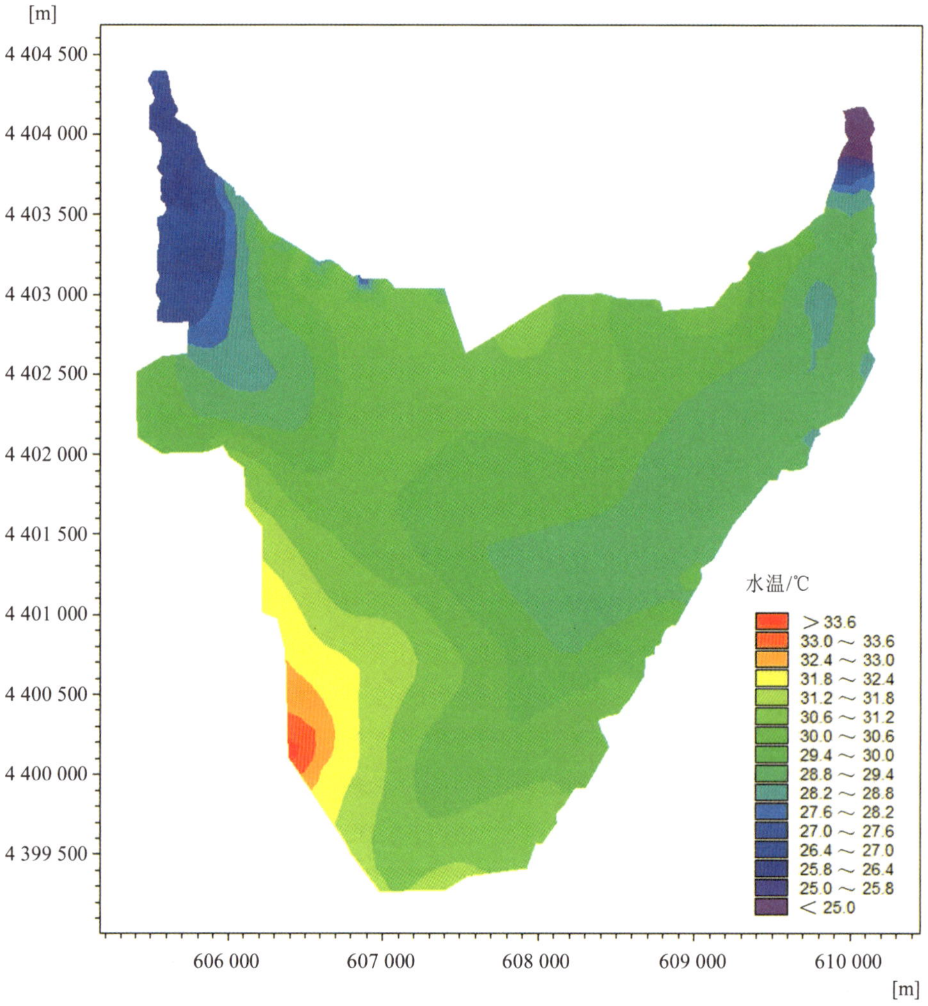

图 9-33　库区底层水温分布情况（2008 年 6 月 20 日 8：00）

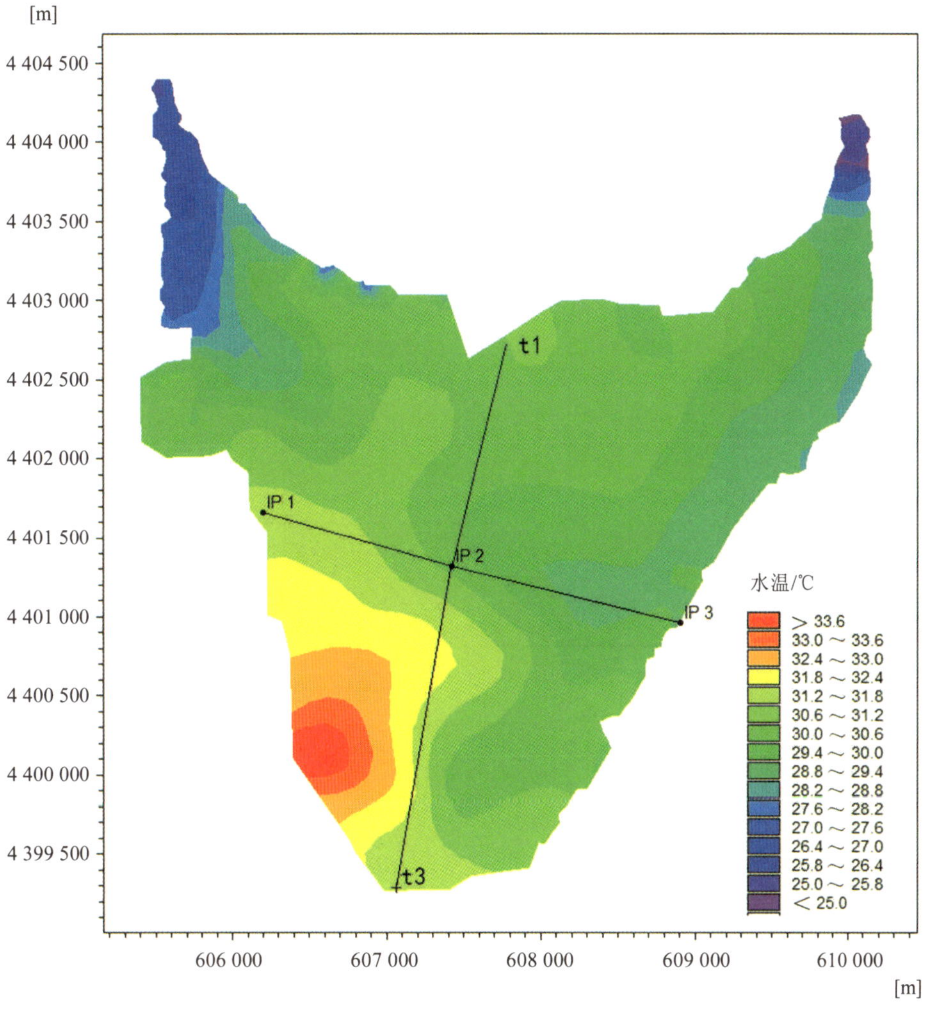

图 9-34　陡河水库断面设置

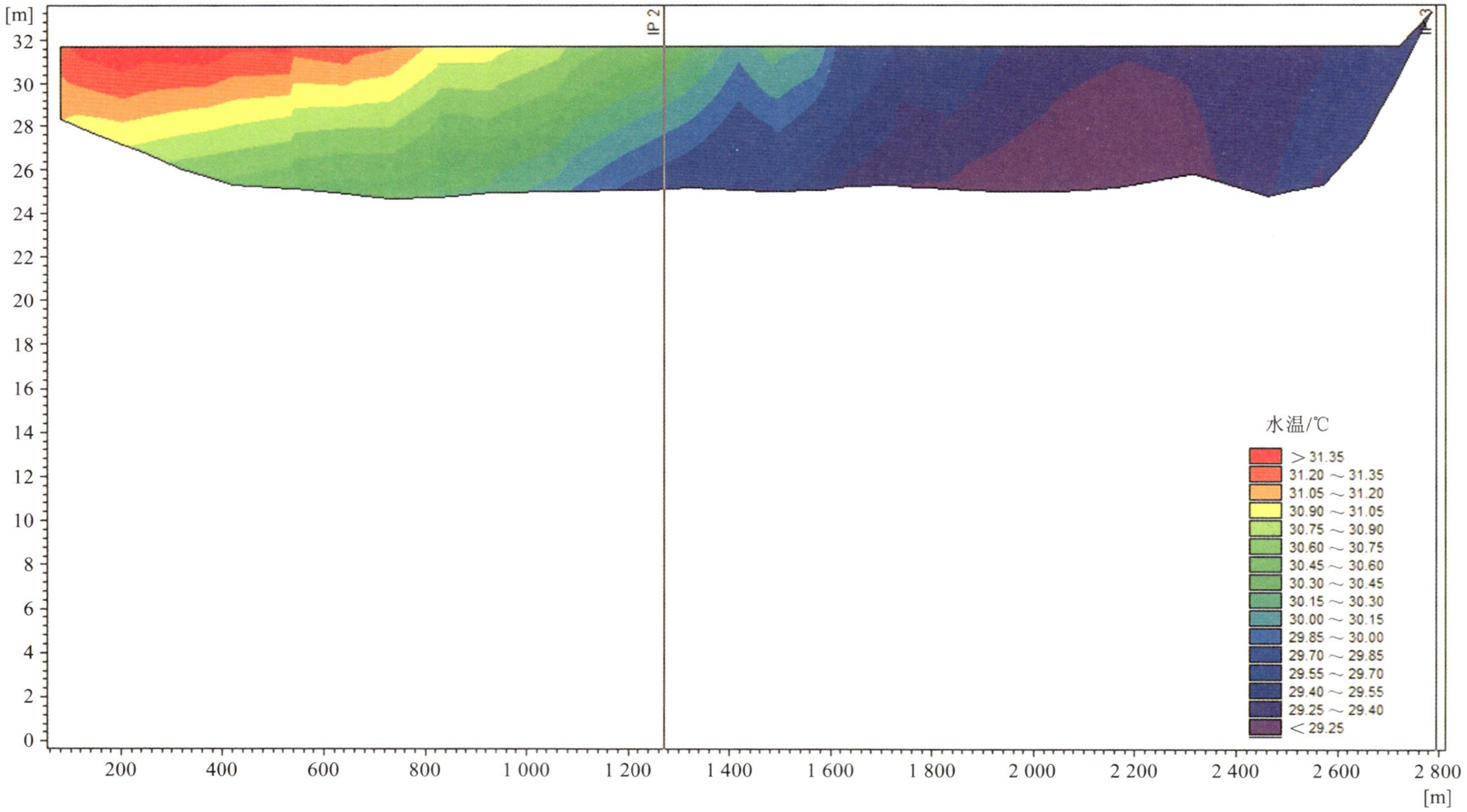

图 9-35　陡河水库断面水温分布情况（由西向东，2008 年 6 月 20 日 8：00）

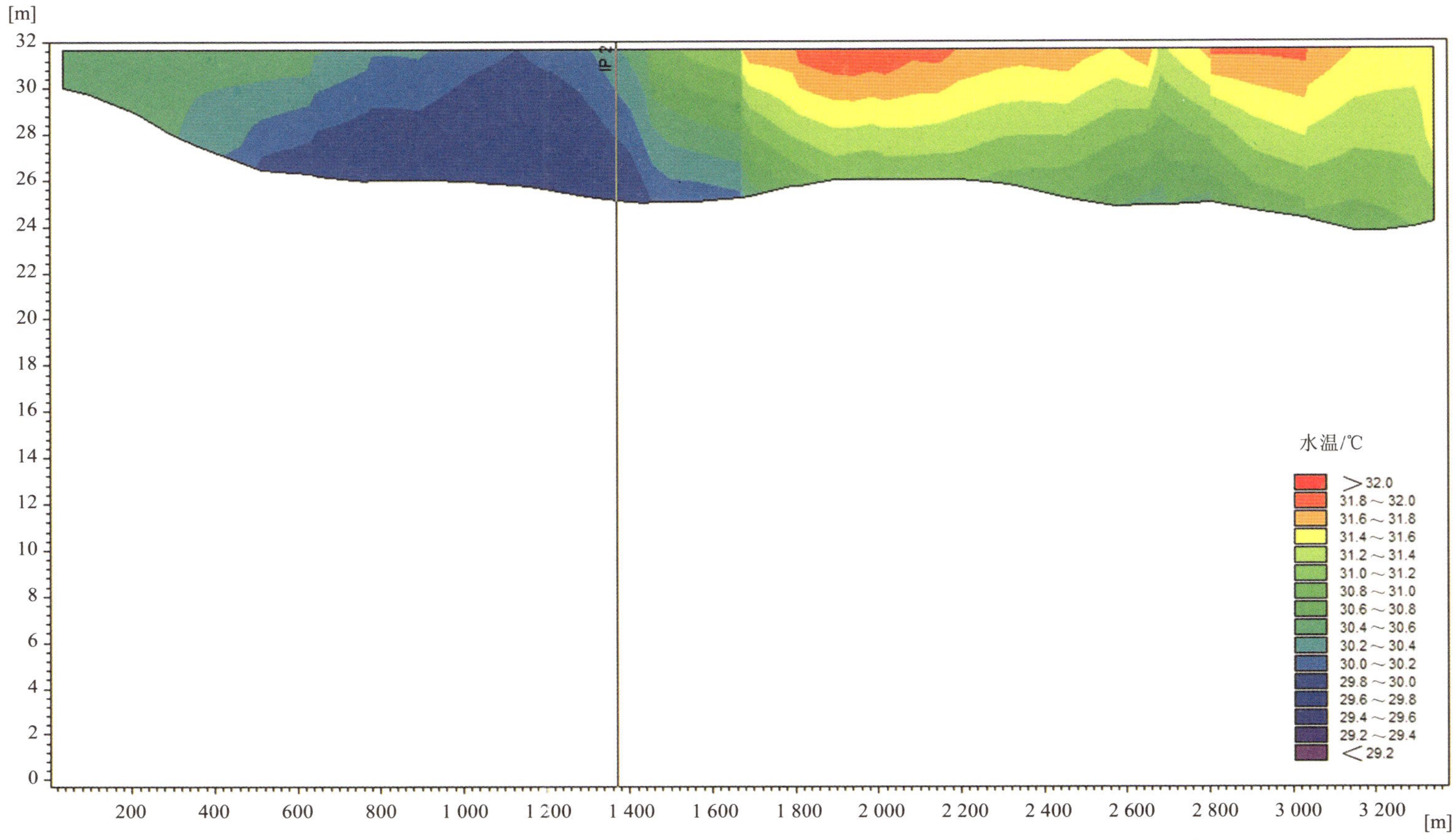

图 9-36　陡河水库断面水温分布情况（由北向南，2008 年 6 月 20 日 8：00）

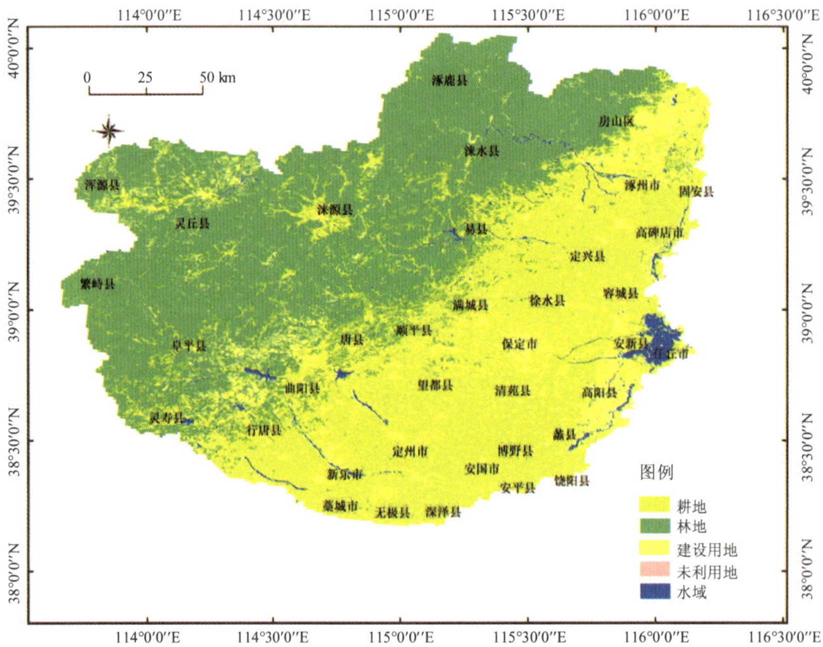

图 10-3　白洋淀流域土地利用类型（2007 年）